はじめての応用数学

ラプラス変換・フーリエ変換 編

小坂敏文
吉本定伸 著

The APPLIED MATHEMATICS for the first time
Laplace & Fourier Transforms

by Toshifumi KOSAKA, Sadanobu YOSHIMOTO

近代科学社

まえがき

近年，科学技術はおおいに発展してきているが，逆に科学技術がブラックボックス化し，若者や子供たちの科学技術離れが進行しつつある．目の前の自然現象や工学上の現象，新しい技術について，ミニ知識の集合としてとらえるのではなく，科学技術やそれを支える数学の広い理解をもってとらえられるようにならないと，科学技術の不完全さを克服しさらに発展させることができない．科学技術が高度になってきているがゆえに学ばなければならない内容も多くなっている．一方，応用数学はもともと自然現象や工学上の問題を数学的にモデル化・数式化し，解析・総合して現象の把握や設計指針を得るためのものであり，ベクトル解析，複素関数，ラプラス変換，フーリエ変換，数値計算，確率・統計など非常に多くの数学分野を含む概念である．その中で，本書はラプラス変換とフーリエ変換を取り上げる．

本書では，その内容を学んで何ができるようになるのかを重視し，できるだけ分かりやすい内容でラプラス変換とフーリエ変換を体得できるように心がけている．そのためには，学習者から見たストーリーをできるだけ単純化し，数学的には興味深く丁寧な検証が必要な内容はあえて排し，本筋を学習することができるようにしている．また，学習するうえで事前に知らなければならないことや知っていると理解が深まるような内容は再確認したり，その場で公式などを参照したりできるようにした．また，本論ではあえて書かなかったが，もう少し追求したいことなどは側注などで補うようにしている．さらに，演習問題には途中経過を含む解答をつけ，自学自習にも使えるようにしている．

ラプラス変換分野の大枠では，多くの自然現象・工学上の課題が微分方程式で表わされることを示し，それを解く道具としてラプラス変換をとらえている．1 章では準備として物理量を表わす単位，微分積分の直感的なとらえ方を提示し，その後に多くの分野での現象が 1 階，2 階常微分方程式で表わされることを示す．次にこれらの微分方程式を，ラプラス変換を用いて解くとはどのようにするのか，ラプラス変換表を用いてその方法を体験する．その後，2,3 章でラプラス変換の定義，性質を学び，変換表の変換対を算出し，解き方の妥当性を確認する．そして，4,5 章で多くの微分方程式を解く作業によって，学習者が確実に修得できるようにしている．自然現象・工学上の現象と，微分方程式およびラプラス変換で解いた解を実感されることを目指して，求められた解をグラフ化し，日常の体験・グラフ・数式表現の 3 つを結びつけるようにする．次に 6 章でシステムを解析するときに必要な伝達関数の概念を説明し，像関数の世界で，システムの特性を入出力関数から独立して表わせる利点を示す．また，畳込み積分とラプラス変換の関係を示し，原関数の世界のみでも出力を表わすことができることを示す．なお最後の 2 点は制御工学でのシステムの取扱いへ続く概念となっている．

フーリエ変換では，周波数という今まであまり触れていない領域を扱う．波形は見たことはあっても，それを用いた計算・解析を行うのは初めてということがほとんどであろう．理論的には難しくないことであっても，イメージしにくいため，結果として難しく感じてしまい，後々にも影響してしまうことが多々ある．このため，フーリエ変換の解説では，時間領域と周波数領域の関係をイメージしやすく読み進められることを第一に構成するように心がけた．特に，表計算ソフトを利用し，視覚的に波形やそのスペクトルを確認しながら進められるようにしている．クラス全体が初めてフーリエ変換を学ぶということを前提に，自分で解き表現することをメインに内容を絞り，数学的な厳密性は二の次にしている．将来関連分野を学んでいくうえでの準備になるようにし，信号処理やシステムの本質に繋がる部分は他書に譲る形となっている．話の展開としては一般的ではあるかもしれないが，著者も実際に学び，理解しやすいと感じた順序で構成した．まず，準備として 7 章でベクトルの直交について，8 章では関数の直交と実フーリエ級数と係数，9 章では複素フーリエ級数と係数を取り上げている．そして，10 章 5 節までで基本的なフーリエ変換を取り扱った．また，10 章 6 節では超関数の紹介をし，11 章では離散フーリエ変換を含め，専門分野に向けての関連する内容をいくつか紹介している．

本書は演習・実験などの体験重視の高等教育機関である高等専門学校で授業を担当している教員が執筆している．日々の授業の中で，学生たちがどのようなところを難しいと感じているかを考えながら今もなお授業内容の改善をしているところである．多くの方々が，勉学あるいは技術の基礎の理解に役立ててくださることを期待している．また不十分なところや誤りに対してご意見も頂けたら幸いである．

2013 年 4 月
著者

目　次

1 章　ラプラス変換で微分方程式を解く

[ねらい]

自然現象や工学上の課題が微分方程式で表わされる場合が多いが，本書前半ではそれを解くための道具としてラプラス変換を学ぶ．

ラプラス変換を単体で学んでいると，数式だけの世界になってしまい，実感がわかない．そこで，もとの微分方程式を実世界の反映としてとらえ，解についても体験・経験上の現象と一致させ，実感できるようにする．

そのために，物理量を表わす単位の仕組みを再度確認し，微分積分も数式の世界だけでなく，物理量をイメージしながらとらえなおす．そのうえで，いくつかの物理現象や工学上の課題を線形近似し，数式で表わす．微分方程式になったら，ラプラス変換を使って，代数計算で解く．

ラプラス変換の定義や性質を明らかにしていない時点なので強引だが，ラプラス変換表を使って，ラプラス変換を用いた微分方程式の解法を体験し，ラプラス変換の魔法のような有用性を感じてみよう．

[この章の項目]

ラプラス変換の工学上の利用
物理量と微分積分の復習
物理現象の数学的モデル化
ラプラス変換表を用いて微分方程式を解く

1.1　ラプラス変換の工学上の利用

自然現象や工学上の課題を数学的モデルにする過程においては，厳密にみると比例現象から多少逸脱していても，比例しているように考えることで，単純なモデルにすることができる．このような作業は線形近似と呼ばれている．線形近似により現象を線形微分方程式として表わすことができ，それを解いてふるまいを考察すると，現象に対する見通しがよくなり，解析や設計などに役立てることができる．

▶［線形近似の例］
たとえば機械的なばねでは，ばねの伸びと加えた力は比例していると考えられているが，ばねの伸びが大きくなると比例しなくなる．
また電気回路における抵抗において，電流値は加えられている電圧に比例するとされているが，電流値が大きくなると抵抗が発熱してしまい，見掛けの抵抗値が変化するので，単純に比例しているとは言えない．
しかしこの２つの量について，お互いに比例関係であると近似し，モデル化する考え方がよく使われ，解析に有効である．

ラプラス変換はこのようにして作られた線形微分方程式を解く道具として使われる．ラプラス変換を用いると，微分方程式を手品のように代数計算で解くことができる．過渡的な状態の解を求めるときによく使われ，その解は電気回路では過渡現象，振動工学では過渡振動，制御工学では過渡応答というように呼ばれている．微分方程式を代数計算で解く考え方は，電気技師ヘヴィサイド (Oliver Heaviside) が電気回路過渡現象を扱ったときに用いられた．さらにピエール＝シモン・ラプラス (Pierre-Simon Laplace) が確率計算での差分方程式を解くときに用いた考え方が，現在のラプラス変換のもととなっている．その後制御工学分野でラプラス変換の有用性が認められ，広く使われるようになっている．

ラプラス変換を利用すると，微分方程式を解くだけでなく，電気系や振動系，制御系の入出力に関して,「入力」と「系（システム）の特性」と「出力」を完全に分離でき，見通しのよい記述ができる．そのような記述は，電気回路，機械振動および制御工学の過渡的なふるまいを解析したり，設計したりするのに有効である．

1.2　物理と数学の準備

■　現実の量（物理量）には単位がある

本書前半では，微分方程式やその解を実際の現象と結びつけて考えたい．そのために単位系の成り立ちをみてみよう．力学や電気の分野では量を表わすのにさまざまな単位を用いているが，国際単位系（SI 単位系）では表 1.1 に示す 7 つの量を基本単位としている．そこから派生する組立単位が存在し，いくつかの単位には固有の単位名が与えられている．表 1.2 に力学系・電気回路でよく使われる代表的な量と単位の一覧を示す．

SI 基本単位の組合せによる表記では，その物理量の成り立ちがわかる．一般に単位をみるとその量の意味がわかり，量の意味がわかると単位がわかる．2 つの量を掛け合わせてできた量は，もとの 2 つの量の単位を掛け合わせた単位をもつ．たとえば面積は長さ [m] ×長さ [m] で求められるのでその単位は [m^2] である．ばねについていえば，力 [N] ＝ばね定数×伸び [m] なので，ばね定数の単位は [N/m] である．また 2 つの量の加算・減算

▶［単位の異なる量の加算はできない］
3+5 は 8 であるが，3[m] + 5[s]（3 メートル + 5 秒）というのは意味不明になる．また ax[N] + b[N] = y[m/s] といった式も意味不明である．

▶［角度の単位］
rad の定義は弧の長さ／半径なので，長さ／長さであり，rad の単位は無次元である．

表 1.1　国際単位系（SI 単位系）の基本単位

量	単位の名称	単位記号
時間	秒	s
長さ	メートル	m
質量	キログラム	kg
電流	アンペア	A
温度	ケルビン	K
物質量	モル	mol
光度	カンデラ	cd

表 1.2　代表的な組立単位

量	単位の名称	単位記号	他の SI 単位による表記	SI 基本単位による表記
力	ニュートン	N	$\mathrm{mkg/s^2}$	$\mathrm{mkgs^{-2}}$
力のモーメント（トルク）	ニュートンメートル	Nm		$\mathrm{m^2kgs^{-2}}$
圧力	パスカル	Pa	$\mathrm{N/m^2}$	$\mathrm{m^{-1}kgs^{-2}}$
仕事・エネルギー	ジュール	J	Nm	$\mathrm{m^2kgs^{-2}}$
仕事率	ワット	W	J/s	$\mathrm{m^2kgs^{-3}}$
速度	メートル毎秒	m/s		$\mathrm{ms^{-1}}$
加速度	メートル毎秒毎秒	$\mathrm{m/s^2}$		$\mathrm{ms^{-2}}$
角度	ラジアン	rad		(-) 無次元
角速度	ラジアン毎秒	rad/s		$\mathrm{s^{-1}}$
角加速度	ラジアン毎秒毎秒	$\mathrm{rad/s^2}$		$\mathrm{s^{-2}}$
電荷	クーロン	C	As	As
電圧	ボルト	V	W/A	$\mathrm{m^2kgs^{-3}A^{-1}}$
磁束	ウェーバ	Wb	Vs	$\mathrm{m^2kgs^{-2}A^{-1}}$
電気容量	ファラド	F	C/V	$\mathrm{m^{-2}kg^{-1}s^4A^2}$
電気抵抗	オーム	Ω	V/A	$\mathrm{m^2kgs^{-3}A^{-2}}$
インダクタンス	ヘンリー	H	Wb/A	$\mathrm{m^2kgs^{-2}A^{-2}}$

を行う場合には，2 つの量は同じ単位でなければならない．また式の両辺が等しい場合も両辺のそれぞれが同じ単位をもっていなければならない．

ここで章末の演習 1 で単位の成り立ちを確認しよう．

■ 微分積分と物理量

微分について，単位を考えながら再確認してみよう．鉄道の登り坂のところに傾斜を示す標識があり，30 のように表記されている．これは 1000m 進んだら 30m 高度が上昇することを示しており，傾きが 30/1000 であることを意味している．この傾きの概念は単位長さ進んだときの高度変化のことである．傾きは長さ÷長さの概念であり，その単位は無次元である．鉄道の傾きは常に一定ではないので，傾きの測定では，実際に 1000m を測定

▶［80/1000 の勾配標識］
日本の鉄道勾配は通常 35/1000 までであり，これを超えるとブレーキや車輪に特別な仕掛けが必要となる．写真は箱根登山鉄道の 80/1000 勾配標識である．

するのではなく局所的な測定が行われる．横軸に進行距離 x，縦軸に高度 y をとると高度曲線を $y = f(x)$ で表わすことができるが，傾きは数学的には $\dfrac{dy}{dx}$ の微分概念である．

横軸を経過時間，縦軸を進んだ距離として，自動車の移動をグラフで表わしてみると，時間 – 距離グラフが得られる．図 1.1 のように移動曲線のある一点で局所的な傾きすなわちその点の接線の傾きを考えてみると，この傾きは距離÷時間なので，代表的な単位は [m/s] で表わされる．この傾きは単位時間に進んだ距離のことであり，物理的意味は速度である．横軸に時刻 t，縦軸に距離 x をとると $x = f(t)$ で表わすことができるが，傾きは数学的には $\dfrac{dx}{dt}$ の微分概念である．

▶［加速度曲線の傾きは加速度の時間微分なので加加速度］
電車に立ち姿勢で乗っていて，進行方向（あるいはその反対向き）に転びそうになることがある．一定加速している（正の定加速度運動）ときや，ブレーキで一定減速（負の定加速度運動）のときは，意外と大丈夫だが，加速開始時，加速終了時，減速開始時，減速終了時に転びそうになる．これは加速度曲線の時間微分（加加速度あるいはジャークと呼ばれる概念，単位は $[\mathrm{m/s^3}]$）の値が大きいときに起こる．自動車では停止時の「カックン」と呼ばれる現象であり，同乗者の乗り心地に影響するので，電車の場合も同様だが，運転者には加加速度を小さくするような運転が求められる．

横軸を時間，縦軸を速度とし，自動車の移動速度をグラフで表わしてみると，時間 – 速度グラフが得られる．図 1.2 のように速度曲線のある一点で局所的な傾きすなわち接線の傾きを考えてみると，この傾きは速度／時間なので，代表的な単位は [m/s/s] → $[\mathrm{m/s^2}]$ で表わされ，単位時間に増加した速度のことである．物理的意味は加速度である．横軸に時刻 t，縦軸に速度 v をとると $v = f(t)$ で表わすことができるが，傾きは数学的には $\dfrac{dv}{dt}$ の微分概念である．

時間 t の関数 $f(t)$ をグラフに描き，t で微分して $g(t)$ になったとすると，$g(t)$ の単位は縦軸の単位（$f(t)$ の単位）÷ 横軸の単位（t の単位）になる．

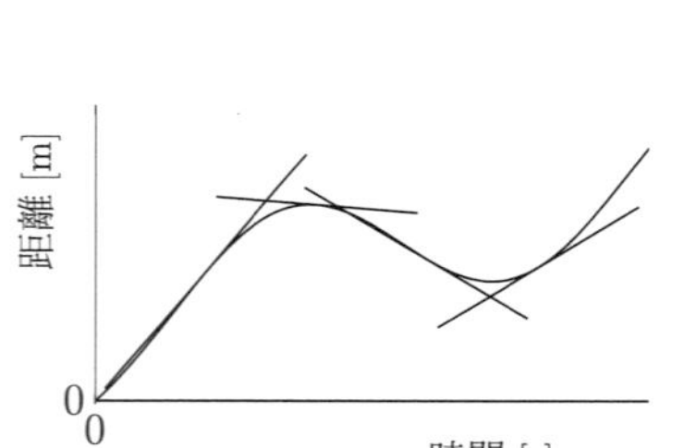

図 1.1　時間 – 距離グラフ

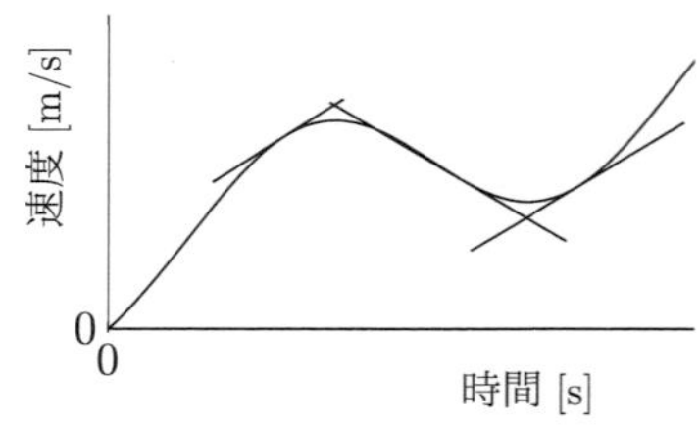

図 1.2　時間 – 速度グラフ

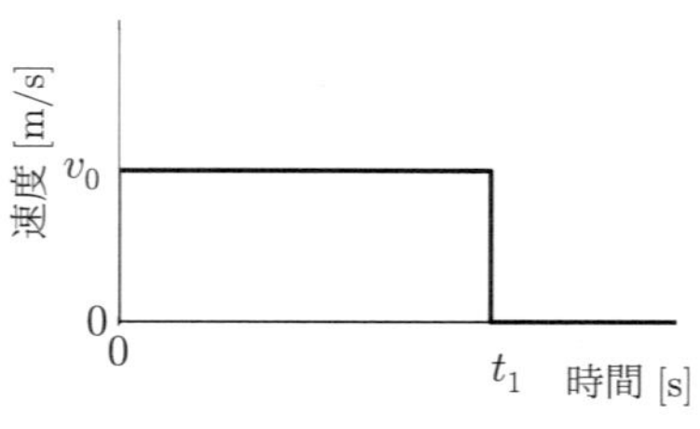

図 1.3　時間 – 速度グラフ

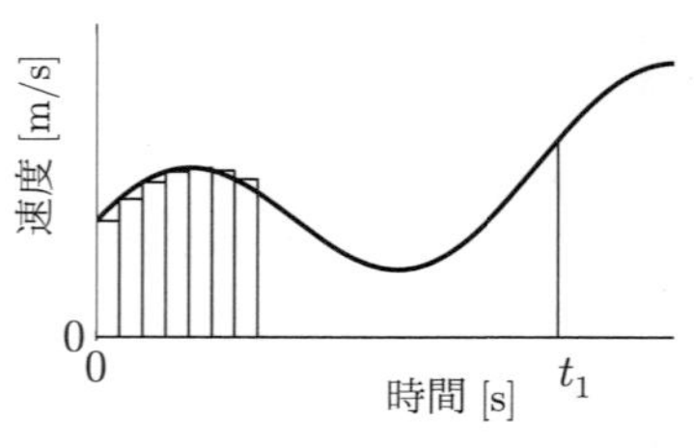

図 1.4　時間 – 速度グラフ

次に，積分について，単位を考えながら再確認してみよう．時間 – 速度グラフにおいて，図 1.3 のようにもし速度が一定で v_0 なら，時刻 0 から時刻 t_1 までを示す長方形を考えると，この長方形の面積は $v_0 t_1$（単位は [m/s × s] → [m]）であり，時刻 t_1 までに進んだ距離を示している．また，速度が一定でなく，図 1.4 のように時間 t[s] の関数 $v(t)$[m/s] である場合は，図のように細長い長方形で $t=0$ から $t=t_1$ まで埋め尽くすと，1 つひとつの長方形の面積は進んだ距離を表わすため，面積の総和は，時刻 t_1 までに進んだ距離の近似値になる．

この細い長方形の和を求める計算は，区分求積と呼ばれ，長方形の幅を 0 に近づけて長方形の個数を多くしてゆくと，積分 $\int_0^{t_1} v(t)\,dt$ になる．物理的には速度の時間積分であり距離を求めていることになる．

時間 t の関数 $f(t)$ をグラフに描き，t で積分して $g(t)$ になったとすると，$g(t)$ の単位は縦軸の単位（$f(t)$ の単位）× 横軸の単位（t の単位）になる．

ここで章末の演習 2 で，グラフ上で微分積分をやってみよう．

▶［物理量を示す文字変数］
SI 単位系の表記では，物理量を示す文字変数は単位まで含んでいるとみなされている．そのため 時間を表す t に関して,「t 秒」や「ts」と記述すると単位が 2 重に記述されたことになってしまう．
「$t=7$ 秒」は正しい表現である．ただし学習上，単位に関心を払う必要があるところでは,「t[s]」という表現もここでは使用することとした．また，単位のみ示す場合も [s] のような表現も使用することとした．

▶［区分求積］
図 1.4 において，0 から t_1 までを n 等分した時の左から k 番目の長方形では，幅が $\frac{t_1}{n}$ であり，高さは $v\left(k\frac{t_1}{n}\right)$,　$(k=0,1,2,\cdots,n-1)$ となる．
全長方形の面積の総和は $\sum_{k=0}^{n-1}\frac{t_1}{n}v\left(\frac{k}{n}t_1\right)$ となるので，n を ∞ とすると，この総面積は $\int_0^{t_1} v(t)\,dt$ になる．

1.3　物理現象の数学的モデル化

■　物理現象を比例の関係でとらえる

y は x に比例するというのは数学的には $y=kx$ で表わされる．さまざまな物理法則は厳密に比例関係でなくても，比例していると近似されることが多い．たとえば，自転車で走っていると空気の抵抗を受けるが，空気の抵抗力は速度に比例していると考えてモデル化すると，式 (1.1) になる．ただし，f[N] は抵抗力，v[m/s] は速度，D[Ns/m] は比例定数で粘性抵抗係数と呼ばれているものである．なお比例定数の単位は後からつじつまが合うように合わせている．また負号は，力の向きが速度の向きと逆であることを意味している．

$$f=-Dv \tag{1.1}$$

同様に，比例関係にある物理現象について，章末の演習 3 で確認しよう．

■　物理現象の数学的モデル化と微分方程式

物理モデルは定係数線形微分方程式として表わされる場合が多い．たとえば，直進運動において，運動方程式は「ある物体の質量」×「その物体に生ずる加速度」=「その物体に加わる力の合計」で表わされる．地球上で空気の抵抗が無視できれば，質量 m[kg] の物体に加わる力（重力＝地球が引っ張る下向きの力）は mg[N(ニュートン)] である（g は重力加速度 [m/s^2] である）．この物体の変位（垂直方向の位置，上方向が正）を x[m] で表わした関係式（運動方程式）を求めよう．$\dot{x}(t)=\dfrac{dx}{dt}$，$\ddot{x}(t)=\dfrac{d^2x}{dt^2}$ のようにドットは時間微分を表わすことにすると，次の式 (1.2) のような微分方程

▶［定係数線形微分方程式］
微分項を含む方程式を微分方程式と呼ぶ．変数の積や商を含まず，係数がすべて定数でできている微分方程式を定係数線形微分方程式と呼ぶ．一般的に，定係数線形微分方程式は次のような形である．
$a_n\frac{d^n}{dt^n}x(t)+a_{n-1}\frac{d^{n-1}}{dt^{n-1}}x(t)+\cdots+a_2\frac{d^2}{dt^2}x(t)+a_1\frac{d}{dt}x(t)+a_0x(t)=f(t)$

▶［時間微分］
工学の分野では，時間の関数がよく現われ，時間で微分する場合，ドットを使う．たとえばもとの関数が $x(t)$ のとき，$\dot{x}(t)$ は時間 t で 1 回微分することを表わし，$\ddot{x}(t)$ は時間 t で 2 回微分することを表わしている．

式になる．

$$m\ddot{x}(t) = -mg \tag{1.2}$$

電気回路や機械振動，制御工学などで最初に出てくる微分方程式の多くは，定係数線形微分方程式で階数が 1 あるいは 2 のものが多い．微分方程式が同じ形になれば，物理量は異なるが，そこに起こる現象は全く同じ様子を示す．

ここで章末の演習 4,5 の問題を解いて，同じ形の微分方程式が導出されることを確認しよう．

1.4　ラプラス変換表を用いて微分方程式を解く

章末の演習 4 で微分方程式が導出されたら，それらを解いてみよう．ラプラス変換表（表 1.3(p.11)，表 1.4(p.12)）を参照しながら，ラプラス変換を利用すると，微分方程式を代数計算で解くことができる．強引だがラプラス変換が微分方程式を解く際の有用な道具であることを示そう．

ラプラス変換を用いた微分方程式解法の手順は図 1.5 に示す次の 3 ステップである．

微分方程式の解法の手順

1. 微分方程式の両辺を項ごとにラプラス変換する．（定数はくくり出す）
2. 解きたい変数について解く．
3. 項ごとに逆ラプラス変換を行う（部分分数に変換するなど，ラプラス変換表にある形に変形する作業を伴う）．

図 1.5　ラプラス変換で微分方程式を解く

この段階でラプラス変換を用いて微分方程式を解いてみるのはかなり強引だが，とにかく解けることを実感しよう．ラプラス変換と逆ラプラス変換というのが出てくるが，これらはラプラス変換表を用いる．

変数 t の単位は何でもよいのだが，何も断らない限り本書では t は時間を表わすものとする．そのため t 領域のことを時間領域と表わすことがある．

例題 1 – 1　初期値をもつ等加速度運動

$\ddot{x}(t) = 3$ を初期条件 $x(0) = 1$，$\dot{x}(0) = 0$ のもとで解きなさい．

これは $3\,\mathrm{m/s^2}$ の加速度をもつ運動の変位を求める問題である．

手順 1　ラプラス変換表を使って，微分方程式 $\ddot{x}(t) = 3$ の両辺をラプラス変換する．

$$\mathscr{L}(\ddot{x}(t)) = \mathscr{L}(3)$$

$$\mathscr{L}(\ddot{x}(t)) = 3\mathscr{L}(1) \qquad \text{（3 は定数なのでくくり出す）}$$

ここで表 1.4 – 26(p.12)，表 1.3 – 2(p.11) を左から右に使って，$\mathscr{L}(\ddot{x}(t))$ を $s^2X(s) - sx(0) - \dot{x}(0)$ に，$\mathscr{L}(1)$ を $\dfrac{1}{s}$ に置き換える．

$$s^2X(s) - sx(0) - \dot{x}(0) = 3\frac{1}{s}$$

$$s^2X(s) - s = 3\frac{1}{s}$$

手順 2　解きたい変数について解く（ここでは $X(s)$ について解く）．

$$X(s) = 3\frac{1}{s^3} + \frac{1}{s}$$

手順 3　ラプラス変換表を使って，両辺を逆ラプラス変換する．

$$\mathscr{L}^{-1}(X(s)) = \mathscr{L}^{-1}\left(3\frac{1}{s^3} + \frac{1}{s}\right)$$

ラプラス変換表にある形に分解する. 定数は適当にくくり出したり，中に入れたりすることができる．

$$\mathscr{L}^{-1}(X(s)) = \frac{3}{2}\mathscr{L}^{-1}\left(\frac{2}{s^3}\right) + \mathscr{L}^{-1}\left(\frac{1}{s}\right)$$

（ここで表 1.3 – 4(p.11)，表 1.3 – 2(p.11) を右から左に使う）

$$x(t) = \frac{3}{2}t^2 + 1 \qquad \cdots \text{解}$$

この解は図 1.6 に示すような放物線となっている．

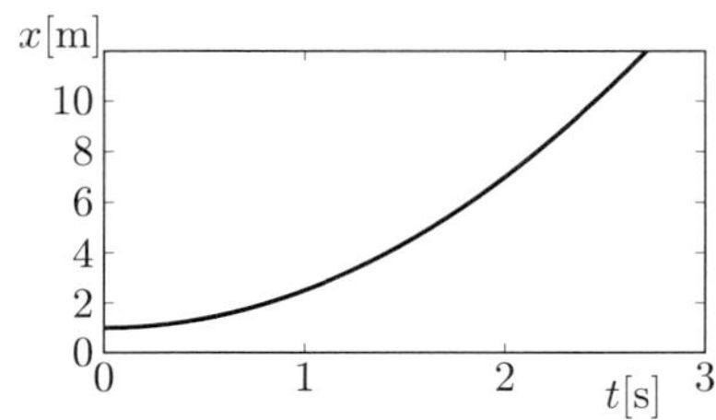

図 **1.6**　等加速度運動

▶ ［変換表の引き方のこつ］
変換表には $f(t) \leftrightarrow F(s)$，$\dot{f}(t) \leftrightarrow sF(s) - f(0)$ のように書いてあるが，別の名前の関数が出てきても，読み替えればよい．たとえば $x(t) \leftrightarrow X(s)$，$\dot{y}(t) \leftrightarrow sY(s) - y(0)$ のように読み替える．

▶ ［$\mathscr{L}$］
$\mathscr{L}$ は Laplace Transform の先頭の 1 文字

▶ ［$\mathscr{L}(\bullet)$］
$\mathscr{L}(\bullet)$ は「● をラプラス変換する」の意味

▶ ［s について］
ラプラス変換では t から s に独立変数が変化する．時間の単位である秒も同じ s になっていて紛らわしいので注意しよう．時間の単位の場合は図 1.6 のように [s] と表わされる．変数の s は斜字体になっている．

▶ ［$\mathscr{L}^{-1}(\bullet)$］
$\mathscr{L}^{-1}(\bullet)$ は「● を逆ラプラス変換する」の意味

<u>検算</u>　解を t で 2 回微分する．

$\dot{x}(t) = 3t$

$\ddot{x}(t) = 3$　　（これは，もとの微分方程式そのもの）$\cdots$(a)

解に $t = 0$ を代入する．

$x(0) = 1$　　（これは初期条件の 1 つ）$\cdots$(b)

「解を t で微分した式」に $t = 0$ を代入すると

$\dot{x}(0) = 0$　　（これも初期条件の 1 つ）$\cdots$(c)

よって解は，(a) よりもとの微分方程式を満たし，(b)(c) より 2 つの初期条件を満たしている．

例題 1－2　コンデンサの充電モデル

図 1.7 の抵抗－コンデンサ回路において，コンデンサ未充電の状態で，入力電圧が 0 V から急に 5 V になった場合の出力電圧を求めなさい．ただし，$R = 10\,\mathrm{k\Omega}$，$C = 50\,\mu\mathrm{F}$ とする．

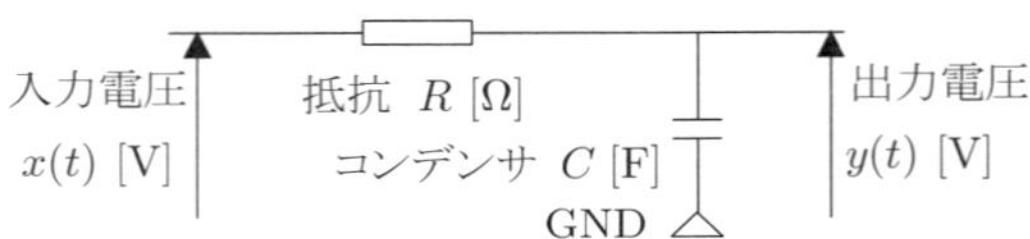

図 1.7　抵抗－コンデンサ回路

この数学モデルは，章末の演習 4(4) で示すように $RC\dot{y}(t) + y(t) = x(t)$ であり，題意より $RC = 0.5$，$x(t) = 5$，初期条件 $y(0) = 0$ となり，次の微分方程式を解くことになる．

$0.5\dot{y}(t) + y(t) = 5$

第 1 項の係数を 1 にしてから解くことにする．

$\dot{y}(t) + 2y(t) = 10$

<u>手順 1</u>　微分方程式両辺を項ごとにラプラス変換する（定数はくくり出す）．

$\mathscr{L}\,(\dot{y}(t) + 2y(t)) = \mathscr{L}\,(10)$

$\mathscr{L}\,(\dot{y}(t)) + 2\mathscr{L}\,(y(t)) = 10\mathscr{L}\,(1)$

ここで表 1.4－25(p.12)，表 1.4－16(p.12)，表 1.3－2(p.11) を左から右に使い，初期条件 $y(0) = 0$ を代入する．

$(sY(s) - y(0)) + 2Y(s) = 10\dfrac{1}{s}$

$sY(s) + 2Y(s) = 10\dfrac{1}{s}$

<u>手順 2</u>　解きたい変数について解く（ここでは $Y(s)$ について解く）．

$(s + 2)Y(s) = 10\dfrac{1}{s}$

$$Y(s) = \frac{10}{s(s+2)}$$

手順3　項ごとに逆ラプラス変換を行う
（ラプラス変換表にある形に分解する）．

$$\mathscr{L}^{-1}(Y(s)) = \mathscr{L}^{-1}\left(\frac{10}{s(s+2)}\right)$$

$$\mathscr{L}^{-1}(Y(s)) = \mathscr{L}^{-1}\left(\frac{5}{s} - \frac{5}{s+2}\right)$$

▶［ポイント：部分分数分解］
$\frac{10}{s(s+2)} = \frac{5}{s} - \frac{5}{s+2}$

（ここでラプラス変換表にある形に分解する）

$$\mathscr{L}^{-1}(Y(s)) = \mathscr{L}^{-1}\left(\frac{5}{s}\right) - \mathscr{L}^{-1}\left(\frac{5}{s+2}\right) = 5\mathscr{L}^{-1}\left(\frac{1}{s}\right) - 5\mathscr{L}^{-1}\left(\frac{1}{s+2}\right)$$

（ここで表 1.3 – 2(p.11)，表 1.3 – 6(p.11) を右から左へ使う）

$$y(t) = 5 - 5e^{-2t} = 5\left(1 - e^{-2t}\right) \quad \cdots 解$$

図 1.8 はこの微分方程式の解で，コンデンサの充電曲線である．時刻 0 のときの出力は 0 V，十分時間が経過したときの出力は 5 V になる．

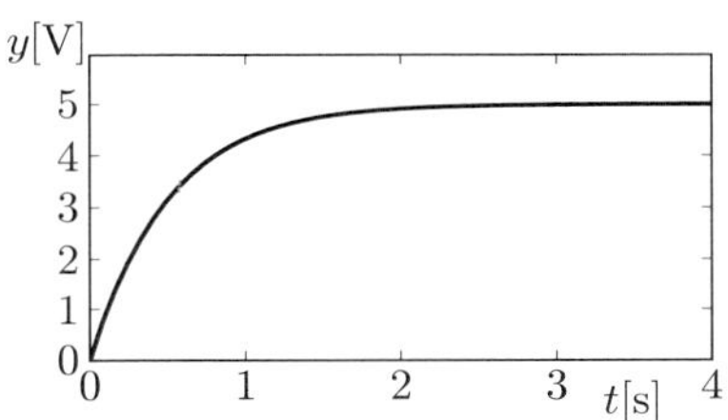

図 1.8　コンデンサの充電曲線

検算　$\dot{y}(t)$ を求めて，与えられた微分方程式を満たしていることと，初期条件を満たしていることを確認する．準備として，解を微分すると $\dot{y}(t) = 10e^{-2t}$ となる．

1) 微分方程式の検査

もとの微分方程式 $\dot{y}(t) + 2y(t) = 10$ に $y(t)$ と $\dot{y}(t)$ を代入すると

$$左辺 = 10e^{-2t} + 2\left\{5\left(1 - e^{-2t}\right)\right\} = 10 = 右辺 \quad となる．\cdots(a)$$

2) 初期条件の検査

$$y(0) = 5\left(1 - e^{0}\right) = 0$$

よって，解は初期条件を満足している．$\cdots$(b)

(a)(b) より解は与えられた微分方程式の解である．

強引な作業であったが，ラプラス変換がどのように使えたのかを確認しておこう．

> **ラプラス変換の位置づけ**
> ラプラス変換は工学上重要な微分方程式を解く道具である．

最後に疑問に残るのは

1. ラプラス変換とはどのように定義されたものか．
2. ラプラス変換表はどのようにしてできたのか．
3. ラプラス変換や逆ラプラス変換で項ごとに分けたが，そんな計算をしてもよいのか．
4. ラプラス変換や逆ラプラス変換で定数をくくり出したが，そんな計算をしてもよいのか．

であろう．この後の章で明らかにする．

最後に章末の演習 6 で，ラプラス変換を用いた微分方程式の解法を体験してみよう．

[1 章のまとめ]

この章では，

1. ラプラス変換の工学上の応用について示した．
2. 国際単位系における基本単位，組立単位について学び，物理現象を考えるうえで，単位を常に意識すること，また量と量の関係がわかると単位が定まることを示した．
3. 微分はグラフ上で傾きを求めること，積分はグラフ上で面積を求めることに対応し，微分された量，積分された量の単位ともとの量の単位の関係を示した．
4. 線形関係にある（比例関係にある）2 つの量を式で表わした．ある量は別な量の微分あるいは積分されたものであっても構わない．
5. 物理現象などを支配している関係を数式で表わすと，あるものは微分方程式で表わされることを示した．
6. 微分方程式をラプラス変換して解く方法を形式的に示した．

表 1.3　ラプラス変換表

No.	原関数（t の関数）	像関数（s の関数）	参照
1	$\delta(t)$　(単位インパルス関数)	1	式 (2.13)
2	$u(t)$，1　(単位ステップ関数)	$\frac{1}{s}$	式 (2.6), 式 (2.7)
3	t　(単位ランプ関数)	$\frac{1}{s^2}$	式 (2.8)
4	t^2	$\frac{2}{s^3}$	式 (2.16)
5	t^n	$\frac{n!}{s^{n+1}}$	式 (3.26)
6	e^{-at}	$\frac{1}{s+a}$	式 (2.2)
7	$e^{-at}t$	$\frac{1}{(s+a)^2}$	式 (3.13)
8	$\sin\omega t$	$\frac{\omega}{s^2+\omega^2}$	式 (2.14), 式 (3.3)
9	$\cos\omega t$	$\frac{s}{s^2+\omega^2}$	式 (2.15), 式 (3.21)
10	$e^{-at}\sin\omega t$	$\frac{\omega}{(s+a)^2+\omega^2}$	式 (3.15)
11	$e^{-at}\cos\omega t$	$\frac{s+a}{(s+a)^2+\omega^2}$	式 (3.14)
12	$\sinh\omega t$	$\frac{\omega}{s^2-\omega^2}$	式 (3.22)
13	$\cosh\omega t$	$\frac{s}{s^2-\omega^2}$	式 (3.23)
14	$e^{-at}\sinh\omega t$	$\frac{\omega}{(s+a)^2-\omega^2}$	式 (3.25)
15	$e^{-at}\cosh\omega t$	$\frac{s+a}{(s+a)^2-\omega^2}$	式 (3.24)

ただし，n は正整数，a は実数，$0 < \omega$

表 1.4　ラプラス変換の公式

No.	原関数（t の関数）	像関数（s の関数）	参照
16	$f(t)$	$F(s) = \mathscr{L}(f(t))$	
17 線形性 1	$kf(t)$	$kF(s)$	式 (3.2)
18 線形性 2	$f_1(t) \pm f_2(t)$	$F_1(s) \pm F_2(s)$	式 (3.1)
19 像関数の移動則	$e^{-at}f(t)$	$F(s+a)$	式 (3.12)
20 相似則 1	$f(at) \quad (0 < a)$	$\frac{1}{a}F\left(\frac{s}{a}\right)$	式 (3.16)
21 相似則 2	$f\left(\frac{t}{a}\right) \quad (0 < a)$	$aF(as)$	式 (3.17)
22 像関数の微分則	$tf(t)$	$-\frac{d}{ds}F(s)$	式 (3.18)
23 像関数の積分側	$\frac{f(t)}{t}$	$\int_s^\infty F(r)\,dr$	式 (3.19)
24 原関数の移動則	$f(t-a)u(t-a)$	$e^{-as}F(s)$	式 (3.11)
25 原関数の微分則 1	$\dot{f}(t),\ \frac{d}{dt}f(t)$	$sF(s) - f(0)$	式 (3.4)
26 原関数の微分則 2	$\ddot{f}(t),\ \frac{d^2}{dt^2}f(t)$	$s^2F(s) - sf(0) - \dot{f}(0)$	式 (3.6)
27 原関数の微分則 3	$\dddot{f}(t),\ \frac{d^3}{dt^3}f(t)$	$s^3F(s) - s^2f(0) - s\dot{f}(0) - \ddot{f}(0)$	式 (3.8)
28 原関数の微分則 1_s	$\dot{f}(t)$ $f(0) = 0$ の場合	$sF(s)$	式 (3.5)
29 原関数の微分則 2_s	$\ddot{f}(t)$ $\dot{f}(0) = f(0) = 0$ の場合	$s^2F(s)$	式 (3.7)
30 原関数の微分則 3_s	$\dddot{f}(t)$ $\ddot{f}(0) = \dot{f}(0) = f(0) = 0$ の場合	$s^3F(s)$	式 (3.9)
31 原関数の積分則	$\int_0^t f(\tau)\,d\tau$	$\frac{1}{s}F(s)$	式 (3.10)
32 周期関数の変換	$\lim_{n\to\infty}\sum_{k=0}^{n}\varphi(t-kT)u(t-KT)$ †1	$\Phi(s)\frac{1}{1-e^{-Ts}}$ †2	式 (3.20)

ただし，a, k は実数

†1 $\varphi(t)$ は $(0 < t < T)$ でのみ有効な値をもち，それ以外の範囲では 0 の関数で，原関数はこれの繰返しでできている

†2 $\Phi(s) = \mathscr{L}(\varphi(t))$

1章　演習問題

[演習1] 物理量の成り立ちがわかると，単位もそれに対応する．次の物理量などの単位を答えなさい．また SI 基本単位で表記できるものは，SI 基本単位で示しなさい．

(1) 密度（単位体積当たりの物質の質量）
(2) 面密度（単位面積当たりの板の質量）
(3) 線密度（単位長さ当たりの棒や糸の質量）
(4) 流量（単位時間に流れる液体の体積）
(5) 角加速度 $\dot{\omega}$（角速度 ω[rad/s] をもう一度時間で微分したもの，角速度の単位時間当たりの増分）
(6) 水中で円柱がある角速度 ω[rad/s] で自転すると，その角速度に比例した止めようとするトルク τ[Nm] を受ける．$\tau = D_r\omega$ と表わしたとき，比例定数（粘性抵抗係数）D_r
(7) 電子ジャイロセンサはセンサの角速度 ω[rad/s] に比例した電圧 v[V] を発生する．$v = k\omega$ と表わしたとき，比例定数 k
(8) モータの発生するトルク τ はモータ内を流れる電流 i[A] に比例する．$\tau = k_t i$ と表わしたときの比例定数（トルク定数）k_t
(9) モータが角速度 ω[rad/s] で回転すると発電機として働き，角速度に比例した電圧 v[V] を発生する．$v = k_v\omega$ と表わしたとき，比例定数（電圧定数）k_v
(10) 電気容量 C[F] と電気抵抗 R[Ω] の積 RC（RC 回路の時定数と呼ばれている．）
(11) 品物（たとえば鉛筆・ノートなど）の単価

[演習2] 次の各グラフの概形を描きなさい．ただし，時刻0では，位置0で停止しているものとする．

(1) 図1.9の時間 – 距離グラフより，時間 – 速度グラフ（$0 \leq$ 時間）の概形
(2) 図1.10の時間 – 距離グラフより，時間 – 速度グラフ（$0 \leq$ 時間）の概形
(3) 図1.11の時間 – 速度グラフより，時間 – 距離グラフ（$0 \leq$ 時間），時間 – 加速度グラフ（$0 \leq$ 時間）の概形
(4) 図1.12の時間 – 加速度グラフより，時間 – 速度グラフ（$0 \leq$ 時間），時間 – 加加速度グラフ（$0 \leq$ 時間）の概形

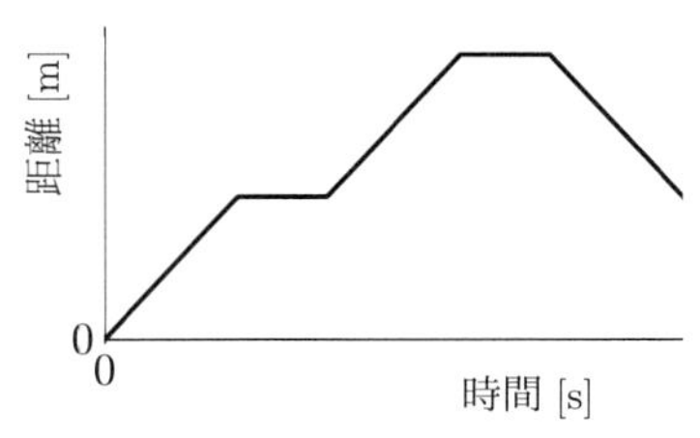

図 1.9　時間 – 距離グラフ

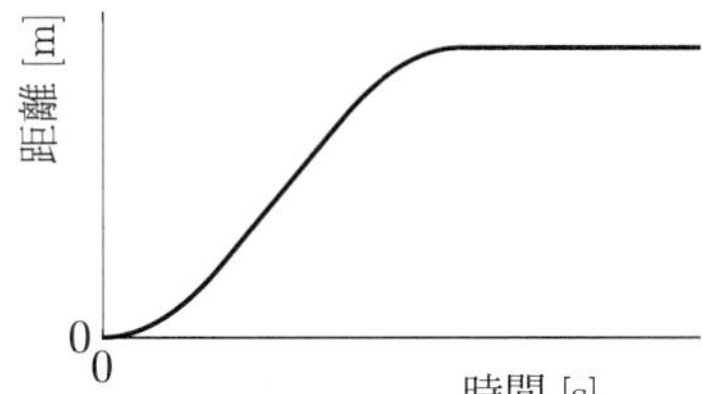

図 1.10　時間 – 距離グラフ

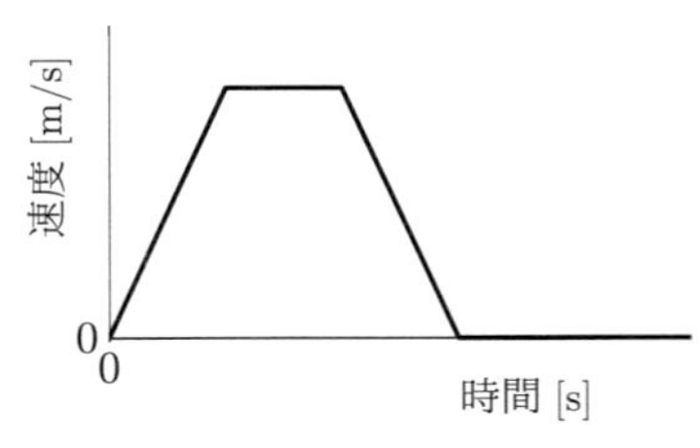

図 **1.11**　時間 – 速度グラフ

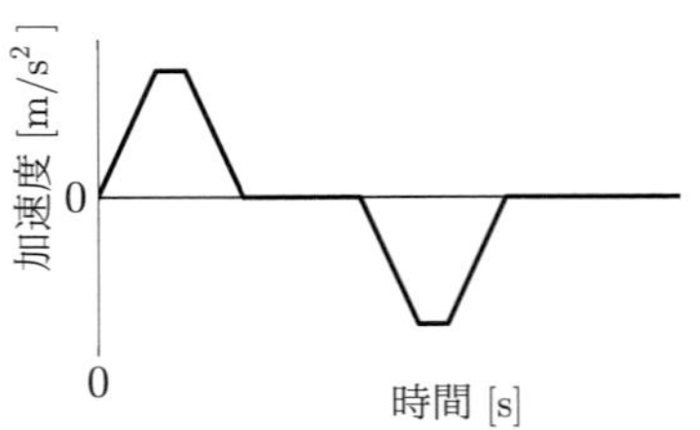

図 **1.12**　時間 – 加速度グラフ

［演習 3］次の物理量について答えなさい．

(1) 上端固定でつるされた「ばね」の下端を下向きに引っ張って自然長の位置から x[m] だけ変位させると，上向きに力 f[N] を生ずる．f は x に比例する．このことを，比例定数を k として，数式で表わしなさい．また k の単位も示しなさい．

(2) 一端を固定された軸の反対側の端を，軸の中心まわりにねじり，θ[rad] ねじると，もとに戻そうとするトルク τ[Nm] を生ずる．τ は θ に比例する．このことを，比例定数を k として，数式で表わしなさい．また k の単位も示しなさい．

(3) ある物体が空気中を v[m/s] の速度で移動するとき，空気の抵抗を受け，止めようとする力 f[N] を受けている．止めようとする力 f は速度 v に比例する．また速度 v は物体の位置 x の時間微分である．f[N] と x[m] の関係を，比例定数を D として，数式で表わしなさい．また D の単位も示しなさい．

(4) 容量 C[F(ファラッド)] のコンデンサに電圧 v[V] を加えたとき，コンデンサに蓄積される電荷 q[C(クーロン)] は $q = Cv$ で表わされる．電荷の時間的変化，すなわち電荷の時間微分が電流 i[A(アンペア)] であるので，電流の時間積分が電荷になることを利用して，電圧 v を電流 i で表わしなさい．

(5) インダクタンス L[H(ヘンリー)] のコイルでは，$L\times$（電流の時間変化率, すなわち電流の時間微分）が電圧として観測される．電圧 v を電流 i で表わしなさい．

［演習 4］次の状態について数式で表わしなさい．また得られた式における各項の単位を確認しなさい．

(1) 直進運動において，運動方程式は「ある物体の質量」×「その物体に生ずる加速度」=「その物体に加わる力の合計」で表わされる．地球上で空気の抵抗が無視できなければ，質量 m[kg] の物体に加わる力は，「重力（=地球が引っ張る下向きの力)」と「空気抵抗による止めようとする力」との合計である．重力加速度を g[m/s^2] とすると重力は mg[N(ニュートン)] である．空気抵抗による止めようとする力は物体の速度に比例する量で，比例定数は D である．その物体の速度（垂直方向，上向きが正方向）を $v(t)$[m] で表わした関係式（運動方程式）を求めなさい．

(2) 図 1.13 のような摩擦を無視できる「質量とばね」の振動系がある．ばねの左端 $x(t)$ を時間とともに左右に動かして．質量の部分 $y(t)$ がどのように動くかを調べたい．質量に着目して運動方程式を立てなさい．ただし，ばねが伸び縮みしていないときのばねの両端の位置を x, y それぞれの原点とする（$x = 0, y = 0$ であれば, ばねは自然長となっている)．ばねの伸びは $y - x$ で表わされる．また，ばね定数を k[N/m] とすると，ばねが質量を右方向に押す力は，方向と符号を考えて，$k(x - y)$ となる．

(3) 図 1.14 のような摩擦を無視できる「質量とばねと粘性抵抗」の振動系がある．ばねの左端 $x(t)$ を時

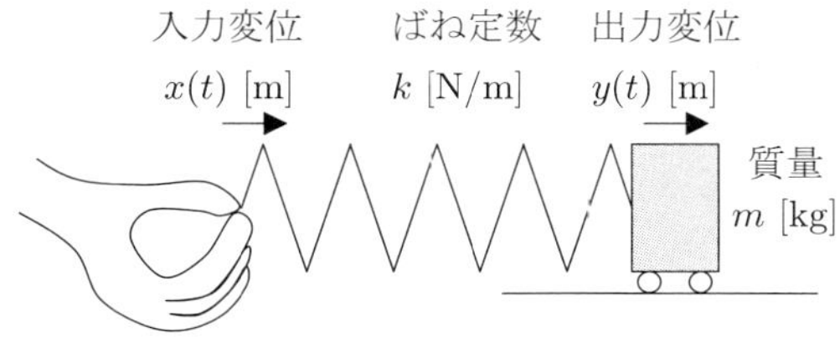

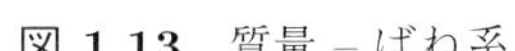
図 1.13　質量 – ばね系

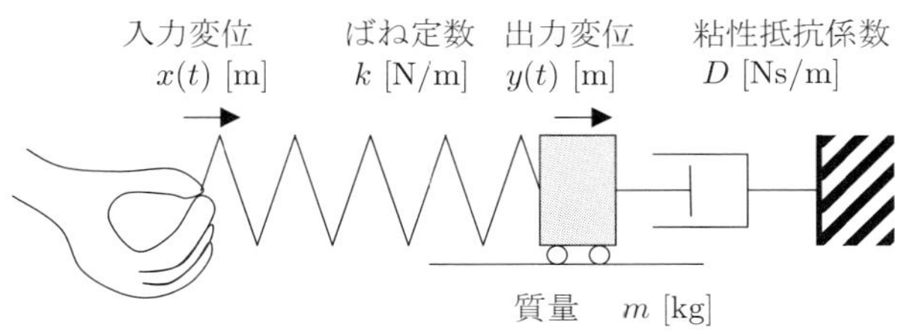

図 1.14　質量 – ばね – 粘性抵抗系

間とともに左右に動かして，質量の部分 $y(t)$ がどのように動くかを調べたい．質量に着目して運動方程式を立てなさい．ただし，ばねが伸び縮みしていないときのばねの両端の位置を x, y それぞれの原点とする．粘性抵抗部は質量の速度に比例して逆向きの力を生ずるので，粘性抵抗部が横向きに質量を押す力は「$-D$ ×質量の横向き速度」で表わされる．

(4) 図 1.15 の抵抗 – コンデンサ回路において，入力電圧 $x(t)$ を加えたとき，出力電圧 $y(t)$ はどうなるか式で表わしなさい．ただし電流は抵抗の左端からコンデンサの下の GND（グランド）に向かってのみ流れるものとする．この電流を i として，

$x(t)$ ＝抵抗での電圧降下＋コンデンサでの電圧降下

$y(t)$ ＝コンデンサでの電圧降下

の 2 つの式を立てて，$y(t)$ の 1 階微分の式を作り，i を消去すればよい（2 つの式があるので 1 つの変数を消去することができる）．

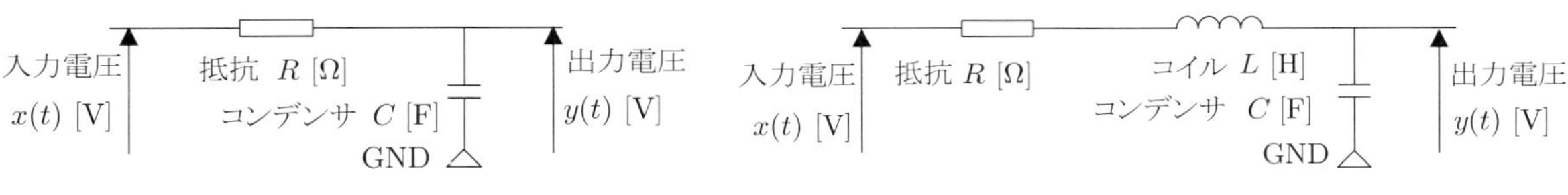

図 1.15　抵抗 – コンデンサ回路

図 1.16　抵抗 – コイル – コンデンサ回路

(5) 図 1.16 の抵抗 – コイル – コンデンサ回路において，入力電圧 $x(t)$ を加えたとき，出力電圧 $y(t)$ はどうなるか式で表わしなさい．ただし電流は抵抗の左端からコンデンサの下の GND に向かってのみ流れるものとする．この電流を i として，

$x(t)$ ＝抵抗での電圧降下＋コイルでの電圧降下＋コンデンサでの電圧降下

$y(t)$ ＝コンデンサでの電圧降下

の 2 つの式を立てて，$y(t)$ の 1 階微分の式，2 階微分の式を作り，i を消去すればよい（2 つの式があるので 1 つの変数を消去することができる）．

(6) 図 1.17 の回転系において，運動方程式は「ある物体の慣性モーメント」×「その物体に生ずる角加速度」＝「その物体に加わるトルク（力のモーメント）の合計」で表わされる．トルク τ[Nm] が加えられたとき，慣性モーメント J[kgm^2] の物体の回転角を θ[rad] で表わしたときの関係式（運動方程式）を求めなさい．

(7) 図 1.17 の回転系において，トルク τ[Nm] が加えられたとき，慣性モーメント J[kgm^2] の物体の回転角を θ[rad] で表わしたときの関係式（運動方程式）を求めなさい．ただし，物体の角速度に比例

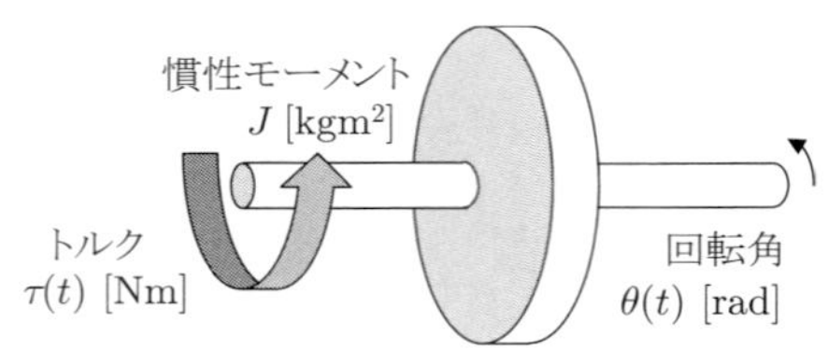

図 1.17　回転系

した止めようとするするトルクが働くものとする．この止めようとするトルクを発生する比例定数を D_r とする．

(8) 直流モータに電圧 $v(t)$[V] を加えた場合を考えよう．モータには内部抵抗 $R[\Omega]$ がある．モータにはコイルがあるため本来はインダクタンス (L[H]) も存在するが，これは無視することにすると，モータは電気的には純抵抗とみなせる．モータ軸は角速度（回転速度）$\omega(t)$[rad/s] で回転すると角速度に比例した逆起電力 $k_v \cdot \omega(t)$[V] が生じ，モータに加わる電圧が下がって $(v(t) - k_v \cdot \omega(t))$[V] になったように考えられる．そして電流 $i(t)$ はオームの法則通り流れる．

　また，モータの発生するトルクはモータ内部を流れる電流に比例し，$k_t \cdot i(t)$[Nm] になる．モータ軸には負荷も含めて慣性モーメント J[kgm^2] があるものとする．オームの法則より

　「モータに加わる電圧＝モータの内部抵抗×モータ内部を流れる電流」

となり，回転系の運動方程式は次式となる．

　「モータ軸の慣性モーメント×モータ軸の角加速度 $(\dot{\omega})$ ＝モータの発生トルク」

この２式より電流 i を消去して，$v(t)$ が入力であり，$\omega(t)$ が出力である１つの式を求めなさい．また比例定数 k_v，k_t の単位も求めなさい．さらに，この式を，角速度 $\omega(t)$[rad/s] ではなく角度 $\theta(t)$[rad] で表わしなさい．この式では $v(t)$ が入力であり，$\theta(t)$ が出力である．

(9) 前問 (8) の角度 $\theta(t)$[rad] に関する式において，入力電圧 $v(t)$ を次のように定める．

　$v(t) = k_f\,(x(t) - \theta(t))$

ただし，$x(t)$ は時間とともに変化する目標角度[rad] である．この式では，(目標角度－現在角度）が正の場合は正の入力電圧が，負の場合には負の入力電圧が作られる．これはモータ軸角度を目標角度に追従させる制御で，フィードバックシステムと呼ばれている．(8) の角度 $\theta(t)$[rad] に関する式に $v(t)$ を代入して，入力 $x(t)$ と出力 $\theta(t)$ の式を求めなさい．また比例係数 k_f の単位を求めなさい．

(10) 多孔質吸着容器（水道の蛇口などに取り付けられる浄水器など）に吸着される物質の質量を $x(t)$[kg] とし，多孔質吸着容器における最大吸着質量を x_{max}[kg] とする（当然だが，$x \leq x_{max}$）．ここで，「単位時間当たりの吸着質量の増加」$\dot{x}(t)$ はこれから吸着できると考えられる質量（多孔質吸着容器の最大吸着質量と吸着された物質の質量の差）に比例する（比例定数 k）と考えることができる．この関係式を作りなさい．また比例定数 k の単位を求めなさい．

(11) 地球上の単位時間当たりの人口増加（生まれる子供の数－死亡する人数）は，地球上の全人口に比例すると考えたとき，ある時刻の地球上の全人口を x[人] とし，比例定数を k として関係式を作りなさい．

［演習 5］演習 4 において，求められた微分方程式を分類しなさい．微分方程式が同じ形になった場合には，異なる現象でもふるまいが同じになることを示している．

［演習 6］この時点でラプラス変換を使ってみるのは強引すぎるかもしれないが，ラプラス変換表と解答を見ながらでもよいから，3 つのステップを意識しながら，とにかく微分方程式を解いてみなさい．また検算もやってみなさい．

(1) $m\dot{v}(t) = -mg$，初期条件 $v(0) = 0,\ 0 \leq t$ （自然落下を表わす微分方程式）
m[kg] は落下物体の質量，$v(t)$[m/s] は落下物体の速度，g は重力加速度（=約 9.8m/s^2）である．

(2) $m\dot{v}(t) + Dv(t) = -mg$，初期条件 $v(0) = 0,\ 0 \leq t$ （自然落下の微分方程式，空気抵抗がある場合）
m[kg] は落下物体の質量，$v(t)$[m/s] は落下物体の速度，g は重力加速度（=約 9.8m/s^2）である．
空気の抵抗は速度に比例していると考えている．

(3) 図 1.18 のばね – 質量 – 粘性抵抗系の運動方程式は次のようになる．
$m\ddot{y}(t) + D\dot{y}(t) + ky(t) = kx(t)$

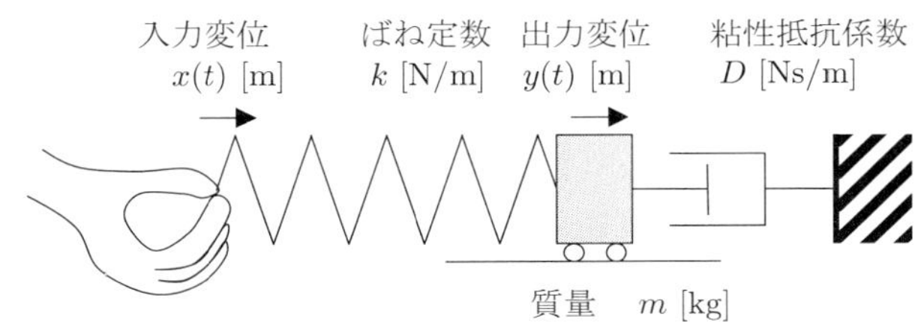

図 1.18　質量 – ばね – 粘性抵抗系

この式は，ばねが伸び縮みしていないときのばねの両端の位置を x, y それぞれの原点として，左端を時間の関数 $x(t)$ のように動かすと，質量が $y(t)$ のように動くことを示している．ここで質量を手で支えて $y(0) = 0,\ \dot{y}(0) = 0$ の状態を保ったまま，左端を右側に 0.1m 動かしたところに保ち，時刻 0 で手で支えていた質量を自由に動けるようにしたという状況を想定しよう．

$D/m = 2$，$k/m = 101$，$x(t) = 0.1 = const.$ とすると，次の微分方程式となるので，これを解きなさい．

$\ddot{y}(t) + 2\dot{y}(t) + 101y(t) = 101 \times 0.1$，初期条件 $y(0) = 0,\ \dot{y}(0) = 0,\ 0 \leq t$

1章　演習問題解答

［解 1］

(1) kg/m^3　(2) kg/m^2　(3) kg/m

(4) m^3/s　(5) rad/s^2

(6) Nms/rad (Nms/rad → kgm/s^2·ms → m^{2}kg/s)

(7) Vs/rad

(Vs/rad → m^{2}kg/s^3/A·s → m^{2}kg/s^2/A)

(8) Nm/A

(Nm/A → kgm/s^2·m/A → m^{2}kg/s^2/A)

(9) Vs/rad

(Vs/rad → m^{2}kg/s^3/A·s → m^{2}kg/s^2/A)

電圧定数とトルク定数は同じ単位になることが確認された．

(10) ΩF (ΩF → m^{2}kg/s^3/A^2·m^{-2}kg^{-1}s^{4}A^2 → s)

抵抗 R – コンデンサ C 回路で RC の単位は [s] になる．RC 回路の時定数と呼ばれる理由．

(11) 円/個

［解 2］

(1) 図 1.19 の傾きを参考に微分すると，速度のグラフ図 1.20 を得る．現実の自動車や電車はこのグラフにみられるような瞬時の速度変化を起こすことはできない．

(2) 図 1.21 の傾きを参考に微分すると，速度のグラフ図 1.22 を得る．

(3) (2) の問題と解答を逆に考えれば積分したことになり，距離のグラフ図 1.23 を得，図 1.24 の傾きを参考に微分すると，加速度のグラフ図 1.25 を得る．(2)(3) は同じ動作を表わしているが，現実の自動車や電車がこのような動作をしたら，加速度の変化が大きいことが予想され，乗り心地が悪い．

(4) 前半の積分と微分は (3) と同じになることを利用して，速度のグラフ図 1.26，加加速度のグラフ図 1.27 を得る．

［解 3］

(1)$f = -kx$　k:[N/m]

(2)$\tau = -k\theta$　k:[Nm/rad]

(3)$f = -D\dot{x}$　D:[Ns/m]

(4)$v = \dfrac{1}{C}\displaystyle\int i\,dt$　　(5)$v = L\dot{i}$

［解 4］

(1)$m\dot{v}(t) = -mg - Dv(t)$ より

$m\dot{v}(t) + Dv(t) = -mg$　　D:[Ns/m]

ここで $T = \dfrac{m}{D}$，$K = -\dfrac{mg}{D}$ とおけば，

$T\dot{v}(t) + v(t) = K$

単位を検討すると $T = \dfrac{m}{D}$ は [s] の単位をもっており，$K = -\dfrac{mg}{D}$ は [m/s] の単位をもっている．

ゆえに式 $T\dot{v}(t) + v(t) = K$ の各項は単位 [m/s] をもつことが確認される．

(2)$m\ddot{y}(t) = k\,(x(t) - y(t))$ より

$m\ddot{y}(t) + ky(t) = kx(t)$

ここで $\omega_n = \sqrt{\dfrac{k}{m}}$ とおけば，

$\ddot{y}(t) + \omega_n^2 y(t) = \omega_n^2 x(t)$

単位を検討すると ω_n は [1/s] ([rad/s]) の単位をもっている．（単位 [rad] は無次元なので，[1/s] と [rad/s] は同じ次元の単位となる．）

ゆえに式 $\ddot{y}(t) + \omega_n^2 y(t) = \omega_n^2 x(t)$ の各項は単位 [m/s^2] をもつことが確認される．

(3)$m\ddot{y}(t) = k\,(x(t) - y(t)) - D\dot{y}(t)$ より

$m\ddot{y}(t) + D\dot{y}(t) + ky(t) = kx(t)$　　D:[Ns/m]

ここで $\omega_n = \sqrt{\dfrac{k}{m}}$，$\zeta = \dfrac{D}{2\sqrt{mk}}$ とおけば，

$\ddot{y}(t) + 2\zeta\omega_n\dot{y}(t) + \omega_n^2 y(t) = \omega_n^2 x(t)$

単位を検討すると ω_n は [1/s] ([rad/s])，ζ は [–]（これは単位をもたないことを意味しており，無次元の単位をもっているとも表現される）の単位をもっている．

ゆえに式

$\ddot{y}(t) + 2\zeta\omega_n\dot{y}(t) + \omega_n^2 y(t) = \omega_n^2 x(t)$

の各項は単位 [m/s^2] をもつことが確認される．

(4)$x(t) = Ri(t) + \dfrac{1}{C}\displaystyle\int i(t)\,dt$，

$y(t) = \dfrac{1}{C}\displaystyle\int i(t)\,dt \rightarrow C\dot{y}(t) = i(t)$

$i(t)$ を消去して，$RC\dot{y}(t) + y(t) = x(t)$

ここで $RC = T$ とおけば，

$T\dot{y}(t) + y(t) = x(t)$

単位を検討すると $RC = T$ は [s] の単位をもっている（演習 1(10)）．

ゆえに式，$T\dot{y}(t) + y(t) = x(t)$ の各項は単位 [V] をもつことが確認される．

(5)$x(t) = Ri(t) + L\dot{i}(t) + \dfrac{1}{C}\displaystyle\int i(t)\,dt$

$y(t) = \dfrac{1}{C}\displaystyle\int i(t)\,dt \rightarrow C\dot{y}(t) = i(t)$，$C\ddot{y}(t) = \dot{i}(t)$

$i(t)$ を消去して，$LC\ddot{y}(t) + RC\dot{y}(t) + y(t) = x(t)$

ここで $\omega_n = \sqrt{\dfrac{1}{LC}}$，$\zeta = \dfrac{R}{2}\sqrt{\dfrac{C}{L}}$ とおけば

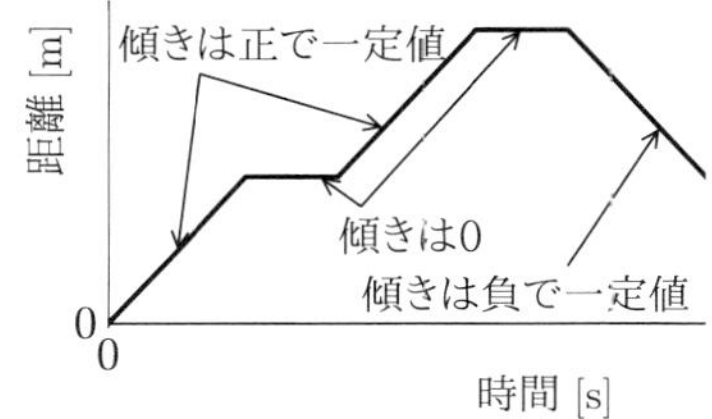

時間 – 距離グラフ

図 1.19　解 2(1) の考え方

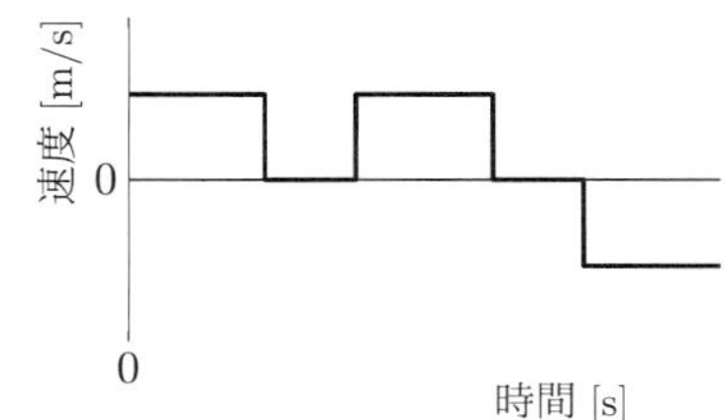

時間 – 速度グラフ

図 1.20　解 2(1) のグラフ

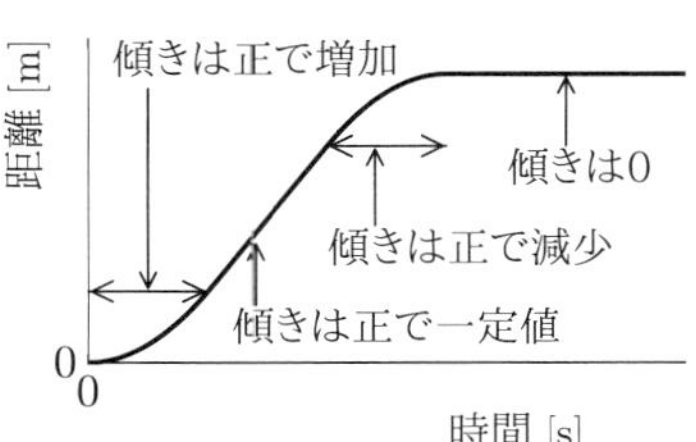

時間 – 距離グラフ

図 1.21　解 2(2) の考え方

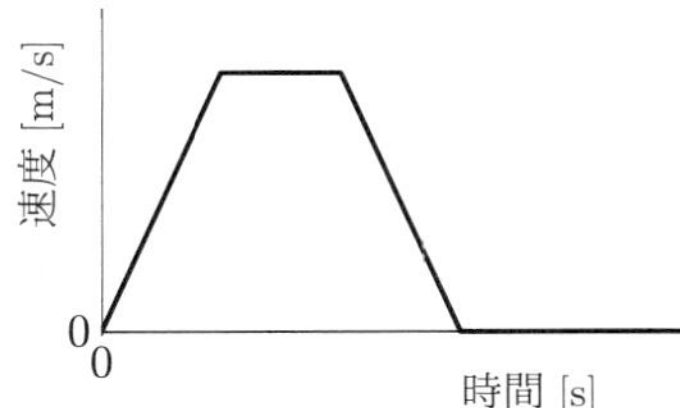

時間 – 速度グラフ

図 1.22　解 2(2) のグラフ

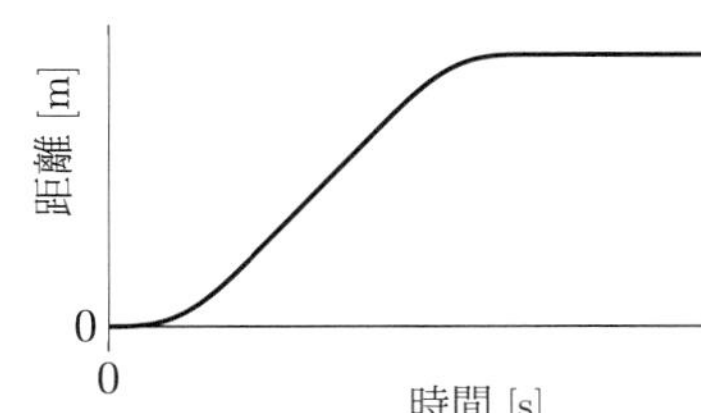

時間 – 距離グラフ

図 1.23　解 2(3) のグラフ

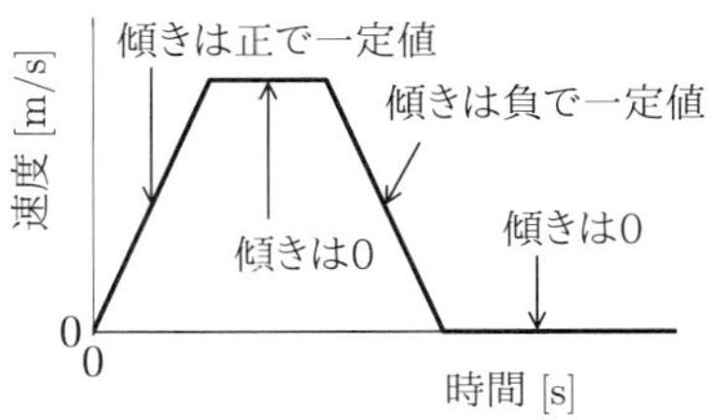

時間 – 速度グラフ

図 1.24　解 2(3) の考え方

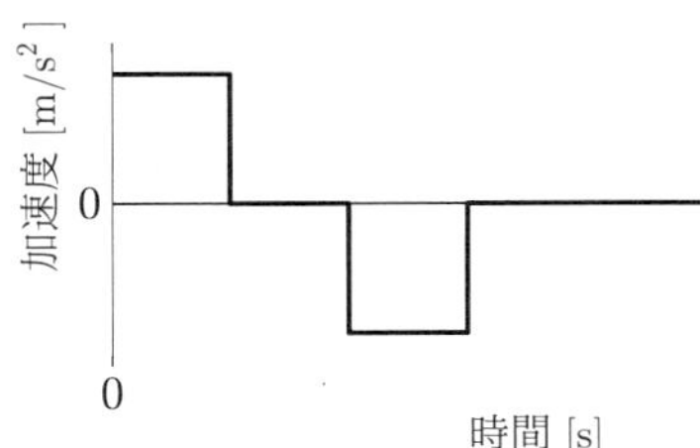

時間 – 加速度グラフ

図 1.25　解 2(3) のグラフ

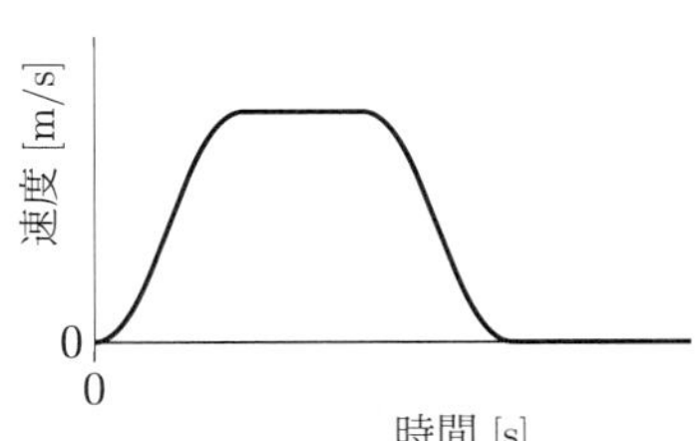

時間 – 速度グラフ

図 1.26　解 2(4) のグラフ

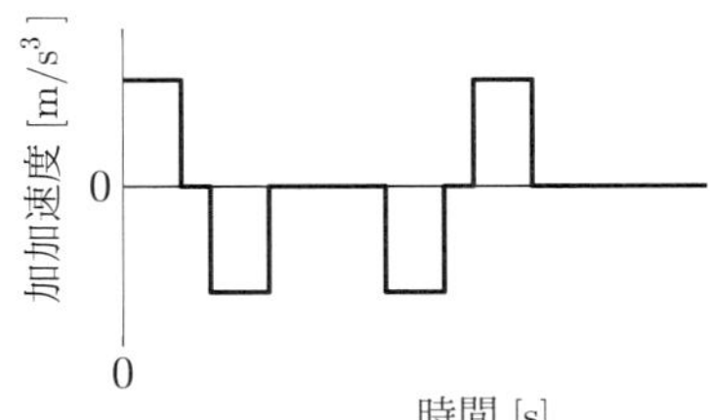

時間 – 加加速度グラフ

図 1.27　解 2(4) のグラフ

$\ddot{y}(t)+2\zeta\omega_n\dot{y}(t)+\omega_n^2 y(t)=\omega_n^2 x(t)$

単位を検討すると ω_n は [1/s] ([rad/s])，ζ は [−] の単位をもっている．ゆえに式

$\ddot{y}(t)+2\zeta\omega_n\dot{y}(t)+\omega_n^2 y(t)=\omega_n^2 x(t)$

の各項は単位 [V/s^2] をもつことが確認される．

(6)$J\ddot{\theta}(t)=\tau(t)$　ここで $K=\dfrac{1}{J}$ とおけば

$\ddot{\theta}(t)=K\tau(t)$

単位を検討すると，$\ddot{\theta}(t)=K\tau(t)$ の各項は単位 [1/s^2] をもつことが確認される．

なお，単位 [rad] は無次元なので，[1/s^2] と [rad/s^2] は同じ次元の単位となる．

(7)$J\dot{\omega}(t)+D_r\omega(t)=\tau(t)$　D_r:[Nms/rad]

ここで $T=\dfrac{J}{D_r}$，$K=\dfrac{1}{D_r}$ とおけば

$T\dot{\omega}(t)+\omega(t)=K\tau(t)$

単位を検討すると T は [s]，K は [rad/s/N/m] の単位をもっている．

ゆえに，式 $T\dot{\omega}(t)+\omega(t)=K\tau(t)$ の各項は単位 [1/s]([rad/s]) をもつことが確認される．

$\dot{\theta}(t)=\omega(t)$ より，$T\ddot{\theta}(t)+\dot{\theta}(t)=K\tau(t)$

(8)$v(t)-k_v\omega(t)=Ri(t)$，$J\dot{\omega}(t)=k_t i(t)$ より

$\dfrac{RJ}{k_t}\dot{\omega}(t)+k_v\omega(t)=v(t)$

k_v:[Vs/rad]，k_t:[Nm/A]

ここで $T=\dfrac{RJ}{k_t k_v}$，$K=\dfrac{1}{k_v}$ とおけば

$T\dot{\omega}(t)+\omega(t)=Kv(t)$

単位を検討すると T は [s] の，K は [rad/s/V] の単位をもっている．

ゆえに，式 $T\dot{\omega}(t)+\omega(t)=Kv(t)$ の各項は単位 [rad/s] をもつことが確認される．

また $T\ddot{\theta}(t)+\dot{\theta}(t)=Kv(t)$ と表わすこともできる．

(9) $\dfrac{RJ}{k_t}\dot{\omega}(t)+k_v\omega(t)=v(t)$，$v(t)=k_f\left(x(t)-\theta(t)\right)$，$\dot{\theta}(t)=\omega(t)$ より

$\dfrac{RJ}{k_t}\ddot{\theta}(t)+k_v\dot{\theta}(t)+k_f\theta(t)=k_fx(t)$

k_f の単位は [V/rad]

ここで $\omega_n=\sqrt{\dfrac{k_tk_f}{RJ}}$，$\zeta=\dfrac{k_v}{2}\sqrt{\dfrac{k_t}{k_fRJ}}$ とおけば

$\ddot{\theta}(t)+2\zeta\omega_n\dot{\theta}(t)+\omega_n^2\theta(t)=\omega_n^2x(t)$

単位を検討すると ω_n は [1/s]，ζ は [－] の単位をもっている．ゆえに，式

$\ddot{\theta}(t)+2\zeta\omega_n\dot{\theta}(t)+\omega_n^2\theta(t)=\omega_n^2x(t)$ の各項は単位 [rad/s^2]([1/s^2]) をもつことが確認される．

(10) $\dot{x}(t)=k\left(x_{max}-x(t)\right)$　k:[1/s]

$\dot{x}(t)+kx(t)=kx_{max}$

ここで $T=\dfrac{1}{k}$，$K=x_{max}$ とおけば

$T\dot{x}(t)+x(t)=K$

単位を検討すれば，T の単位は [s] となる．

ゆえに，式 $T\dot{x}(t)+x(t)=K$ の各項は，単位 [kg] をもつことが確認される．

(11) $\dot{x}(t)=kx(t)$　k:[1/s]　ここで $T=\dfrac{1}{k}$ とおけば

$T\dot{x}(t)-x(t)=0$

単位を検討すれば，T の単位は [s] となる．

ゆえに，式 $T\dot{x}(t)-x(t)=0$ の各項は，単位 [人] をもつことが確認される．

[解 5]

唯一の分類方法は無いが，あえて，後で解いてみる立場から分類してみよう．

$T\dot{y}(t)\pm y(t)=Kx(t)$，線形 1 階微分方程式

（ $x(t)$ が定数のもの，$K=1$ のものを含む）

(1),(4),(7),(8),(10),(11)

$\ddot{y}(t)+2\zeta\omega_n\dot{y}(t)+\omega_n^2y(t)=K\omega_n^2x(t)$，

線形 2 階微分方程式

（$\zeta=0$ のもの，$K=1$ のものを含む）

(2),(3),(5),(9)

その他の形の線形 2 階微分方程式

(6)

[解 6]

(1) $m\dot{v}(t)=-mg$，初期条件 $v(0)=0,\ 0\le t$

整理して，$\dot{v}(t)=-g\cdot 1$

両辺をラプラス変換する．

$\mathscr{L}\left(\dot{v}(t)\right)=-g\mathscr{L}\left(1\right)$

（表 1.4 – 25，表 1.3 – 2 を左から右に使う．）

$sV(s)-sv(0)=-g\dfrac{1}{s}$

$V(s)=-g\dfrac{1}{s^2}$

両辺を逆ラプラス変換する．

$\mathscr{L}^{-1}\left(V(s)\right)=\mathscr{L}^{-1}\left(-g\dfrac{1}{s^2}\right)$

$\mathscr{L}^{-1}\left(V(s)\right)=-g\mathscr{L}^{-1}\left(\dfrac{1}{s^2}\right)$

ここで表 1.3 – 3 を右から左に使う．

$v(t)=-gt\cdots$ 解

（これは物理の教科書で出てくる自由落下の式である．）

○検算

解を t で微分すると $\dot{v}(t)=-g$

1) 微分方程式の検査

もとの微分方程式において，

左辺＝ $m\dot{v}(t)=m(-g)=-mg$ ＝右辺

2) 初期条件の検査

$v(0)=-g\cdot 0=0$

よって，解は初期条件を満足している．

1),2) より解 $v(t)=-gt$ は与えられた微分方程式の解である．

(2) $m\dot{v}(t)+Dv(t)=-mg$，初期条件 $v(0)=0,\ 0\le t$

両辺を項ごとにラプラス変換する．

$m\mathscr{L}\left(\dot{v}(t)\right)+D\mathscr{L}\left(v(t)\right)=-mg\mathscr{L}\left(1\right)$

ここで表 1.4 – 25，表 1.4 – 16，表 1.3 – 2 を左から右に使う．

$m\left(sV(s)-v(0)\right)+DV(s)=-mg\dfrac{1}{s}$

$(ms+D)V(s)=-mg\dfrac{1}{s}$

$V(s)=-mg\dfrac{1}{s\left(ms+D\right)}=\dfrac{-mg}{D}\left(\dfrac{1}{s}-\dfrac{1}{s+\frac{D}{m}}\right)$

$V(s)=-\dfrac{mg}{D}\dfrac{1}{s}+\dfrac{mg}{D}\dfrac{1}{s+\frac{D}{m}}$

両辺を逆ラプラス変換する．

$$\mathscr{L}^{-1}\left(V(s)\right)=\mathscr{L}^{-1}\left(-\frac{mg}{D}\frac{1}{s}+\frac{mg}{D}\frac{1}{s+\frac{D}{m}}\right)$$

$$=-\frac{mg}{D}\mathscr{L}^{-1}\left(\frac{1}{s}\right)+\frac{mg}{D}\mathscr{L}^{-1}\left(\frac{1}{s+\frac{D}{m}}\right)$$

ここで表 1.3 – 2，表 1.3 – 6 を右から左に使う．

$v(t)=-\dfrac{mg}{D}+\dfrac{mg}{D}e^{-\frac{D}{m}t}$

$v(t)=-\dfrac{mg}{D}\left(1-e^{-\frac{D}{m}t}\right)\cdots$ 解

D は [Ns/m] の単位をもち，$\dfrac{mg}{D}$ は [m/s] の単位とな

る．また $\dfrac{D}{m}t$ の単位は [–] となる．

この解は，十分時間が経過すると，$e^{-\frac{D}{m}t}$ は 0 になるので，速度は一定速度 $-\dfrac{mg}{D}$[m/s] になることを示している．運動の速度曲線は図 1.28 のようになる．

もし雨粒が空気の抵抗なく等加速度運動で落下しているとしたら，危険で雨の中を歩くことはできない．幸いなことに，空気の抵抗により地表近くでは定速度で落下しており，その速度は雨粒の大きさに関係があり数 [m/s] から 10[m/s] と言われている．

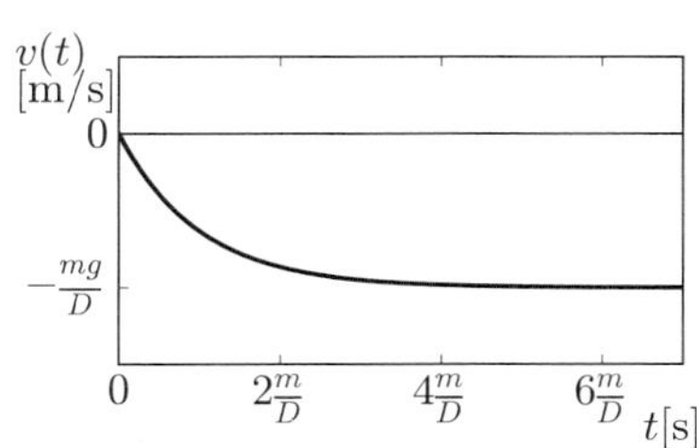

図 1.28　空気中の物体の落下運動

○検算

解を t で微分して　$\dot{v}(t) = -ge^{-\frac{D}{m}t}$

1) 微分方程式の検査

もとの微分方程式 $m\dot{v}(t) + Dv(t) = -mg$ に $v(t)$ と $\dot{v}(t)$ を代入する

$$\text{左辺} = m\left(-ge^{-\frac{D}{m}t}\right) + D\left\{-\frac{mg}{D}\left(1 - e^{-\frac{D}{m}t}\right)\right\}$$

$$= -mg = \text{右辺}$$

2) 初期条件の検査

$$v(0) = -\frac{mg}{D}\left(1 - e^{-\frac{D}{m}\cdot 0}\right) = -\frac{mg}{D}(1-1) = 0$$

よって，解は初期条件を満足している．

1),2) より解 $v(t) = -\dfrac{mg}{D}\left(1 - e^{-\frac{D}{m}t}\right)$ は与えられた微分方程式の解である．

(3) $\ddot{y}(t) + 2\dot{y}(t) + 101y(t) = 101 \times 0.1$,

初期条件 $y(0) = 0,\ \dot{y}(0) = 0$

両辺を項ごとにラプラス変換する．

$$\mathscr{L}\left(\ddot{y}(t)\right) + 2\mathscr{L}\left(\dot{y}(t)\right) + 101\mathscr{L}\left(y(t)\right)$$
$$= 101 \times 0.1\mathscr{L}(1)$$

ここで表 1.4 – 29，表 1.4 – 28，表 1.4 – 16，表 1.3 – 2 を左から右に使う．

$$s^2Y(s) + 2sY(s) + 101Y(s) = \frac{101 \times 0.1}{s}$$

$$(s^2 + 2s + 101)Y(s) = \frac{101 \times 0.1}{s}$$

［ここがポイント］　分母の形をヒントに，表 1.3 – 11，表 1.3 – 10 の利用を目指す．

$$Y(s) = \frac{101 \times 0.1}{s\left(s^2 + 2s + 101\right)}$$
$$= 0.1 \times \left(\frac{1}{s} - \frac{s+2}{s^2 + 2s + 101}\right)$$
$$= 0.1 \times \left(\frac{1}{s} - \frac{s+1+1}{(s+1)^2 + 10^2}\right)$$
$$= 0.1 \times \left(\frac{1}{s} - \frac{s+1}{(s+1)^2 + 10^2}\right.$$
$$\left. - \frac{1}{10}\frac{10}{(s+1)^2 + 10^2}\right)$$
$$= 0.1 \times \frac{1}{s} - 0.1 \times \frac{s+1}{(s+1)^2 + 10^2}$$
$$-0.1 \times \frac{1}{10}\frac{10}{(s+1)^2 + 10^2}$$

両辺を逆ラプラス変換する．

$$\mathscr{L}^{-1}\left(Y(s)\right) = 0.1\mathscr{L}^{-1}\left(\frac{1}{s}\right)$$
$$- 0.1\mathscr{L}^{-1}\left(\frac{s+1}{(s+1)^2 + 10^2}\right)$$
$$- 0.1 \times \frac{1}{10}\mathscr{L}^{-1}\left(\frac{10}{(s+1)^2 + 10^2}\right)$$

ここで表 1.3 – 2，表 1.3 – 11，表 1.3 – 10 を右から左に使う．

$$y(t) = 0.1 - 0.1 \times e^{-t}\cos 10t - 0.1 \times \frac{1}{10}e^{-t}\sin 10t$$

$$y(t) = 0.1\left(1 - e^{-t}\cos 10t - \frac{1}{10}e^{-t}\sin 10t\right)$$

… 解

解としてはここまでよいが，さらに計算するとグラフの概形をとらえやすくなる．

$$y(t) = 0.1\left(1 - e^{-t}\left(\cos 10t + \frac{1}{10}\sin 10t\right)\right)$$

ここで次式を使う

$a\cos\theta + b\sin\theta = r\cos(\theta - \alpha)$

ただし $r = \sqrt{a^2 + b^2},\ \cos\alpha = \dfrac{a}{r},\ \sin\alpha = \dfrac{b}{r}$

$$y(t) = 0.1\left(1 - \frac{\sqrt{101}}{10}e^{-t}\cos\left(10t - \phi\right)\right)$$

ただし $\phi = \tan^{-1}\dfrac{1}{10}$

ここで時間が十分経過したとき ($t \to \infty$)，e^{-t} は 0 になるので，$t \to \infty$ のとき $y(t)$ は 0.1 に収束する．

$y = \dfrac{\sqrt{101}}{10}e^{-t}\cos\left(10t - \phi\right)$ は，

$y = \pm\dfrac{\sqrt{101}}{10}e^{-t}$ を振幅を表わす曲線とした，振動する曲線である．

これを -1 倍して 1 上に上げることで，

$y = -\dfrac{\sqrt{101}}{10}e^{-t}\cos\left(10t - \phi\right) + 1$ になる．

これを 0.1 倍して解曲線（図 1.29）を得る．

解曲線で，振幅を表わす曲線は次式となる．

$$y(t) = 0.1 \times \left(1 \pm \frac{\sqrt{101}}{10} e^{-t}\right)$$

○検算

解を t で微分して

$$\dot{y}(t) = 0.1\left(e^{-t}\cos 10t + 10e^{-t}\sin 10t\right) + 0.1\left(\frac{1}{10}e^{-t}\sin 10t - e^{-t}\cos 10t\right)$$
$$= 0.1 \times \frac{101}{10} e^{-t}\sin 10t$$

さらに t で微分して

$$\ddot{y}(t) = 0.1 \times \frac{101}{10}\left(-e^{-t}\sin 10t + 10e^{-t}\cos 10t\right)$$
$$= 0.1 \times \left(-\frac{101}{10}e^{-t}\sin 10t + 101e^{-t}\cos 10t\right)$$

1) 微分方程式の検査

もとの微分方程式

$$\ddot{y}(t) + 2\dot{y}(t) + 101y(t) = 101 \times 0.1$$

に $y(t)$ と $\dot{y}(t)$，$\ddot{y}(t)$ を代入する．

左辺

$$= 0.1 \cdot \left(-\frac{101}{10}e^{-t}\sin 10t + 101e^{-t}\cos 10t\right) + 2 \cdot 0.1 \cdot \frac{101}{10}e^{-t}\sin 10t + 101 \cdot 0.1 \cdot \left(1 - e^{-t}\cos 10t - \frac{1}{10}e^{-t}\sin 10t\right)$$
$$= 0.1 \cdot \left\{101 + \left(-\frac{101}{10} + 2 \times \frac{101}{10} - \frac{101}{10}\right) \times e^{-t}\sin 10t + (101 - 101)\, e^{-t}\cos 10t\right\}$$
$$= 101 \times 0.1 = 右辺$$

2) 初期条件の検査

$$y(0) = 0.1 \times \left(1 - e^{0}\cos 0 - \frac{1}{10}e^{0}\sin 0\right)$$
$$= 0.1 \times (1 - 1 - 0) = 0$$
$$\dot{y}(0) = 0.1 \times \frac{101}{10}e^{0}\sin 0 = 0$$

よって，解は初期条件を満足している．

1),2) より解

$$y(t) = 0.1\left(1 - e^{-t}\cos 10t - \frac{1}{10}e^{-t}\sin 10t\right)$$

は与えられた微分方程式の解である．

解曲線（図 1.29）は運動の様子を表わしているが，この解は，振動が始まって，次第に振動が減衰してゆくことを示しており，よく体験することと一致している．

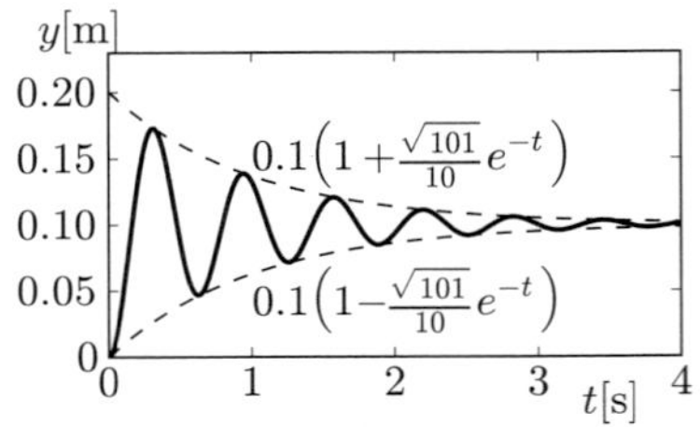

図 1.29　質量 – ばね – 粘性抵抗系の運動

2 章　ラプラス変換

[ねらい]

前章では根拠なしで強引にラプラス変換を用いて，微分方程式を解いてみた．

本章では，ラプラス変換の定義を学び，ラプラス変換を変換表ではなく，数式として明らかにする．そして，定義に従って，いくつかの関数のラプラス変換を求めてみる．それらは，ラプラス変換表（表 1.3，表 1.4）の変換対の根拠を示すものになっている．

また，逆ラプラス変換もラプラス変換表を逆向きに使って求められることも学ぶ．

[この章の項目]

ラプラス変換の定義
逆ラプラス変換
ラプラス変換の例

2.1　ラプラス変換の定義

ここまでラプラス変換は変換表で与えられていたが，ラプラス変換の定義を最初に示し，その後ラプラス変換表の成り立ちを順に示そう．

■ ラプラス変換の定義

$f(t)$：t の関数（$0 \leq t$ で定義される実関数である）

$F(s)$：s の関数（s は複素数であり，$F(s)$ も複素数である）

のとき，次式 (2.1) がラプラス変換の定義となる．

ラプラス変換の定義

$$\begin{aligned} F(s) &= \mathscr{L}(f(t)) \\ &= \int_0^{\infty} e^{-st} f(t)\,dt = \lim_{\tau\to\infty} \int_0^{\tau} e^{-st} f(t)\,dt \end{aligned} \tag{2.1}$$

▶［ラプラス変換が存在しない関数］

$f(t) = \dfrac{1}{t}$ や $f(t) = e^{t^2}$ などは広義積分が収束せず，ラプラス変換が存在しないことが知られている．

$\mathscr{L}(f(t))$ は $f(t)$ のラプラス変換を表わし，$f(t)$ をラプラス変換すると $F(s)$ になることを示している．また $f(t)$ を原関数，$F(s)$ を像関数という．ラプラス変換は広義積分で表わされているため，原関数の形によっては積分が収束せず，像関数が存在しないこともある．

■ ラプラス変換の例

ラプラス変換の定義が明らかになったので，定義に従って関数のラプラス変換を求めてみよう．

例題 2－1

$f(t) = e^{-at}$，$0 < a$　（単調減少関数）のラプラス変換を求めなさい．

$$\begin{aligned} F(s) &= \mathscr{L}(f(t)) = \lim_{\tau\to\infty} \int_0^{\tau} e^{-st} f(t)\,dt \\ &= \lim_{\tau\to\infty} \int_0^{\tau} e^{-st} e^{-at}\,dt = \lim_{\tau\to\infty} \int_0^{\tau} e^{-(s+a)t}\,dt \\ &= \lim_{\tau\to\infty} \left[-\frac{1}{s+a} e^{-(s+a)t} \right]_0^{\tau} = -\frac{1}{s+a} \lim_{\tau\to\infty} \left[e^{-(s+a)t} \right]_0^{\tau} \\ &= -\frac{1}{s+a} \lim_{\tau\to\infty} \left(e^{-(s+a)\tau} - 1 \right) = -\frac{1}{s+a}(0-1) \\ &= \frac{1}{s+a} \end{aligned}$$

▶［$\displaystyle\lim_{\tau\to\infty} e^{-(s+a)\tau}$ の計算］

$0 < \mathrm{Re}(z)$ であれば，$\displaystyle\lim_{\tau\to\infty} e^{-z\tau} = 0$ であることを示そう．

σ, ω を実数として，$z = \sigma + j\omega$ とする（j は虚数単位）．

$$\begin{aligned} &\lim_{\tau\to\infty} \left| e^{-z\tau} \right| \\ &= \lim_{\tau\to\infty} \left| e^{-(\sigma+j\omega)\tau} \right| \\ &= \lim_{\tau\to\infty} \left| e^{-\sigma\tau} \cdot e^{-j\omega\tau} \right| \\ &= \lim_{\tau\to\infty} \left| e^{-\sigma\tau} \right| \left| e^{-j\omega\tau} \right| \end{aligned}$$

ここで $\left| e^{-j\omega\tau} \right| = 1$ なので $\displaystyle\lim_{\tau\to\infty} \left| e^{-z\tau} \right| = \lim_{\tau\to\infty} \left| e^{-\sigma\tau} \right|$

また，$0 < \sigma$ ならば $\displaystyle\lim_{\tau\to\infty} \left| e^{-\sigma\tau} \right| = 0$ である．

すなわち，$0 < \mathrm{Re}(z)$ であれば，$\displaystyle\lim_{\tau\to\infty} \left| e^{-z\tau} \right| = 0$ となる．

ゆえに，$0 < \mathrm{Re}(z)$ であれば，$\displaystyle\lim_{\tau\to\infty} e^{-z\tau} = 0$ である．

ただし，$s+a$ の実部が正，すなわち $0 < \mathrm{Re}(s+a)$ のときのみ $\displaystyle\lim_{\tau\to\infty} e^{-(s+a)\tau}$ は 0 となり，$F(s)$ は値をもつが，$\mathrm{Re}(s+a) \leq 0$ のときは，$\displaystyle\lim_{\tau\to\infty} e^{-(s+a)\tau}$

が収束しないため，$F(s)$ は値をもたない．言い換えると，$0 < \mathrm{Re}(s+a)$ のとき $F(s)$ が値 $\dfrac{1}{s+a}$ をもつような s が存在する．

また，この例題ではイメージしやすいように $0 < a$ を仮定したが，$a \leq 0$ であっても，さらに a が複素数であっても，$0 < \mathrm{Re}(s+a)$ を満たす s が存在し，$F(s)$ は値 $\dfrac{1}{s+a}$ をもつ．今後，特に断らないことがあるが，本書では $F(s)$ が値をもつような s が存在する場合を扱う．

この計算により，ラプラス変換表の変換対の 1 つが証明された．

e^{-at} のラプラス変換　表 1.3(p.11) − 6

$$\mathscr{L}\left(e^{-at}\right) = \frac{1}{s+a} \tag{2.2}$$

▶［ラプラス変換存在の十分条件］

ラプラス変換は必ず存在するとは限らないが，原関数に応じて s を適当にとることにより，存在する場合がある．適当に定めた $0 < M$，a に対して $|f(t)| < Me^{at}$ が成り立つことは，$f(t)$ のラプラス変換が存在する十分条件となることが知られている．

■ s，$F(s)$ の単位はどうなっているのか

e^{-st} において st は単位をもたない量なので，変数 s の単位は変数 t の単位の逆数である．たとえば変数 t が時間の単位 [s]（秒）をもつ量なら，s は単位 [1/s]（1/秒）をもつ量である．また $F(s)$ は $f(t)$ に単位なしの量 e^{-st} を掛けて t に関して積分したので，$F(s)$ は $f(t)$ の単位に t の単位を掛けた単位をもつ．たとえば変数 t が時間の単位 [s] をもつ量で，$f(t)$ が長さの単位 [m] をもつ量を表わすなら，$F(s)$ は単位 [m·s]（メートル秒）をもち，$f(t)$ が電圧の単位 [V] をもつ量を表わすなら，$F(s)$ は単位 [Vs] をもつ．

ここで，章末の演習 1,2 をやってみよう．

▶［e^{-st} の st の単位］

3 秒＋ 5 秒は 8 秒であるが，2m ＋ 3m^2 は単位が異なる量の加算なので，できない．e^{-st} を微分積分学で学ぶマクローリン展開すると，$-st$，$(-st)^2$，$(-st)^3$，$\cdots$ の加算が出てくる．もし st が秒の単位をもつなら，秒，秒^2，秒^3，$\cdots$ といった単位をもつ量なので加算は不可能である．st が単位をもたない量であるならば $-st$，$(-st)^2$，$(-st)^3$，$\cdots$ はすべて単位をもたない量となり，加算可能となる．すなわち，st は単位をもたない量であり，s の単位は [1/s] となる．$\sin \omega t$ についても同じ議論ができ，ωt も単位をもたない量であり，ω の単位も [1/s] となる．

2.2　逆ラプラス変換

t の関数 $f(t)$ のラプラス変換が $F(s) = \mathscr{L}(f(t))$ で与えられるとき，s 領域の像関数 $F(s)$ を t 領域の原関数 $f(t)$ に戻す作業が逆ラプラス変換である．

逆ラプラス変換

$$f(t) = \mathscr{L}^{-1}(F(s)) \tag{2.3}$$

「$F_1(s) = \mathscr{L}(f_1(t))$，$F_2(s) = \mathscr{L}(f_2(t))$ のとき，$F_1(s) = F_2(s)$ ならば，不連続な点を除いて，$f_1(t) = f_2(t)$ である.」という逆ラプラス変換の一意性が知られているため，ラプラス変換表を逆方向に用いて逆ラプラス変換を求めることができる．また，ある関数のラプラス変換の逆ラプラス変換はもとの関数になるので，次式 (2.4) も成り立つ．

▶［逆ラプラス変換の計算］

逆ラプラス変換は，次式で計算できることが知られている．

$$f(t) = \frac{1}{j2\pi}\int_{\sigma-j\infty}^{\sigma+j\infty} e^{st}F(s)ds$$

この式は，像関数 $F(s)$ を逆ラプラス変換すると原関数 $f(t)$ になることを意味している．

ただし，積分経路は複素平面上の虚軸に平行な直線を下から上にたどる．極がすべてこの直線の左側にあるように選ぶ．

関数のラプラス変換の逆ラプラス変換はもとの関数

$$\mathscr{L}^{-1}\left(\mathscr{L}\left(f(t)\right)\right) = f(t) \tag{2.4}$$

2.3　ラプラス変換の例

いくつかの関数についてラプラス変換を求めてみよう．

■　定数　$f(t) = a$

$$\begin{aligned} F(s) &= \mathscr{L}\left(f(t)\right) = \lim_{\tau\to\infty}\int_0^\tau e^{-st} f(t)\,dt \\ &= \lim_{\tau\to\infty}\int_0^\tau e^{-st} a\,dt = a\lim_{\tau\to\infty}\int_0^\tau e^{-st}\,dt \\ &= a\lim_{\tau\to\infty}\left[-\frac{1}{s}e^{-st}\right]_0^\tau = -\frac{a}{s}\lim_{\tau\to\infty}\left(e^{-s\tau}-1\right) = -\frac{a}{s}(0-1) \\ &= \frac{a}{s} \end{aligned}$$

ただし $0 < \mathrm{Re}(s)$ のときのみ $F(s)$ は値をもつ．

定数 a のラプラス変換

$$\mathscr{L}(a) = \frac{a}{s} \tag{2.5}$$

$a = 1$ の特別な場合を考えると，次の変換対を得る．

定数 1 のラプラス変換　　表 1.3(p.11) – 2

$$\mathscr{L}(1) = \frac{1}{s} \tag{2.6}$$

■　単位ステップ関数　$f(t) = u(t)$

単位ステップ関数は図 2.1 に示すような

$$u(t) = \begin{cases} 0 & (t < 0) \\ 1 & (0 \leq t) \end{cases}$$

で定義される関数である．この関数は，過渡的な現象を表わす際によく使われる関数である． ラプラス変換の積分領域は $0 \leq t$ であり，$0 \leq t$ のときは $u(t) = 1$ なので，$u(t)$ のラプラス変換は 1 のラプラス変換と同じ $\dfrac{1}{s}$ になる．

なお．一般に $f(t) = au(t)$ はステップ関数と呼ばれる．$f(t) = u(t)$ は単位ステップ関数と呼ばれるが，これは大きさが 1 のステップ関数であることを示している．ステップ関数は，直流電源スイッチが投入され，回路に一定電圧が供給されたときの時間 – 電圧の関係を表わす関数としてよく

▶ [$u(t-\tau)$]
後で出てくるが，$u(t-\tau)$ は $u(t)$ を右に τ だけ平行移動したものである．

▶ [$f(t) = au(t)$ が電圧の変化を表わす場合]
$f(t)$ が電圧を表わす場合，$f(t)$ の単位は [V] である．$u(t)$ は無次元量と考えると，a が [V] の単位をもつと解釈される．

用いられる．

単位ステップ関数 $u(t)$ のラプラス変換　　表 1.3(p.11) – 2

$$\mathscr{L}\left(u(t)\right)=\frac{1}{s} \tag{2.7}$$

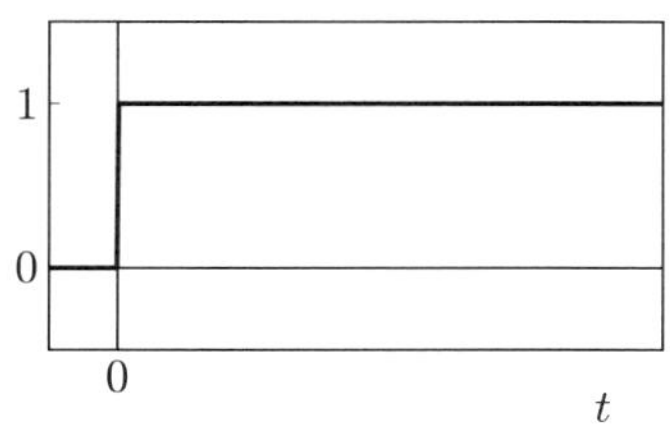

図 **2.1**　単位ステップ関数

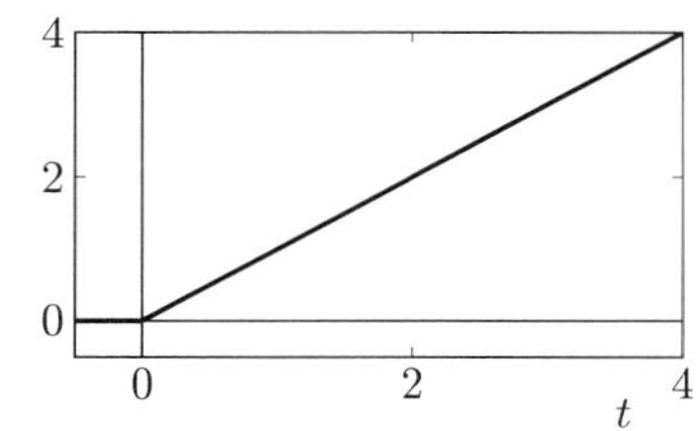

図 **2.2**　単位ランプ関数

■　単位ランプ関数　$f(t)=t$

単位ランプ関数は図 2.2 に示すように $f(t)=t$ で示される．ただし，$0 \leq t$ で定義されている．

$$\begin{aligned}
F(s) &= \mathscr{L}\left(f(t)\right)=\lim_{\tau\to\infty}\int_0^\tau e^{-st}f(t)\,dt\\
&= \lim_{\tau\to\infty}\int_0^\tau e^{-st}t\,dt\\
&\left(\begin{array}{cc} \dot{u}=e^{-st} & v=t \\ u=-\dfrac{1}{s}e^{-st} & \dot{v}=1\end{array}\right)\quad \text{部分積分}\\
&= \lim_{\tau\to\infty}\left\{\left[-\frac{1}{s}te^{-st}\right]_0^\tau+\frac{1}{s}\int_0^\tau e^{-st}\,dt\right\}\\
&= \lim_{\tau\to\infty}\left\{-\frac{1}{s}\left(\tau e^{-s\tau}-0\right)-\frac{1}{s^2}\left[e^{-st}\right]_0^\tau\right\}\\
&= \frac{1}{s^2}
\end{aligned}$$

> ▶ ［ランプ］
> ランプは照明器具のランプ (lamp) ではなく，ramp（斜面，傾斜）のこと．

単位ランプ関数のラプラス変換　　表 1.3(p.11) – 3

$$\mathscr{L}\left(t\right)=\frac{1}{s^2} \tag{2.8}$$

なお，$f(t)=at$ はランプ関数と呼ばれる．$f(t)=t$ は単位ランプ関数と呼ばれ，大きさが 1 のランプ関数であることを示している．ランプ関数は，電気回路で，回路に供給される電圧が時間に比例して増加するときの時間 – 電圧の関係を表わす関数である．

> ▶ ［$f(t)=at$ が電圧の変化を表わす場合］
> $f(t)$ が電圧を表わす場合，$f(t)$ の単位は [V] である．t の単位は時間 [s] であるため，a が [V/s] の単位をもつと解釈される．

▶［$\delta(t)$ の単位］
式 (2.9) で，$g(t)$ と $\delta(t)$ の積を t で積分したものが，$g(\tau)$ になるので，$\delta(t)$ の単位は [1/s] と考えられる．

▶［式 (2.9) の補足］
$(a \le \tau \le b)$ は「τ が a, b の間に挟まれている場合」と読み，$(\tau < a,\ b < \tau)$ は「τ が a, b の間に挟まれていない場合」と読む．

■　**単位インパルス関数（ディラックのデルタ関数）**　$f(t) = \delta(t)$

単位インパルス関数 $f(t) = \delta(t)$ は，物理学者ディラック (Paul Adrien Maurice Dirac) にちなみ，ディラックのデルタ関数と呼ばれており，工学上重要な役割を果たしているので，ここで取り上げよう．

ディラックのデルタ関数の定義はさまざまな表現があるが，本書ラプラス変換の各章では $a, b, g(t)$ は任意，ただし $a < b$，として次式 (2.9) を用いる．

$$\int_a^b g(t)\delta(t-\tau)\,dt = \begin{cases} g(\tau) & (a \le \tau \le b) \\ 0 & (\tau < a,\ b < \tau) \end{cases} \tag{2.9}$$

関数 $\delta(t)$ の定義は直接ではなく，積分を通して定義されており，$g(t)$ に $\delta(t-\tau)$ を掛けて，τ を含む範囲で t で積分すると $g(\tau)$ が取り出せる．このままでは関数のイメージがわかないので，$g(t) = 1$（定数）の場合を考えると

$$\int_a^b \delta(t-\tau)\,dt = \begin{cases} 1 & (a \le \tau \le b) \\ 0 & (\tau < a,\ b < \tau) \end{cases} \tag{2.10}$$

となる．$\delta(t-\tau)$ を τ を含む範囲で積分すると 1，τ を含まない範囲なら積分すると 0 になる．a，b はいくらでも τ に近づけることができるので，次のような表現もできる．

$$\begin{cases} \delta(t-\tau) = 0 & (t \ne \tau) \\ \displaystyle\int_{-\infty}^{+\infty} \delta(t-\tau)\,dt = 1 \end{cases} \tag{2.11}$$

$\delta(t-\tau)$ は $t = \tau$ で大きな値をもつことが予想される．特に $\tau = 0$ のときは

$$\begin{cases} \delta(t) = 0 & (t \ne 0) \\ \displaystyle\int_{-\infty}^{+\infty} \delta(t)\,dt = 1 \end{cases} \tag{2.12}$$

となっており．$\delta(t)$ は $t = 0$ で大きな値をもつ．

$\delta(t)$ と $\delta(t-\tau)$ のイメージを図 2.3，図 2.4 に示す（$\delta(t-\tau)$ は $\delta(t)$ を τ だけ t 軸上を移動したもの）．

さて本題に戻って，$f(t) = \delta(t)$ のラプラス変換を求めよう．式 (2.9) において，$a = 0$，$b \to \infty$，$g(t) = e^{-st}$ とすると，

$$\int_0^\infty e^{-st}\delta(t-\tau)\,dt = e^{-s\tau}$$

となり，これはラプラス変換の定義（式 (2.1)）より

$$\mathscr{L}\left(\delta(t-\tau)\right) = e^{-s\tau}$$

▶［ディラックのデルタ関数を矩形関数の極限として表わす］
$f(t) = \delta(t)$ は t 軸と囲む面積が 1 である．次の矩形関数

$$p(t) = \begin{cases} \frac{1}{T} & (0 \le t < T) \\ 0 & (t < 0,\ T < t) \end{cases}$$

において $T \to 0$ とした極限を考えると，面積を 1 に保ったまま，$t \ne 0$ において $p(t) = 0$ を実現できるため，$\delta(t) = \lim_{T \to 0} p(t)$ という考え方もよく用いられる．T は時間の単位 [s] をもつため，$p(t)$ は単位 [1/s] をもち．$\delta(t)$ も単位 [1/s] をもつことになる．

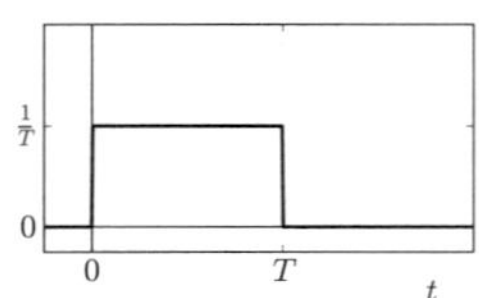

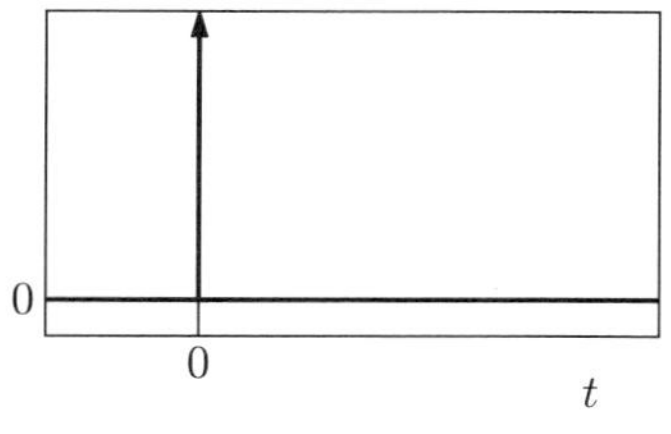

図 **2.3**　$\delta(t)$ のイメージ

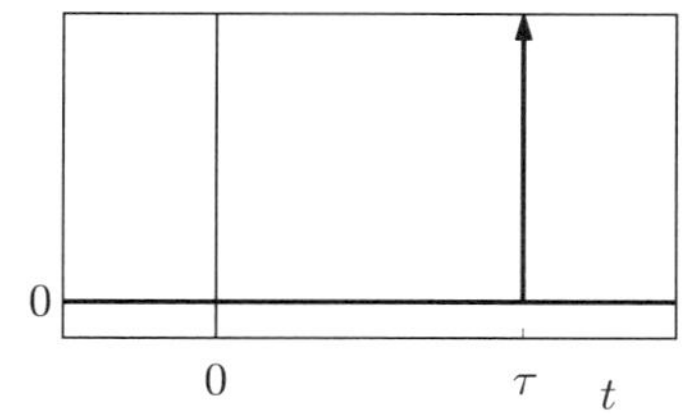

図 **2.4**　$\delta(t-\tau)$ のイメージ

▶［$\delta(t)$ のイメージ］
図 2.3 において「$\delta(t)$ のイメージ」と表現した．$\delta(t)$ は概念上の関数なので，グラフには描けない．$2\delta(t)$，$4\delta(t)$ はすべて同じイメージにしかならない．大きな値をもつところは描けないので矢印で示している．

を意味している．また特に $\tau=0$ のときは，式 (2.13) となる．

単位インパルス関数のラプラス変換　表 1.3(p.11) – 1

$$\mathscr{L}\left(\delta(t)\right)=1 \tag{2.13}$$

なお，$f(t)=a\delta(t)$ はインパルス関数と呼ばれる．$f(t)=\delta(t)$ は単位ランプ関数と呼ばれ，大きさが 1 であることを示している．

▶［$f(t)=a\delta(t)$ が電圧の変化を表わす場合］
$f(t)$ が電圧を表わす場合，$f(t)$ の単位は [V] である．$\delta(t)$ の単位は [1/s] であるため，a が [Vs] の単位をもつと解釈される．

このインパルス関数は，野球のバットとボールがぶつかる瞬間に力を及ぼしあうときに，その力の大きさの時間変化を表わす関数を数学的に理想化した関数である．単位インパルス関数のラプラス変換が 1 であることから，物理現象や工学上の現象の解析によく使われる便利な関数である．6.2 にて，単位インパルス関数の利便性に触れる．

ここで，章末の演習 3 をやってみよう．

[2 章のまとめ]

この章では，

1. ラプラス変換の定義を示した．
2. ラプラス変換・逆ラプラス変換の表記法を示した．
3. 単位ステップ関数，単位ランプ関数のラプラス変換を行った．
4. 工学上単位インパルス関数の定義から，その関数をイメージし，そのラプラス変換を行った．
5. ラプラス変換表の一部について根拠を明らかにし，逆ラプラス変換においても変換表が使えることを示した．

2章　演習問題

［演習1］次の問いに答えなさい．

(1) 原関数 $f(t)$ が電圧の時間変化を表わす関数であるなら，t の単位は [s]，$f(t)$ の単位は [V] となる．このとき，像関数 $F(s)$ はどのような単位をもつか．

(2) 原関数 $f(t)$ が回転軸の角度の時間変化を表わす関数であるなら，t の単位は [s]，$f(t)$ の単位は [rad] となる．このとき，像関数 $F(s)$ はどのような単位をもつか．

(3) 地図上の2点ABを結ぶ直線上の点PがAから距離 t の位置にあり，点Pの標高を t の関数 $f(t)$ で表わすとき，t の単位は [m]，$f(t)$ の単位も [m] となる．この原関数 $f(t)$ に対して，像関数 $F(s)$ はどのような単位をもつか．

［演習2］ラプラス変換の定義通りの積分計算によって，次の関数のラプラス変換を求めなさい．

(1) $f(t) = \sin\omega t \quad (0 \leq t)$

(2) $f(t) = \cos\omega t \quad (0 \leq t)$

(3) $f(t) = \begin{cases} -t + 10 & (0 \leq t < 10) \\ 0 & (t < 0,\ 10 \leq t) \end{cases}$

(4) $f(t) = \begin{cases} \sin t & (0 \leq t < 2\pi) \\ 0 & (t < 0,\ 2\pi \leq t) \end{cases}$

［演習3］$(0 \leq t)$ において次の関数のラプラス変換を求めなさい．

(1) $f(t) = au(t)$　(2) $f(t) = at$　(3) $f(t) = at^2$　(4) $f(t) = at^2 + bt + c$　(5) $f(t) = a\delta(t)$

2 章　演習問題解答

［解 1］　(1)[Vs]　(2)[rad s]　(3)[m^2]

［解 2］

(1)$f(t)=\sin\omega t$

$$\mathscr{L}\left(f(t)\right)=\mathscr{L}\left(\sin\omega t\right)=\lim_{\tau\to\infty}\int_0^\tau e^{-st}\sin\omega t\,dt$$

部分積分を用いる

$I=\displaystyle\int_0^\tau e^{-st}\sin\omega t\,dt$ とすると，$\mathscr{L}\left(f(t)\right)=\displaystyle\lim_{\tau\to\infty}I$

$$\begin{aligned}
I&=-\frac{1}{s}\left[e^{-st}\sin\omega t\right]_0^\tau+\frac{\omega}{s}\int_C^\tau e^{-st}\cos\omega t\,dt\\
&=-\frac{1}{s}e^{-s\tau}\sin\omega\tau+\frac{\omega}{s}\int_0^\tau e^{-st}\cos\omega t\,dt\\
I&=-\frac{1}{s}e^{-s\tau}\sin\omega\tau\\
&\quad+\frac{\omega}{s}\left(-\frac{1}{s}\left[e^{-st}\cos\omega t\right]_0^\tau-\frac{\omega}{s}\int_0^\tau e^{-st}\sin\omega t\,dt\right)\\
&=-\frac{1}{s}e^{-s\tau}\sin\omega\tau\\
&\quad+\frac{\omega}{s}\left(-\frac{1}{s}e^{-s\tau}\cos\omega\tau+\frac{1}{s}-\frac{\omega}{s}I\right)
\end{aligned}$$

$$\left(1+\frac{\omega^2}{s^2}\right)I=-\frac{1}{s}e^{-s\tau}\sin\omega\tau-\frac{\omega}{s^2}e^{-s\tau}\cos\omega\tau+\frac{\omega}{s^2}$$

$$I=-\left(\frac{s^2}{s^2+\omega^2}\right)\times\left(\frac{1}{s}e^{-s\tau}\sin\omega\tau+\frac{\omega}{s^2}e^{-s\tau}\cos\omega\tau-\frac{\omega}{s^2}\right)$$

$$\begin{aligned}
\mathscr{L}\left(f(t)\right)&=\lim_{\tau\to\infty}\left\{-\left(\frac{s^2}{s^2+\omega^2}\right)\times\left(\frac{1}{s}e^{-s\tau}\sin\omega\tau+\frac{\omega}{s^2}e^{-s\tau}\cos\omega\tau-\frac{\omega}{s^2}\right)\right\}\\
&=\frac{\omega}{s^2+\omega^2}
\end{aligned}$$

ただし $0<\mathrm{Re}(s)$ のときこの値をもつ．

> **$\sin\omega t$ のラプラス変換**　　表 1.3(p.11) − 8
>
> $$\mathscr{L}\left(\sin\omega t\right)=\frac{\omega}{s^2+\omega^2}\qquad(2.14)$$

(2)$f(t)=\cos\omega t$

$$\mathscr{L}\left(f(t)\right)=\mathscr{L}\left(\cos\omega t\right)=\lim_{\tau\to\infty}\int_0^\tau e^{-st}\cos\omega t\,dt$$

部分積分を用いる．

$I=\displaystyle\int_0^\tau e^{-st}\cos\omega t\,dt$ とすると，$\mathscr{L}\left(f(t)\right)=\displaystyle\lim_{\tau\to\infty}I$

$$\begin{aligned}
I&=-\frac{1}{s}\left[e^{-st}\cos\omega t\right]_0^\tau-\frac{\omega}{s}\int_0^\tau e^{-st}\sin\omega t\,dt\\
&=-\frac{1}{s}e^{-s\tau}\cos\omega\tau+\frac{1}{s}-\frac{\omega}{s}\int_0^\tau e^{-st}\sin\omega t\,dt\\
I&=-\frac{1}{s}e^{-s\tau}\cos\omega\tau+\frac{1}{s}\\
&\quad-\frac{\omega}{s}\left(-\frac{1}{s}\left[e^{-st}\sin\omega t\right]_0^\tau+\frac{\omega}{s}\int_0^\tau e^{-st}\cos\omega t\,dt\right)\\
&=-\frac{1}{s}e^{-s\tau}\cos\omega\tau+\frac{1}{s}-\frac{\omega}{s}\left(-\frac{1}{s}e^{-s\tau}\sin\omega\tau+\frac{\omega}{s}I\right)
\end{aligned}$$

$$\left(1+\frac{\omega^2}{s^2}\right)I=-\frac{1}{s}e^{-s\tau}\cos\omega\tau+\frac{1}{s}+\frac{\omega}{s^2}e^{-s\tau}\sin\omega\tau$$

$$I=-\left(\frac{s^2}{s^2+\omega^2}\right)\times\left(\frac{1}{s}e^{-s\tau}\cos\omega\tau-\frac{1}{s}-\frac{\omega}{s^2}e^{-s\tau}\sin\omega\tau\right)$$

$$\begin{aligned}
\mathscr{L}\left(f(t)\right)&=\lim_{\tau\to\infty}\left\{-\left(\frac{s^2}{s^2+\omega^2}\right)\times\left(\frac{1}{s}e^{-s\tau}\cos\omega\tau-\frac{1}{s}-\frac{\omega}{s^2}e^{-s\tau}\sin\omega\tau\right)\right\}\\
&=\frac{s}{s^2+\omega^2}
\end{aligned}$$

ただし $0<\mathrm{Re}(s)$ のときこの値をもつ．

> **$\cos\omega t$ のラプラス変換**　　表 1.3(p.11) − 9
>
> $$\mathscr{L}\left(\cos\omega t\right)=\frac{s}{s^2-\omega^2}\qquad(2.15)$$

(3)$f(t)=\begin{cases}-t+10 & (0\leq t<10)\\ 0 & (t<0,\ 10\leq t)\end{cases}$

$$\begin{aligned}
\mathscr{L}\left(f(t)\right)&=\lim_{\tau\to\infty}\int_0^\tau e^{-st}f(t)\,dt\\
&=\int_0^{10}e^{-st}(-t+10)\,dt+\lim_{\tau\to\infty}\int_{10}^\tau e^{-st}0\,dt\\
&=\int_0^{10}(-te^{-st}+10e^{-st})\,dt\\
&=-\int_0^{10}te^{-st}\,dt+10\int_0^{10}e^{-st}\,dt
\end{aligned}$$

ここで第 1 項は部分積分を行う．

$$\begin{aligned}
\mathscr{L}\left(f(t)\right)&=-\left(-\frac{1}{s}\left[te^{-st}\right]_0^{10}+\frac{1}{s}\int_0^{10}e^{-st}\,dt\right)\\
&\quad-\frac{10}{s}\left[e^{-st}\right]_0^{10}\\
&=\frac{1}{s^2}e^{-10s}-\frac{1}{s^2}+\frac{10}{s}
\end{aligned}$$

(4) $f(t)=\begin{cases}\sin t & (0\le t<2\pi)\\ 0 & (t<0,\ 2\pi\le t)\end{cases}$

$$\begin{aligned}\mathscr{L}(f(t)) &= \lim_{\tau\to\infty}\int_0^{\tau} e^{-st}f(t)\,dt\\ &= \int_0^{2\pi} e^{-st}\sin t\,dt+\lim_{\tau\to\infty}\int_{2\pi}^{\tau} e^{-st}0\,dt\\ &= \int_0^{2\pi} e^{-st}\sin t\,dt\end{aligned}$$

部分積分を行う．

$$\begin{aligned}\mathscr{L}(f(t)) &= -\frac{1}{s}\Big[e^{-st}\sin t\Big]_0^{2\pi}+\frac{1}{s}\int_0^{2\pi} e^{-st}\cos t\,dt\\ &= \frac{1}{s}\int_0^{2\pi} e^{-st}\cos t\,dt\end{aligned}$$

$$\begin{aligned}\mathscr{L}(f(t)) &= \frac{1}{s}\left\{-\frac{1}{s}\Big[e^{-st}\cos t\Big]_0^{2\pi}\right.\\ &\qquad \left.-\frac{1}{s}\int_0^{2\pi} e^{-st}\sin t\,dt\right\}\\ &= -\frac{1}{s^2}\left(e^{-2\pi s}-1\right)-\frac{1}{s^2}\mathscr{L}(f(t))\end{aligned}$$

$$\left(1+\frac{1}{s^2}\right)\mathscr{L}(f(t)) = -\frac{1}{s^2}\left(e^{-2\pi s}-1\right)$$

$$\mathscr{L}(f(t)) = \frac{1}{s^2+1}\left(1-e^{-2\pi s}\right)$$

［解 3］

(1) $f(t)=au(t)$

$$\begin{aligned}\mathscr{L}(f(t)) &= \lim_{\tau\to\infty}\int_0^{\tau} e^{-st}au(t)\,dt\\ &= a\lim_{\tau\to\infty}\int_0^{\tau} e^{-st}u(t)\,dt = a\mathscr{L}(u(t))\\ &= a\frac{1}{s}=\frac{a}{s}\end{aligned}$$

(2) $f(t)=at$

$$\begin{aligned}\mathscr{L}(f(t)) &= \lim_{\tau\to\infty}\int_0^{\tau} e^{-st}at\,dt\\ &= a\lim_{\tau\to\infty}\int_0^{\tau} e^{-st}t\,dt = a\mathscr{L}(t)\\ &= a\frac{1}{s^2}=\frac{a}{s^2}\end{aligned}$$

(3) $f(t)=at^2$

$$\begin{aligned}\mathscr{L}(f(t)) &= \lim_{\tau\to\infty}\int_0^{\tau} e^{-st}f(t)\,dt = \lim_{\tau\to\infty}\int_0^{\tau} e^{-st}at^2\,dt\\ &= a\lim_{\tau\to\infty}\int_0^{\tau} e^{-st}t^2\,dt\end{aligned}$$

部分積分

$$\begin{aligned} &= a\lim_{\tau\to\infty}\left\{\left[-\frac{1}{s}t^2e^{-st}\right]_0^{\tau}+\frac{2}{s}\int_0^{\tau} e^{-st}t\,dt\right\}\\ &= a\lim_{\tau\to\infty}\left\{-\frac{1}{s}\left(\tau^2e^{-s\tau}-0\right)+\frac{2}{s}\int_0^{\tau} e^{-st}t\,dt\right\}\\ &= \frac{2a}{s}\lim_{\tau\to\infty}\int_0^{\tau} e^{-st}t\,dt = \frac{2a}{s}\mathscr{L}(t)\\ &= \frac{2a}{s}\frac{1}{s^2}=\frac{2a}{s^3}\end{aligned}$$

特に $a=1$ のとき，次式 (2.16) となる．

t^2 のラプラス変換　　　表 1.3(p.11) − 4

$$\mathscr{L}\left(t^2\right)=\frac{2}{s^3} \qquad (2.16)$$

(4) $f(t)=at^2+bt+c$

(1)(2)(3) を使う．

$$\begin{aligned}\mathscr{L}(f(t)) &= \lim_{\tau\to\infty}\int_0^{\tau} e^{-st}f(t)\,dt\\ &= \lim_{\tau\to\infty}\int_0^{\tau} e^{-st}\left(at^2+bt+c\right)dt\\ &= \lim_{\tau\to\infty}\int_0^{\tau} e^{-st}at^2\,dt+\lim_{\tau\to\infty}\int_0^{\tau} e^{-st}bt\,dt\\ &\quad +\lim_{\tau\to\infty}\int_0^{\tau} e^{-st}cu(t)\,dt\\ &= \frac{2a}{s^3}+\frac{b}{s^2}+\frac{c}{s}\end{aligned}$$

(5) $f(t)=a\delta(t)$

$$\begin{aligned}\mathscr{L}(f(t)) &= \lim_{\tau\to\infty}\int_0^{\tau} e^{-st}a\delta(t)\,dt\\ &= a\lim_{\tau\to\infty}\int_0^{\tau} e^{-st}\delta(t)\,dt\\ &= a\mathscr{L}(\delta(t))=a\end{aligned}$$

3章　ラプラス変換の性質

[ねらい]

本章ではラプラス変換の主要な性質を学ぶ．なかでも線形性は重要な性質であり，ラプラス変換を用いて微分方程式を解く手順中で用いられる．

次に，いくつかの代表的なラプラス変換の性質を取り上げ，証明する過程で，ラプラス変換表の妥当性を吟味してゆく．その結果，微分方程式を解く際に安心してラプラス変換表を用いることができるようになる．

最後に周期関数のラプラス変換を取り上げるが，電気回路や振動系の解析等で重要な内容である．

[この章の項目]

ラプラス変換の線形性
原関数の微分則（微分された関数のラプラス変換）
原関数の積分則（積分された関数のラプラス変換）
原関数の移動則
像関数の移動則
相似則
像関数の微分則
像関数の積分則
周期関数のラプラス変換

3.1　ラプラス変換の線形性

ラプラス変換の線形性　　表 1.4(p.12) – 17, 18

$\mathscr{L}(f_1(t)) = F_1(s)$, $\mathscr{L}(f_2(t)) = F_2(s)$, k は定数，であれば

$$\mathscr{L}(f_1(t) \pm f_2(t)) = F_1(s) \pm F_2(s) \tag{3.1}$$

$$\mathscr{L}(kf_1(t)) = kF_1(s) \tag{3.2}$$

▶［注意］
$\mathscr{L}(f_1(t) \times f_2(t)) \neq F_1(s) \times F_2(s)$

▶［線形性を変換作業で用いるときの解釈］
(1)2 つの関数の和のラプラス変換は，それぞれの関数のラプラス変換の和となる．(2) 関数の定数倍のラプラス変換は，もとの関数のラプラス変換の定数倍となる．

積分計算の線形性を利用すれば次の 2 式で証明できる．

$$\begin{aligned}
&\mathscr{L}(f_1(t) \pm f_2(t)) \\
&\quad = \int_0^\infty e^{-st}(f_1(t) \pm f_2(t))\,dt = \int_0^\infty \left(e^{-st}f_1(t) \pm e^{-st}f_2(t)\right)dt \\
&\quad = \int_0^\infty \left(e^{-st}f_1(t)\right)dt \pm \int_0^\infty \left(e^{-st}f_2(t)\right)dt = F_1(s) \pm F_2(s)
\end{aligned}$$

$$\mathscr{L}(kf_1(t)) = \int_0^\infty \left(e^{-st}kf_1(t)\right)dt = k\int_0^\infty \left(e^{-st}f_1(t)\right)dt = kF_1(s)$$

それでは適用例をみてみよう．

［例 1］　$\mathscr{L}(u(t)) = \dfrac{1}{s}$ なので，$\mathscr{L}(au(t)) = \dfrac{a}{s}$

［例 2］　$\mathscr{L}(t) = \dfrac{1}{s^2}$ なので，$\mathscr{L}(at) = \dfrac{a}{s^2}$

［例 3］　$\mathscr{L}(\delta(t)) = 1$ なので，$\mathscr{L}(a\delta(t)) = a$

▶［オイラーの公式］
$\sin\theta = \dfrac{e^{j\theta} - e^{-j\theta}}{j2}$
$\cos\theta = \dfrac{e^{j\theta} + e^{-j\theta}}{2}$

［例 4］　$\mathscr{L}\left(e^{-at}\right) = \dfrac{1}{s+a}$ (a は複素数であってもよい) なので，

$$\begin{aligned}
\mathscr{L}(\sin\omega t) &= \mathscr{L}\left(\frac{e^{j\omega t} - e^{-j\omega t}}{j2}\right) = \frac{1}{j2}\left(\mathscr{L}\left(e^{j\omega t}\right) - \mathscr{L}\left(e^{-j\omega t}\right)\right) \\
&= \frac{1}{j2}\left(\frac{1}{s - j\omega} - \frac{1}{s + j\omega}\right) = \frac{1}{j2}\frac{j2\omega}{(s - j\omega)(s + j\omega)} \\
&= \frac{\omega}{s^2 + \omega^2}
\end{aligned}$$

$\sin\omega t$ のラプラス変換　　表 1.3(p.11) – 8

$$\mathscr{L}(\sin\omega t) = \frac{\omega}{s^2 + \omega^2} \tag{3.3}$$

▶［複数の項をもつ式のラプラス変換］
例 5 では 3 項からなる式のラプラス変換について線形性の式 (3.1) を 2 回連続使用することにより，各項ごとのラプラス変換の和に分解した．4 項以上をもつ式においても同様にすれば，各項ごとのラプラス変換の和に分解できる．

［例 5］　微分方程式のラプラス変換

$\ddot{y}(t) + 4\dot{y}(t) + 8y(t) = 8u(t)$ を $y(0) = \dot{y}(0) = 0$ の初期条件で両辺をラプラス変換するとは

$$\mathscr{L}(\ddot{y}(t) + 4\dot{y}(t) + 8y(t)) = \mathscr{L}(8u(t))$$

として左辺について線形性の式 (3.1) を 2 回連続使用により，

$$\begin{aligned}
\text{左辺} &= \mathscr{L}(\ddot{y}(t) + 4\dot{y}(t) + 8y(t)) = \mathscr{L}(\ddot{y}(t) + (4\dot{y}(t) + 8y(t))) \\
&= \mathscr{L}(\ddot{y}(t)) + \mathscr{L}(4\dot{y}(t) + 8y(t)) \\
&= \mathscr{L}(\ddot{y}(t)) + \mathscr{L}(4\dot{y}(t)) + \mathscr{L}(8y(t))
\end{aligned}$$

なので

$$\mathscr{L}(\ddot{y}(t)) + \mathscr{L}(4\dot{y}(t)) + \mathscr{L}(8y(t)) = \mathscr{L}(8u(t))$$

とし，さらに線形性の式 (3.2) により，次式を得る．

$$\mathscr{L}(\ddot{y}(t)) + 4\mathscr{L}(\dot{y}(t)) + 8\mathscr{L}(y(t)) = 8\mathscr{L}(u(t))$$

ここで章末の演習 1,2 をやってみよう．

3.2　原関数の微分則（微分された関数のラプラス変換）

原関数の微分則 1　　表 1.4(p.12) – 25, 28

$\mathscr{L}(f(t)) = F(s)$ のとき

$$\mathscr{L}\left(\dot{f}(t)\right) = sF(s) - f(0) \tag{3.4}$$

特に $f(0) = 0$ のときは

$$\mathscr{L}\left(\dot{f}(t)\right) = sF(s) \tag{3.5}$$

部分積分を用いて証明してみよう．

$$\begin{aligned}\mathscr{L}\left(\dot{f}(t)\right) &= \int_0^\infty e^{-st}\dot{f}(t)\,dt \\ &= \left[e^{-st}f(t)\right]_0^\infty - \int_0^\infty \left(-se^{-st}f(t)\right)dt \\ &= -f(0) + s\int_0^\infty e^{-st}f(t)\,dt = sF(s) - f(0)\end{aligned}$$

ただし，$\lim_{t\to\infty} e^{-st}f(t) = 0$ は成り立っているものとする．

さらに発展させると 2 階導関数のラプラス変換も求められる．

▶ [$\lim_{t\to\infty} e^{-st}f(t) = 0$]
適当に定めた $0 < M,\ a$ に対して，$\left|f(t) < Me^{at}\right|$ が成り立つならば $\lim_{t\to\infty} e^{-st}f(t) = 0$ が成り立つ．すなわちラプラス変換可能な関数 $f(t)$ ならば，このことが成り立つ．

原関数の微分則 2　　表 1.4(p.12) – 26, 29

$\mathscr{L}(f(t)) = F(s)$ のとき

$$\mathscr{L}\left(\ddot{f}(t)\right) = s^2F(s) - sf(0) - \dot{f}(0) \tag{3.6}$$

特に $\dot{f}(0) = f(0) = 0$ のときは

$$\mathscr{L}\left(\ddot{f}(t)\right) = s^2F(s) \tag{3.7}$$

証明してみよう．$\dot{f}(t) = f_1(t), \mathscr{L}(f_1(t)) = F_1(s)$ とすると $\ddot{f}(t) = \dot{f}_1(t)$, $f_1(0) = \dot{f}(0)$ が成り立つので次式となる．

$$\begin{aligned}\mathscr{L}\left(\ddot{f}(t)\right) &= \mathscr{L}\left(\dot{f}_1(t)\right) = sF_1(s) - f_1(0) \\ &= s\left(\mathscr{L}(f_1(t))\right) - \dot{f}(0) = s\left(\mathscr{L}\left(\dot{f}(t)\right)\right) - \dot{f}(0) \\ &= s\left(sF(s) - f(0)\right) - \dot{f}(0) = s^2F(s) - sf(0) - \dot{f}(0)\end{aligned}$$

同様に計算すると 3 階導関数のラプラス変換も求められる．

原関数の微分則 3　　　表 1.4(p.12) – 27, 30

$\mathscr{L}(f(t)) = F(s)$ のとき

$$\mathscr{L}(\dddot{f}(t)) = s^3F(s) - s^2f(0) - s\dot{f}(0) - \ddot{f}(0) \tag{3.8}$$

特に $\ddot{f}(0) = \dot{f}(0) = f(0) = 0$ のときは

$$\mathscr{L}(\dddot{f}(t)) = s^3F(s) \tag{3.9}$$

3.3　原関数の積分則（積分された関数のラプラス変換）

原関数の積分則　　　表 1.4(p.12) – 31

$\mathscr{L}(f(t)) = F(s)$ のとき

$$\mathscr{L}\left(\int_0^t f(\tau)\,d\tau\right) = \frac{1}{s}F(s) \tag{3.10}$$

▶ [$\int_0^t f(\tau)\,d\tau$ の表記について]
　$\int_0^t f(t)\,dt$ の表記と意味は同じだが，文字の重複を避けて $\int_0^t f(\tau)\,d\tau$ の表記を使っている．積分結果は t の関数になる．

▶ [$\lim_{t\to\infty} e^{-st}\int_0^t f(\tau)\,d\tau$]
　適当に定めた $0 < M$, a に対して $|f(t)| < Me^{at}$ が成り立つならば，
$\lim_{t\to\infty} e^{-st}\int_0^t f(\tau)\,d\tau = 0$
が成り立つ．

$\int_0^t f(\tau)\,d\tau$ は，$f(t)$ を積分した t の関数である．証明してみよう．

$$\begin{aligned}\mathscr{L}\left(\int_0^t f(\tau)\,d\tau\right) &= \int_0^\infty e^{-st}\int_0^t f(\tau)\,d\tau\,dt\\ &= -\frac{1}{s}\left[e^{-st}\int_0^t f(\tau)\,d\tau\right]_0^\infty - \int_0^\infty \left(-\frac{1}{s}e^{-st}f(t)\right)dt\\ &= 0 + \frac{1}{s}\int_0^\infty e^{-st}f(t)\,dt = \frac{1}{s}F(s)\end{aligned}$$

ただし，$\lim_{t\to\infty} e^{-st}\int_0^t f(\tau)\,d\tau = 0$ は成り立っているものとする．

コラム：不定積分のラプラス変換

$f(t)$ の不定積分のラプラス変換 $\mathscr{L}\left(\int f(t)\,dt\right)$ を求める．

$\mathscr{L}(f(t)) = F(s)$，$g(t) = \int f(t)\,dt$，$G(s) = \mathscr{L}\left(\int f(t)\,dt\right)$ とする．

$$G(s) = \mathscr{L}(g(t)) = \int_0^\infty e^{-st}g(t)\,dt$$

部分積分を用いると

$$\begin{aligned}G(s) &= \left[-\frac{1}{s}e^{-st}g(t)\right]_0^\infty - \int_0^\infty\left(-\frac{1}{s}e^{-st}\dot{g}(t)\right)dt\\ &= \left[-\frac{1}{s}e^{-st}g(t)\right]_0^\infty - \int_0^\infty\left(-\frac{1}{s}e^{-st}f(t)\right)dt\\ &= -\frac{1}{s}\left\{\lim_{t\to\infty} g(t) - \left(e^{-st}g(t)\right)_{t=0}\right\} + \frac{1}{s}\int_0^\infty e^{-st}f(t)\,dt\end{aligned}$$

$\lim_{t\to\infty} g(t) = 0$ の仮定の下で以下を得る．

$$G(s) = \frac{1}{s}F(s) + \frac{1}{s}(g(t))_{t=0}$$

$$\mathscr{L}\left(\int f(t)\,dt\right) = \frac{1}{s}F(s) + \frac{1}{s}\left(\int f(t)\,dt\right)_{t=0}$$

3.4 原関数の移動則

原関数を t 軸方向に平行移動する．ただし，移動する前の原関数は $t<0$ の領域では 0 であったと考える．

> **原関数の移動則**　　表 1.4(p.12) − 24
>
> $\mathscr{L}(f(t)) = F(s)$ のとき
>
> $$\mathscr{L}(f(t-a)\times u(t-a)) = e^{-as}F(s) \tag{3.11}$$

▶ $[u(t-a)]$
$u(t)$ は単位ステップ関数であり，$u(t-a)$ は単位ステップ関数を t 軸にそって右方向に a だけ平行移動したものである．

ここでの t 軸にそった移動量 a の移動とは，図 3.1 の $f(t) = t$ を $f_1(t) = t-a$ のように移動するのではなく，図 3.2 の $f_2(t) = (t-a)\times u(t-a)$ のように移動するという意味である．

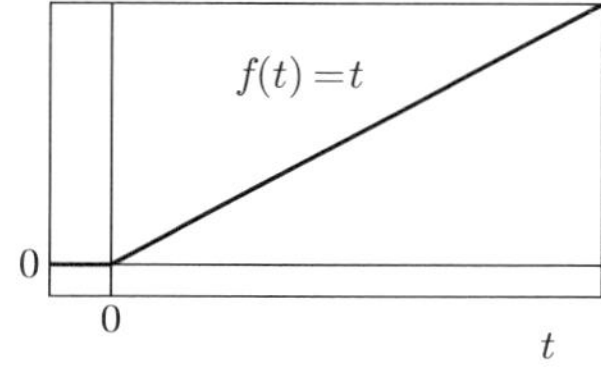

図 3.1　単位ランプ関数

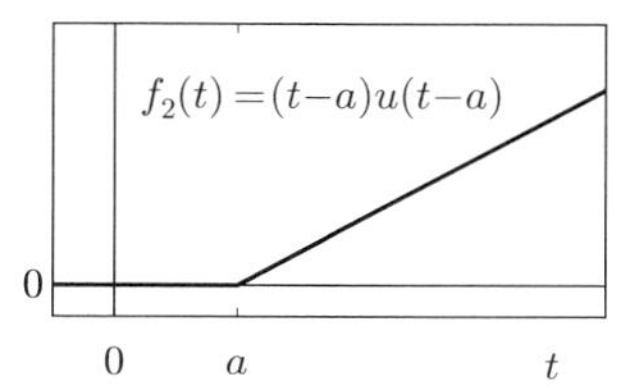

図 3.2　a だけ平行移動

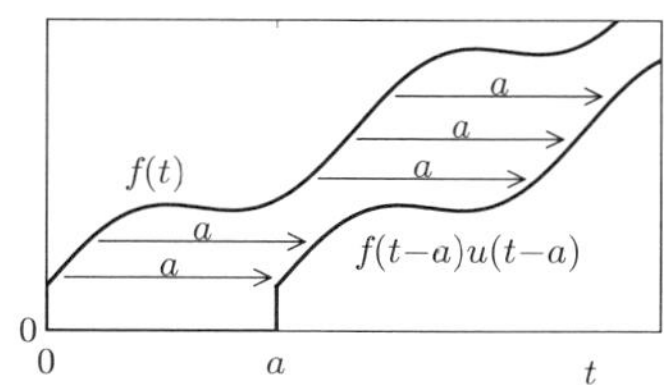

図 3.3　$f(t)$ の t 軸平行移動

また，一般的には $f(t)$ を移動量 a で移動するというのは $f(t-a)$ ではなく，図 3.3 のように $f(t-a)\times u(t-a)$ にすることである．式 (3.11) を証明してみよう．

$$\begin{aligned}
&\mathscr{L}(f(t-a)\times u(t-a)) \\
&\quad= \int_0^\infty e^{-st} f(t-a)u(t-a)\,dt \\
&\quad= \int_0^a e^{-st} f(t-a)u(t-a)\,dt + \int_a^\infty e^{-st} f(t-a)u(t-a)\,dt \\
&\quad= \int_0^a e^{-st}\times 0\,dt + \int_a^\infty e^{-st} f(t-a)\times 1\,dt \\
&\quad= \int_a^\infty e^{-st} f(t-a)\,dt
\end{aligned}$$

ここで積分のために $t-a=\tau$ の変数変換を行う．すると $dt = d\tau$，$t=\tau+a$ となり，積分範囲は $0\to\infty$ となる．

$$\begin{aligned}
\mathscr{L}(f(t-a)\times u(t-a)) &= \int_0^\infty e^{-s\tau-sa} f(\tau)\,d\tau \\
&= e^{-as}\int_0^\infty e^{-s\tau} f(\tau)\,d\tau \\
&= e^{-as}F(s)
\end{aligned}$$

▶ [原関数の独立変数]
$F(s) = \mathscr{L}(f(t))$ は s の関数なので，原関数の独立変数は t である必要はない．
$F(s) = \mathscr{L}(f(t))$
$= \mathscr{L}(f(\tau)) = \mathscr{L}(f(x))\cdots$
のように，なんでもよい．

[例 1]　$\mathscr{L}(u(t)) = \dfrac{1}{s}$ なので $\mathscr{L}(u(t-a)) = e^{-as}\dfrac{1}{s}$

[例 2]　図 3.6 の矩形関数 $f(t)$ のラプラス変換を求める．図 3.4，図 3.5，

図 3.6 より明らかに，$f(t) = u(t) - u(t-T)$ である．

$\mathscr{L}(u(t)) = \dfrac{1}{s}$，$\mathscr{L}(u(t-T)) = e^{-Ts}\dfrac{1}{s}$ なので

$$\begin{aligned}\mathscr{L}(f(t)) &= \mathscr{L}(u(t) - u(t-T)) = \mathscr{L}(u(t)) - \mathscr{L}(u(t-T)) \\ &= \frac{1}{s} - e^{-Ts}\frac{1}{s} = \frac{1-e^{-Ts}}{s}\end{aligned}$$

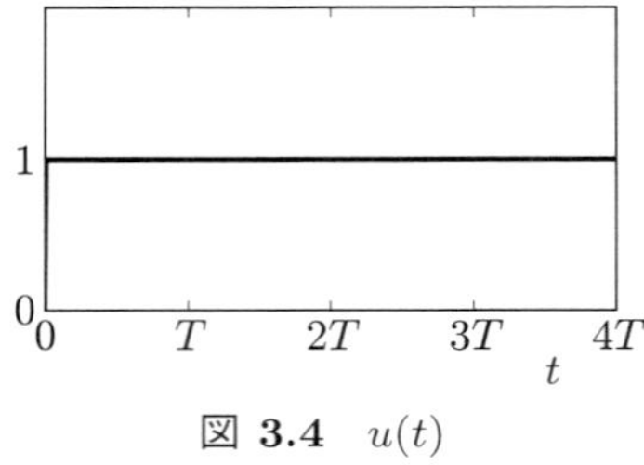

図 **3.4**　$u(t)$

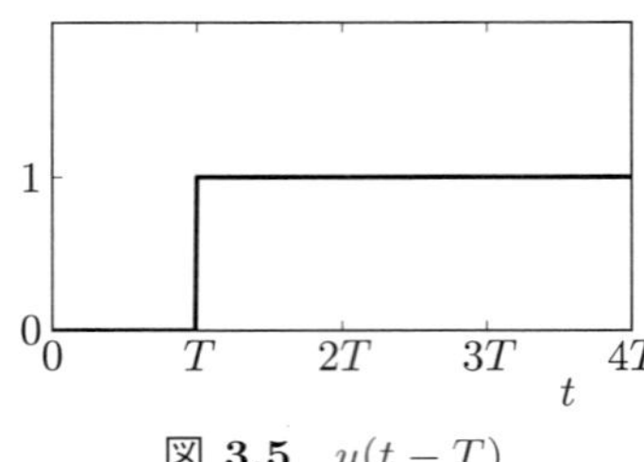

図 **3.5**　$u(t-T)$

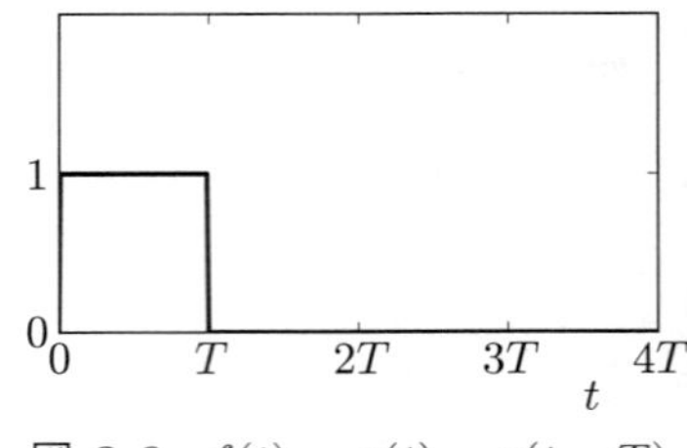

図 **3.6**　$f(t) = u(t) - u(t-T)$

［例 3］　図 3.9 の半波 sin 関数 $f(t)$ のラプラス変換を求める．

$f(t)$ は図 3.7，図 3.8 により $f(t) = f_1(t) + f_2(t)$ で表わされる．ここで

$$f_1(t) = \sin\left(\frac{\pi}{T}t\right)u(t)$$

$$f_2(t) = \sin\left(\frac{\pi}{T}(t-T)\right)u(t-T)$$

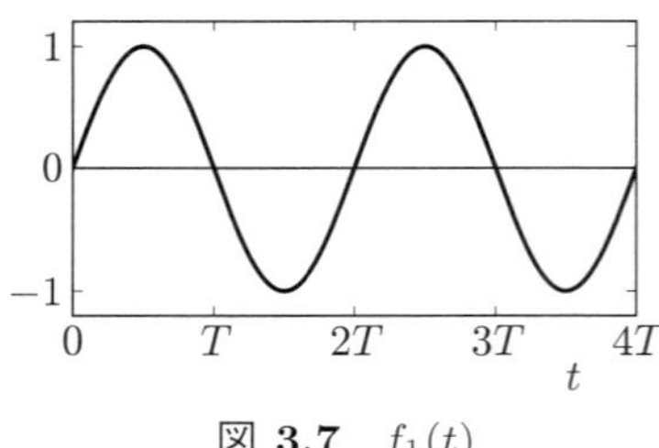

図 **3.7**　$f_1(t)$

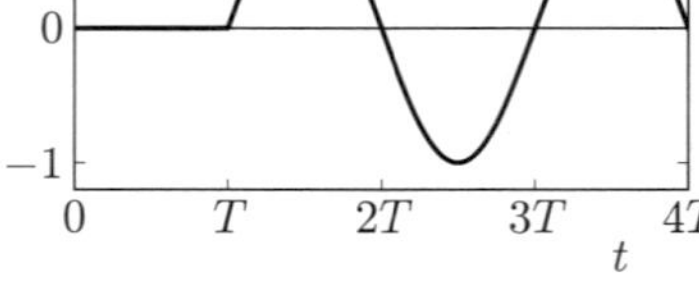

図 **3.8**　$f_2(t)$

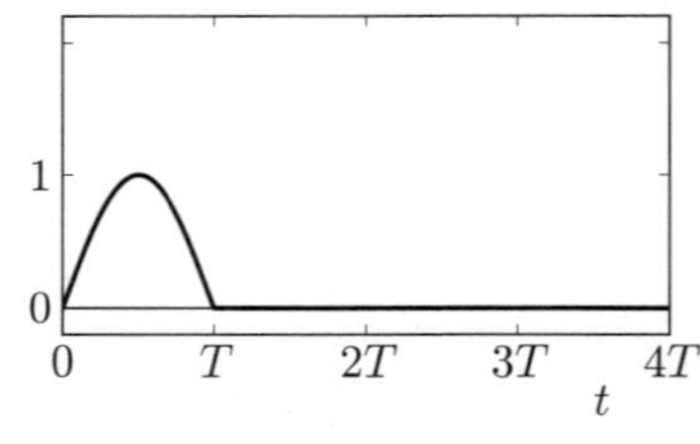

図 **3.9**　$f(t)$

である．また，$\mathscr{L}(f_1(t)) = \dfrac{\frac{\pi}{T}}{s^2 + \left(\frac{\pi}{T}\right)^2}$，$\mathscr{L}(f_2(t)) = e^{-Ts}\dfrac{\frac{\pi}{T}}{s^2 + \left(\frac{\pi}{T}\right)^2}$ なので，次式を得る．

$$\mathscr{L}(f(t)) = \mathscr{L}(f_1(t)) + \mathscr{L}(f_2(t)) = \left(1 + e^{-Ts}\right)\frac{\frac{\pi}{T}}{s^2 + \left(\frac{\pi}{T}\right)^2}$$

ここで章末の演習 3 をやってみよう．

3.5　像関数の移動則

像関数の移動則　表 1.4(p.12) − 19

$\mathscr{L}(f(t)) = F(s)$ のとき

$$\mathscr{L}\left(e^{-at}f(t)\right) = F(s+a) \tag{3.12}$$

この関係はよく使われている．証明してみよう．

$$\begin{aligned} F(s+a) &= \int_0^\infty e^{-(s+a)t} f(t)\,dt = \int_0^\infty e^{-st}\left(e^{-at}f(t)\right)dt \\ &= \mathscr{L}\left(e^{-at}f(t)\right) \end{aligned}$$

［例 1］

$f(t) = t$ のとき，$F(s) = \dfrac{1}{s^2}$ なので

$$\mathscr{L}\left(e^{-at}t\right) = F(s+a) = \frac{1}{(s+a)^2}$$

$e^{-at}t$ のラプラス変換　表 1.3(p.11) − 7

$$\mathscr{L}\left(e^{-at}t\right) = \frac{1}{(s+a)^2} \tag{3.13}$$

［例 2］

$f(t) = \cos\omega t$ のとき，$F(s) = \dfrac{s}{s^2+\omega^2}$ なので

$$\mathscr{L}\left(e^{-at}\cos\omega t\right) = F(s+a) = \frac{s+a}{(s+a)^2+\omega^2}$$

$e^{-at}\cos\omega t$ のラプラス変換　表 1.3(p.11) − 11

$$\mathscr{L}\left(e^{-at}\cos\omega t\right) = \frac{s+a}{(s+a)^2+\omega^2} \tag{3.14}$$

［例 3］

$f(t) = \sin\omega t$ のとき，$F(s) = \dfrac{\omega}{s^2+\omega^2}$ なので

$$\mathscr{L}\left(e^{-at}\sin\omega t\right) = F(s+a) = \frac{\omega}{(s+a)^2+\omega^2}$$

$e^{-at}\sin\omega t$ のラプラス変換　表 1.3(p.11) − 10

$$\mathscr{L}\left(e^{-at}\sin\omega t\right) = \frac{\omega}{(s+a)^2+\omega^2} \tag{3.15}$$

ここで章末の演習 4,5 をやってみよう．

3.6　相似則

相似則　　表 1.4(p.12) – 20, 21

$\mathscr{L}(f(t)) = F(s)$，$0 < a$ のとき

$$\mathscr{L}(f(at)) = \frac{1}{a}F\left(\frac{s}{a}\right) \tag{3.16}$$

$$\mathscr{L}\left(f\left(\frac{t}{a}\right)\right) = aF(as) \tag{3.17}$$

式 (3.16) を証明してみよう．

$$\mathscr{L}(f(at)) = \int_0^\infty e^{-st} f(at)\,dt$$

ここで $at = \tau$ とおくと $t = \frac{1}{a}\tau$，$dt = \frac{1}{a}d\tau$ である．

（$0 < a$ でないと積分方向が変わってしまうので，$0 < a$ で考える．）

$$\mathscr{L}(f(t)) = \int_0^\infty e^{-\frac{s}{a}\tau} f(\tau)\frac{1}{a}\,d\tau = \frac{1}{a}\int_0^\infty e^{-\frac{s}{a}\tau} f(\tau)\,d\tau = \frac{1}{a}F\left(\frac{s}{a}\right)$$

式 (3.17) は式 (3.16) で a を $\frac{1}{a}$ で置き換えて得られる．

3.7　像関数の微分則

像関数の微分則　　表 1.4(p.12) – 22

$\mathscr{L}(f(t)) = F(s)$ のとき

$$\mathscr{L}(tf(t)) = -\frac{d}{ds}F(s) \tag{3.18}$$

▶［s での微分］
s は複素数だが，複素関数 e^{-st} は正則なので，e^{-st} の s での微分は，実数関数の実数での微分と同じ操作で計算できる．

証明してみよう．

$$\begin{aligned}\frac{d}{ds}F(s) &= \frac{d}{ds}\int_0^\infty e^{-st} f(t)\,dt = \int_0^\infty \frac{\partial}{\partial s}e^{-st} f(t)\,dt \\ &= \int_0^\infty (-t)e^{-st} f(t)\,dt = -\int_0^\infty e^{-st}(tf(t))\,dt = -\mathscr{L}(tf(t))\end{aligned}$$

ここで章末の演習 6,7 をやってみよう．

3.8　像関数の積分則

像関数の積分則　　表 1.4(p.12) – 23

$\mathscr{L}(f(t)) = F(s)$ のとき，r を複素数として

$$\mathscr{L}\left(\frac{f(t)}{t}\right) = \int_s^\infty F(r)\,dr \tag{3.19}$$

この積分では r は複素数であるが，ここでは積分経路として実軸上を考え，r を実数として積分する．

$f(t), \dfrac{f(t)}{t}$ のラプラス変換が存在し，

$$\int_s^\infty F(r)\,dr = \int_s^\infty \int_0^\infty e^{-rt} f(t)\,dt\,dr$$

は，積分の順序が変更できるとして証明してみよう．

$$\begin{aligned}\int_s^\infty F(r)\,dr &= \int_0^\infty \left(\int_s^\infty e^{-rt} f(t)\,dr\right) dt = \int_0^\infty f(t) \left(\int_s^\infty e^{-rt}\,dr\right) dt \\ &= \int_0^\infty f(t) \left[-\frac{e^{-rt}}{t}\right]_s^\infty dt = \int_0^\infty f(t) \frac{e^{-st}}{t}\,dt \\ &= \int_0^\infty e^{-st} \left(\frac{f(t)}{t}\right) dt = \mathscr{L}\left(\frac{f(t)}{t}\right)\end{aligned}$$

▶ [$\int_s^\infty e^{-rt}\,dr$]
e^{-rt} は滑らかな関数であるため，$\int_s^\infty e^{-rt}\,dr$ の積分経路は s から $\mathrm{Re}(r) \to \infty$ へと自由に選んでも同じ積分値となる．

ここで章末の演習 8 をやってみよう．

3.9　周期関数のラプラス変換

周期関数のラプラス変換は，t 領域における移動を利用すると計算できる．

図 3.10 のように周期が T である周期関数 $f(t)$ を考える．

$f(t)$ の最初の 1 周期分の関数（繰返し単位の関数）を図 3.11 に示す $\varphi(t)$ とすると，$f(t)$ は $\varphi(t)$ を $T, 2T, 3T, \ldots$ とずらしたものを順に加えてできた関数と考えられる．すなわち，

$$\begin{aligned}f(t) &= \varphi(t) + \varphi(t-T)u(t-T) + \varphi(t-2T)u(t-2T) + \cdots \\ &= \lim_{n\to\infty} \sum_{k=0}^{n} \varphi(t-kT)u(t-kT)\end{aligned}$$

であり，次の関係式 (3.20) が得られる．

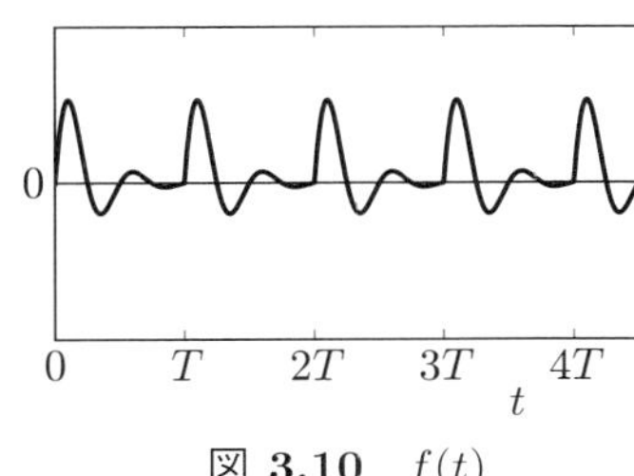

図 3.10　$f(t)$

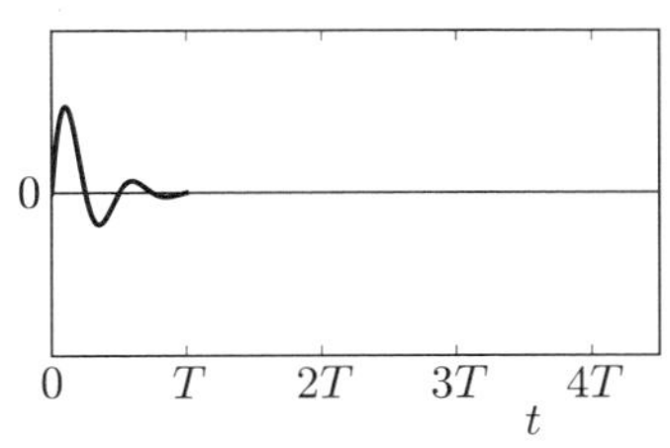

図 3.11　$\varphi(t)$（最初の 1 周期分の関数）

周期関数のラプラス変換　　表 1.4(p.12) – 32

$f(t) = \lim_{n\to\infty} \sum_{k=0}^{n} \varphi(t-kT)u(t-kT)$

$\mathscr{L}(f(t)) = F(s)$，$\mathscr{L}(\varphi(t)) = \Phi(s)$ のとき，

$$F(s) = \Phi(s)\frac{1}{1-e^{-Ts}} \tag{3.20}$$

証明してみよう．

$$f(t) = \varphi(t) + \varphi(t-T)u(t-T) + \varphi(t-2T)u(t-2T) + \cdots$$

をラプラス変換すると

$$\begin{aligned} F(s) &= \Phi(s) + e^{-Ts}\Phi(s) + e^{-2Ts}\Phi(s) + e^{-3Ts}\Phi(s) + \cdots \\ &= \Phi(s)\left(1 + e^{-Ts} + e^{-2Ts} + e^{-3Ts} + \cdots\right) \end{aligned}$$

であり．右辺のかっこの中は初項1，公比 e^{-Ts} の等比級数になっている．$1 < T\mathrm{Re}(s)$ の範囲では $\left|e^{-Ts}\right| < 1$ なのでこの等比級数は $\Phi(s)\dfrac{1}{1-e^{-Ts}}$ に収束する．よって $F(s) = \Phi(s)\dfrac{1}{1-e^{-Ts}}$ となる．

▶［等比級数］
$a, ar, ar^2, ar^3, \cdots$ の数列は初項 a，公比 r の等比数列と呼ばれる．またその総和 $S = a+ar+ar^2+ar^3+\cdots$ は等比級数と呼ばれ，$|r| < 1$ ならば，$S = a\frac{1}{1-r}$ で求められる．

例題 3－1

図 3.12 に示す周期関数 $f(t)$ のラプラス変換を求めなさい．

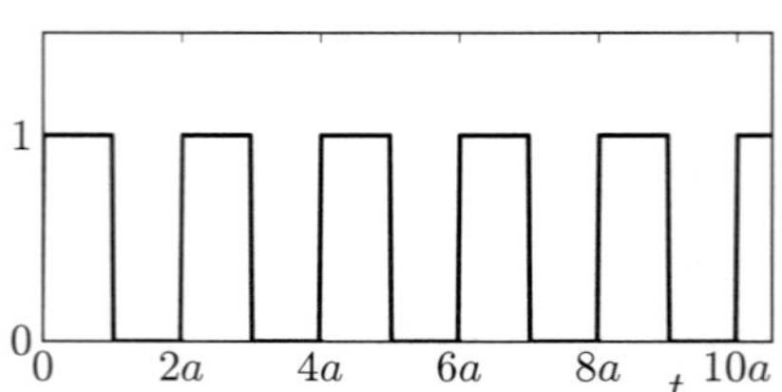

図 3.12　$f(t)$ 連続矩形波

$f(t)$ は周期 $2a$ の周期関数で，繰返し単位の関数は

$$\varphi(t) = \begin{cases} 1 & (0 \le t < a) \\ 0 & (a \le t) \end{cases}$$

である．また単位ステップ関数を用いて

$$\varphi(t) = u(t) - u(t-a)$$

とも表現できるので，$\varphi(t)$ のラプラス変換を得る．

$$\begin{aligned} \Phi(s) &= \mathscr{L}\left(\varphi(t)\right) = \mathscr{L}\left(u(t) - u(t-a)\right) = \mathscr{L}\left(u(t)\right) - \mathscr{L}\left(u(t-a)\right) \\ &= \frac{1}{s} - \frac{1}{s}e^{-as} = \frac{1}{s}\left(1 - e^{-as}\right) \end{aligned}$$

ここで，周期は $2a$ なので，次式を得る．

$$F(s) = \Phi(s)\frac{1}{1-e^{-2as}} = \frac{1}{s}\left(1-e^{-as}\right)\frac{1}{1-e^{-2as}} = \frac{1}{s}\frac{1}{1+e^{-as}}$$

▶［式の計算ヒント］
$1 - e^{-2as} = 1 - \left(e^{-as}\right)^2 = \left(1+e^{-as}\right)\left(1-e^{-as}\right)$

例題 3－2

図 3.13 に示す周期関数 $f(t)$ のラプラス変換を求めなさい．

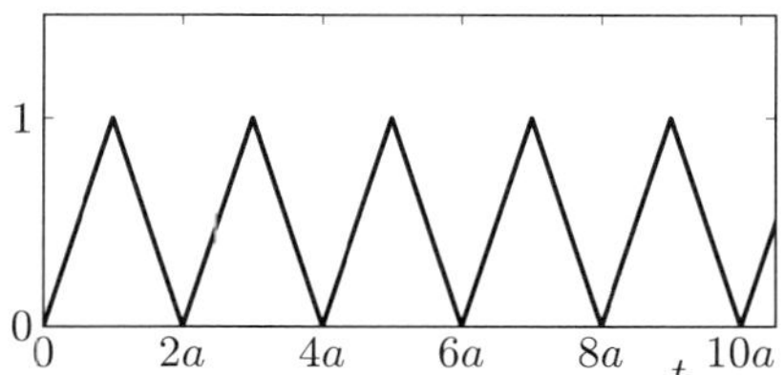

図 3.13 $f(t)$ 連続三角波

$f(t)$ は周期 $2a$ の周期関数で，繰返し単位の関数は

$$\varphi(t) = \begin{cases} \dfrac{1}{a}t & (0 \leq t < a) \\ -\dfrac{1}{a}t + 2 & (a \leq t < 2a) \\ 0 & (2a \leq t) \end{cases}$$

である．

$$\varphi(t) = \frac{1}{a}t - \frac{2}{a}(t-a)u(t-a) + \frac{1}{a}(t-2a)u(t-2a)$$

とも表現できるので，$\varphi(t)$ のラプラス変換を得る．

$$\begin{aligned} \Phi(s) &= \mathscr{L}(\varphi(t)) = \mathscr{L}\left(\frac{1}{a}t - \frac{2}{a}(t-a)u(t-a) + \frac{1}{a}(t-2a)u(t-2a)\right) \\ &= \frac{1}{a}\left(\mathscr{L}(t) - 2\mathscr{L}((t-a)u(t-a)) + \mathscr{L}((t-2a)u(t-2a))\right) \\ &= \frac{1}{a}\left(\frac{1}{s^2} - 2e^{-as}\frac{1}{s^2} + e^{-2as}\frac{1}{s^2}\right) = \frac{1}{as^2}\left(1 - 2e^{-as} + \left(e^{-as}\right)^2\right) \\ &= \frac{1}{as^2}\left(1 - e^{-as}\right)^2 \end{aligned}$$

ここで，周期は $2a$ なので次式を得る．

$$F(s) = \Phi(s)\frac{1}{1-e^{-2as}} = \frac{1}{as^2}\left(1-e^{-as}\right)^2\frac{1}{1-e^{-2as}} = \frac{1}{as^2}\frac{1-e^{-as}}{1+e^{-as}}$$

ここで章末の演習 9 をやってみよう．

[3 章のまとめ]

この章では，

1. ラプラス変換の線形性を示した．これにより微分方程式のラプラス変換を項別に行うことの妥当性が示された．
2. ラプラス変換表変換対の妥当性を順に示した．
3. 微分された関数のラプラス変換を示した．これも微分方程式を解く際に重要な内容である．
4. 周期関数のラプラス変換を公式化した．

3章　演習問題

［演習1］ラプラス変換の線形性を利用して，次の関数のラプラス変換を求めなさい．

(1) $f(t) = \cos \omega t$　　(2) $f(t) = \sinh \omega t$　　(3) $f(t) = \cosh \omega t$

［演習2］ラプラス変換の線形性を利用して，次の関数のラプラス変換を求めなさい．

(1) $f(t) = \cos 2t + \cos 3t$　(2) $f(t) = 1 - \cos t$　(3) $f(t) = \cos 2t \cdot \cos 3t$

(4) $f(t) = \sin^2 2\pi t$　　(5) $f(t) = \cos^2 2\pi t$

［演習3］次の関数のグラフの概形を描き，原関数の移動則を用いてラプラス変換を求めなさい．ただし，$0 \leq t$, $0 < a\, 0 < T$ とする．$u(t)$ は単位ステップ関数，$\delta(t)$ は単位インパルス関数である．

(1) $x(t) = u(t) + u(t-a) - 2u(t-2a)$　(2) $x(t) = \sin 2\pi(t-1) \cdot u(t-1)$

(3) $x(t) = \sin \pi(t-1) \cdot u(t-1)$　(4) $x(t) = \sin \pi t + \sin \pi(t-1) \cdot u(t-1)$

(5) $x(t) = \sin \dfrac{\pi}{T} t + \sin \dfrac{\pi}{T}(t-T) \cdot u(t-T)$

(6) $x(t) = \sin \dfrac{2\pi}{T} t + \sin \dfrac{2\pi}{T} \left(t - \dfrac{T}{2}\right) \cdot u \left(t - \dfrac{T}{2}\right)$

(7) $x(t) = u(t) - u(t-a) + u(t-2a) - u(t-3a) + u(t-4a) - u(t-5a) + \cdots$

(8) $x(t) = t - (t-1) \cdot u(t-1) - (t-2) \cdot u(t-2) + (t-3) \cdot u(t-3)$

(9) $x(t) = t - 2(t-1) \cdot u(t-1) + 2(t-2) \cdot u(t-2) - 2(t-3) \cdot u(t-3) + (t-4) \cdot u(t-4)$

(10) $x(t) = \delta(t-1)$　(11) $x(t) = \delta(t) + \delta(t-1)$

(12) $x(t) = \begin{cases} 0 & (t < T) \\ a & (T \leq t < 2T) \\ 0 & (2T \leq t) \end{cases}$　(13) $x(t) = \begin{cases} \sin 2\pi t & (0 \leq t < 1) \\ 0 & (1 \leq t) \end{cases}$

(14) $x(t) = \begin{cases} t & (0 \leq T) \\ T & (T \leq t) \end{cases}$　ヒント　$x(t) = t - (t-T) \cdot u(t-T)$

(15) $x(t) = \begin{cases} t & (0 \leq T) \\ -(t-2T) & (T \leq t < 2T) \\ 0 & (2T \leq t) \end{cases}$　ヒント　$x(t) = t - 2(t-T) \cdot u(t-T) + (t-2T) \cdot u(t-2T)$

［演習4］像関数の移動則を用いて，次の関数のラプラス変換を求めなさい．

(1) $f(t) = e^{-at} \cosh \omega t$　　(2) $f(t) = e^{-at} \sinh \omega t$

［演習5］次の関数のグラフの概形を描き，ラプラス変換を求めなさい．ただし，$0 \leq t$ とする．

(1) $x(t) = e^{-0.5t}$　(2) $x(t) = 1 - e^{-0.5t}$　(3) $x(t) = 2\left(1 - e^{-0.5t}\right)$　(4) $x(t) = te^{-0.5t}$

(5) $x(t) = e^{-0.5t} \sin 2\pi t$　(6) $x(t) = e^{-0.5t} \cos 2\pi t$　(7) $x(t) = 1 - e^{-0.5t} \cos 2\pi t$

(8)$x(t) = t - 0.5 \sin 2\pi t$　(9)$x(t) = t - 0.5e^{-0.6t} \sin 2\pi t$

［演習6］像関数の微分則を用いて次の関数のラプラス変換を求めなさい．

(1) $f_0(t) = 1$ のとき，$\mathscr{L}(f_0(t)) = F_0(s) = \dfrac{1}{s}$ を用いて，$f_1(t) = t = tf_0(t)$ の計算で $F_1(s) = \mathscr{L}(f_1(t))$

(2) $f_2(t) = t^2 = tf_1(t)$ の計算で $F_2(s) = \mathscr{L}\left(f_2(t)\right)$
(3) $f_3(t) = t^3 = tf_2(t)$ の計算で $F_3(s) = \mathscr{L}\left(f_3(t)\right)$
(4) $f_4(t) = t^4 = tf_3(t)$ の計算で $F_4(s) = \mathscr{L}\left(f_4(t)\right)$

[演習 7] 次の問いに答えなさい．
$\mathscr{L}\left(t^n\right) = \dfrac{n!}{s^{n+1}}$ が成り立つとき，$\mathscr{L}\left(t^{n+1}\right) = \mathscr{L}\left(t \cdot t^n\right) = \dfrac{(n+1)!}{s^{n+2}}$ を導きなさい．このことを用いて数学的帰納法にて $\mathscr{L}\left(t^n\right) = \dfrac{n!}{s^{n+1}}$ を証明しなさい．

[演習 8] 像関数の微積分則を用いて，次の関数のラプラス変換を求めなさい．ただし，$0 \leq t,\ 0 < a, b, \omega$ とする．
(1) $x(t) = ate^{-bt}$　(2) $x(t) = at\sin\omega t$　(3) $x(t) = at\cos\omega t$
(4) $x(t) = \dfrac{a\sin\omega t}{t}$　(5) $x(t) = \dfrac{a\sinh\omega t}{t}$

[演習 9] 周期関数のラプラス変換の方法を用いて，次の各図で示される周期関数 $f(t)$ についてラプラス変換しなさい．
(1) 図 3.14 $f(t) = \delta(t) + \delta(t-a) + \delta(t-2a) + \delta(t-3a) + \cdots$
(2) 図 3.15
(3) 図 3.16
(4) 図 3.17 $f(t) = \begin{cases} \sin\frac{\pi}{a}t & (2na \leq t < (2n+1)a) \\ 0 & ((2n+1)a \leq t < (2n+2)a) \end{cases} \quad n = 0, 1, 2, \cdots$

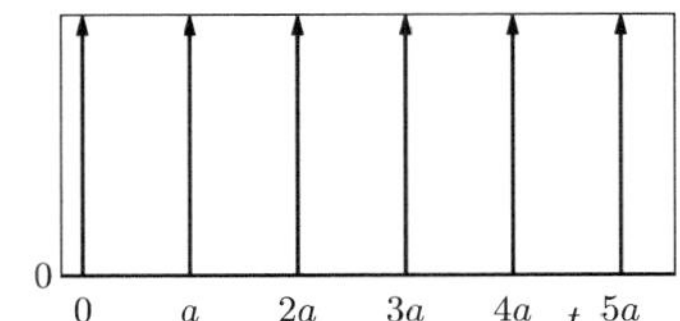

図 3.14　デルタ関数 ($\delta(t)$) の繰返し

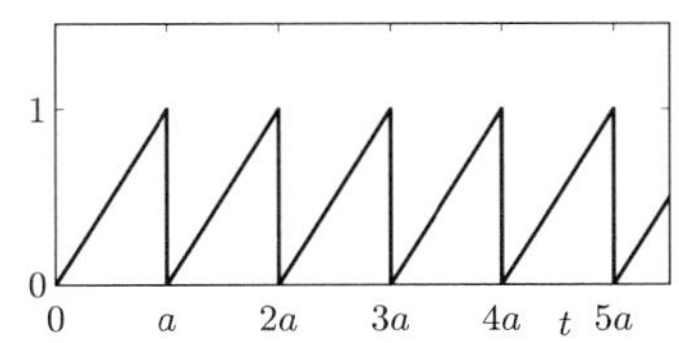

図 3.15　のこぎり波関数 (1)

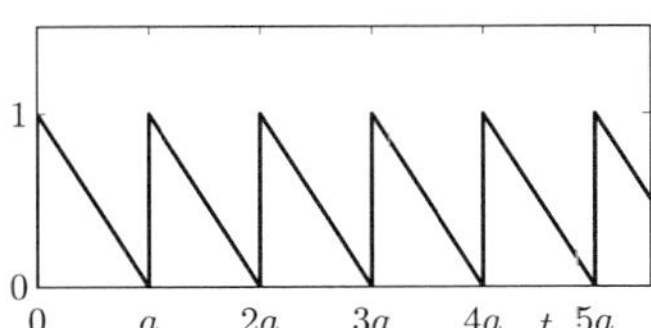

図 3.16　のこぎり波関数 (2)

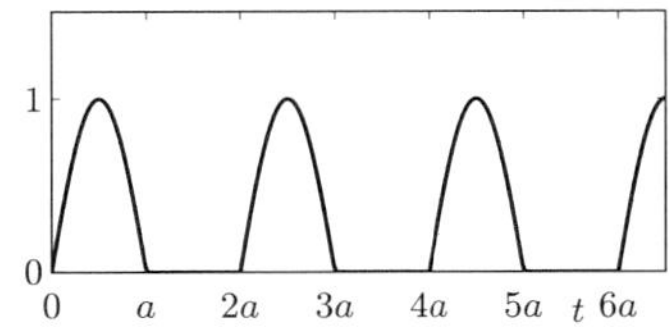

図 3.17　半波正弦波の繰返し

3 章　演習問題解答

［解 1］

(1) $f(t) = \cos\omega t$

$$\begin{aligned}\mathscr{L}(f(t)) &= \mathscr{L}(\cos\omega t) = \mathscr{L}\left(\frac{e^{j\omega t}+e^{-j\omega t}}{2}\right)\\ &= \mathscr{L}\left(\frac{e^{j\omega t}}{2}+\frac{e^{-j\omega t}}{2}\right)\\ &= \frac{1}{2}\left(\mathscr{L}\left(e^{j\omega t}\right)+\mathscr{L}\left(e^{-j\omega t}\right)\right)\\ &= \frac{1}{2}\left(\frac{1}{s-j\omega}+\frac{1}{s+j\omega}\right)\\ &= \frac{1}{2}\frac{2s}{(s-j\omega)(s+j\omega)} = \frac{s}{s^2+\omega^2}\end{aligned}$$

> $\cos\omega t$ のラプラス変換　　表 1.3(p.11) − 9
>
> $$\mathscr{L}(\cos\omega t) = \frac{s}{s^2+\omega^2} \qquad (3.21)$$

(2) $f(t) = \sinh\omega t$

$$\begin{aligned}\mathscr{L}(f(t)) &= \mathscr{L}(\sinh\omega t) = \mathscr{L}\left(\frac{e^{\omega t}-e^{-\omega t}}{2}\right)\\ &= \mathscr{L}\left(\frac{e^{\omega t}}{2}-\frac{e^{-\omega t}}{2}\right)\\ &= \frac{1}{2}\left(\mathscr{L}\left(e^{\omega t}\right)-\mathscr{L}\left(e^{-\omega t}\right)\right)\\ &= \frac{1}{2}\left(\frac{1}{s-\omega}-\frac{1}{s+\omega}\right)\\ &= \frac{1}{2}\frac{2\omega}{(s-\omega)(s+\omega)} = \frac{\omega}{s^2-\omega^2}\end{aligned}$$

> $\sinh\omega t$ のラプラス変換　　表 1.3(p.11) − 12
>
> $$\mathscr{L}(\sinh\omega t) = \frac{\omega}{s^2-\omega^2} \qquad (3.22)$$

(3) $f(t) = \cosh\omega t$

$$\begin{aligned}\mathscr{L}(f(t)) &= \mathscr{L}(\cosh\omega t) = \mathscr{L}\left(\frac{e^{\omega t}+e^{-\omega t}}{2}\right)\\ &= \mathscr{L}\left(\frac{e^{\omega t}}{2}+\frac{e^{-\omega t}}{2}\right)\\ &= \frac{1}{2}\left(\mathscr{L}\left(e^{\omega t}\right)+\mathscr{L}\left(e^{-\omega t}\right)\right)\\ &= \frac{1}{2}\left(\frac{1}{s-\omega}+\frac{1}{s+\omega}\right)\\ &= \frac{1}{2}\frac{2s}{(s-\omega)(s+\omega)} = \frac{s}{s^2-\omega^2}\end{aligned}$$

> $\cosh\omega t$ のラプラス変換　　表 1.3(p.11) − 13
>
> $$\mathscr{L}(\cosh\omega t) = \frac{s}{s^2-\omega^2} \qquad (3.23)$$

［解 2］

(1) $f(t) = \cos 2t + \cos 3t$

$$\begin{aligned}\mathscr{L}(f(t)) &= \mathscr{L}(\cos 2t + \cos 3t)\\ &= \mathscr{L}(\cos 2t) + \mathscr{L}(\cos 3t)\\ &= \frac{s}{s^2+2^2}+\frac{s}{s^2+3^2}\end{aligned}$$

(2) $f(t) = 1 - \cos t$

$$\begin{aligned}\mathscr{L}(f(t)) &= \mathscr{L}(1-\cos t) = \mathscr{L}(1) - \mathscr{L}(\cos t)\\ &= \frac{1}{s}-\frac{s}{s^2+1^2}\end{aligned}$$

(3) $f(t) = \cos 2t \cdot \cos 3t$

$$\begin{aligned}\mathscr{L}(f(t)) &= \mathscr{L}(\cos 2t \cdot \cos 3t)\\ &= \mathscr{L}\left(\frac{1}{2}(\cos 5t + \cos t)\right)\\ &= \frac{1}{2}(\mathscr{L}(\cos 5t) + \mathscr{L}(\cos t))\\ &= \frac{1}{2}\left(\frac{s}{s^2+5^2}+\frac{s}{s^2+1^2}\right)\end{aligned}$$

(4) $f(t) = \sin^2 2\pi t$

$$\begin{aligned}\mathscr{L}(f(t)) &= \mathscr{L}\left(\sin^2 2\pi t\right) = \mathscr{L}\left(\frac{1}{2}(1-\cos 4\pi t)\right)\\ &= \frac{1}{2}(\mathscr{L}(1) - \mathscr{L}(\cos 4\pi t))\\ &= \frac{1}{2}\left(\frac{1}{s}-\frac{s}{s^2+(4\pi)^2}\right)\end{aligned}$$

(5) $f(t) = \cos^2 2\pi t$

$$\begin{aligned}\mathscr{L}(f(t)) &= \mathscr{L}\left(\cos^2 2\pi t\right) = \mathscr{L}\left(\frac{1}{2}(1+\cos 4\pi t)\right)\\ &= \frac{1}{2}(\mathscr{L}(1) + \mathscr{L}(\cos 4\pi t))\\ &= \frac{1}{2}\left(\frac{1}{s}+\frac{s}{s^2+(4\pi)^2}\right)\end{aligned}$$

［解 3］（グラフ上で足したり引いたりできると，簡単にグラフが描けるようになる.）

(1) （図 3.18） $x(t) = u(t) + u(t-a) - 2u(t-2a)$

$$\begin{aligned}\mathscr{L}(x(t)) &= \mathscr{L}(u(t) + u(t-a) - 2u(t-2a))\\ &= \mathscr{L}(u(t)) + \mathscr{L}(u(t-a))\\ &\quad - 2\mathscr{L}(u(t-2a))\\ &= \frac{1}{s} + e^{-as}\frac{1}{s} - 2e^{-2as}\frac{1}{s}\\ &= \frac{1}{s}\left(1 + e^{-as} - 2e^{-2as}\right)\end{aligned}$$

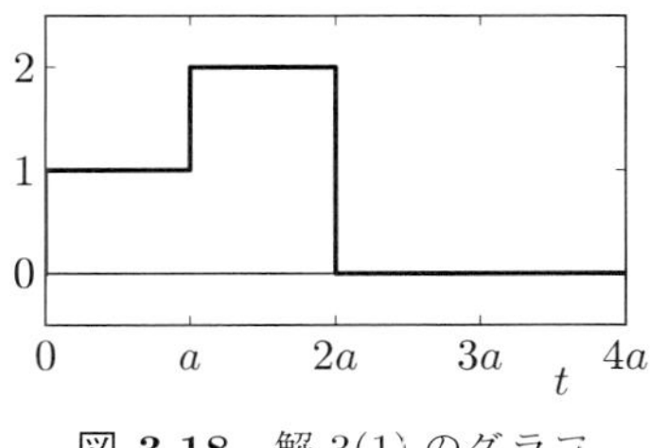

図 3.18　解 3(1) のグラフ

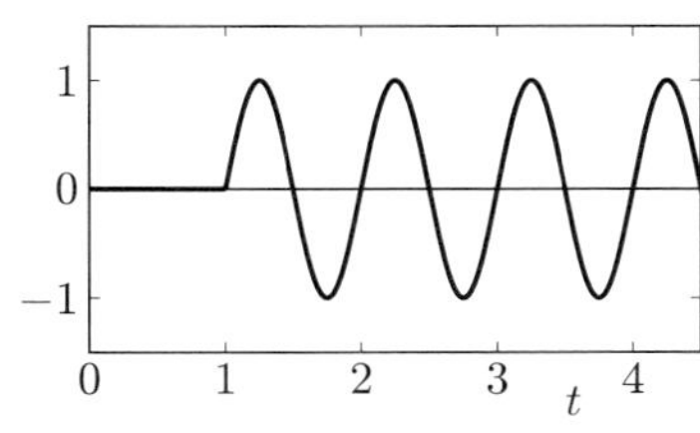

図 3.19　解 3(2) のグラフ

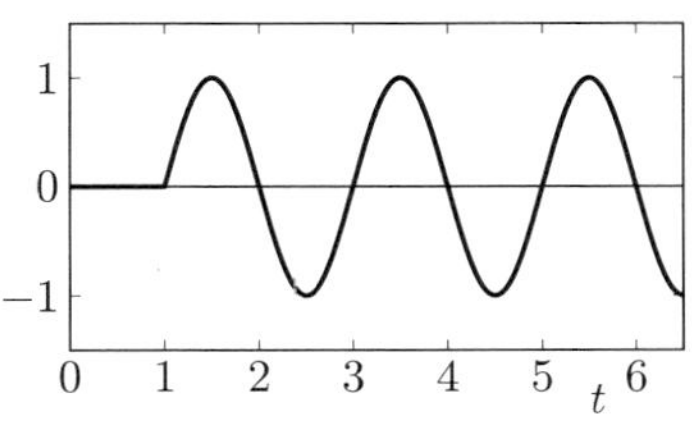

図 3.20　解 3(3) のグラフ

(2)（図 3.19）$x(t) = \sin 2\pi(t-1)\cdot u(t-1)$

$$\mathscr{L}(x(t)) = \mathscr{L}(\sin 2\pi(t-1)\cdot u(t-1)) = e^{-s}\frac{2\pi}{s^2+(2\pi)^2}$$

(3)（図 3.20）$x(t) = \sin \pi(t-1)\cdot u(t-1)$

$$\mathscr{L}(x(t)) = \mathscr{L}(\sin \pi(t-1)\cdot u(t-1)) = e^{-s}\frac{\pi}{s^2+\pi^2}$$

(4)（図 3.21）$x(t) = \sin \pi t + \sin \pi(t-1)\cdot u(t-1)$

$$\begin{aligned}\mathscr{L}(x(t)) &= \mathscr{L}(\sin \pi t + \sin \pi(t-1)\cdot u(t-1)) \\ &= (\mathscr{L}(\sin \pi t) \\ &\quad +\mathscr{L}(\sin \pi(t-1)\cdot u(t-1))) \\ &= \frac{\pi}{s^2+\pi^2} + e^{-s}\frac{\pi}{s^2+\pi^2} \\ &= (1+e^{-s})\frac{\pi}{s^2+\pi^2}\end{aligned}$$

(5)（図 3.22）

$$x(t) = \sin\frac{\pi}{T}t + \sin\frac{\pi}{T}(t-T)\cdot u(t-T)$$

$$\begin{aligned}\mathscr{L}(x(t)) &= \mathscr{L}\left(\sin\frac{\pi}{T}t + \sin\frac{\pi}{T}(t-T)\cdot u(t-T)\right) \\ &= \left(\mathscr{L}\left(\sin\frac{\pi}{T}t\right)\right. \\ &\quad \left.+\mathscr{L}\left(\sin\frac{\pi}{T}(t-T)\cdot u(t-T)\right)\right) \\ &= \frac{\frac{\pi}{T}}{s^2+\left(\frac{\pi}{T}\right)^2} + e^{-Ts}\frac{\frac{\pi}{T}}{s^2+\left(\frac{\pi}{T}\right)^2} \\ &= \left(1+e^{-Ts}\right)\frac{\frac{\pi}{T}}{s^2+\left(\frac{\pi}{T}\right)^2}\end{aligned}$$

(6)（図 3.23）

$$x(t) = \sin\frac{2\pi}{T}t + \sin\frac{2\pi}{T}\left(t-\frac{T}{2}\right)\cdot u\left(t-\frac{T}{2}\right)$$

$$\begin{aligned}\mathscr{L}(x(t)) &= \mathscr{L}\left(\sin\frac{2\pi}{T}t\right. \\ &\quad \left.+\sin\frac{2\pi}{T}\left(t-\frac{T}{2}\right)\cdot u\left(t-\frac{T}{2}\right)\right)\end{aligned}$$

$$\begin{aligned}\mathscr{L}(x(t)) &= \mathscr{L}\left(\sin\frac{2\pi}{T}t\right) \\ &\quad +\mathscr{L}\left(\sin\frac{2\pi}{T}\left(t-\frac{T}{2}\right)\cdot u\left(t-\frac{T}{2}\right)\right)\end{aligned}$$

$$\begin{aligned}\mathscr{L}(x(t)) &= \frac{\frac{2\pi}{T}}{s^2+\left(\frac{2\pi}{T}\right)^2} + e^{-\frac{T}{2}s}\frac{\frac{2\pi}{T}}{s^2+\left(\frac{2\pi}{T}\right)^2} \\ &= \left(1+e^{-\frac{T}{2}s}\right)\frac{\frac{2\pi}{T}}{s^2+\left(\frac{2\pi}{T}\right)^2}\end{aligned}$$

(7)（図 3.24）

$$\begin{aligned}x(t) &= u(t) - u(t-a) + u(t-2a) - u(t-3a) \\ &\quad + u(t-4a) - u(t-5a) + \cdots\end{aligned}$$

$$\begin{aligned}\mathscr{L}(x(t)) &= \mathscr{L}(u(t) - u(t-a) + u(t-2a) \\ &\quad - u(t-3a) + u(t-4a) \\ &\quad -u(t-5a) + \cdots) \\ &= \frac{1}{s} - e^{-as}\frac{1}{s} + e^{-2as}\frac{1}{s} - e^{-3as}\frac{1}{s} \\ &\quad +e^{-4as}\frac{1}{s} - e^{-5as}\frac{1}{s} + \cdots \\ &= \frac{1}{s}\left(1 - e^{-as} + e^{-2as} - e^{-3as}\right. \\ &\quad \left.+e^{-4as} - e^{-5as} + \cdots\right) \\ &= \frac{1}{s}\frac{1}{1+e^{-as}}\end{aligned}$$

(8)（図 3.25）

$$\begin{aligned}x(t) &= t - (t-1)\cdot u(t-1) - (t-2)\cdot u(t-2) \\ &\quad + (t-3)\cdot u(t-3)\end{aligned}$$

$$\begin{aligned}\mathscr{L}(x(t)) &= \mathscr{L}(t - (t-1)\cdot u(t-1) \\ &\quad - (t-2)\cdot u(t-2) \\ &\quad +(t-3)\cdot u(t-3)) \\ &= \frac{1}{s^2} - e^{-s}\frac{1}{s^2} - e^{-2s}\frac{1}{s^2} + e^{-3s}\frac{1}{s^2} \\ &= \frac{1}{s^2}\left(1 - e^{-s} - e^{-2s} + e^{-3s}\right)\end{aligned}$$

(9)（図 3.26）

$$\begin{aligned}x(t) &= t - 2(t-1)\cdot u(t-1) + 2(t-2)\cdot u(t-2) \\ &\quad - 2(t-3)\cdot u(t-3) + (t-4)\cdot u(t-4)\end{aligned}$$

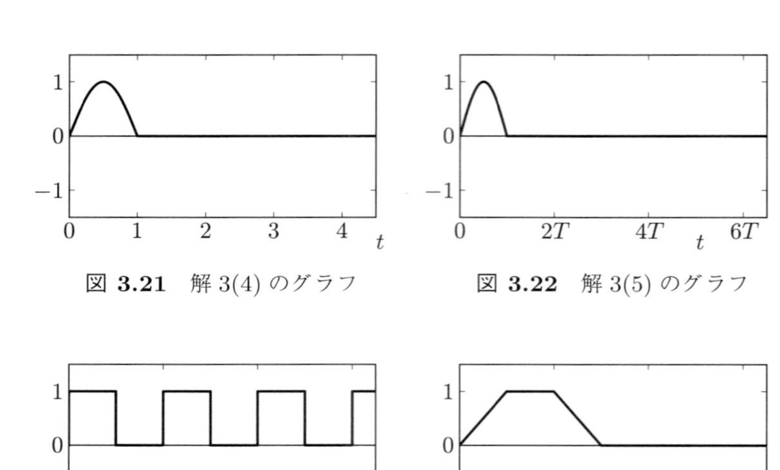

図 **3.21**　解 3(4) のグラフ

図 **3.22**　解 3(5) のグラフ

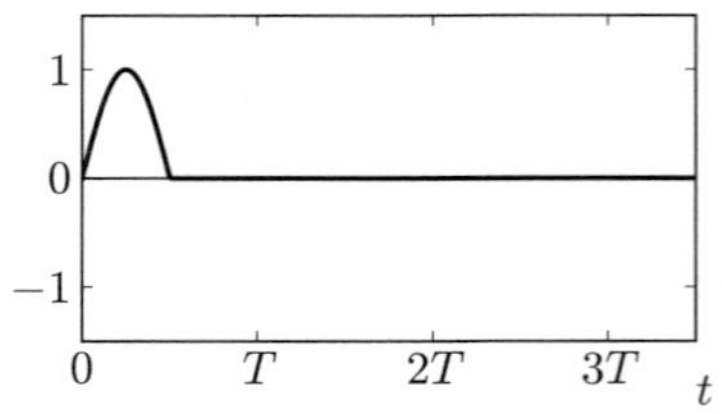

図 **3.23**　解 3(6) のグラフ

図 **3.24**　解 3(7) のグラフ

図 **3.25**　解 3(8) のグラフ

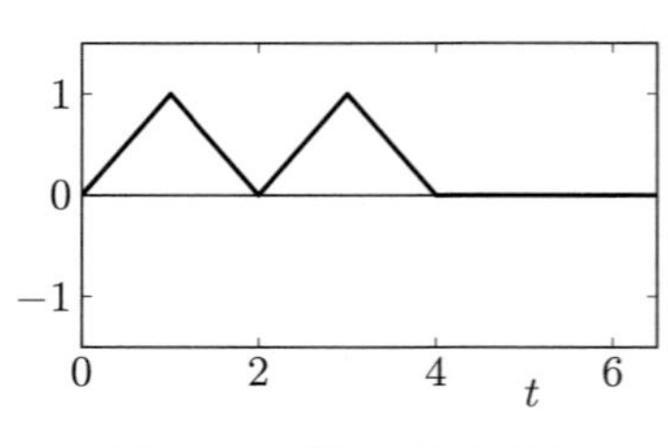

図 **3.26**　解 3(9) のグラフ

$$\begin{aligned}\mathscr{L}(x(t)) &= \mathscr{L}(t-2(t-1)\cdot u(t-1)\\&\qquad +2(t-2)\cdot u(t-2)\\&\qquad -2(t-3)\cdot u(t-3)\\&\qquad +(t-4)\cdot u(t-4))\\&= \frac{1}{s^2}-2e^{-s}\frac{1}{s^2}+2e^{-2s}\frac{1}{s^2}\\&\qquad -2e^{-3s}\frac{1}{s^2}+e^{-4s}\frac{1}{s^2}\\&= \frac{1}{s^2}\left(1-2e^{-s}+2e^{-2s}-2e^{-3s}+e^{-4s}\right)\end{aligned}$$

(10)（図 3.27）$x(t)=\delta(t-1)$

$\mathscr{L}(x(t))=\mathscr{L}(\delta(t-1))=e^{-s}$

(11)（図 3.28）$x(t)=\delta(t)+\delta(t-1)$

$\mathscr{L}(x(t))=\mathscr{L}(\delta(t)+\delta(t-1))=1+e^{-s}$

(12)（図 3.29）$x(t)=\begin{cases}0 & (t<T)\\ a & (T\le t<2T)\\ 0 & (2T\le t)\end{cases}$

$x(t)=au(t-T)-au(t-2T)$ より

$$\begin{aligned}\mathscr{L}(x(t)) &= \mathscr{L}(au(t-T)-au(t-2T))\\&= e^{-Ts}\frac{a}{s}-e^{-2Ts}\frac{a}{s}=\frac{a}{s}\left(e^{-Ts}-e^{-2Ts}\right)\end{aligned}$$

(13)（図 3.30）$x(t)=\begin{cases}\sin 2\pi t & (0\le t<1)\\ 0 & (1\le t)\end{cases}$

$x(t)=\sin 2\pi t-\sin 2\pi(t-1)\cdot u(t-1)$ より

$$\begin{aligned}\mathscr{L}(x(t)) &= \mathscr{L}(\sin 2\pi t-\sin 2\pi(t-1)\cdot u(t-1))\\&= \frac{2\pi}{s^2+(2\pi)^2}-e^{-s}\frac{2\pi}{s^2+(2\pi)^2}\\&= \left(1-e^{-s}\right)\frac{2\pi}{s^2+(2\pi)^2}\end{aligned}$$

(14)（図 3.31）$x(t)=\begin{cases}t & (0\le T)\\ T & (T\le t)\end{cases}$

$x(t)=t-(t-T)\cdot u(t-T)$ より

$$\begin{aligned}\mathscr{L}(x(t)) &= \mathscr{L}(t-(t-T)\cdot u(t-T))\\&= \frac{1}{s^2}-e^{-Ts}\frac{1}{s^2}=\frac{1}{s^2}\left(1-e^{-Ts}\right)\end{aligned}$$

(15)（図 3.32）$x(t)=\begin{cases}t & (0\le T)\\ -(t-2T) & (T\le t<2T)\\ 0 & (2T\le t)\end{cases}$

$x(t)=t-2(t-T)\cdot u(t-T)+(t-2T)\cdot u(t-2T)$
より

$$\begin{aligned}\mathscr{L}(x(t)) &= \mathscr{L}(t-2(t-T)\cdot u(t-T)\\&\qquad +(t-2T)\cdot u(t-2T))\\&= \frac{1}{s^2}-2e^{-Ts}\frac{1}{s^2}+e^{-2Ts}\frac{1}{s^2}\\&= \frac{1}{s^2}\left(1-2e^{-Ts}+e^{-2Ts}\right)\\&= \frac{1}{s^2}\left(1-e^{-Ts}\right)^2\end{aligned}$$

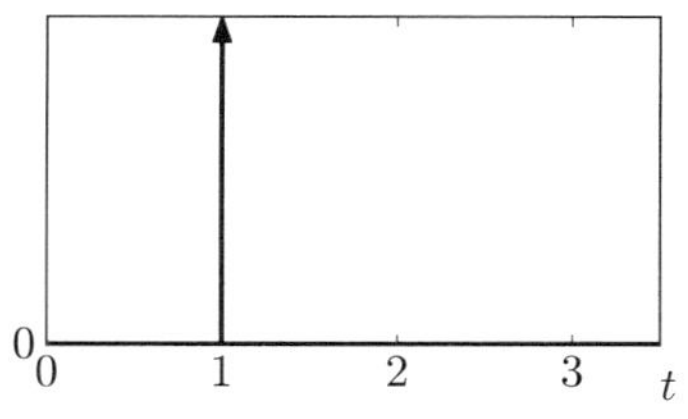

図 **3.27**　解 3(10) のグラフ

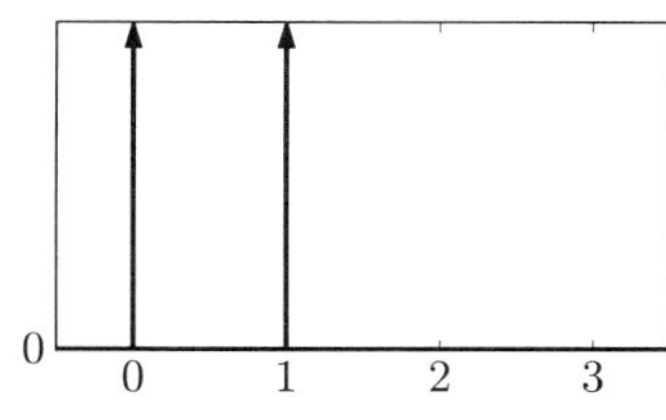

図 **3.28**　解 3(11) のグラフ

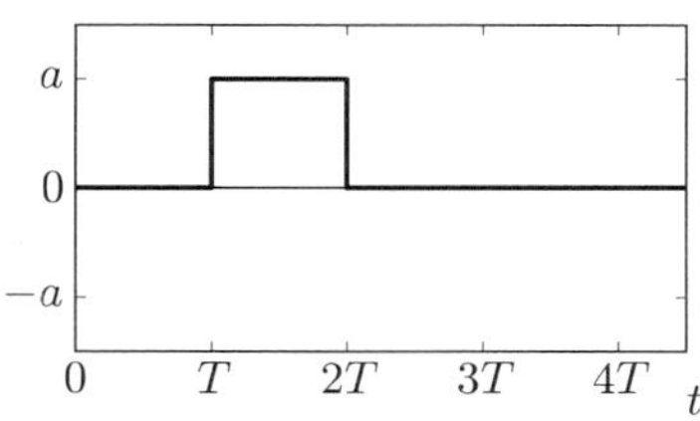

図 **3.29**　解 3(12) のグラフ

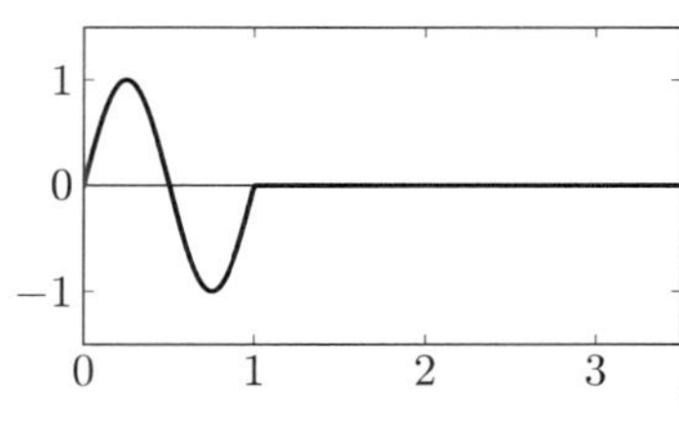

図 **3.30**　解 3(13) のグラフ

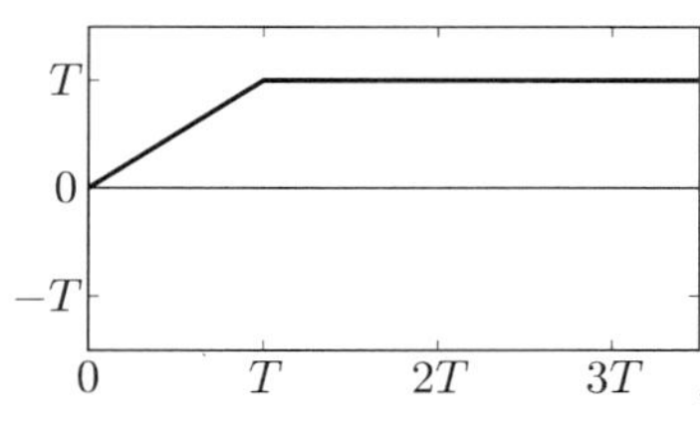

図 **3.31**　解 3(14) のグラフ

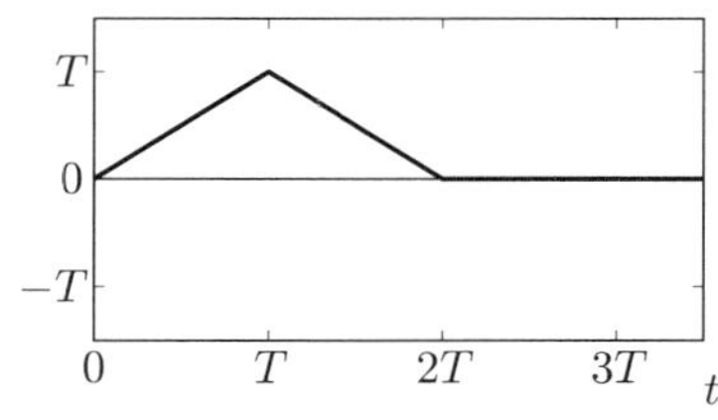

図 **3.32**　解 3(15) のグラフ

［解 4］

(1) $f(t) = e^{-at}\cosh\omega t$

$f(t) = \cosh\omega t$ のとき，$F(s) = \dfrac{s}{s^2-\omega^2}$ なので

$\mathscr{L}\left(e^{-at}\cosh\omega t\right) = F(s+a) = \dfrac{s+a}{(s+a)^2-\omega^2}$

> **$e^{-at}\cosh\omega t$ のラプラス変換**　表 1.3(p.11) – 15
>
> $$\mathscr{L}\left(e^{-at}\cosh\omega t\right) = \frac{s+a}{(s+a)^2-\omega^2} \qquad (3.24)$$

(2) $f(t) = e^{-at}\sinh\omega t$

$f(t) = \sinh\omega t$ のとき，$F(s) = \dfrac{\omega}{s^2-\omega^2}$ なので

$\mathscr{L}\left(e^{-at}\sinh\omega t\right) = F(s+a) = \dfrac{\omega}{(s+a)^2-\omega^2}$

> **$e^{-at}\sinh\omega t$ のラプラス変換**　表 1.3(p.11) – 14
>
> $$\mathscr{L}\left(e^{-at}\sinh\omega t\right) = \frac{\omega}{(s+a)^2-\omega^2} \qquad (3.25)$$

［解 5］

(1) （図 3.33）$x(t) = e^{-0.5t}$

$\mathscr{L}\left(x(t)\right) = \mathscr{L}\left(e^{-0.5t}\right) = \dfrac{1}{s+0.5}$

(2) （図 3.34）$x(t) = 1 - e^{-0.5t}$

グラフ　$x(t) = e^{-0.5t}$ を -1 倍して（t 軸対象移動して）上に 1 移動する．

$\mathscr{L}\left(x(t)\right) = \mathscr{L}\left(1 - e^{-0.5t}\right) = \dfrac{1}{s} - \dfrac{1}{s+0.5}$

(3) （図 3.35）$x(t) = 2\left(1 - e^{-0.5t}\right)$

グラフ　$x(t) = e^{-0.5t}$ を -1 倍して（t 軸対象移動して）上に 1 移動し，その後 2 倍する．

$\mathscr{L}\left(x(t)\right) = \mathscr{L}\left(2\left(1 - e^{-0.5t}\right)\right) = 2\left(\dfrac{1}{s} - \dfrac{1}{s+0.5}\right)$

(4) （図 3.36）$x(t) = te^{-0.5t}$

$f(t) = t$ のとき $F(s) = \dfrac{1}{s^2}$ なので

$\mathscr{L}\left(x(t)\right) = \mathscr{L}\left(te^{-0.5t}\right) = \mathscr{L}\left(e^{-0.5t}t\right)$

$= F(s+0.5) = \dfrac{1}{(s+0.5)^2}$

(5) （図 3.37）$x(t) = e^{-0.5t}\sin 2\pi t$

グラフにて　包絡線（振幅を表わす曲線）は $x(t) = \pm e^{-0.5t}$ となり，この中で振動する曲線となる．

$f(t) = \sin 2\pi t$ のとき $F(s) = \dfrac{2\pi}{s^2+(2\pi)^2}$ なので

$\mathscr{L}\left(x(t)\right) = \mathscr{L}\left(e^{-0.5t}\sin 2\pi t\right) = F(s+0.5)$

$= \dfrac{2\pi}{(s+0.5)^2+(2\pi)^2}$

(6) （図 3.38）$x(t) = e^{-0.5t}\cos 2\pi t$

グラフにて　包絡線（振幅を表わす曲線）は $x(t) = \pm e^{-0.5t}$ となり，この中で振動する曲線となる．

$f(t) = \cos 2\pi t$ のとき $F(s) = \dfrac{s}{s^2+(2\pi)^2}$ なので

$\mathscr{L}\left(x(t)\right) = \mathscr{L}\left(e^{-0.5t}\cos 2\pi t\right) = F(s+0.5)$

$= \dfrac{s+0.5}{(s+0.5)^2+(2\pi)^2}$

(7) （図 3.39）$x(t) = 1 - e^{-0.5t}\cos 2\pi t$

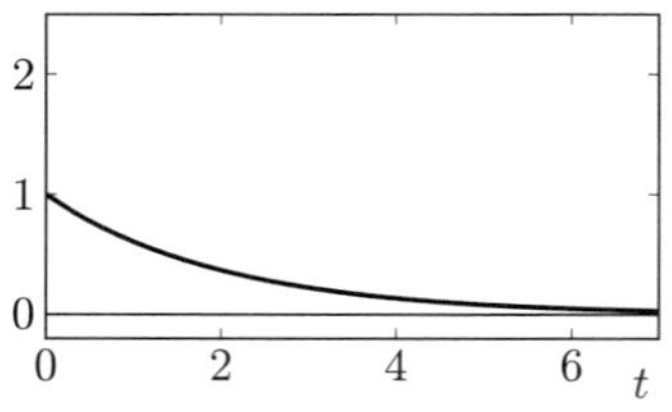

図 **3.33**　解 5(1) のグラフ

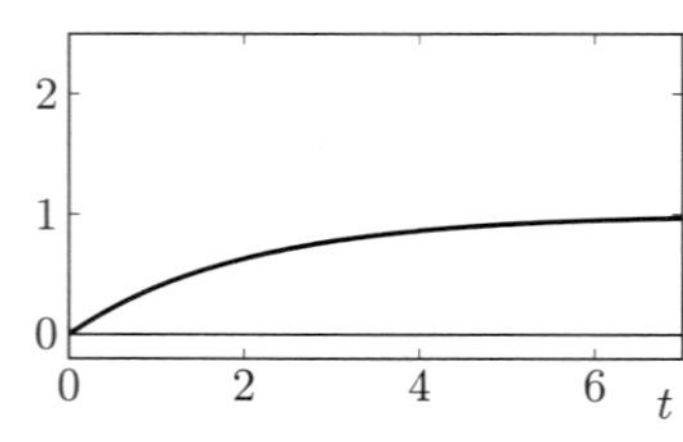

図 **3.34**　解 5(2) のグラフ

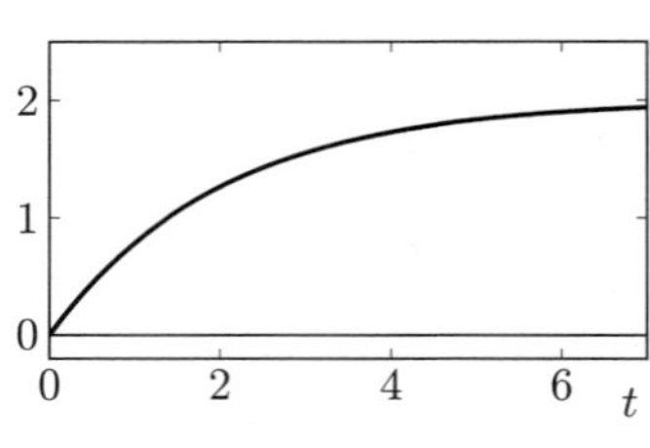

図 **3.35**　解 5(3) のグラフ

グラフにて　$x(t) = -e^{-0.5t}\cos 2\pi t + 1$ と考え，
まず $x(t) = -e^{-0.5t}\cos 2\pi t$ を描く．
包絡線（振幅を表わす曲線）は $x(t) = \pm e^{-0.5t}$
となり，
この中で振動する曲線となる．これを上に 1 移動

$$\mathscr{L}(x(t)) = \mathscr{L}\left(1 - e^{-0.5t}\cos 2\pi t\right) = \frac{1}{s} - \frac{s+0.5}{(s+0.5)^2 + (2\pi)^2}$$

(8)（図 3.40）$x(t) = t - 0.5\sin 2\pi t$
$x(t) = t$ と $x(t) = -0.5\sin 2\pi t$
をグラフ上で足し算

$$\mathscr{L}(x(t)) = \mathscr{L}(t - 0.5\sin 2\pi t) = \frac{1}{s^2} - 0.5\frac{2\pi}{s^2 + (2\pi)^2}$$

(9)（図 3.41）$x(t) = t - 0.5e^{-0.6t}\sin 2\pi t$
$x(t) = t$ と $x(t) = -0.5e^{-0.6t}\sin 2\pi t$
をグラフ上で足し算

$$\mathscr{L}(x(t)) = \mathscr{L}\left(t - 0.5e^{-0.6t}\sin 2\pi t\right) = \frac{1}{s^2} - 0.5\frac{2\pi}{(s+0.6)^2 + (2\pi)^2}$$

［解 6］

(1) $F_1(s) = \mathscr{L}(f_1(t)) = \mathscr{L}(t) = \mathscr{L}(tf_0(t))$

$$F_1(s) = -\frac{d}{ds}F_0(s) = -\frac{d}{ds}\frac{1}{s} = \frac{1}{s^2}$$

(2) $F_2(s) = \mathscr{L}(f_2(t)) = \mathscr{L}\left(t^2\right) = \mathscr{L}(tf_1(t))$

$$F_2(s) = -\frac{d}{ds}F_1(s) = -\frac{d}{ds}\frac{1}{s^2} = \frac{2}{s^3}$$

(3) $F_3(s) = \mathscr{L}(f_3(t)) = \mathscr{L}\left(t^3\right) = \mathscr{L}(tf_2(t))$

$$F_3(s) = -\frac{d}{ds}F_2(s) = -\frac{d}{ds}\frac{2}{s^3} = \frac{6}{s^4}$$

(4) $F_4(s) = \mathscr{L}(f_4(t)) = \mathscr{L}\left(t^4\right) = \mathscr{L}(tf_3(t))$

$$F_4(s) = -\frac{d}{ds}F_3(s) = -\frac{d}{ds}\frac{6}{s^4} = \frac{24}{s^5}$$

［解 7］

$f_n(t) = t^n$ とすると，$F_n(s) = \mathscr{L}(f_n(t)) = \dfrac{n!}{s^{n+1}}$
が成り立つと仮定する．

$$\mathscr{L}\left(t^{n+1}\right) = \mathscr{L}(t \cdot t^n) = \mathscr{L}(t \cdot f_n(t)) = -\frac{d}{ds}F_n(s)$$

$$= -\frac{d}{ds}\frac{n!}{s^{n+1}} = \frac{(n+1)!}{s^{n+2}}$$

よって，$\mathscr{L}(t^n) = \dfrac{n!}{s^{n+1}}$ が成り立つと仮定すると，
$\mathscr{L}\left(t^{n+1}\right) = \dfrac{(n+1)!}{s^{n+2}}$ が成り立つ．$\cdots$ (A)
また $\mathscr{L}\left(t^0\right) = \mathscr{L}(1) = \dfrac{1}{s} = \dfrac{0!}{s^{0+1}}$ なので，
$\mathscr{L}(t^n) = \dfrac{n!}{s^{n+1}}$ は $n = 0$ のときに成り立つ．$\cdots$ (B)
(A)(B) により，$\mathscr{L}(t^n) = \dfrac{n!}{s^{n+1}}$ は数学的帰納法
により証明された．

> t^n のラプラス変換　　表 1.3(p.11) − 5
>
> $$\mathscr{L}(t^n) = \frac{n!}{s^{n+1}} \qquad (3.26)$$

［解 8］

(1) $x(t) = ate^{-bt}$

$$\mathscr{L}(x(t)) = \mathscr{L}\left(ate^{-bt}\right) = a\mathscr{L}\left(te^{-bt}\right)$$
$$= a\left(-\frac{d}{ds}\mathscr{L}\left(e^{-bt}\right)\right)$$
$$= a\left(-\frac{d}{ds}\frac{1}{s+b}\right) = \frac{a}{(s+b)^2}$$

(2) $x(t) = at\sin\omega t$

$$\mathscr{L}(x(t)) = \mathscr{L}(at\sin\omega t) = a\mathscr{L}(t\sin\omega t)$$
$$= a\left(-\frac{d}{ds}\mathscr{L}(\sin\omega t)\right)$$
$$= a\left(-\frac{d}{ds}\left(\frac{\omega}{s^2+\omega^2}\right)\right)$$
$$= \frac{2a\omega s}{(s^2+\omega^2)^2}$$

(3) $x(t) = at\cos\omega t$

$$\mathscr{L}(x(t)) = \mathscr{L}(at\cos\omega t) = a\mathscr{L}(t\cos\omega t)$$
$$= a\left(-\frac{d}{ds}\mathscr{L}(\cos\omega t)\right)$$
$$= a\left(-\frac{d}{ds}\left(\frac{s}{s^2+\omega^2}\right)\right)$$
$$= \frac{a(s^2-\omega^2)}{(s^2+\omega^2)^2}$$

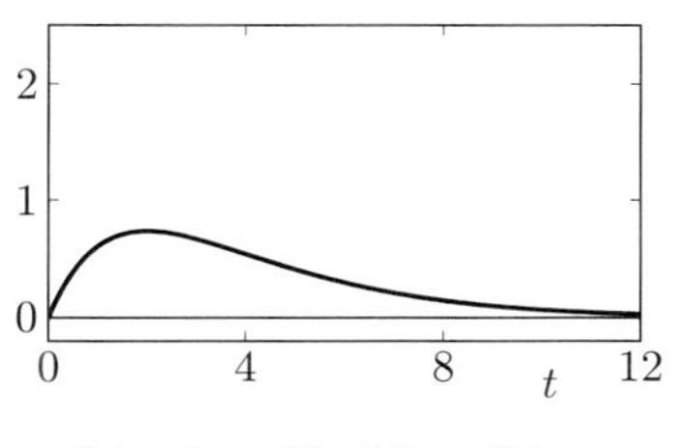

図 **3.36**　解 5(4) のグラフ

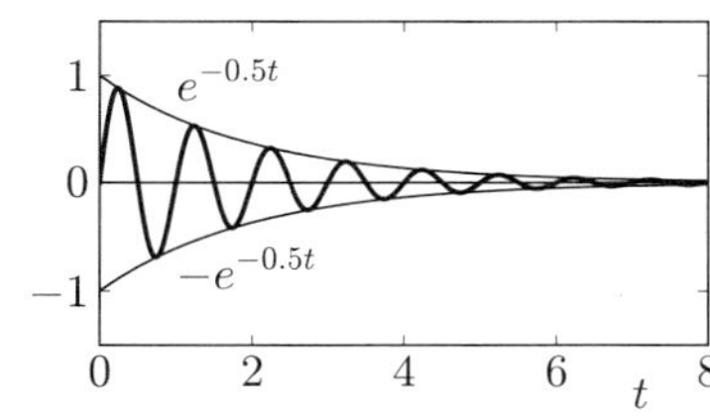

図 **3.37**　解 5(5) のグラフ

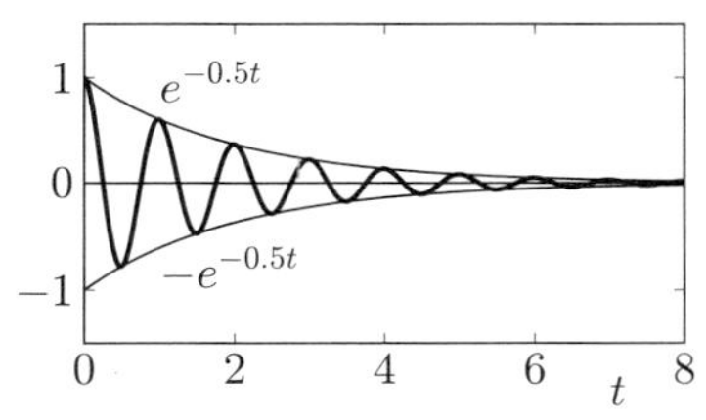

図 **3.38**　解 5(6) のグラフ

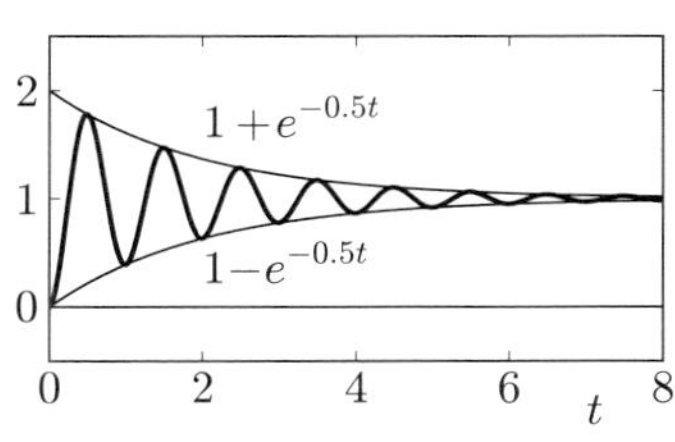

図 **3.39**　解 5(7) のグラフ

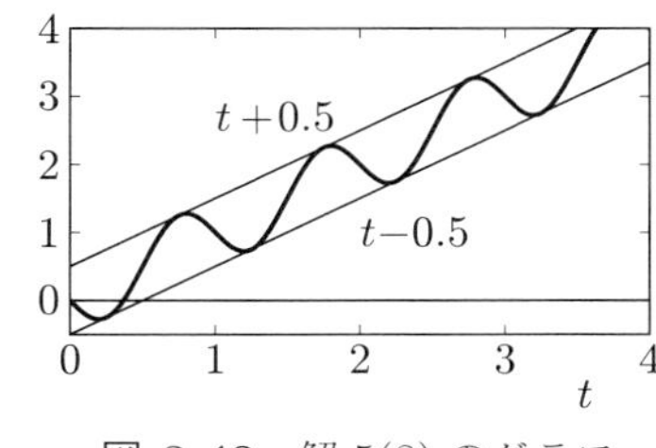

図 **3.40**　解 5(8) のグラフ

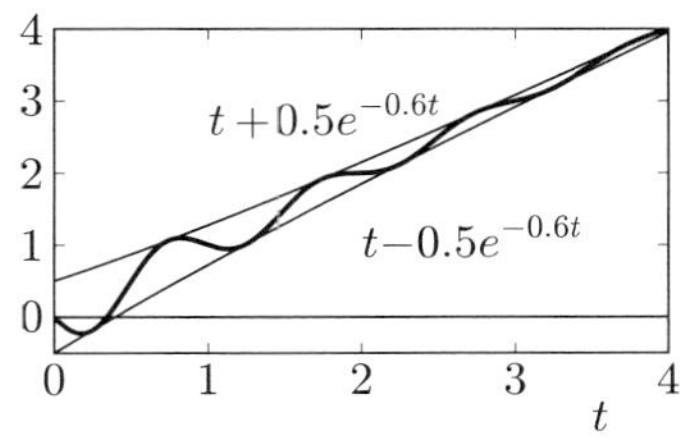

図 **3.41**　解 5(9) のグラフ

(4) $x(t)=\dfrac{a\sin\omega t}{t}$

$$\begin{aligned}\mathscr{L}\left(x(t)\right) &= \mathscr{L}\left(\frac{a\sin\omega t}{t}\right)=a\mathscr{L}\left(\frac{\sin\omega t}{t}\right)\\ &= a\int_s^\infty \mathscr{L}\left(\sin\omega t\right)dr = a\int_s^\infty \frac{\omega}{r^2+\omega^2}dr\\ &= a\lim_{p\to\infty}\int_s^p \frac{\omega^2}{r^2+\omega^2}\frac{1}{\omega}dr\end{aligned}$$

ここで $r=\omega\tan\theta$ とおくと，

$$\frac{1}{\omega}dr=\frac{1}{\cos^2\theta}d\theta$$

$$\frac{\omega^2}{r^2+\omega^2}=\frac{1}{\tan^2\theta+1}=\cos^2\theta$$

なので

$$\begin{aligned}\mathscr{L}\left(x(t)\right) &= a\lim_{p\longrightarrow\infty}\int_{\tan^{-1}\frac{s}{\omega}}^{\tan^{-1}\frac{p}{\omega}} 1d\theta\\ &= a\left(\lim_{p\to\infty}\tan^{-1}\frac{p}{\omega}-\tan^{-1}\frac{s}{\omega}\right)\\ &= a\left(\frac{\pi}{2}-\tan^{-1}\frac{s}{\omega}\right)\ \left(=a\tan^{-1}\frac{\omega}{s}\right)\end{aligned}$$

(5) $x(t)=\dfrac{a\sinh\omega t}{t}$

$$\begin{aligned}\mathscr{L}\left(x(t)\right) &= \mathscr{L}\left(\frac{a\sinh\omega t}{t}\right)=a\mathscr{L}\left(\frac{\sinh\omega t}{t}\right)\\ &= a\int_s^\infty \mathscr{L}\left(\sinh\omega t\right)dr\\ &= a\int_s^\infty \frac{\omega}{r^2-\omega^2}dr\\ &= a\int_s^\infty \frac{\omega}{(r-\omega)(r+\omega)}dr\\ &= \frac{a}{2}\int_s^\infty\left(\frac{1}{r-\omega}-\frac{1}{r+\omega}\right)dr\\ &= \frac{a}{2}\lim_{p\to\infty}\int_s^p\left(\frac{1}{r-\omega}-\frac{1}{r+\omega}\right)dr\\ &= \frac{a}{2}\lim_{p\to\infty}\left[\log\frac{r-\omega}{r+\omega}\right]_s^p\\ &= \frac{a}{2}\log\frac{s+\omega}{s-\omega}\end{aligned}$$

［解 9］

(1) 1 周期分の関数は $\varphi(t)=\delta(t)$ となる．

$$\varPhi(s)=\mathscr{L}\left(\varphi(t)\right)=1$$

$$\mathscr{L}\left(f(t)\right)=\varPhi(s)\frac{1}{1-e^{-as}}=\frac{1}{1-e^{-as}}$$

(2) 1 周期分の関数は

$\varphi(t)=\dfrac{t}{a}-\dfrac{t-a}{a}u(t-a)-u(t-a)$ となる．

$$\begin{aligned}\varPhi(s)=\mathscr{L}\left(\varphi(t)\right) &= \frac{1}{as^2}-e^{-as}\frac{1}{as^2}-e^{-as}\frac{1}{s}\\ &= \left(1-e^{-as}\right)\frac{1}{as^2}-e^{-as}\frac{1}{s}\end{aligned}$$

$$\begin{aligned}\mathscr{L}\left(f(t)\right) &= \varPhi(s)\frac{1}{1-e^{-as}}\\ &= \left\{\left(1-e^{-as}\right)\frac{1}{as^2}-e^{-as}\frac{1}{s}\right\}\frac{1}{1-e^{-as}}\\ &= \frac{1}{as^2}-\frac{e^{-as}}{s\left(1-e^{-as}\right)}\end{aligned}$$

これは

$f(t)=\dfrac{1}{a}t-\left(u(t-a)+u(t-2a)+u(t-3a)+\cdots\right)$

と考えることからも計算できる．

(3) 1 周期分の関数は $\varphi(t)=1-\dfrac{t}{a}+\dfrac{t-a}{a}u(t-a)$

となる．

$$\Phi(s) = \mathscr{L}(\varphi(t)) = \frac{1}{s} - \frac{1}{as^2} + e^{-as}\frac{1}{as^2}$$
$$= \frac{1}{s} - \left(1 - e^{-as}\right)\frac{1}{as^2}$$
$$\mathscr{L}(f(t)) = \Phi(s)\frac{1}{1 - e^{-as}}$$
$$= \left\{\frac{1}{s} - \left(1 - e^{-as}\right)\frac{1}{as^2}\right\}\frac{1}{1 - e^{-as}}$$
$$= -\frac{1}{as^2} + \frac{1}{s\left(1 - e^{-as}\right)}$$

これは

$$f(t) = -\frac{1}{a}t + (u(t) + u(t-a) + u(t-2a) + \cdots)$$

と考えることからも計算できる．

(4) 1 周期分の関数は

$\varphi(t) = \sin\frac{\pi}{a}t + \sin\frac{\pi}{a}(t-a)\cdot u(t-a)$ となる．

$$\Phi(s) = \mathscr{L}(\varphi(t)) = \left(1 + e^{-as}\right)\frac{\frac{\pi}{a}}{s^2 + \left(\frac{\pi}{a}\right)^2}$$
$$\mathscr{L}(f(t)) = \Phi(s)\frac{1}{1 - e^{-2as}}$$
$$= \left\{\left(1 + e^{-as}\right)\frac{\frac{\pi}{a}}{s^2 + \left(\frac{\pi}{a}\right)^2}\right\}\frac{1}{1 - e^{-2as}}$$
$$= \frac{1 + e^{-as}}{1 - e^{-2as}}\frac{\frac{\pi}{a}}{s^2 + \left(\frac{\pi}{a}\right)^2}$$
$$= \frac{1}{1 - e^{-as}}\frac{\frac{\pi}{a}}{s^2 + \left(\frac{\pi}{a}\right)^2}$$

これは

$$f(t) = \sin\frac{\pi}{a}t + \sin\frac{\pi}{a}(t-a)\cdot u(t-a)$$
$$+ \sin\frac{\pi}{a}(t-2a)\cdot u(t-2a)$$
$$+ \sin\frac{\pi}{a}(t-3a)\cdot u(t-3a) + \cdots$$

と考えることからも計算できる．

4章　逆ラプラス変換

[ねらい]

微分方程式を解く過程で，逆ラプラス変換が行われる．

本章では，逆ラプラス変換においても線形性が成り立ち，項ごとに逆ラプラス変換が可能なことを確認する．

その上で，工学上重要となる像関数が有理式のときの逆ラプラス変換を学ぶ．

そして，像関数が有理式のとき，像関数のある性質で，原関数が収束するかどうかが定まることを考察する．

[この章の項目]

逆ラプラス変換の線形性
像関数が有理式のときの逆ラプラス変換
像関数の特性解と原関数の収束

4.1　逆ラプラス変換の線形性

3.1でみてきたように，ラプラス変換では線形性が成り立っていた．ラプラス変換が線形であることから，逆ラプラス変換も線形である．

▶［注意］
$\mathscr{L}^{-1}(F_1(s) \times F_2(s)) \neq f_1(t) \times f_2(t)$

逆ラプラス変換の線形性

$\mathscr{L}(f_1(t)) = F_1(s)$, $\mathscr{L}(f_2(t)) = F_2(s)$，$k$ は定数であれば

$$\mathscr{L}^{-1}(F_1(s) \pm F_2(s)) = f_1(t) \pm f_2(t) \tag{4.1}$$

$$\mathscr{L}^{-1}(kF_1(s)) = kf_1(t) \tag{4.2}$$

証明してみよう．ラプラス変換の線形性の式 (3.1) の両辺を逆ラプラス変換して左右両辺を入れ換えると

$$\mathscr{L}^{-1}(F_1(s) \pm F_2(s)) = \mathscr{L}^{-1}(\mathscr{L}(f_1(t) \pm f_2(t)))$$

となる．ある関数のラプラス変換の逆ラプラス変換がもとの関数になることを示す式 (2.4) を右辺に適用すれば

$$\mathscr{L}^{-1}(F_1(s) \pm F_2(s)) = f_1(t) \pm f_2(t)$$

を得る．また，同様にラプラス変換の線形性の式 (3.2) の両辺を逆ラプラス変換して左右両辺を入れ換えると

$$\mathscr{L}^{-1}(kF_1(s)) = \mathscr{L}^{-1}(\mathscr{L}(kf_1(t)))$$

ここである関数のラプラス変換の逆ラプラス変換がもとの関数になることを示す式 (2.4) を右辺に適用すれば

$$\mathscr{L}^{-1}(kF_1(s)) = kf_1(t)$$

を得る．

4.2　像関数が有理式の場合の逆ラプラス変換

2.2に示した逆ラプラス変換の一意性に基づき，逆ラプラス変換は変換表を逆方向に使って行われる．

これまで見てきたように工学上出てくる s 領域の像関数は有理式で表わされ，分母の s の次数の方が分子の s の次数より大きい．すなわち，$F(s) = \dfrac{P(s)}{Q(s)}$ の形であり，($P(s)$ の次数) $<$ ($Q(s)$ の次数) である．したがって $F(s)$ は複数の分数の和で表すことができ，変換表を用いた逆ラプラス変換が容易である．

ところで，原関数が t 軸上での移動された場合は像関数は s の有理式に e^{-as} がついた形になり，原関数が周期性をもつ場合は像関数は s の有理式に $\dfrac{1}{1-e^{-Ts}}$ がついた形となった．ゆえに像関数に e^{-as} や $\dfrac{1}{1-e^{-Ts}}$ がついている場合には，これをはずして原関数を求め，移動や周期加算を行って，所望の原関数を求めることができる．

▶［有理式に $\dfrac{1}{1+e^{-Ts}}$ がついている場合］
$F(s) = \Phi(s) \times (1 - e^{-Ts} + e^{-2Ts} - e^{-3Ts} + \cdots)$
のときは，
$F(s) = \Phi(s)\dfrac{1}{1+e^{-Ts}}$
となるので，有理式に $\dfrac{1}{1+e^{-Ts}}$ がついている場合も，これを外して原関数を求めて周期加減算すればよい．

それでは，s の有理式でできた像関数の逆ラプラス変換をしてみよう．この手順においては，部分分数分解を行って，ラプラス変換表に出てくる形

を作ることがポイントである．

■ 像関数の分母 ($Q(s)$) を平方完成する場合

例題 4－1
$F(s)=\dfrac{2s}{s^2+2s+3}$ を逆ラプラス変換しなさい．

表 1.3－11，表 1.3－10 の利用を目指して式を変形する．

$$F(s)=\frac{2s}{s^2+2s+3}=\frac{2(s+1)-2}{(s+1)^2+2}=\frac{2(s+1)-\sqrt{2}\sqrt{2}}{(s+1)^2+\sqrt{2}^2}$$
$$=2\frac{s+1}{(s+1)^2+\sqrt{2}^2}-\sqrt{2}\frac{\sqrt{2}}{(s+1)^2+\sqrt{2}^2}$$

ここまで式変形を行うとラプラス変換表を使って逆ラプラス変換できるようになり，原関数を次のように得る．

$$f(t)=2e^{-t}\cos\sqrt{2}t-\sqrt{2}e^{-t}\sin\sqrt{2}t$$

▶［逆ラプラス変換］
部分分数に分解できたら，ラプラス変換の場合と同様に線形性を用いて，項ごとに変換することができる．
また，項の逆ラプラス変換においては，線形性を用いて邪魔な定数を除いて変換し，変換後にその定数を付け戻すことができる．

■ 部分分数に分解する場合 1

例題 4－2
$F(s)=\dfrac{2s}{(s+1)(s+5)}$ を逆ラプラス変換しなさい．

$$\frac{2s}{(s+1)(s+5)}=\frac{A}{s+1}+\frac{B}{s+5}$$

のように仮定し，部分分数に分解する．

両辺に $(s+1)(s+5)$ を掛けて分母を払うと

$$2s=(s+5)A+(s+1)B$$
$$2s=(A+B)s+(5A+B)$$

となり，s に関する恒等式の関係より

$$\begin{cases}A+B&=2\\5A+B&=0\end{cases}$$

これより，$A=-\dfrac{1}{2}$，$B=\dfrac{5}{2}$ を得，

$$F(s)=\frac{A}{s+1}+\frac{B}{s+5}=-\frac{1}{2}\frac{1}{s+1}+\frac{5}{2}\frac{1}{s+5}$$

となって，ラプラス変換表を使って逆ラプラス変換できるようになり，原関数を次のように得る．

$$f(t)=-\frac{1}{2}e^{-t}+\frac{5}{2}e^{-5t}$$

ここでは像関数の分母が s の 2 次式であったが，3 次以上の多項式であっても，同様に因数分解すれば，部分分数に分解できることが想像できる．

▶［別な方法で A,B を求める］
$2s=(s+5)A+(s+1)B$ より，
$s\to-1$ として，$A=-\dfrac{1}{2}$ を，また $s\to-5$ として，$B=\dfrac{5}{2}$ を得る．

▶［高次多項式の因数分解］
$Q(s)=a_ns^n+a_{n-1}s^{n-1}+\cdots+a_2s^2+a_1s+a_0$ のとき
$Q(s)=0$ の解が
$s_1,\ s_2,\ \cdots,\ s_{n-1},\ s_n$
であれば，
$Q(s)=(s-s_1)(s-s_2)\cdots(s-s_{n-1})(s-s_n)$
に因数分解される．
すべての解が実数の場合を考えているが，複素数が含まれてもよい．

[別解]　別な方法として，分母を完全平方の形にすると，

$$F(s)=\frac{2s}{(s+1)(s+5)}=\frac{2s}{s^2+6s+5}=\frac{2s}{(s+3)^2-4}$$
$$=\frac{2(s+3)-6}{(s+3)^2-2^2}=2\frac{s+3}{(s+3)^2-2^2}-3\frac{2}{(s+3)^2-2^2}$$

となって，ラプラス変換表を使って逆ラプラス変換できるようになり，原関数を次のように得る．

$$f(t)=2e^{-3t}\cosh 2t-3e^{-3t}\sinh 2t$$
$$=2e^{-3t}\frac{e^{2t}+e^{-2t}}{2}-3e^{-3t}\frac{e^{2t}-e^{-2t}}{2}=-\frac{1}{2}e^{-t}+\frac{5}{2}e^{-5t}$$

■　部分分数に分解する場合2

例題 4－3

$F(s)=\dfrac{4}{s(s+2)^2}$ を逆ラプラス変換しなさい．

▶［部分分数分解のとき，分子の次数は分母の次数より1低く設定する］

例題4－3第2項では，分母は s の2次式なので，分子は s の1次式になるので，$\dfrac{Bs+C}{(s+2)^2}$ のようにするが，$\dfrac{B(s+2)+C}{(s+2)^2}$ のようにしても，分子が s の1次式であることに変わりはなく，後で都合がよいので，このように仮定している．

結局これは，$\dfrac{B}{s+2}+\dfrac{C}{(s+2)^2}$ とおいたことと同じになる．

$$\frac{4}{s(s+2)^2}=\frac{A}{s}+\frac{B(s+2)+C}{(s+2)^2}$$

のように仮定し，部分分数に分解する．分母を払うと，

$$4=A(s+2)^2+(B(s+2)+C)s$$
$$4=(A+B)s^2+(4A+2B+C)s+4A$$

となり，s に関する恒等式の関係より次式を得る．

$$\begin{cases} A+B &=0 \\ 4A+2B+C &=0 \\ 4A &=4 \end{cases}$$

これより，$A=1$，$B=-1$，$C=-2$ を得，次式となる．

$$F(s)=\frac{1}{s}+\frac{-(s+2)-2}{(s+2)^2}=\frac{1}{s}-\frac{1}{s+2}-2\frac{1}{(s+2)^2}$$

となる．ラプラス変換表を使って逆ラプラス変換できるようになり，原関数を次のように得る．

$$f(t)=1-e^{-2t}-2te^{-2t}$$

[別解]　ここで，$\dfrac{4}{s(s+2)^2}=\dfrac{A}{s}+\dfrac{B(s+2)+C}{(s+2)^2}$ の式で定数 A，B，C を別な方法で定めてみよう．両辺の分母を払うと

$$4=A(s+2)^2+B(s+2)s+Cs\cdots(1)$$

となる．

(1) で $s\to -2$ として，$C=-2$ を，$s\to 0$ として，$A=1$ を得る．

また (1) の両辺を s で微分すると，

$$0=2(s+2)A+(2s+2)B+C\cdots(2)$$

となり，(2) で $s\to -2$ として，$0=-2B+C$ となる．

よって，$B=-1$ を得る．

■ 部分分数に分解する場合 3

（像関数の分母）$=0$ の方程式は特性方程式と呼ばれ，その解は特性解と呼ばれる．ここでは特性解を求めて，分母を複素数の範囲で因数分解する．

> **例題 4 − 4**
> $F(s)=\dfrac{2s}{s^2+2s+3}$ を逆ラプラス変換しなさい．

特性方程式 $s^2+2s+3=0$ より特性解は $s_1,\ s_2=-1\pm j\sqrt{2}$，よって

$$F(s)=\frac{2s}{\left(s-(-1+j\sqrt{2})\right)\left(s-(-1-j\sqrt{2})\right)}$$

を得る．ここで

$$\frac{2s}{\left(s-(-1+j\sqrt{2})\right)\left(s-(-1-j\sqrt{2})\right)}=\frac{A}{s-(-1+j\sqrt{2})}+\frac{B}{s-(-1-j\sqrt{2})}$$

と仮定し，部分分数に分解する．両辺の分母を払うと，

$$2s=A\left(s-(-1-j\sqrt{2})\right)+B\left(s-(-1+j\sqrt{2})\right)$$

になり，

$s\to-1+j\sqrt{2}$ として $2\left(-1+j\sqrt{2}\right)=Aj2\sqrt{2}$ より $A=\dfrac{-1+j\sqrt{2}}{j\sqrt{2}}$

$s\to-1-j\sqrt{2}$ として $2\left(-1-j\sqrt{2}\right)=-Bj2\sqrt{2}$ より $B=\dfrac{+1+j\sqrt{2}}{j\sqrt{2}}$

となる．よって $F(s)$ を次のように表わすことができる．

$$\begin{aligned}F(s)&=\frac{A}{s-(-1+j\sqrt{2})}+\frac{B}{s-(-1-j\sqrt{2})}\\&=\frac{-1+j\sqrt{2}}{j\sqrt{2}}\frac{1}{s-(-1+j\sqrt{2})}+\frac{1+j\sqrt{2}}{j\sqrt{2}}\frac{1}{s-(-1-j\sqrt{2})}\end{aligned}$$

逆ラプラス変換すると

$$\begin{aligned}f(t)&=\frac{-1+j\sqrt{2}}{j\sqrt{2}}e^{(-1+j\sqrt{2})t}+\frac{1+j\sqrt{2}}{j\sqrt{2}}e^{(-1-j\sqrt{2})t}\\&=\frac{1}{\sqrt{2}}e^{-t}\left\{\frac{-1+j\sqrt{2}}{j}e^{j\sqrt{2}t}+\frac{1+j\sqrt{2}}{j}e^{-j\sqrt{2}t}\right\}\\&=\frac{1}{\sqrt{2}}e^{-t}\left\{\frac{-1}{j}e^{j\sqrt{2}t}+\frac{j\sqrt{2}}{j}e^{j\sqrt{2}t}+\frac{1}{j}e^{-j\sqrt{2}t}+\frac{j\sqrt{2}}{j}e^{-j\sqrt{2}t}\right\}\\&=\frac{1}{\sqrt{2}}e^{-t}\left\{-2\frac{\left(e^{j\sqrt{2}t}-e^{-j\sqrt{2}t}\right)}{j2}+2\sqrt{2}\frac{\left(e^{j\sqrt{2}t}+e^{-j\sqrt{2}t}\right)}{2}\right\}\end{aligned}$$

▶ ［高次多項式の因数分解］
$Q(s)=a_ns^n+a_{n-1}s^{n-1}+\cdots+a_2s^2+a_1s+a_0$ のとき
$Q(s)=0$ の解が
$s_1,\ s_2,\ \cdots,\ s_{n-1},\ s_n$
であれば，
$Q(s)=(s-s_1)(s-s_2)\cdots(s-s_{n-1})(s-s_n)$
に因数分解される．
解には虚数が含まれるが，$Q(s)$ が実係数の高次多項式の場合は，虚数の解はすべて共役複素数の対として現れる．

▶ ［$e^{\pm j\omega t}$］
$e^{\pm j\omega t}$ を扱う場合はオイラーの公式を使って sin,cos の形を目指すように計算する．

$$\cos\omega t=\frac{e^{j\omega t}+e^{-j\omega t}}{2}$$

$$\sin\omega t=\frac{e^{j\omega t}-e^{-j\omega t}}{j2}$$

$$= \frac{1}{\sqrt{2}}e^{-t}\left(-2\sin\sqrt{2}t + 2\sqrt{2}\cos\sqrt{2}t\right)$$
$$= 2e^{-t}\cos\sqrt{2}t - \sqrt{2}e^{-t}\sin\sqrt{2}t$$

■　像関数の特性解と原関数の収束

例題 4 – 4 は例題 4 – 1 と同じ像関数である．なぜこんなめんどうな方法を試みたのかというと，特性方程式と特性解を意識する例題として取り上げたかったからである．

一般に像関数の分母が s の多項式であれば，分母=0 の特性方程式から特性解を算出すれば，像関数の分母は因数分解されるので，部分分数分解できるようになる．

例題 4 – 2 ～ 4 – 4 の解（原関数）には e^{at}, $a \leq 0$ が含まれていて，$t \to \infty$ のとき収束する解（原関数）である．もし解に e^{at}, $0 < a$ が含まれていたら解は発散してしまう．このことは，工学上重要なところであり，特に制御系での発散は制御系が不安定であることを意味する．この a の正負はどこに起因しているのかみてみよう．例題 4 – 2 ～ 4 – 4 の解に至る過程を逆にたどってみると，特性解の実部に行き当たる．すなわち，像関数の特性解の実部が 1 つでも正であれば，原関数は $t \to \infty$ のときに発散する．このことは，像関数の分母が s の 3 次以上の多項式である場合にも成り立つ．

> **像関数の特性解と原関数の収束**
> 像関数において，「分母=0」の式は特性方程式，その解は特性解と呼ばれる．
> 像関数の特性解の実部が 1 つでも正であれば，原関数は $t \to \infty$ のときに発散する．
> また，像関数のすべての特性解の実部が負であれば，原関数は $t \to \infty$ のときに収束する．

[4 章のまとめ]

この章では，

1. 逆ラプラス変換においても線形性が成り立つことを示した．
2. 像関数が有理式のときの逆ラプラス変換を示した．
3. 像関数が有理式のとき，像関数の特性解の実部が 1 つでも正であれば，原関数は $t \to \infty$ のときに発散することを示した．

4章　演習問題

[演習 1] 次の像関数を逆ラプラス変換して，原関数 $\left(f(t)=\mathscr{L}^{-1}(F(s))\right)$ を求めなさい．

(1) $F(s)=\dfrac{2}{s(s+2)}$　(2) $F(s)=\dfrac{2}{s^2(s+2)}$　(3) $F(s)=\dfrac{2}{(s+6)(s+2)}$

(4) $F(s)=\dfrac{1}{s^2+4s+2}$　(5) $F(s)=\dfrac{1}{s^2+4s+4}$　(6) $F(s)=\dfrac{1}{s^2+4s+6}$

(7) $F(s)=\dfrac{1}{s\left(s^2+4s+2\right)}$　(8) $F(s)=\dfrac{1}{s\left(s^2+4s+4\right)}$　(9) $F(s)=\dfrac{1}{s\left(s^2+4s+6\right)}$

[演習 2] 次の像関数を逆ラプラス変換して，原関数 $\left(f(t)=\mathscr{L}^{-1}(F(s))\right)$ を求めなさい．また求められた原関数のグラフを描きなさい．

(1) $F(s)=e^{-as}\dfrac{1}{s}$　(2) $F(s)=\left(1-e^{-as}\right)\dfrac{1}{s}$

(3) $F(s)=1+e^{-as}$　(4) $F(s)=\left(1-e^{-as}+e^{-2as}-e^{-3as}\right)\dfrac{1}{s}$

(5) $F(s)=1-e^{-as}+2e^{-2as}$　(6) $F(s)=\left(1+e^{-s}\right)\dfrac{\pi}{s^2+\pi^2}$

(7) $F(s)=\left(1-e^{-2s}\right)\dfrac{\pi}{s^2+\pi^2}$　(8) $F(s)=\dfrac{1-e^{-as}}{1-e^{-2as}}\dfrac{1}{s}$

(9) $F(s)=\dfrac{1+e^{-s}}{1-e^{-2s}}\dfrac{\pi}{s^2+\pi^2}$

4章　演習問題解答

［解1］

(1) $F(s)=\dfrac{2}{s(s+2)}=\dfrac{1}{s}-\dfrac{1}{s+2}$

$f(t)=1-e^{-2t}$

(2) $F(s)=\dfrac{2}{s^2(s+2)}$

$\dfrac{2}{s^2(s+2)}=\dfrac{As+B}{s^2}+\dfrac{C}{s+2}$ とおいて分母を払い，

$2=(A+C)s^2+(2A+B)s+2B$

s の各係数を両辺で等しくして，

$A+C=0,\ 2A+B=0,\ 2B=2$ より，

$A=-\dfrac{1}{2},\ B=1,\ C=\dfrac{1}{2}$

$F(s)=\dfrac{1}{2}\dfrac{-s+2}{s^2}+\dfrac{1}{2}\dfrac{1}{s+2}=\dfrac{1}{s^2}-\dfrac{1}{2}\dfrac{1}{s}+\dfrac{1}{2}\dfrac{1}{s+2}$

$f(t)=t-\dfrac{1}{2}+\dfrac{1}{2}e^{-2t}$

(3) $F(s)=\dfrac{2}{(s+6)(s+2)}=\dfrac{1}{2}\left(-\dfrac{1}{s+6}+\dfrac{1}{s+2}\right)$

$f(t)=\dfrac{1}{2}\left(-e^{-6t}+e^{-2t}\right)$

(4) $F(s)=\dfrac{1}{s^2+4s+2}=\dfrac{1}{\sqrt{2}}\dfrac{\sqrt{2}}{(s+2)^2-\sqrt{2}^2}$

$f(t)=\dfrac{1}{\sqrt{2}}e^{-2t}\sinh\sqrt{2}t$

(5) $F(s)=\dfrac{1}{s^2+4s+4}=\dfrac{1}{(s+2)^2}$

$f(t)=te^{-2t}$

(6) $F(s)=\dfrac{1}{s^2+4s+6}=\dfrac{1}{\sqrt{2}}\dfrac{\sqrt{2}}{(s+2)^2+\sqrt{2}^2}$

$f(t)=\dfrac{1}{\sqrt{2}}e^{-2t}\sin\sqrt{2}t$

(7) $F(s)=\dfrac{1}{s\,(s^2+4s+2)}=\dfrac{1}{2}\left(\dfrac{1}{s}-\dfrac{s+4}{s^2+4s+2}\right)$

$=\dfrac{1}{2}\left(\dfrac{1}{s}-\dfrac{s+2+2}{(s+2)^2-\sqrt{2}^2}\right)$

$F(s)=\dfrac{1}{2}\left(\dfrac{1}{s}-\dfrac{s+2}{(s+2)^2-\sqrt{2}^2}\right.$

$\left.-\sqrt{2}\dfrac{\sqrt{2}}{(s+2)^2-\sqrt{2}^2}\right)$

$f(t)=\dfrac{1}{2}\left(1-e^{-2t}\cosh\sqrt{2}t-\sqrt{2}e^{-2t}\sinh\sqrt{2}t\right)$

(8) $F(s)=\dfrac{1}{s\,(s^2+4s+4)}=\dfrac{1}{4}\left(\dfrac{1}{s}-\dfrac{s+4}{s^2+4s+4}\right)$

$F(s)=\dfrac{1}{4}\left(\dfrac{1}{s}-\dfrac{s+2+2}{(s+2)^2}\right)$

$=\dfrac{1}{4}\left(\dfrac{1}{s}-\dfrac{1}{s+2}-\dfrac{2}{(s+2)^2}\right)$

$f(t)=\dfrac{1}{4}\left(1-e^{-2t}-2te^{-2t}\right)$

(9) $F(s)=\dfrac{1}{s\,(s^2+4s+6)}=\dfrac{1}{6}\left(\dfrac{1}{s}-\dfrac{s+4}{s^2+4s+6}\right)$

$F(s)=\dfrac{1}{6}\left(\dfrac{1}{s}-\dfrac{s+2+2}{(s+2)^2+\sqrt{2}^2}\right)$

$F(s)=\dfrac{1}{6}\left(\dfrac{1}{s}-\dfrac{s+2}{(s+2)^2+\sqrt{2}^2}-\sqrt{2}\dfrac{\sqrt{2}}{(s+2)^2+\sqrt{2}^2}\right)$

$f(t)=\dfrac{1}{6}\left(1-e^{-2t}\cos\sqrt{2}t-\sqrt{2}e^{-2t}\sin\sqrt{2}t\right)$

［解2］

(1) $F(s)=e^{-as}\dfrac{1}{s}$

$\mathscr{L}^{-1}\left(\dfrac{1}{s}\right)=u(t)$ なので

$\mathscr{L}^{-1}\left(F(s)\right)=\mathscr{L}^{-1}\left(e^{-as}\dfrac{1}{s}\right)=u(t-a)$

（図 4.1）

(2) $F(s)=\left(1-e^{-as}\right)\dfrac{1}{s}$

$\mathscr{L}^{-1}\left(F(s)\right)=\mathscr{L}^{-1}\left(\left(1-e^{-as}\right)\dfrac{1}{s}\right)$

$=\mathscr{L}^{-1}\left(\dfrac{1}{s}\right)-\mathscr{L}^{-1}\left(e^{-as}\dfrac{1}{s}\right)$

$=u(t)-u(t-a)$

（図 4.2）

(3) $F(s)=1+e^{-as}$

$\mathscr{L}^{-1}\left(F(s)\right)=\mathscr{L}^{-1}\left(1+e^{-as}\right)$

$=\mathscr{L}^{-1}(1)+\mathscr{L}^{-1}\left(e^{-as}\right)$

$=\delta(t)+\delta(t-a)$

（図 4.3）

(4) $F(s)=\left(1-e^{-as}+e^{-2as}-e^{-3as}\right)\dfrac{1}{s}$

$\mathscr{L}^{-1}\left(F(s)\right)=\mathscr{L}^{-1}\left(\left(1-e^{-as}+e^{-2as}-e^{-3as}\right)\dfrac{1}{s}\right)$

$=\mathscr{L}^{-1}\left(\dfrac{1}{s}\right)-\mathscr{L}^{-1}\left(e^{-as}\dfrac{1}{s}\right)$

$+\mathscr{L}^{-1}\left(e^{-2as}\dfrac{1}{s}\right)-\mathscr{L}^{-1}\left(e^{-3as}\dfrac{1}{s}\right)$

$=u(t)-u(t-a)+u(t-2a)-u(t-3a)$

（図 4.4）

(5) $F(s)=1-e^{-as}+2e^{-2as}$

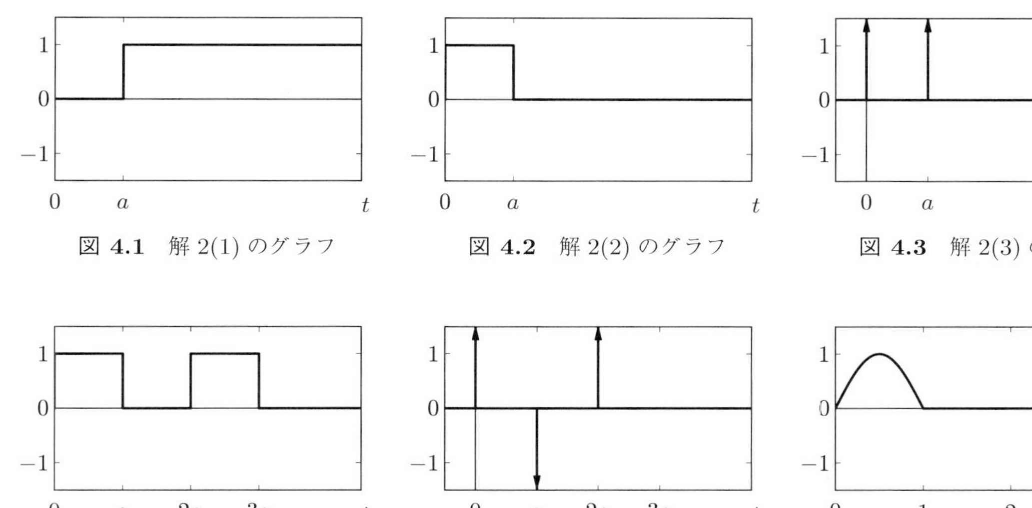

図 **4.1**　解 2(1) のグラフ　　図 **4.2**　解 2(2) のグラフ　　図 **4.3**　解 2(3) のグラフ

図 **4.4**　解 2(4) のグラフ　　図 **4.5**　解 2(5) のグラフ　　図 **4.6**　解 2(6) のグラフ

$$\begin{aligned}\mathscr{L}^{-1}(F(s)) &= \mathscr{L}^{-1}\left(1-e^{-as}+2e^{-2as}\right)\\ &= \mathscr{L}^{-1}(1)-\mathscr{L}^{-1}\left(e^{-as}\right)\\ &\quad +2\mathscr{L}^{-1}\left(e^{-2as}\right)\\ &= \delta(t)-\delta(t-a)+2\delta(t-2a)\end{aligned}$$

（図 4.5）

(6) $F(s)=\left(1+e^{-s}\right)\dfrac{\pi}{s^2+\pi^2}$

$\mathscr{L}^{-1}\left(\dfrac{\pi}{s^2+\pi^2}\right)=\sin\pi t$ なので

$$\begin{aligned}\mathscr{L}^{-1}(F(s)) &= \mathscr{L}^{-1}\left(\left(1+e^{-s}\right)\frac{\pi}{s^2+\pi^2}\right)\\ &= \mathscr{L}^{-1}\left(\frac{\pi}{s^2+\pi^2}\right)\\ &\quad +\mathscr{L}^{-1}\left(e^{-s}\frac{\pi}{s^2+\pi^2}\right)\\ &= \sin\pi t+\sin\pi(t-1)u(t-1)\end{aligned}$$

（図 4.6）

(7) $F(s)=\left(1-e^{-2s}\right)\dfrac{\pi}{s^2+\pi^2}$

$$\begin{aligned}\mathscr{L}^{-1}(F(s)) &= \mathscr{L}^{-1}\left(\left(1-e^{-2s}\right)\frac{\pi}{s^2+\pi^2}\right)\\ &= \mathscr{L}^{-1}\left(\frac{\pi}{s^2+\pi^2}\right)\\ &\quad -\mathscr{L}^{-1}\left(e^{-2s}\frac{\pi}{s^2+\pi^2}\right)\\ &= \sin\pi t-\sin\pi(t-2)u(t-2)\end{aligned}$$

（図 4.7）

(8) $F(s)=\dfrac{1-e^{-as}}{1-e^{-2as}}\dfrac{1}{s}$

$$\begin{aligned}\mathscr{L}^{-1}(F(s)) &= \mathscr{L}^{-1}\left(\frac{1-e^{-as}}{1-e^{-2as}}\frac{1}{s}\right)\\ &= \mathscr{L}^{-1}\left(\frac{1-e^{-as}}{1-\left(e^{-as}\right)^2}\frac{1}{s}\right)\\ &= \mathscr{L}^{-1}\left(\frac{1-e^{-as}}{\left(1-e^{-as}\right)\left(1+e^{-as}\right)}\frac{1}{s}\right)\\ &= \mathscr{L}^{-1}\left(\frac{1}{1-\left(-e^{-as}\right)}\frac{1}{s}\right)\\ \mathscr{L}^{-1}(F(s)) &= \mathscr{L}^{-1}\left(\frac{1}{s}\left(1-e^{-as}+e^{-2as}\right.\right.\\ &\quad \left.\left.-e^{-3as}+e^{-4as}-\cdots\right)\right)\\ &= u(t)-u(t-a)-u(t-2a)\\ &\quad -u(t-3a)-u(t-4a)-\cdots\end{aligned}$$

（図 4.8）

(9) $F(s)=\dfrac{1+e^{-s}}{1-e^{-2s}}\dfrac{\pi}{s^2+\pi^2}$

$$\begin{aligned}\mathscr{L}^{-1}(F(s)) &= \mathscr{L}^{-1}\left(\frac{1+e^{-s}}{1-e^{-2s}}\frac{\pi}{s^2+\pi^2}\right)\\ &= \mathscr{L}^{-1}\left(\frac{1+e^{-s}}{1-\left(e^{-s}\right)^2}\frac{\pi}{s^2+\pi^2}\right)\\ &= \mathscr{L}^{-1}\left(\frac{1+e^{-s}}{\left(1-e^{-s}\right)\left(1+e^{-s}\right)}\frac{\pi}{s^2+\pi^2}\right)\\ &= \mathscr{L}^{-1}\left(\frac{1}{1-e^{-s}}\frac{\pi}{s^2+\pi^2}\right)\end{aligned}$$

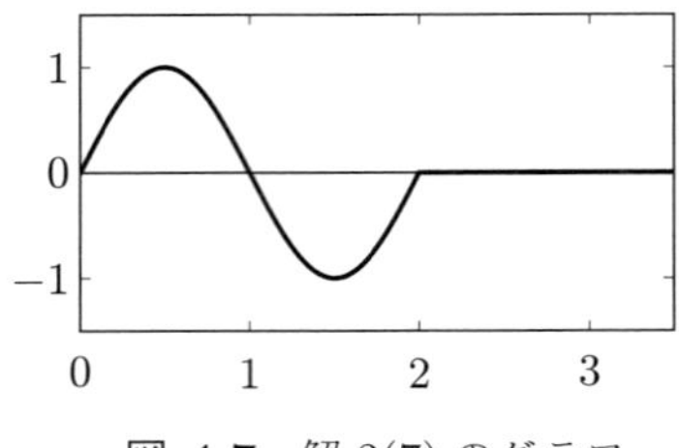

図 **4.7**　解 2(7) のグラフ

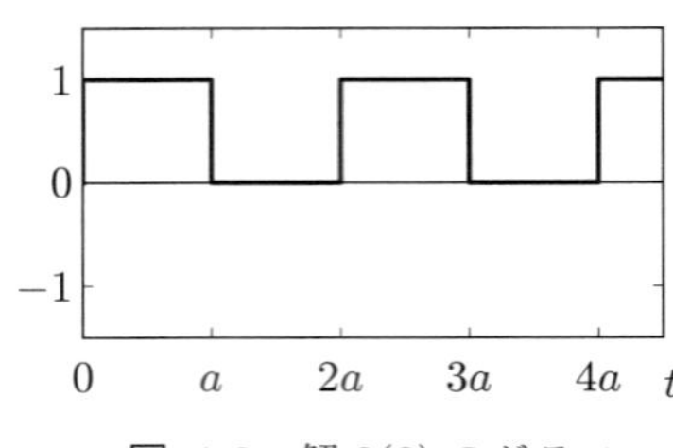

図 **4.8**　解 2(8) のグラフ

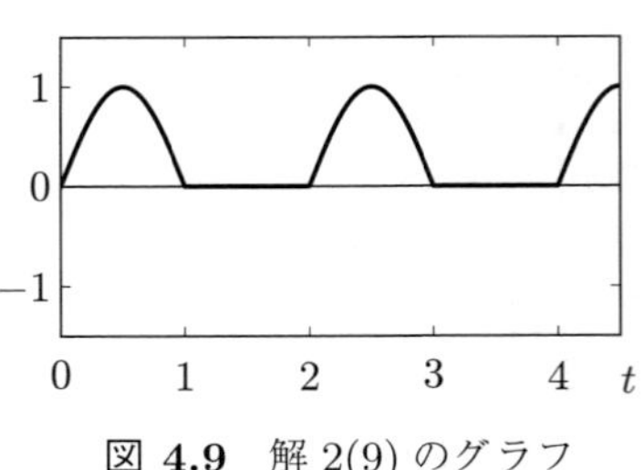

図 **4.9**　解 2(9) のグラフ

$$
\begin{aligned}
\mathscr{L}^{-1}(F(s)) &= \mathscr{L}^{-1}\left(\frac{\pi}{s^2+\pi^2}\left(1+e^{-s}+e^{-2s}\right.\right.\\
&\qquad \left.\left.+e^{-3s}+e^{-4s}+\cdots\right)\right)\\
&= \mathscr{L}^{-1}\left(\frac{\pi}{s^2+\pi^2}+e^{-s}\frac{\pi}{s^2+\pi^2}\right.\\
&\qquad +e^{-2s}\frac{\pi}{s^2+\pi^2}+e^{-3s}\frac{\pi}{s^2+\pi^2}\Bigg)\\
&\qquad \left.+\cdots\right)
\end{aligned}
$$

$$
\begin{aligned}
\mathscr{L}^{-1}(F(s)) &= \sin\pi t+\sin\pi(t-1)u(t-1)\\
&\quad +\sin\pi(t-2)u(t-2)\\
&\quad +\sin\pi(t-3)u(t-3)+\cdots
\end{aligned}
$$

（図 4.9）

5章　ラプラス変換で微分方程式を解く

[ねらい]

これまでにラプラス変換の定義，線形性を含む性質について学び，逆ラプラス変換の方法も学んだ．

1.4 節では形式的に微分方程式を解いてみたが，本章では形だけでなく，さまざまな条件のもとで工学上よく出てくる形の線形微分方程式を根拠をもって解く．

さらに，解を式で表わすだけでなく，もとの物理モデルと，解のグラフを関連づけて，解の意味を考えてみる．

[この章の項目]

5.1　ラプラス変換で微分方程式を解く

1.4 でいくつかの線形微分方程式を形式的に解いてきた．あらためてここで解き方手順を根拠をもって確認したい．

ラプラス変換を用いて微分方程式を解く手順は次の 3 ステップである．

微分方程式の解法の手順

1. 微分方程式の両辺をラプラス変換する．ラプラス変換の線形性を利用して項ごとに分割し，定数はくくり出して，項ごとにラプラス変換表で変換する．
2. 解きたい変数について解く．
3. 逆ラプラス変換を行う．その際，ラプラス変換表にある形にするために部分分数に分解する．逆ラプラス変換の線形性を利用して項ごとに分割し，定数はくくり出して，項ごとにラプラス変換表で逆変換する．

5.2　初期値がすべて 0 の微分方程式

まず最初に初期値が 0 の場合についていくつかの線形 1 階微分方程式を解いてみよう．

例として図 5.1 オペレーショナルアンプを用いた 1 次ローパスフィルタを取り上げよう．

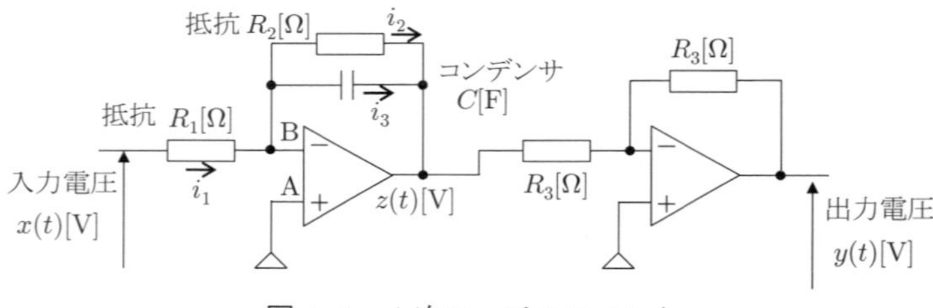

図 5.1　1 次ローパスフィルタ

図 5.1 でオペレーショナルアンプの A,B 点には電流は流れ込まず，A,B 点の電位は同じになり両方とも 0 V である．抵抗 R_1 を流れる電流 i_1 は，抵抗 R_2 を流れる電流 i_2 とコンデンサ C を流れる電流 i_3 の和に等しい．2 段目の回路は極性を反転しているだけである．これらのことより次の 5 式を得る．

$$\begin{cases} x(t) - 0 = R_1 i_1 \\ 0 - z(t) = R_2 i_2 \\ 0 - z(t) = \dfrac{1}{C}\displaystyle\int i_3 dt \\ i_1 = i_2 + i_3 \\ y(t) = -z(t) \end{cases}$$

これより，積分のある式では両辺を微分して，5 つの式をまとめ，次式を得る．

$$R_2 C\dot{y}(t) + y(t) = \frac{R_2}{R_1}x(t)$$

ここで，$R_2 C = T$, $\dfrac{R_2}{R_1} = K$ とおくと，T は単位 [s]，K は単位 [–] となり，

$$T\dot{y}(t) + y(t) = Kx(t) \tag{5.1}$$

が得られる．この式の各項は単位 [V] をもっている．

さてここで，$R_1 = R_2 = 3\,\mathrm{k\Omega}$，$C = 1\,\mu\mathrm{F}$ の場合を考えてみよう．

$T = 0.003$，$K = 1$ となり，次の微分方程式を得る．

$$0.003\dot{y}(t) + y(t) = x(t) \tag{5.2}$$

次に，$y(0) = 0$ として，$0 \leq t$ で，いくつかの入力関数 $x(t)$ について解を求めてみよう．

▶［同じ形の微分方程式］
既出の空気の抵抗の中での自由落下運動の速度（1 章例題 1 – 1），コンデンサ充電モデル（1 章例題 1 – 2，1 章演習 4(4)），モータ駆動モデル（入力：駆動電圧，出力：軸の角速度，1 章演習 4(8)），そして多孔質吸着容器（1 章演習 4(10)）も同じ微分方程式であった．

■　入力が $x(t) = 1$ のとき（$x(t) = u(t)$ でも同じ）

図 5.1 において，入力側にいきなり 1 V の一定電圧が加えられた場合を想定する．式 (5.2) は次式 (5.3) となる．

$$0.003\dot{y}(t) + y(t) = 1, \quad (y(0) = 0) \tag{5.3}$$

ラプラス変換する．

$$0.003sY(s) + Y(s) = \frac{1}{s}$$

$$Y(s) = \frac{1}{s(0.003s+1)} = \frac{1}{s} - \frac{0.003}{0.003s+1} = \frac{1}{s} - \frac{1}{s + \frac{1}{0.003}}$$

逆ラプラス変換する．

$$y(t) = 1 - e^{-\frac{t}{0.003}} \tag{5.4}$$

これをグラフ化すると図 5.2 のようになる．1 次ローパスフィルタにステップ関数入力を与えたときの出力を表わしている．

▶［がんばれ］
これくらいの部分分数分解は暗算でやろう．結果を想定して，逆に通分してみると意外に簡単．

▶［同じ形の解曲線］
既出のコンデンサの充電曲線であり，また，電源投入時のモータ回転速度曲線でもある．あるいは，空気の抵抗の中での自由落下運動の速度曲線（–1 倍）でもある．

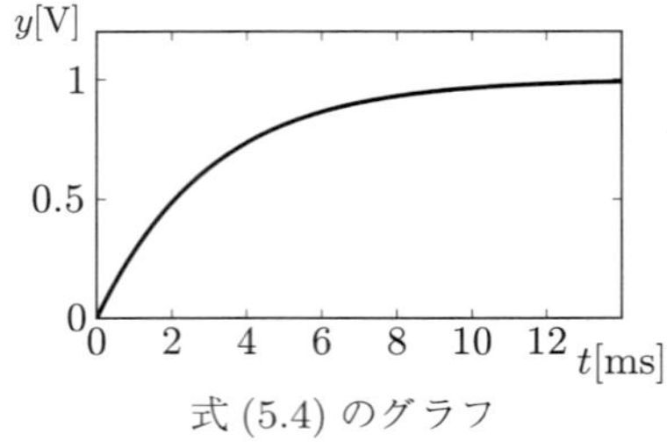

式 (5.4) のグラフ

図 5.2　ステップ関数入力時の1次ローパスフィルタの出力

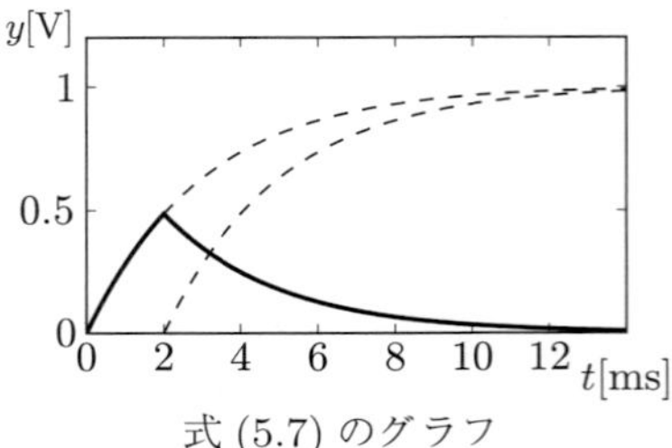

式 (5.7) のグラフ

図 5.3　方形波入力時の1次ローパスフィルタの出力

■　入力が $x(t) = u(t) - u(t - 0.002)$ のとき

図 5.1 において，いきなり入力電圧 1 V が加わり，0.002 秒後に入力電圧が 0 V になった場合を想定する．式 (5.2) は次式 (5.5) となる．

$$0.003\dot{y}(t) + y(t) = u(t) - u(t - 0.002), \quad (y(0) = 0) \tag{5.5}$$

ラプラス変換する．

$$0.003sY(s) + Y(s) = \frac{1}{s} - e^{-0.002s}\frac{1}{s}$$

$$Y(s) = \frac{1}{s(0.003s+1)} - e^{-0.002s}\frac{1}{s(0.003s+1)}$$

$$= \left(\frac{1}{s} - \frac{1}{s + \frac{1}{0.003}}\right) - e^{-0.002s}\left(\frac{1}{s} - \frac{1}{s + \frac{1}{0.003}}\right)$$

逆ラプラス変換する．

$$y(t) = \left(1 - e^{-\frac{t}{0.003}}\right) - \left(1 - e^{-\frac{t-0.002}{0.003}}\right)u(t - 0.002)$$

この解は $y_1(t) = 1 - e^{-\frac{t}{0.003}}$ から，$y_1(t)$ を 0.002 遅らせた関数 $y_2(t) = \left(1 - e^{-\frac{t-0.002}{0.003}}\right)u(t - 0.002)$ を引いた形 $y(t) = y_1(t) - y_2(t)$ になっている．

$0 \leq t < 0.002$ では

$$y(t) = 1 - e^{-\frac{t}{0.003}} \qquad (0 \leq t < 0.002) \tag{5.6}$$

であるが，$0.002 \leq t$ では次式となる．

$$y(t) = \left(1 - e^{-\frac{t}{0.003}}\right) - \left(1 - e^{-\frac{t-0.002}{0.003}}\right) = e^{-\frac{t-0.002}{0.003}} - e^{-\frac{t}{0.003}}$$

$$= e^{-\frac{t}{0.003}}e^{\frac{0.002}{0.003}} - e^{-\frac{t}{0.003}}$$

$$y(t) = \left(e^{\frac{2}{3}} - 1\right)e^{-\frac{t}{0.003}} \qquad (0.002 \leq t) \tag{5.7}$$

図 5.3 の実線はこの解を示している．点線は $y_1(t)$, $y_2(t)$ である．

▶［$x(t) = t$ のような入力電圧はありえない］
　このような入力電圧の変化では，時間とともに無限に電圧が上昇することになってしまう．実際には，起動後わずかな時間だけに起こる入力電圧の変化を求めている．

■　入力が $x(t) = t$ のとき

図 5.1 において，入力側に時間に比例して上昇する電圧が加えられた場合を想定する．式 (5.2) は次式 (5.8) となる．

$$0.003\dot{y}(t)+y(t)=t,\quad (y(0)=0) \tag{5.8}$$

ラプラス変換する．

$$0.003sY(s)+Y(s)=\frac{1}{s^2}$$

$$Y(s)=\frac{1}{s^2(0.003s+1)}$$

ここで $\dfrac{1}{s^2(0.003s+1)}=\dfrac{As+B}{s^2}+\dfrac{C}{0.003s+1}$ とおき，部分分数分解を目指す．分母を払って

$$1=(0.003A+C)\,s^2+(0.003B+A)\,s+B$$

を得，恒等式の性質より次の連立方程式となる．

$$\begin{cases}0.003A+C &=0\\ 0.003B+A &=0\\ B &=1\end{cases}$$

これを解いて $A=-0.003$, $B=1$, $C=0.000009$ を得，$Y(s)$ を分解する．

$$Y(s)=\frac{As+B}{s^2}+\frac{C}{0.003s+1}=-0.003\frac{1}{s}+\frac{1}{s^2}+\frac{0.000009}{0.003s+1}$$

$$Y(s)=-0.003\frac{1}{s}+\frac{1}{s^2}+0.003\frac{1}{s+\frac{1}{0.003}}$$

逆ラプラス変換して解を得る．

$$y(t)=-0.003+t+0.003e^{-\frac{1}{0.003}t} \tag{5.9}$$

図 5.4 の実線は解曲線を示している．2 つの点線は $y(t)=t$ と $y(t)=t-0.003$ を示している． 0 V から時間に比例して入力電圧が上昇したときの 1 次ローパスフィルタの出力となる．また同様に入力電圧を上昇させたときの 1 章演習 4(4) の RC 回路のコンデンサ充電電圧もこのように変化する．さらに同様に入力電圧を上昇させたとき 1 章演習 4(8) の直流モータの回転速度もこのように変化する．

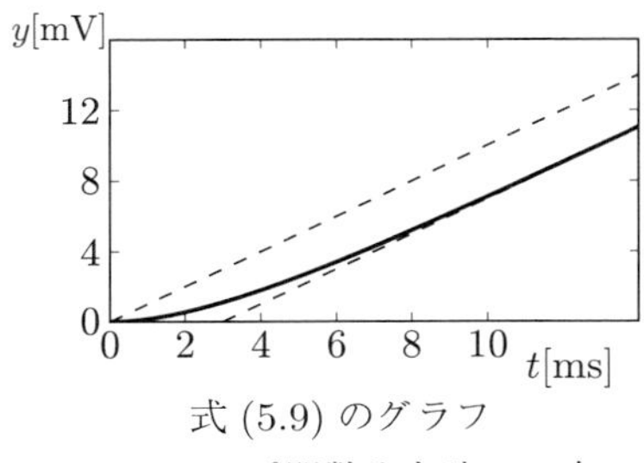

式 (5.9) のグラフ

図 5.4　ランプ関数入力時の 1 次ローパスフィルタの出力

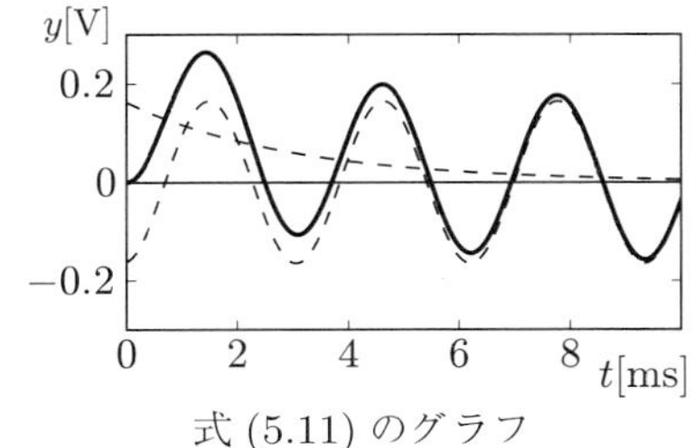

式 (5.11) のグラフ

図 5.5　正弦波入力時の 1 次ローパスフィルタの出力

■　入力が $x(t)=\sin 2000t$ のとき

図 5.1 において，入力に正弦波状の電圧が加えられた状況を想定している．式 (5.2) は次式 (5.10) となる．

$$0.003\dot{y}(t)+y(t)=\sin 2000t, \quad (y(0)=0) \tag{5.10}$$

ラプラス変換する．

$$0.003sY(s)+Y(s)=\frac{2000}{s^2+2000^2}$$

$$Y(s)=\frac{2000}{(0.003s+1)(s^2+2000^2)}$$

ここで $\dfrac{2000}{(0.003s+1)(s^2+2000^2)}=\dfrac{As+2000B}{s^2+2000^2}+\dfrac{C}{0.003s+1}$ とおき，部分分数分解を目指す．分母を払って

$$2000=(0.003A+C)s^2+(6B+A)s+2000B+4000000C$$

恒等式の性質より，次の連立方程式となる．

$$\begin{cases} 0.003A+C &=0 \\ 6B+A &=0 \\ 2000B+4000000C &=2000 \end{cases}$$

これを解いて $A=-\dfrac{6}{37}$, $B=\dfrac{1}{37}$, $C=\dfrac{18}{37000}$ を得，$Y(s)$ が分数に分解される．

$$Y(s)=\frac{As+2000B}{s^2+2000^2}+\frac{C}{0.003s+1}=\frac{1}{37}\frac{-6s+2000}{s^2+2000^2}+\frac{18}{37000}\frac{1}{0.003s+1}$$

$$Y(s)=-\frac{6}{37}\frac{s}{s^2+2000^2}+\frac{1}{37}\frac{2000}{s^2+2000^2}+\frac{6}{37}\frac{1}{s+\frac{1}{0.003}}$$

逆ラプラス変換して解を得る．

$$y(t)=-\frac{6}{37}\cos 2000t+\frac{1}{37}\sin 2000t+\frac{6}{37}e^{-\frac{1}{0.003}t} \tag{5.11}$$

ここで

$$y(t)=y_S(t)+y_T(t)$$

$$y_S(t)=-\frac{6}{37}\cos 2000t+\frac{1}{37}\sin 2000t$$

$$y_T(t)=\frac{6}{37}e^{-\frac{1}{0.003}t}$$

のように分解すると，$y_S(t)$ は一定の振幅をもつ周期解で，定常解と呼ばれる．また $y_T(t)$ は時間の経過と共に 0 に近づく解で過渡解と呼ばれる．図 5.5 の実線は解曲線を示している．2 つの点線は定常解，過渡解を示している．正弦波入力を与えたときの，1 次ローパスフィルタの出力はこのようになる．また，他の例としては，コンデンサ・抵抗回路に正弦波電圧を加えたときの，コンデンサの電圧変化はこのようになる．

ここで章末の演習 1,2,3,4,5 をやってみよう．なお章末の演習 6,7 は計算

が大変なので，解答のグラフから解の性質をみておくだけでもよい．

5.3 初期値が 0 でない微分方程式

前のセクション 5.2 で解いた式 (5.1) $T\dot{y}(t)+y(t)=Kx(t)$ において，$x(t)=1$，$K=1$ とした微分方程式

$$T\dot{y}(t)+y(t)=1 \tag{5.12}$$

について，初期値が 0 でない場合，初期以外の値が与えられている場合を解いてみよう．

■ 0 でない初期値が与えられているとき

$$T\dot{y}(t)+y(t)=1,\quad (y(0)=a) \tag{5.13}$$

図 5.1 において，ある時刻に入力電圧が 1 V に固定され，その時刻の出力電圧はそれまでの経緯で a[V] であり，その時刻を 0 としてその後の解を求めることになる．

ラプラス変換する．

$$T\left(sY(s)-y(0)\right)+Y(s)=\frac{1}{s}$$

$$T\left(sY(s)-a\right)+Y(s)=\frac{1}{s}$$

$$(Ts+1)\,Y(s)=\frac{1}{s}+Ta$$

$$Y(s)=\frac{1}{s\,(Ts+1)}+\frac{Ta}{Ts+1}=\left(\frac{1}{s}-\frac{T}{Ts+1}\right)+a\frac{T}{Ts+1}=\frac{1}{s}+(a-1)\frac{T}{Ts+1}$$

$$Y(s)=\frac{1}{s}+(a-1)\frac{1}{s+\frac{1}{T}}$$

逆ラプラス変換して解を得る．

$$y(t)=1+(a-1)e^{-\frac{1}{T}t} \tag{5.14}$$

図 5.6 は $a=2$ としたときの解を示している．

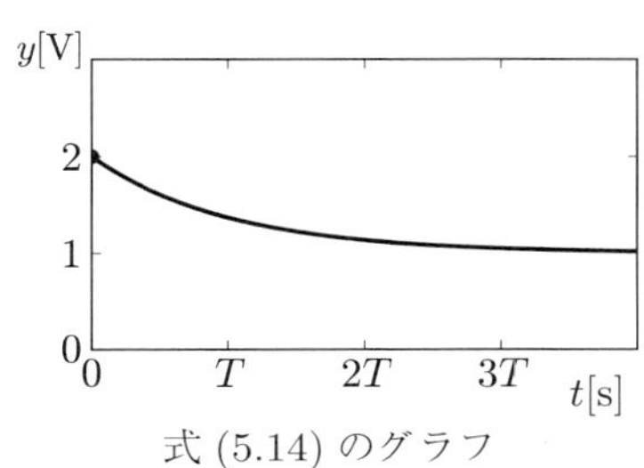

式 (5.14) のグラフ

図 5.6　1 次ローパスフィルタの出力

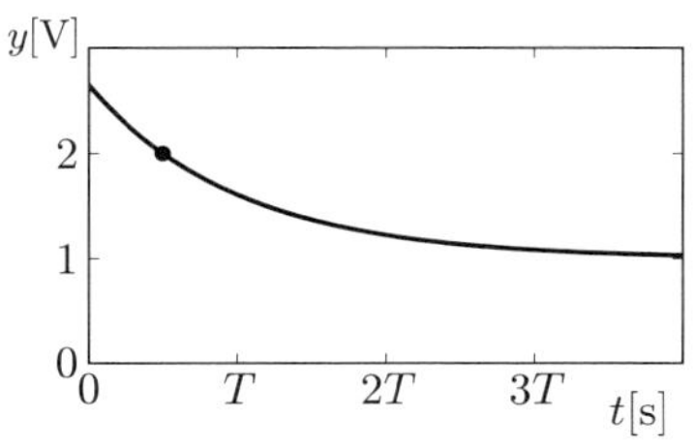

式 (5.16) のグラフ

図 5.7　1 次ローパスフィルタの出力

■　初期値以外の条件が与えられているとき

$$T\dot{y}(t) + y(t) = 1, \quad (y(b) = c) \tag{5.15}$$

図 5.1 において，ある時刻に入力電圧が 1 V に固定され，その時刻から b[s] 経過後の出力電圧はそれまでの経緯で c[V] であるという条件のもとでの解を求めることになる．

0 でないある初期条件での解（式 (5.14)）において，a を未知の定数と考え，$y(b) = c$ になるように a を定めればよい．

$c = 1 + (a-1)e^{-\frac{1}{T}b}$

$a - 1 = (c-1)e^{\frac{1}{T}b}$

よって，次の解を得る．

$$y(t) = 1 + (c-1)e^{\frac{b}{T}}e^{-\frac{1}{T}t} \tag{5.16}$$

図 5.7 は $b = 0.5T$，$c = 2$ としたときの解を示している．

ここで章末の演習 8,9 をやってみよう．

5.4　微分方程式の一般解

5.3 で解いた式 (5.12)$T\dot{y}(t) + y(t) = 1$ について初期値あるいはそれ以外の条件が与えられていない場合の一般解を求めよう．

$$T\dot{y}(t) + y(t) = 1 \tag{5.17}$$

0 でないある初期条件での解（式 (5.14)）において，a を未知の定数のままとすれば，$A = a - 1$ とおいて次の一般解が求められる．

$$y(t) = 1 + Ae^{-\frac{1}{T}t} \quad (\text{ただし } A \text{ は定数}) \tag{5.18}$$

図 5.8 は一般解曲線群を表わしている．

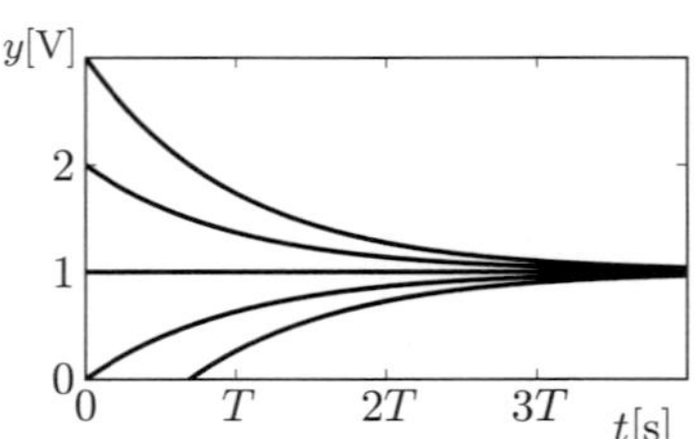

上から $A = 2,\ 1,\ 0,\ -1,\ -2$ のとき

図 5.8　1 次ローパスフィルタの出力（一般解曲線群）

ここで章末の演習 10 をやってみよう．

5.5　連立微分方程式

2 階以上の線形微分方程式は連立 1 階微分方程式として表わすことがある． 連立微分方程式においても，ラプラス変換を用いた解法は全く同じ手順となる．次の連立微分方程式を解いてみよう．

$$\begin{cases} \dot{x}(t) &= -3x(t) - 5y(t) + 8 \\ \dot{y}(t) &= x(t) - y(t) \end{cases} \qquad \text{初期条件：} x(0) = y(0) = 0$$

ラプラス変換する．

$$\begin{cases} sX(s) &= -3X(s) - 5Y(s) + \dfrac{8}{s} \\ sY(s) &= X(s) - Y(s) \end{cases}$$

$$\begin{cases} (s+3)X(s) + 5Y(s) &= \dfrac{8}{s} \\ -X(s) + (s+1)Y(s) &= 0 \end{cases}$$

これを Cramer の公式を用いて解く．

$$\begin{cases} X(s) &= \dfrac{8(s+1)}{s\,(s^2+4s+8)} \\ Y(s) &= \dfrac{8}{s\,(s^2+4s+8)} \end{cases}$$

部分分数に変換し変形する．

$$\begin{cases} X(s) &= \dfrac{1}{s} - \dfrac{s+2}{(s+2)^2+2^2} + 3\dfrac{2}{(s+2)^2+2^2} \\ Y(s) &= \dfrac{1}{s} - \dfrac{s+2}{(s+2)^2+2^2} - \dfrac{2}{(s+2)^2+2^2} \end{cases}$$

逆ラプラス変換して次の解を得る．

$$\begin{cases} x(t) &= 1 - e^{-2t}\cos 2t + 3e^{-2t}\sin 2t \\ y(t) &= 1 - e^{-2t}\cos 2t - e^{-2t}\sin 2t \end{cases}$$

ここで章末の演習 11 をやってみよう．

[5 章のまとめ]

この章では，

1. ラプラス変換で微分方程式を解く手順を確認した．
2. 初期値がすべて 0 の微分方程式の解き方を示した．
3. 初期値が 0 でない微分方程式解き方を示した．
4. 初期値が与えられていない微分方程式の一般解の求め方を示した．
5. 連立微分方程式の解き方を示した．

5章　演習問題

[演習 1] ラプラス変換を用いて次の微分方程式を解き，結果をグラフに表わしなさい．ただし $0 \le t$ であり，$u(t)$ は単位ステップ関数である．また初期条件はすべて $y(0) = 0$ とする．

(1) $3\dot{y}(t) + y(t) = -u(t)$　(2) $3\dot{y}(t) + y(t) = 2t$　(3) $3\dot{y}(t) + y(t) = \sin t$

[演習 2] ラプラス変換を用いて次の微分方程式を解き，結果をグラフに表わしなさい．ただし $0 \le t, 0 < T, K, a, p$ であり，$u(t)$ は単位ステップ関数である．また初期条件はすべて $y(0) = 0$ とする．

(1) $T\dot{y}(t) + y(t) = K$　(2) $T\dot{y}(t) + y(t) = K(u(t) - u(t-a))$

(3) $T\dot{y}(t) + y(t) = Kt$　(4) $T\dot{y}(t) + y(t) = K\sin pt$

[演習 3] ラプラス変換を用いて次の微分方程式を解き，結果をグラフに表わしなさい．ただし $0 \le t$ である．また初期条件は $y(0) = 0$ とする．

$$3\dot{y}(t) + y(t) = f(t)$$

$$f(t) = \begin{cases} \varphi(t) & (0 \le t < 2) \\ f(t-2) & (2 \le t) \end{cases},\quad \varphi(t) = \begin{cases} 1 & (0 \le t < 1) \\ 0 & (1 \le t < 2) \end{cases}$$

[演習 4] ラプラス変換を用いて次の微分方程式を解き，結果をグラフに表わしなさい．ただし $0 \le t$ であり，$u(t)$ は単位ステップ関数である．また初期条件はすべて $y(0) = \dot{y}(0) = 0$ とする．

(1) $\ddot{y}(t) + y(t) = u(t)$　(2) $\ddot{y}(t) + y(t) = t$

(3) $\ddot{y}(t) + y(t) = \sin 2t$　(4) $\ddot{y}(t) + 4\dot{y}(t) + 2y(t) = 2u(t)$

(5) $\ddot{y}(t) + 4\dot{y}(t) + 2y(t) = 2t$　(6) $\ddot{y}(t) + 4\dot{y}(t) + 2y(t) = 2\sin 2t$

(7) $\ddot{y}(t) + 4\dot{y}(t) + 4y(t) = 4u(t)$　(8) $\ddot{y}(t) + 4\dot{y}(t) + 4y(t) = 4t$

(9) $\ddot{y}(t) + 4\dot{y}(t) + 4y(t) = 4\sin 2t$　(10) $\ddot{y}(t) + 4\dot{y}(t) + 29y(t) = 29u(t)$

(11) $\ddot{y}(t) + 4\dot{y}(t) + 29y(t) = 29t$　(12) $\ddot{y}(t) + 4\dot{y}(t) + 29y(t) = 29\sin 2t$

[演習 5] ラプラス変換を用いて次の微分方程式を解き，代表的な結果をグラフに表わしなさい．ただし $0 \le t$，$0 \le \zeta$，$0 < \omega_n, K$ である．また初期条件は $y(0) = \dot{y}(0) = 0$ とする．

$$\ddot{y}(t) + 2\zeta\omega_n\dot{y}(t) + \omega_n^2 y(t) = K\omega_n^2 u(t)$$

この 2 階微分方程式は，演習 4(1)(4)(7)(10) の 2 階微分方程式の一般的表現である．

[演習 6] （発展問題）ラプラス変換を用いて次の微分方程式を解き，代表的な結果をグラフに表わしなさい．ただし $0 \le t$，$0 \le \zeta$，$0 < \omega_n, K$ である．また初期条件は $y(0) = \dot{y}(0) = 0$ とする．

$$\ddot{y}(t) + 2\zeta\omega_n\dot{y}(t) + \omega_n^2 y(t) = K\omega_n^2 t$$

この 2 階微分方程式は，演習 4(2)(5)(8)(11) の 2 階微分方程式の一般的表現である．

[演習 7] （発展問題）ラプラス変換を用いて次の微分方程式を解き，代表的な結果をグラフに表わしなさい．ただし $0 \le t$，$0 \le \zeta$，$0 < \omega_n, p, K$ である．また初期条件は $y(0) = \dot{y}(0) = 0$ とする．

$$\ddot{y}(t) + 2\zeta\omega_n\dot{y}(t) + \omega_n^2 y(t) = K\omega_n^2 \sin pt$$

この 2 階微分方程式は，演習 4(2)(5)(8)(11) の 2 階微分方程式の一般的表現である．

[演習 8] ラプラス変換を用いて次の微分方程式を解きなさい．ただし $0 \leq t$ である．また，すべての初期条件は $y(0) = 2$ とする．

(1) $3\dot{y}(t) - y(t) = 0$　(2) $3\dot{y}(t) + y(t) = u(t)$

(3) $3\dot{y}(t) + y(t) = t$　(4) $3\dot{y}(t) + y(t) = \sin t$

[演習 9] ラプラス変換を用いて次の微分方程式を解きなさい．ただし $0 \leq t$ である．

(1) $\ddot{y}(t) + 4\dot{y}(t) + 2y(t) = 2u(t)$　初期条件：$y(0) = \dot{y}(0) = 1$

(2) $\ddot{y}(t) + 4\dot{y}(t) + 2y(t) = 2t$　初期条件：$y(0) = 1,\ \dot{y}(0) = 0$

(3) $\ddot{y}(t) + 4\dot{y}(t) + 4y(t) = 4u(t)$　初期条件：$y(0) = \dot{y}(0) = 1$

(4) $\ddot{y}(t) + 4\dot{y}(t) + 4y(t) = 4t$　初期条件：$y(0) = 1,\ \dot{y}(0) = 0$

(5) $\ddot{y}(t) + 4\dot{y}(t) + 29y(t) = 29u(t)$　初期条件：$y(0) = \dot{y}(0) = 1$

(6) $\ddot{y}(t) + 4\dot{y}(t) + 29y(t) = 29t$　初期条件：$y(0) = 1,\ \dot{y}(0) = 0$

[演習 10] ラプラス変換を用いて，次の微分方程式の一般解を求めなさい．ただし $0 \leq t$ である．

(1) $3\dot{y}(t) - y(t) = 0$　(2) $\ddot{y}(t) + 4\dot{y}(t) + 2y(t) = 0$

(3) $\ddot{y}(t) + 4\dot{y}(t) + 4y(t) = 0$　(4) $\ddot{y}(t) + 4\dot{y}(t) + 29y(t) = 0$

[演習 11] ラプラス変換を用いて，次の連立線形微分方程式を解きなさい．ただし $0 \leq t$，$0 < \omega_n$ である．また初期条件はすべてで $x(0) = y(0) = 0$ である．

(1) $\begin{cases} \dot{x}(t) &= -\omega_n^2 y(t) + \omega_n^2 \\ \dot{y}(t) &= x(t) \end{cases}$　(2) $\begin{cases} \dot{x}(t) &= -\omega_n x(t) - \omega_n^2 y(t) + \omega_n^2 \\ \dot{y}(t) &= x(t) \end{cases}$

(3) $\begin{cases} \dot{x}(t) &= -2\omega_n x(t) - \omega_n^2 y(t) + \omega_n^2 \\ \dot{y}(t) &= x(t) \end{cases}$　(4) $\begin{cases} \dot{x}(t) &= -4\omega_n x(t) - \omega_n^2 y(t) + \omega_n^2 \\ \dot{y}(t) &= x(t) \end{cases}$

5 章　演習問題解答

［解 1］

(1) $3\dot{y}(t)+y(t)=-u(t)$

両辺をラプラス変換する．

$$3sY(s)+Y(s)=-\frac{1}{s}$$

$$Y(s)=-\frac{1}{s(3s+1)}=-\left(\frac{1}{s}-\frac{3}{3s+1}\right)$$

$$=-\frac{1}{s}+\frac{1}{s+\frac{1}{3}}$$

逆ラプラス変換する．

$$y(t)=-1+e^{-\frac{1}{3}t}$$

（図 5.9）

(2) $3\dot{y}(t)+y(t)=2t$

両辺をラプラス変換する．

$$3sY(s)+Y(s)=\frac{1}{s^2}$$

$$Y(s)=\frac{2}{s^2(3s+1)}$$

ここで $\dfrac{2}{s^2(3s+1)}=\dfrac{As+B}{s^2}+\dfrac{C}{3s+1}$ とおき，部分分数分解を目指す．

分母を払って

$$2=(3A+C)s^2+(A+3B)s+B$$

恒等式の性質より

$$\begin{cases}3A+C &=0\\ A+3B &=0\\ B &=2\end{cases}$$

これを解いて $A=-6,\ B=2,\ C=18$ を得る．

$$Y(s)=\frac{As+B}{s^2}+\frac{C}{3s+1}=\frac{-6s+2}{s^2}+\frac{18}{3s+1}$$

$$=-6\frac{1}{s}+\frac{2}{s^2}+6\frac{1}{s+\frac{1}{3}}$$

逆ラプラス変換して解を得る．

$$y(t)=-6+2t+6e^{-\frac{1}{3}t}$$

（図 5.10）

(3) $3\dot{y}(t)+y(t)=\sin t$

両辺をラプラス変換する．

$$3sY(s)+Y(s)=\frac{1}{s^2+1}$$

$$Y(s)=\frac{1}{(s^2+1)(3s+1)}$$

ここで $\dfrac{1}{(s^2+1)(3s+1)}=\dfrac{As+B}{s^2+1}+\dfrac{C}{3s+1}$ とおき，部分分数分解を目指す．

分母を払って

$$1=(3A+C)s^2+(A+3B)s+(B+C)$$

恒等式の性質より

$$\begin{cases}3A+C &=0\\ A+3B &=0\\ B+C &=1\end{cases}$$

これを解いて $A=-\dfrac{3}{10},\ B=\dfrac{1}{10},\ C=\dfrac{9}{10}$ を得る．

$$Y(s)=\frac{As+B}{s^2+1}+\frac{C}{3s+1}=\frac{-\frac{3}{10}s+\frac{1}{10}}{s^2+1}+\frac{\frac{9}{10}}{3s+1}$$

$$=-\frac{3}{10}\frac{s}{s^2+1}+\frac{1}{10}\frac{1}{s^2+1}+\frac{3}{10}\frac{1}{s+\frac{1}{3}}$$

逆ラプラス変換して解を得る．

$$y(t)=-\frac{3}{10}\cos t+\frac{1}{10}\sin t+\frac{3}{10}e^{-\frac{1}{3}t}$$

ここにおいても，時間の経過とともに 0 に収束する過渡解と定常解の和となっている．

過渡解　$y_T(t)=\dfrac{3}{10}e^{-\frac{1}{3}t}$

定常解　$y_S(t)=-\dfrac{3}{10}\cos t+\dfrac{1}{10}\sin t$

（図 5.11）

［解 2］

(1) $T\dot{y}(t)+y(t)=K$

両辺をラプラス変換する．

$$TsY(s)+Y(s)=\frac{K}{s}$$

$$Y(s)=K\frac{1}{s(Ts+1)}=K\left(\frac{1}{s}-\frac{T}{Ts+1}\right)$$

$$=K\left(\frac{1}{s}-\frac{1}{s+\frac{1}{T}}\right)$$

逆ラプラス変換する．

$$y(t)=K\left(1-e^{-\frac{1}{T}t}\right)$$

これをグラフ化すると図 5.12 のようになる．これはコンデンサの充電曲線であり，また，電源投入時のモータ回転速度曲線でもある．あるいは，空気の抵抗の中での自由落下運動の速度曲線（−1 倍）でもある．

(2) $T\dot{y}(t)+y(t)=K(u(t)-u(t-a))$

ラプラス変換する．

$$(Ts+1)Y(s)=K\left(\frac{1}{s}-e^{-as}\frac{1}{s}\right)$$

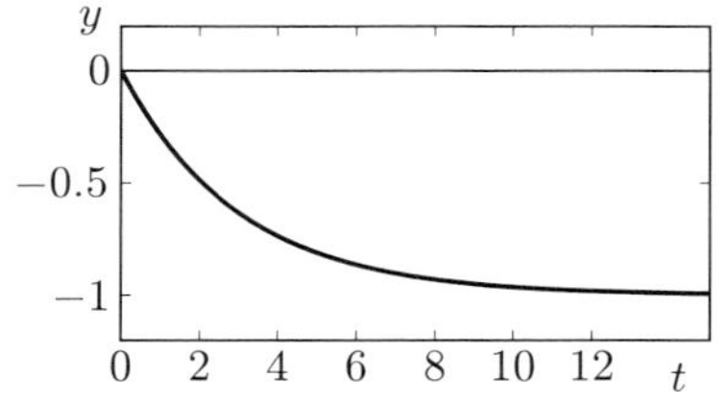

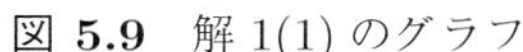

図 5.9　解 1(1) のグラフ

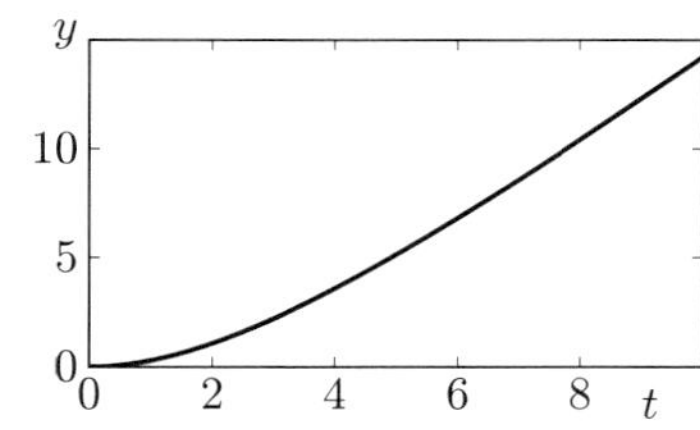

図 5.10　解 1(2) のグラフ

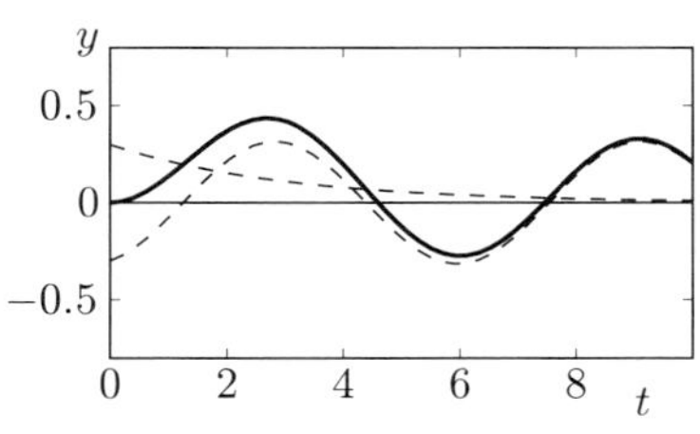

図 5.11　解 1(3) のグラフ

$$Y(s) = K\left\{\frac{1}{s(Ts+1)} - e^{-as}\frac{1}{s(Ts+1)}\right\}$$
$$= K\left\{\left(\frac{1}{s} - \frac{T}{Ts+1}\right) - e^{-as}\left(\frac{1}{s} - \frac{T}{Ts+1}\right)\right\}$$
$$Y(s) = \left\{\left(\frac{1}{s} - \frac{1}{s+\frac{1}{T}}\right) - e^{-as}\left(\frac{1}{s} - \frac{1}{s+\frac{1}{T}}\right)\right\}$$

逆ラプラス変換する．

$$y(t) = K\left\{\left(1 - e^{-\frac{t}{T}}\right) - u(t-a)\left(1 - e^{-\frac{t-a}{T}}\right)\right\}$$

これは $y_1(t) = K\left(1 - e^{-\frac{t}{T}}\right)$ から，

$y_1(t)$ を a 遅らせた

$y_2(t) = K\left(1 - e^{-\frac{t-a}{T}}\right)u(t-a)$

を引いた解 $y(t) = y_1(t) - y_2(t)$ となっている．

$0 \leq t < a$ では $y = y_1(t)$ であるが，$a \leq t$ では，

$$y(t) = K\left\{\left(1 - e^{-\frac{t}{T}}\right) - \left(1 - e^{-\frac{t-a}{T}}\right)\right\}$$
$$= K\left(e^{-\frac{t-a}{T}} - e^{-\frac{t}{T}}\right)$$
$$= K\left(e^{-\frac{t}{T}}e^{\frac{a}{T}} - e^{-\frac{t}{T}}\right) = K\left(e^{\frac{a}{T}} - 1\right)e^{-\frac{t}{T}}$$

図 5.13 のグラフは $a = T$ としたときの解を示している．たとえば，電源を入れた直後に電源切断をしたときの，モータの回転速度の変化を表わすグラフもこのようになる．

(3) $T\dot{y}(t) + y(t) = Kt$

ラプラス変換する．

$$(Ts+1)\,Y(s) = K\frac{1}{s^2}$$
$$Y(s) = \frac{K}{s^2\,(Ts+1)}$$

部分分数分解のために次式のようにおく．

$$\frac{K}{s^2\,(Ts+1)} = \frac{As+B}{s^2} + \frac{C}{Ts+1}$$

分母を払って

$$K = (TA{+}C)s^2{+}(TB{+}A)s{+}B$$

恒等式の性質により

$$\begin{cases} TA + C &= 0 \\ TB + A &= 0 \\ B &= K \end{cases}$$

これを解いて $A = -TK,\ B = K,\ C = T^2K$ を得る．

$$Y(s) = \frac{As+B}{s^2} + \frac{C}{Ts+1} = \frac{-TKs+K}{s^2} + \frac{T^2K}{Ts+1}$$
$$= -TK\frac{1}{s} + K\frac{1}{s^2} + TK\frac{1}{s+\frac{1}{T}}$$

逆ラプラス変換する．

$$y(t) = -TK + Kt + TKe^{-\frac{t}{T}}$$
$$= TK\left(\left(\frac{t}{T} - 1\right) + e^{-\frac{t}{T}}\right)$$

解を図 5.14 示す．たとえば，0 V から時間に比例して入力電圧が上昇したときの RC 回路のコンデンサ充電電圧はこのように変化する．あるいは 0 V から時間に比例して入力電圧が上昇したときのモータの回転速度もこのように変化する．

(4) $T\dot{y}(t) + y(t) = K\sin pt$

ラプラス変換する．

$$(Ts+1)\,Y(s) = K\frac{p}{s^2+p^2}$$
$$Y(s) = \frac{Kp}{(s^2+p^2)\,(Ts+1)}$$

部分分数分解のために次式のようにおく．

$$\frac{Kp}{(s^2+p^2)\,(Ts+1)} = \frac{As+B}{s^2+p^2} + \frac{C}{Ts+1}$$

分母を払って

$$Kp = (TA{+}C)s^2{+}(TB{+}A)s{+}B{+}p^2C$$

恒等式の性質により

$$\begin{cases} TA + C &= 0 \\ TB + A &= 0 \\ B + p^2C &= Kp \end{cases}$$

これを解いて $A = -\dfrac{KTp}{T^2p^2+1}$，$B = \dfrac{Kp}{T^2p^2+1}$，

$C = \dfrac{KT^2p}{T^2p^2+1}$ を得る．

$$Y(s) = \frac{As+B}{s^2+p^2} + \frac{C}{Ts+1}$$

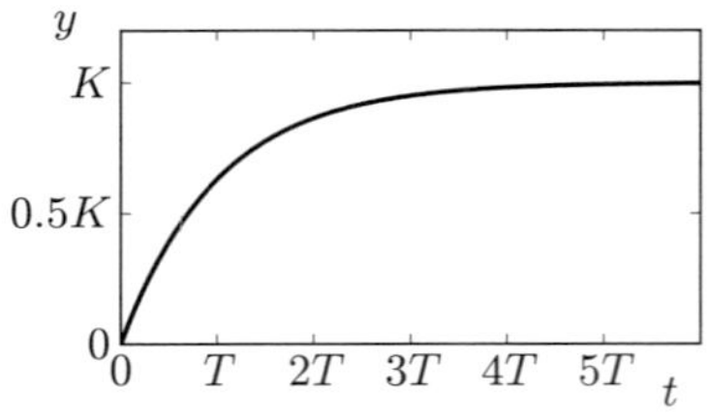

図 **5.12**　解 2(1) のグラフ

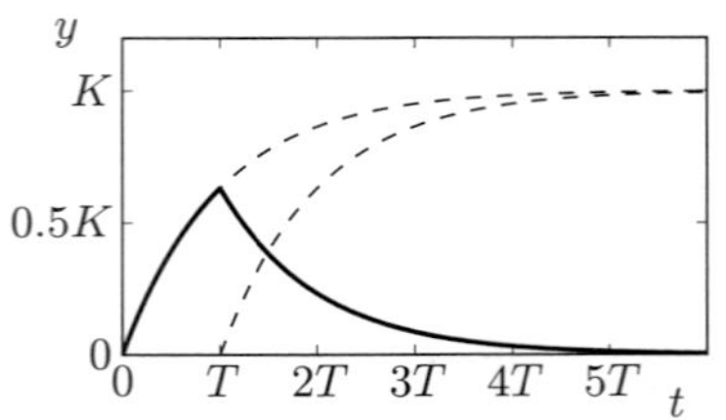

図 **5.13**　解 2(2) のグラフ

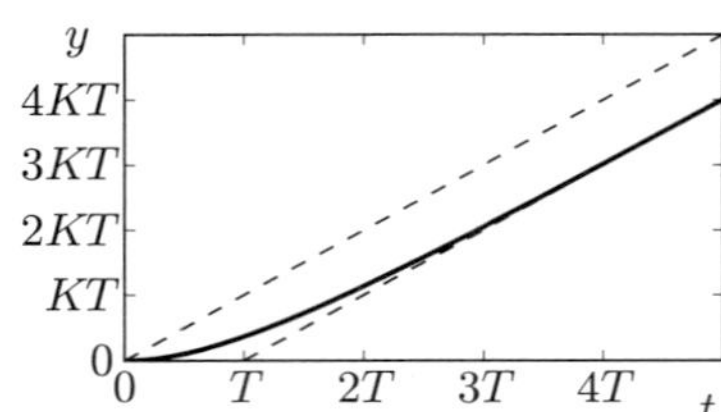

図 **5.14**　解 2(3) のグラフ

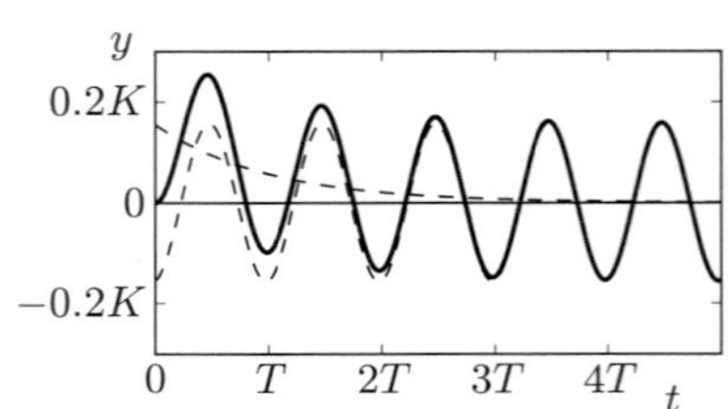

図 **5.15**　解 2(4) のグラフ

$$= -\frac{KTp}{T^2p^2+1}\frac{s}{s^2+p^2} + \frac{K}{T^2p^2+1}\frac{p}{s^2+p^2} + \frac{KT^2p}{T^2p^2+1}\frac{1}{Ts+1}$$

$$= -\frac{KTp}{T^2p^2+1}\frac{s}{s^2+p^2} + \frac{K}{T^2p^2+1}\frac{p}{s^2+p^2} + \frac{KTp}{T^2p^2+1}\frac{1}{s+\frac{1}{T}}$$

逆ラプラス変換する．

$$y(t) = -\frac{KTp}{T^2p^2+1}\cos pt + \frac{K}{T^2p^2+1}\sin pt + \frac{KTp}{T^2p^2+1}e^{-\frac{t}{T}}$$

$$y(t) = K\left\{\frac{1}{T^2p^2+1}(\sin pt - Tp\cos pt) + \frac{Tp}{T^2p^2+1}e^{-\frac{t}{T}}\right\}$$

ここで

$$y(t) = y_S(t) + y_T(t)$$

$$y_S(t) = \frac{K}{T^2p^2+1}(\sin pt - Tp\cos pt)$$

$$y_T(t) = \frac{KTp}{T^2p^2+1}e^{-\frac{t}{T}}$$

のように分解すると，$y_S(t)$ は一定の振幅をもつ周期解で，定常解と呼ばれる．また $y_T(t)$ は時間の経過と共に 0 に近づく解で過渡解と呼ばれる．図 5.15 は $p = \dfrac{2\pi}{T}$ としたときの定常解，過渡解とその合成を示している．

［解 3］

$$\varphi(t) = \begin{cases} 1 & (0 \le t < 1) \\ 0 & (1 \le t < 2) \end{cases}$$

この関数は 3.9 例題 3 − 1 において $a = 1$ とおいた関数である．これより

$$\varphi(t) = u(t) - u(t-1)$$

ただし $u(t)$ は単位ステップ関数

$$\Phi(s) = \frac{1}{s} - e^{-s}\frac{1}{s} = \left(1 - e^{-s}\right)\frac{1}{s}$$

周期 2 の関数 $f(t)$ のラプラス変換は次式となる．

$$F(s) = \Phi(s)\frac{1}{1-e^{-2s}} = \frac{1-e^{-s}}{1-e^{-2s}}\frac{1}{s}$$

よって $3\dot{y}(t) + y(t) = f(t)$ のラプラス変換は次式となる．

$$3sY(s) + Y(s) = \frac{1-e^{-s}}{1-e^{-2s}}\frac{1}{s}$$

$$Y(s) = \frac{1-e^{-s}}{1-e^{-2s}}\frac{1}{s(3s+1)}$$

$$= \frac{1-e^{-s}}{1-e^{-2s}}\left(\frac{1}{s} - \frac{3}{3s+1}\right)$$

$$= \frac{1}{1-e^{-2s}}\left(1-e^{-s}\right)\left(\frac{1}{s} - \frac{1}{s+\frac{1}{3}}\right)$$

ここで $\mathscr{L}(h_1(t)) = H_1(s) = \dfrac{1}{s} - \dfrac{1}{s+\frac{1}{3}}$ とおくと

$$h_1(t) = \mathscr{L}^{-1}\left(\frac{1}{s} - \frac{1}{s+\frac{1}{3}}\right) = 1 - e^{-\frac{t}{3}}$$

また $\mathscr{L}(h_2(t)) = H_2(s) = \left(1-e^{-s}\right)\left(\dfrac{1}{s} - \dfrac{1}{s+\frac{1}{3}}\right)$

$= \left(1-e^{-s}\right) H_1(s)$ とおくと

$$h_2(t) = \mathscr{L}^{-1}\left(\left(1-e^{-s}\right)H_1(s)\right)$$
$$= \mathscr{L}^{-1}\left(H_1(s) - e^{-s}H_1(s)\right)$$
$$= \mathscr{L}^{-1}\left(H_1(s)\right) - \mathscr{L}^{-1}\left(e^{-s}H_1(s)\right)$$
$$= \left(1-e^{-\frac{t}{3}}\right) - \left(1-e^{-\frac{t-1}{3}}\right)u(t-1)$$

$$y(t) = \mathscr{L}^{-1}\left(Y(s)\right) = \mathscr{L}^{-1}\left(H_2(s)\frac{1}{1-e^{-2s}}\right)$$

なので

$$y(t) = h_2(t) + h_2(t-2)u(t-2) + h_2(t-4)u(t-4) + h_2(t-6)u(t-6) + \cdots$$

となる．よって

$$y(t) = \left(1-e^{-\frac{t}{3}}\right) - \left(1-e^{-\frac{t-1}{3}}\right)u(t-1) + \left(1-e^{-\frac{t-2}{3}}\right)u(t-2) - \left(1-e^{-\frac{t-3}{3}}\right)u(t-3) + \left(1-e^{-\frac{t-4}{3}}\right)u(t-4) - \left(1-e^{-\frac{t-5}{3}}\right)u(t-5) + \cdots$$

（図 5.16）

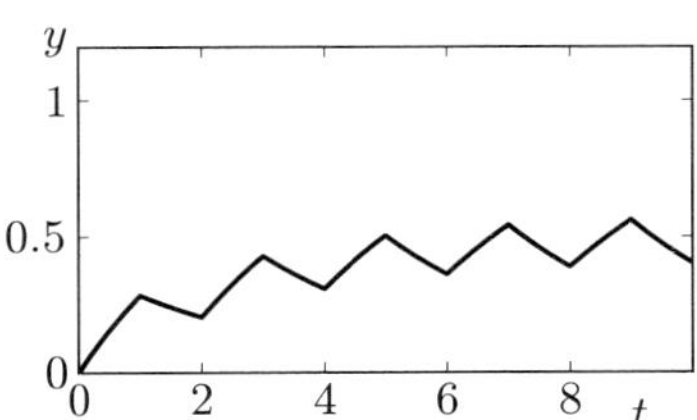

図 5.16　周期関数入力時の解

［解 4］

(1) $\ddot{y}(t) + y(t) = u(t)$

$$\xrightarrow{\mathscr{L}} s^2Y(s) + Y(s) = \frac{1}{s}$$

$\left(\xrightarrow{\mathscr{L}} \text{は両辺をラプラス変換することを表わす}\right)$

$$Y(s) = \frac{1}{s(s^2+1)} = \frac{1}{s} - \frac{s}{s^2+1}$$

$$\xrightarrow{\mathscr{L}^{-1}} y(t) = 1 - \cos t$$

$\left(\xrightarrow{\mathscr{L}^{-1}} \text{は両辺を逆ラプラス変換することを表わす}\right)$

（図 5.17）

(2) $\ddot{y}(t) + y(t) = t$

$$\xrightarrow{\mathscr{L}} s^2Y(s) + Y(s) = \frac{1}{s^2}$$

$$Y(s) = \frac{1}{s^2(s^2+1)}$$

部分分数分解のために次のようにおく．

$$\frac{1}{s^2(s^2+1)} = \frac{As+B}{s^2} + \frac{Cs+D}{s^2+1}$$

分母を払って

$$1 = (A+C)s^3 + (B+D)s^2 + As + B$$

恒等式の性質を使って

$$\begin{cases} A+C &= 0 \\ B+D &= 0 \\ A &= 0 \\ B &= 1 \end{cases}$$

よって

$$A=0,\ B=1,\ C=0,\ D=-1$$

$$Y(s) = \frac{As+B}{s^2} + \frac{Cs+D}{s^2+1} = \frac{1}{s^2} - \frac{1}{s^2+1}$$

$$\xrightarrow{\mathscr{L}^{-1}} y(t) = t - \sin t$$

（図 5.18）

(3) $\ddot{y}(t) + y(t) = \sin 2t$

$$\xrightarrow{\mathscr{L}} s^2Y(s) + Y(s) = \frac{2}{s^2+2^2}$$

$$Y(s) = \frac{2}{(s^2+1)(s^2+2^2)} = \frac{2}{3}\left(\frac{1}{s^2+1} - \frac{1}{s^2+2^2}\right)$$
$$= \frac{2}{3}\left(\frac{1}{s^2+1} - \frac{1}{2}\frac{2}{s^2+2^2}\right)$$

$$\xrightarrow{\mathscr{L}^{-1}} y(t) = \frac{2}{3}\left(\sin t - \frac{1}{2}\sin 2t\right) = \frac{2}{3}\sin t - \frac{1}{3}\sin 2t$$

（図 5.19）

(4) $\ddot{y}(t) + 4\dot{y}(t) + 2y(t) = 2u(t)$

$$\xrightarrow{\mathscr{L}} s^2Y(s) + 4sY(s) + 2Y(s) = \frac{2}{s}$$

$$Y(s) = \frac{2}{s(s^2+4s+2)} = \frac{1}{s} - \frac{s+4}{s^2+4s+2}$$
$$= \frac{1}{s} - \frac{s+4}{(s+2)^2-2} = \frac{1}{s} - \frac{(s+2)+\sqrt{2}\sqrt{2}}{(s+2)^2-\sqrt{2}^2}$$

$$Y(s) = \frac{1}{s} - \frac{s+2}{(s+2)^2-\sqrt{2}^2} - \sqrt{2}\frac{\sqrt{2}}{(s+2)^2-\sqrt{2}^2}$$

$$\xrightarrow{\mathscr{L}^{-1}} y(t) = 1 - e^{-2t}\cosh\sqrt{2}t - \sqrt{2}e^{-2t}\sinh\sqrt{2}t$$

（図 5.20）

(5) $\ddot{y}(t) + 4\dot{y}(t) + 2y(t) = 2t$

$$\xrightarrow{\mathscr{L}} s^2Y(s) + 4sY(s) + 2Y(s) = \frac{2}{s^2}$$

$$Y(s) = \frac{2}{s^2(s^2+4s+2)}$$

部分分数分解のために次のようにおく．

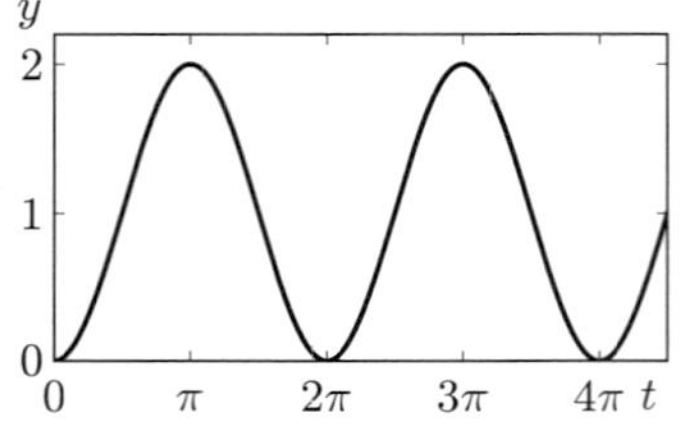

図 **5.17**　解 4(1) のグラフ

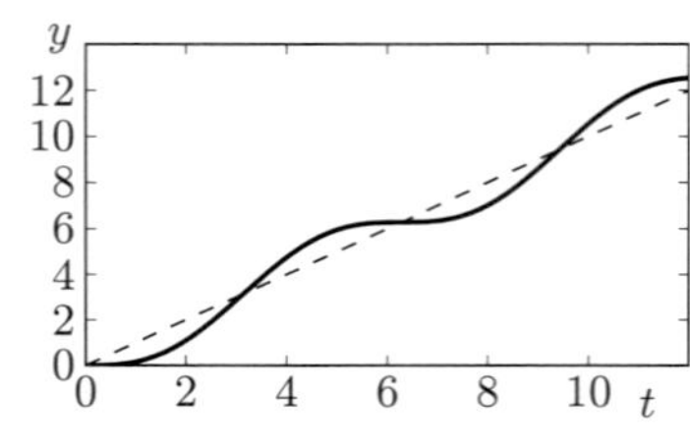

図 **5.18**　解 4(2) のグラフ

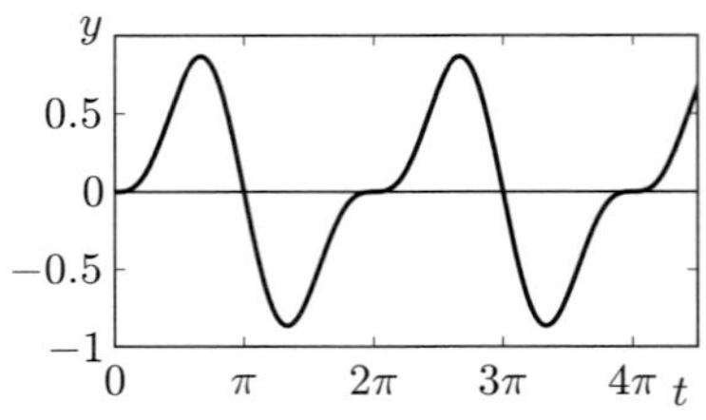

図 **5.19**　解 4(3) のグラフ

$$\frac{2}{s^2(s^2+4s+2)}=\frac{As+B}{s^2}+\frac{Cs+D}{s^2+4s+2}$$

分母を払って

$$2=(A+C)s^3+(4A+B+D)s^2+(2A+4B)s+2B$$

恒等式の性質を使って

$$\begin{cases} A+C &= 0 \\ 4A+B+D &= 0 \\ 2A+4B &= 0 \\ 2B &= 2 \end{cases}$$

よって

$$A=-2,\ B=1,\ C=2,\ D=7$$

$$\begin{aligned} Y(s) &= \frac{As+B}{s^2}+\frac{Cs+D}{s^2+4s+2} \\ &= \frac{-2s+1}{s^2}+\frac{2s+7}{s^2+4s+2} \\ &= -2\frac{1}{s}+\frac{1}{s^2}+\frac{2(s+2)+3}{(s+2)^2-2} \\ &= -2\frac{1}{s}+\frac{1}{s^2}+2\frac{s+2}{(s+2)^2-\sqrt{2}^2} \\ &\quad +\frac{3}{\sqrt{2}}\frac{\sqrt{2}}{(s+2)^2-\sqrt{2}^2} \end{aligned}$$

$$\xrightarrow{\mathscr{L}^{-1}} y(t)=-2+t+2e^{-2t}\cosh\sqrt{2}t + \frac{3\sqrt{2}}{2}e^{-2t}\sinh\sqrt{2}t$$

（図 5.21）

(6) $\ddot{y}(t)+4\dot{y}(t)+2y(t)=2\sin 2t$

$$\xrightarrow{\mathscr{L}} s^2Y(s)+4sY(s)+2Y(s)=2\frac{2}{s^2+2^2}$$

$$Y(s)=\frac{4}{(s^2+2^2)(s^2+4s+2)}$$

部分分数分解のために次のようにおく．

$$\frac{4}{(s^2+2^2)(s^2+4s+2)}=\frac{As+B}{s^2+2^2}+\frac{Cs+D}{s^2+4s+2}$$

分母を払って

$$\begin{aligned} 4 &= (A+C)s^3+(4A+B+D)s^2 \\ &\quad +(2A+4B+4C)s+2B+4D \end{aligned}$$

恒等式の性質を使って

$$\begin{cases} A+C &= 0 \\ 4A+B+D &= 0 \\ 2A+4B+4C &= 0 \\ 2B+4D &= 4 \end{cases}$$

よって

$$A=-\frac{4}{17},\ B=-\frac{2}{17},\ C=\frac{4}{17},\ D=\frac{18}{17}$$

$$\begin{aligned} Y(s) &= \frac{As+B}{s^2+2^2}+\frac{Cs+D}{s^2+4s+2} \\ &= -\frac{1}{17}\frac{4s+2}{s^2+2^2}+\frac{1}{17}\frac{4s+18}{s^2+4s+2} \\ &= -\frac{1}{17}\frac{4s+2}{s^2+2^2}+\frac{1}{17}\frac{4(s+2)+10}{(s+2)^2-\sqrt{2}^2} \\ &= -\frac{1}{17}\left(4\frac{s}{s^2+2^2}+\frac{2}{s^2+2^2}\right) \\ &\quad +\frac{1}{17}\left(4\frac{s+2}{(s+2)^2-\sqrt{2}^2}+\frac{10}{\sqrt{2}}\frac{\sqrt{2}}{(s+2)^2-\sqrt{2}^2}\right) \end{aligned}$$

$$\xrightarrow{\mathscr{L}^{-1}} y(t)=-\frac{1}{17}(4\cos 2t+\sin 2t) + \frac{1}{17}\left(4e^{-2t}\cosh\sqrt{2}t+5\sqrt{2}e^{-2t}\sinh\sqrt{2}t\right)$$

ここにおいても，時間の経過とともに 0 に収束する過渡解と定常解の和となっている．

過渡解 $y_T(t)=\dfrac{1}{17}\left(4e^{-2t}\cosh\sqrt{2}t +5\sqrt{2}e^{-2t}\sinh\sqrt{2}t\right)$

定常解 $y_S(t)=-\dfrac{1}{17}(4\cos 2t+\sin 2t)$

（図 5.22）

(7) $\ddot{y}(t)+4\dot{y}(t)+4y(t)=4u(t)$

$$\xrightarrow{\mathscr{L}} s^2Y(s)+4sY(s)+4Y(s)=\frac{4}{s}$$

$$\begin{aligned} Y(s) &= \frac{4}{s(s^2+4s+4)}=\frac{1}{s}-\frac{s+4}{s^2+4s+4} \\ &= \frac{1}{s}-\frac{(s+2)+2}{(s+2)^2}=\frac{1}{s}-\frac{1}{s+2}-2\frac{1}{(s+2)^2} \end{aligned}$$

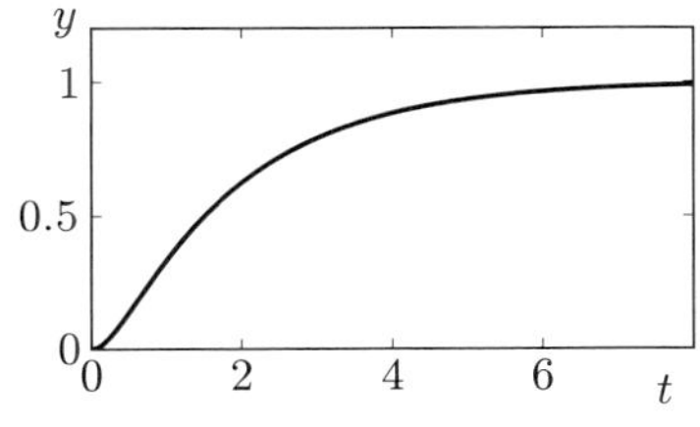

図 **5.20**　解 4(4) のグラフ

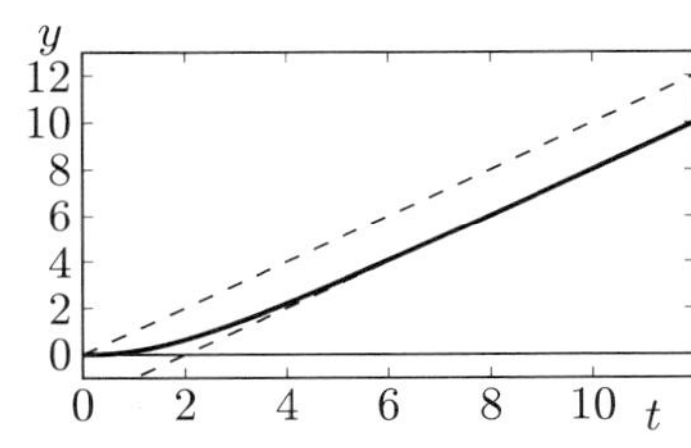

図 **5.21**　解 4(5) のグラフ

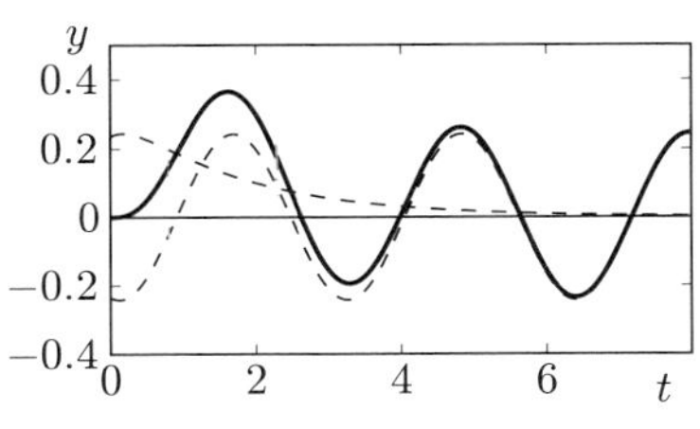

図 **5.22**　解 4(6) のグラフ

$\xrightarrow{\mathscr{L}^{-1}} y(t) = 1 - e^{-2t} - 2te^{-2t}$

（図 5.23）

(8) $\ddot{y}(t) + 4\dot{y}(t) + 4y(t) = 4t$

$\xrightarrow{\mathscr{L}} s^2Y(s) + 4sY(s) + 4Y(s) = \dfrac{4}{s^2}$

$Y(s) = \dfrac{4}{s^2(s^2+4s+4)} = \dfrac{4}{s^2(s+2)^2}$

部分分数分解のために次のようにおく．

$\dfrac{4}{s^2(s+2)^2} = \dfrac{As+B}{s^2} + \dfrac{C(s+2)+D}{(s+2)^2}$

分母を払って

$$4 = (A+C)s^3 + (4A+B+2C+D)s^2 + (4A+4B)s + 4B$$

恒等式の性質を使って

$$\begin{cases} A+C &= 0 \\ 4A+B+2C+D &= 0 \\ 4A+4B &= 0 \\ 4B &= 4 \end{cases}$$

よって

$A = -1,\ B = 1,\ C = 1,\ D = 1$

$$Y(s) = \frac{As+B}{s^2} + \frac{C(s+2)+D}{(s+2)^2} = -\frac{1}{s} + \frac{1}{s^2} + \frac{1}{s+2} + \frac{1}{(s+2)^2}$$

$\xrightarrow{\mathscr{L}^{-1}} y(t) = -1 + t + e^{-2t} + te^{-2t}$

（図 5.24）

(9) $\ddot{y}(t) + 4\dot{y}(t) + 4y(t) = 4\sin 2t$

$\xrightarrow{\mathscr{L}} s^2Y(s) + 4sY(s) + 4Y(s) = 4\dfrac{2}{s^2+2^2}$

$Y(s) = \dfrac{8}{(s^2+2^2)(s^2+4s+4)} = \dfrac{8}{(s^2+2^2)(s+2)^2}$

部分分数分解のために次のようにおく．

$\dfrac{8}{(s^2+2^2)(s+2)^2} = \dfrac{As+B}{s^2+2^2} + \dfrac{C(s+2)+D}{(s+2)^2}$

分母を払って

$$4 = (A+C)s^3 + (4A+B+2C+D)s^2 + (4A+4B+4C)s + 4B + 8C + 4D$$

恒等式の性質を使って

$$\begin{cases} A+C &= 0 \\ 4A+B+2C+D &= 0 \\ 4A+4B+4C &= 0 \\ 4B+8C+4D &= 8 \end{cases}$$

よって

$A = -\dfrac{1}{2},\ B = 0,\ C = \dfrac{1}{2},\ D = 1$

$$Y(s) = \frac{As+B}{s^2+2^2} + \frac{C(s+2)+D}{(s+2)^2} = -\frac{1}{2}\frac{s}{s^2+2^2} + \frac{1}{2}\frac{1}{s+2} + \frac{1}{(s+2)^2}$$

$\xrightarrow{\mathscr{L}^{-1}} y(t) = -\dfrac{1}{2}\cos 2t + \dfrac{1}{2}e^{-2t} + te^{-2t}$

ここにおいても，時間の経過とともに 0 に収束する過渡解と定常解の和となっている．

過渡解 $y_T(t) = \dfrac{1}{2}e^{-2t} + te^{-2t}$

定常解 $y_S(t) = -\dfrac{1}{2}\cos 2t$

（図 5.25）

(10) $\ddot{y}(t) + 4\dot{y}(t) + 29y(t) = 29u(t)$

$\xrightarrow{\mathscr{L}} s^2Y(s) + 4sY(s) + 29Y(s) = \dfrac{29}{s}$

$$Y(s) = \frac{29}{s(s^2+4s+29)} = \frac{1}{s} - \frac{s+4}{s^2+4s+29} = \frac{1}{s} - \frac{(s+2)+2}{(s+2)^2+5^2} = \frac{1}{s} - \frac{s+2}{(s+2)^2+5^2} - \frac{2}{5}\frac{5}{(s+2)^2+5^2}$$

$\xrightarrow{\mathscr{L}^{-1}} y(t) = 1 - e^{-2t}\cos 5t - \dfrac{2}{5}e^{-2t}\sin 5t$

グラフの概形を考えるためにさらに変形する．

$$y(t) = 1 - e^{-2t}\left(\cos 5t + \frac{2}{5}\sin 5t\right) = 1 - \frac{\sqrt{29}}{5}e^{-2t}\cos(5t - \phi)$$

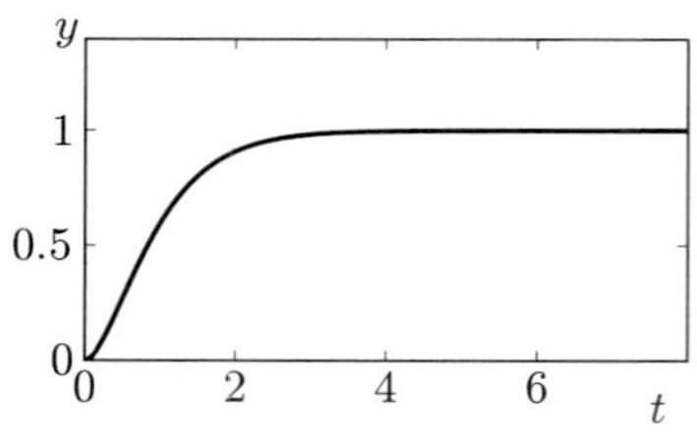

図 **5.23**　解 4(7) のグラフ

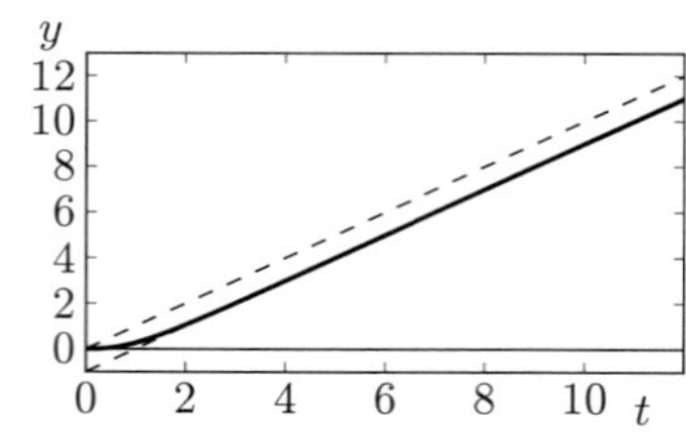

図 **5.24**　解 4(8) のグラフ

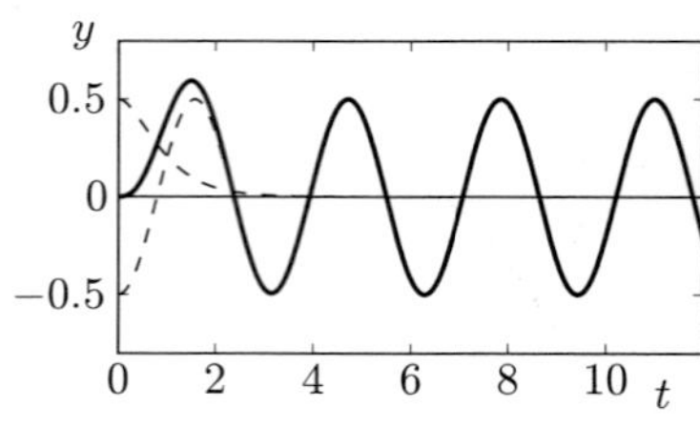

図 **5.25**　解 4(9) のグラフ

ただし，$\cos\phi = \dfrac{5}{\sqrt{29}}$，$\sin\phi = \dfrac{2}{\sqrt{29}}$

$y_1(t) = 1 \pm \dfrac{\sqrt{29}}{5}e^{-2t}$ は振幅を表わす曲線となる．

$y(t)$ の概形を考えるために t で微分してみる．

$$\dot{y}(t) = \mathscr{L}^{-1}\left(sY(s)\right) = \mathscr{L}^{-1}\left(\frac{29}{s^2+4s+29}\right)$$
$$= \mathscr{L}^{-1}\left(\frac{29}{5}\frac{5}{(s+2)^2+5^2}\right) = \frac{29}{5}e^{-2t}\sin 5t$$

e^{-2t} は 0 にならないので，$\sin 5t = 0$ のところで $y(t)$ は極大極小となる．

すなわち $t = 0,\ \dfrac{\pi}{5},\ \dfrac{2\pi}{5},\ \dfrac{3\pi}{5}, \cdots$ で $y(t)$ は極大極小となる．

（図 5.26）

(11) $\ddot{y}(t) + 4\dot{y}(t) + 29y(t) = 29t$

$$\xrightarrow{\mathscr{L}} s^2Y(s) + 4sY(s) + 29Y(s) = \frac{29}{s^2}$$

$$Y(s) = \frac{29}{s^2\left(s^2+4s+29\right)}$$

部分分数分解のために次のようにおく．

$$\frac{29}{s^2\left(s^2+4s+29\right)} = \frac{As+B}{s^2} + \frac{Cs+D}{s^2+4s+29}$$

分母を払って

$$29 = (A+C)s^3 + (4A+B+D)s^2 + (29A+4B)s + 29B$$

恒等式の性質を使って

$$\begin{cases} A+C &= 0 \\ 4A+B+D &= 0 \\ 29A+4B &= 0 \\ 29B &= 29 \end{cases}$$

よって

$$A = -\frac{4}{29},\ B = 1,\ C = \frac{4}{29},\ D = -\frac{13}{29}$$

$$Y(s) = \frac{As+B}{s^2} + \frac{Cs+D}{s^2+4s+29}$$
$$= -\frac{4}{29}\frac{1}{s} + \frac{1}{s^2} + \frac{1}{29}\frac{4s-13}{s^2+4s+29}$$
$$= -\frac{4}{29}\frac{1}{s} + \frac{1}{s^2} + \frac{1}{29}\frac{4(s+2)-21}{(s+2)^2+5^2}$$
$$= -\frac{4}{29}\frac{1}{s} + \frac{1}{s^2} + \frac{4}{29}\frac{s+2}{(s+2)^2+5^2} - \frac{21}{29\times 5}\frac{5}{(s+2)^2+5^2}$$
$$= -\frac{4}{29}\frac{1}{s} + \frac{1}{s^2} + \frac{4}{29}\frac{s+2}{(s+2)^2+5^2} - \frac{21}{145}\frac{5}{(s+2)^2+5^2}$$

$$\xrightarrow{\mathscr{L}^{-1}} y(t) = -\frac{4}{29} + t + \frac{4}{29}e^{-2t}\cos 5t - \frac{21}{145}e^{-2t}\sin 5t$$

ここにおいても，時間の経過とともに 0 に収束する過渡解と定常解の和となっている．

過渡解 $y_T(t) = \dfrac{4}{29}e^{-2t}\cos 5t - \dfrac{21}{145}e^{-2t}\sin 5t$

定常解 $y_S(t) = t - \dfrac{4}{29}$

（図 5.27）

(12) $\ddot{y}(t) + 4\dot{y}(t) + 29y(t) = 29\sin 2t$

$$\xrightarrow{\mathscr{L}} s^2Y(s) + 4sY(s) + 29Y(s) = 29\frac{2}{s^2+2^2}$$

$$Y(s) = \frac{58}{\left(s^2+2^2\right)\left(s^2+4s+29\right)}$$

部分分数分解のために次のようにおく．

$$\frac{58}{\left(s^2+2^2\right)\left(s^2+4s+29\right)} = \frac{As+B}{s^2+2^2} + \frac{Cs+D}{s^2+4s+29}$$

分母を払って

$$58 = (A+C)s^3 + (4A+B+D)s^2 + (29A+4B+4C)s + 29B + 4D$$

恒等式の性質を使って

$$\begin{cases} A+C &= 0 \\ 4A+B+D &= 0 \\ 29A+4B+4C &= 0 \\ 29B+4D &= 58 \end{cases}$$

よって

$$A = -\frac{232}{689},\ B = \frac{1450}{689},\ C = \frac{232}{689},\ D = -\frac{522}{689}$$

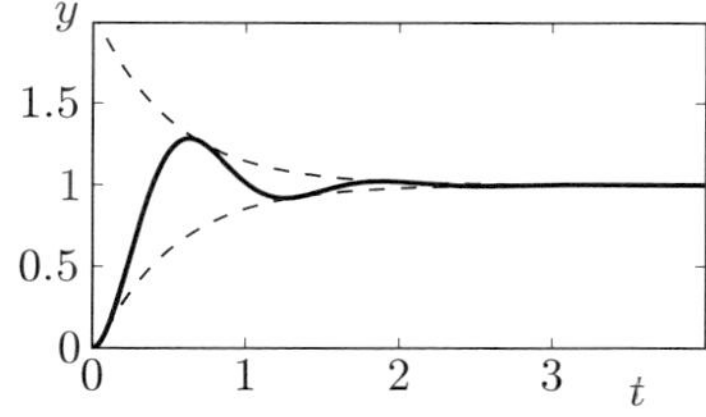

図 5.26　解 4(10) のグラフ

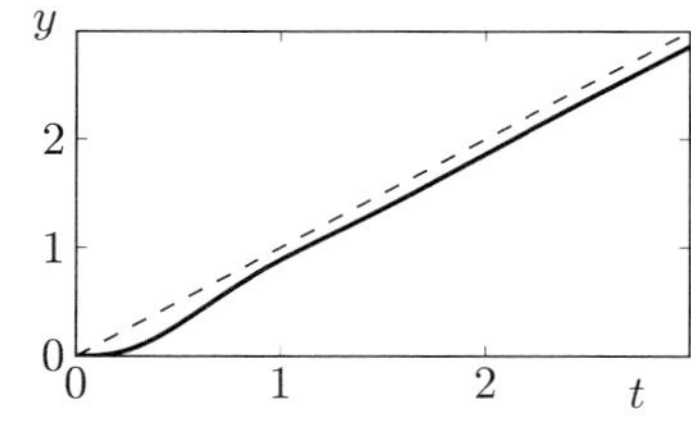

図 5.27　解 4(11) のグラフ

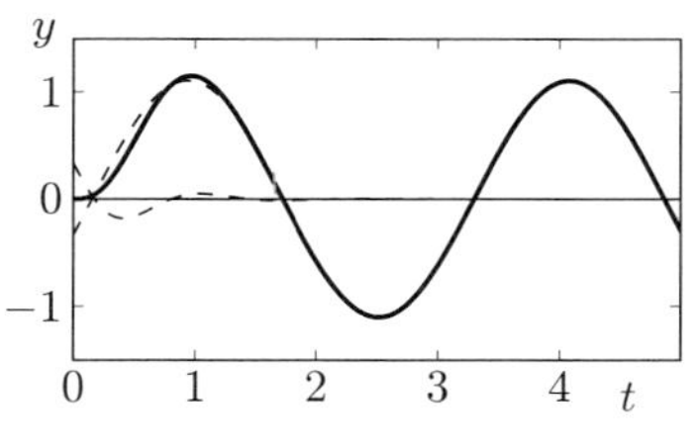

図 5.28　解 4(12) のグラフ

$$
\begin{aligned}
Y(s) &= \frac{As+B}{s^2+2^2}+\frac{Cs+D}{s^2+4s+29}\\
&= -\frac{232}{689}\frac{s}{s^2+2^2}+\frac{1450}{689}\frac{1}{s^2+2^2}\\
&\quad +\frac{1}{689}\frac{232s-522}{s^2+4s+29}\\
&= -\frac{232}{689}\frac{s}{s^2+2^2}+\frac{725}{689}\frac{2}{s^2+2^2}\\
&\quad +\frac{1}{689}\frac{232(s+2)-986}{(s+2)^2+5^2}\\
&= -\frac{232}{689}\frac{s}{s^2+2^2}+\frac{725}{689}\frac{2}{s^2+2^2}\\
&\quad +\frac{232}{689}\frac{s+2}{(s+2)^2+5^2}-\frac{986}{689\cdot 5}\frac{5}{(s+2)^2+5^2}\\
&= -\frac{232}{689}\frac{s}{s^2+2^2}+\frac{725}{689}\frac{2}{s^2+2^2}\\
&\quad +\frac{232}{689}\frac{s+2}{(s+2)^2+5^2}-\frac{986}{3445}\frac{5}{(s+2)^2+5^2}
\end{aligned}
$$

$$
\xrightarrow{\mathscr{L}^{-1}} y(t) = -\frac{232}{689}\cos 2t+\frac{725}{689}\sin 2t + \frac{232}{689}e^{-2t}\cos 5t-\frac{986}{3445}e^{-2t}\sin 5t
$$

ここにおいても，時間の経過とともに 0 に収束する過渡解と定常解の和となっている．

過渡解 $y_T(t) = \dfrac{232}{689}e^{-2t}\cos 5t - \dfrac{986}{3445}e^{-2t}\sin 5t$

定常解 $y_S(t) = -\dfrac{232}{689}\cos 2t + \dfrac{725}{689}\sin 2t$

（図 5.28）

［解 5］

$$\ddot{y}(t)+2\zeta\omega_n\dot{y}(t)+\omega_n^2 y(t) = K\omega_n^2 u(t)$$

ラプラス変換する．

$$s^2Y(s)+2\zeta\omega_n sY(s)+\omega_n^2Y(s) = \frac{K\omega_n^2}{s}$$

$$
\begin{aligned}
\frac{Y(s)}{K} &= \frac{\omega_n^2}{s\left(s^2+2\zeta\omega_n s+\omega_n^2\right)}\\
&= \frac{1}{s}-\frac{s+2\zeta\omega_n}{s^2+2\zeta\omega_n s+\omega_n^2}\\
&= \frac{1}{s}-\frac{s+2\zeta\omega_n}{(s+\zeta\omega_n)^2+(1-\zeta^2)\,\omega_n^2}
\end{aligned}
$$

ここで第 2 項の分母を平方完成するために $1-\zeta^2$ の値によって第 2 項の分母の変形の仕方を変える必要がある．

$$
\begin{matrix}\text{第 2 項}\\ \text{の分母}\end{matrix} = \begin{cases}
(s+\zeta\omega_n)^2+\left(\sqrt{1-\zeta^2}\omega_n\right)^2 & (\zeta<1)\\
(s+\omega_n)^2 & (\zeta=1)\\
(s+\zeta\omega_n)^2-\left(\sqrt{\zeta^2-1}\omega_n\right)^2 & (1<\zeta)
\end{cases}
$$

1) $\zeta<1$ のとき

$$
\begin{aligned}
\frac{Y(s)}{K} &= \frac{1}{s}-\frac{s+2\zeta\omega_n}{(s+\zeta\omega_n)^2+(1-\zeta^2)\,\omega_n^2}\\
&= \frac{1}{s}-\frac{(s+\zeta\omega_n)+\zeta\omega_n}{(s+\zeta\omega_n)^2+\left(\sqrt{1-\zeta^2}\omega_n\right)^2}
\end{aligned}
$$

$$
\frac{Y(s)}{K} = \frac{1}{s}-\frac{s+\zeta\omega_n}{(s+\zeta\omega_n)^2+\left(\sqrt{1-\zeta^2}\omega_n\right)^2}
- \frac{\zeta}{\sqrt{1-\zeta^2}}\frac{\sqrt{1-\zeta^2}\omega_n}{(s+\zeta\omega_n)^2+\left(\sqrt{1-\zeta^2}\omega_n\right)^2}
$$

逆ラプラス変換する

$$
\frac{y(t)}{K} = 1-\left(e^{-\zeta\omega_n t}\cos\sqrt{1-\zeta^2}\omega_n t + \frac{\zeta}{\sqrt{1-\zeta^2}}e^{-\zeta\omega_n t}\sin\sqrt{1-\zeta^2}\omega_n t\right)
$$

$$
y(t) = K\left(1-\frac{e^{-\zeta\omega_n t}}{\sqrt{1-\zeta^2}}\left(\sqrt{1-\zeta^2}\cos\sqrt{1-\zeta^2}\omega_n t + \zeta\sin\sqrt{1-\zeta^2}\omega_n t\right)\right)
$$

2) $\zeta=1$ のとき

$$
\begin{aligned}
\frac{Y(s)}{K} &= \frac{1}{s}-\frac{s+2\omega_n}{(s+\omega_n)^2} = \frac{1}{s}-\frac{(s+\omega_n)+\omega_n}{(s+\omega_n)^2}\\
&= \frac{1}{s}-\frac{1}{s+\omega_n}-\frac{\omega_n}{(s+\omega_n)^2}
\end{aligned}
$$

逆ラプラス変換する

$$\frac{y(t)}{K} = 1-e^{-\omega_n t}-\omega_n te^{-\omega_n t}$$

$$y(t) = K\left(1-e^{-\omega_n t}-\omega_n te^{-\omega_n t}\right)$$

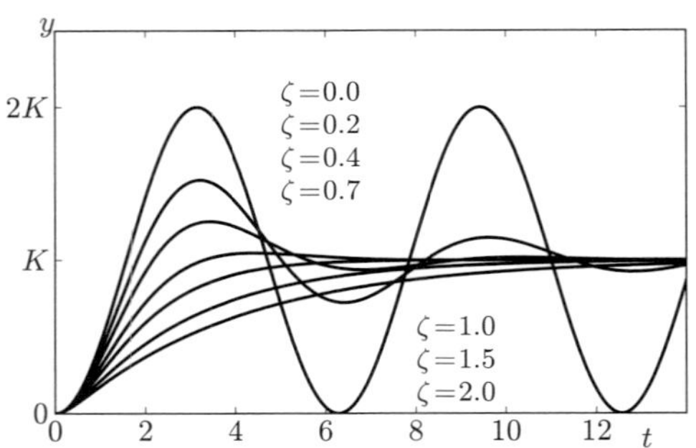

図 5.29　ζ による単位ステップ応答の変化

3) $1<\zeta$ のとき

$$\frac{Y(s)}{K}=\frac{1}{s}-\frac{s+2\zeta\omega_n}{(s+\zeta\omega_n)^2-(\zeta^2-1)\,\omega_n^2}$$
$$=\frac{1}{s}-\frac{(s+\zeta\omega_n)+\zeta\omega_n}{(s+\zeta\omega_n)^2-\left(\sqrt{\zeta^2-1}\omega_n\right)^2}$$

$$\frac{Y(s)}{K}=\frac{1}{s}-\frac{s+\zeta\omega_n}{(s+\zeta\omega_n)^2-\left(\sqrt{\zeta^2-1}\omega_n\right)^2}$$
$$-\frac{\zeta}{\sqrt{\zeta^2-1}}\frac{\sqrt{\zeta^2-1}\omega_n}{(s+\zeta\omega_n)^2-\left(\sqrt{\zeta^2-1}\omega_n\right)^2}$$

逆ラプラス変換する

$$\frac{y(t)}{K}=1-\left(e^{-\zeta\omega_n t}\cosh\sqrt{\zeta^2-1}\omega_n t\right.$$
$$\left.+\frac{\zeta}{\sqrt{\zeta^2-1}}e^{-\zeta\omega_n t}\sinh\sqrt{\zeta^2-1}\omega_n t\right)$$

$$y(t)=K\left(1-\frac{e^{-\zeta\omega_n t}}{\sqrt{\zeta^2-1}}\left(\sqrt{\zeta^2-1}\cosh\sqrt{\zeta^2-1}\omega_n t\right.\right.$$
$$\left.\left.+\ \zeta\sinh\sqrt{\zeta^2-1}\omega_n t\right)\right)$$

図 5.29 に $\omega_n=1$ とした場合の解を示す．ζ による解の違いがわかる．

［解 6］

$$\ddot{y}(t)+2\zeta\omega_n\dot{y}(t)+\omega_n^2 y(t)=K\omega_n^2 t$$

ラプラス変換する

$$s^2Y(s)+2\zeta\omega_n sY(s)+\omega_n^2Y(s)=\frac{K\omega_n^2}{s^2}$$

$$\frac{Y(s)}{K}=\frac{\omega_n^2}{s^2\left(s^2+2\zeta\omega_n s+\omega_n^2\right)}$$

部分分数分解のために次のようにおく．

$$\frac{\omega_n^2}{s^2\left(s^2+2\zeta\omega_n s+\omega_n^2\right)}=\frac{As+B}{s^2}+\frac{Cs+D}{s^2+2\zeta\omega_n s+\omega_n^2}$$

分母を払って

$$\omega_n^2=(A+C)s^3+(2\zeta\omega_n A+B+D)s^2$$
$$+\left(\omega_n^2A+2\zeta\omega_n B\right)s+\omega_n^2B$$

恒等式の性質を使って

$$\begin{cases}A+C&=0\\2\zeta\omega_nA+B+D&=0\\\omega_n^2A+2\zeta\omega_nB&=0\\\omega_n^2B&=\omega_n^2\end{cases}$$

となる．よって

$$A=-\frac{2\zeta}{\omega_n},\ B=1,\ C=\frac{2\zeta}{\omega_n},\ D=4\zeta^2-1$$

$$\frac{Y(s)}{K}=\frac{As+B}{s^2}+\frac{Cs+D}{s^2+2\zeta\omega_n s+\omega_n^2}$$
$$=-\frac{2\zeta}{\omega_n}\frac{1}{s}+\frac{1}{s^2}$$
$$+\frac{1}{\omega_n}\frac{2\zeta s+\omega_n\left(4\zeta^2-1\right)}{(s+\zeta\omega_n)^2+\left(1-\zeta^2\right)\omega_n^2}$$

ここで第 2 項の分母を平方完成するために $1-\zeta^2$ の値によって第 3 項の分母の変形の仕方を変える必要がある．

$$\begin{matrix}\text{第 2 項=}\\\text{の分母}\end{matrix}\begin{cases}(s+\zeta\omega_n)^2+\left(\sqrt{1-\zeta^2}\omega_n\right)^2 & (\zeta<1)\\(s+\omega_n)^2 & (\zeta=1)\\(s+\zeta\omega_n)^2-\left(\sqrt{\zeta^2-1}\omega_n\right)^2 & (1<\zeta)\end{cases}$$

1) $\zeta<1$ のとき

$$\frac{Y(s)}{K}=-\frac{2\zeta}{\omega_n}\frac{1}{s}+\frac{1}{s^2}$$
$$+\frac{1}{\omega_n}\frac{2\zeta\left(s+\zeta\omega_n\right)+\omega_n\left(2\zeta^2-1\right)}{(s+\zeta\omega_n)^2+\left(\sqrt{1-\zeta^2}\omega_n\right)^2}$$

$$\frac{Y(s)}{K}=-\frac{2\zeta}{\omega_n}\frac{1}{s}+\frac{1}{s^2}$$
$$+\frac{2\zeta}{\omega_n}\frac{s+\zeta\omega_n}{(s+\zeta\omega_n)^2+\left(\sqrt{1-\zeta^2}\omega_n\right)^2}$$
$$+\frac{2\zeta^2-1}{\sqrt{1-\zeta^2}\omega_n}\frac{\sqrt{1-\zeta^2}\omega_n}{(s+\zeta\omega_n)^2+\left(\sqrt{1-\zeta^2}\omega_n\right)^2}$$

逆ラプラス変換する

$$\frac{y(t)}{K}=-\frac{2\zeta}{\omega_n}+t+\frac{2\zeta}{\omega_n}e^{-\zeta\omega_n t}\cos\sqrt{1-\zeta^2}\omega_n t$$
$$+\frac{2\zeta^2-1}{\sqrt{1-\zeta^2}\omega_n}e^{-\zeta\omega_n t}\sin\sqrt{1-\zeta^2}\omega_n t$$

$$y(t)=K\left(-\frac{2\zeta}{\omega_n}+t+\frac{2\zeta}{\omega_n}e^{-\zeta\omega_n t}\cos\sqrt{1-\zeta^2}\omega_n t\right.$$
$$\left.+\frac{2\zeta^2-1}{\sqrt{1-\zeta^2}\omega_n}e^{-\zeta\omega_n t}\sin\sqrt{1-\zeta^2}\omega_n t\right)$$

2) $\zeta=1$ のとき

$$\frac{Y(s)}{K}=-\frac{2}{\omega_n}\frac{1}{s}+\frac{1}{s^2}+\frac{1}{\omega_n}\frac{2s+3\omega_n}{(s+\omega_n)^2}$$

$$= -\frac{2}{\omega_n}\frac{1}{s} + \frac{1}{s^2} + \frac{1}{\omega_n}\frac{2(s+\omega_n)+\omega_n}{(s+\omega_n)^2}$$

$$\frac{Y(s)}{K} = -\frac{2}{\omega_n}\frac{1}{s} + \frac{1}{s^2} + \frac{2}{\omega_n}\frac{1}{s+\omega_n} + \frac{1}{(s+\omega_n)^2}$$

逆ラプラス変換する

$$\frac{y(t)}{K} = -\frac{2}{\omega_n} + t + \frac{2}{\omega_n}e^{-\omega_n t} + te^{-\omega_n t}$$

$$y(t) = K\left(-\frac{2}{\omega_n} + t + \frac{2}{\omega_n}e^{-\omega_n t} + te^{-\omega_n t}\right)$$

3) $1 < \zeta$ のとき

$$\frac{Y(s)}{K} = -\frac{2\zeta}{\omega_n}\frac{1}{s} + \frac{1}{s^2} + \frac{1}{\omega_n}\frac{2\zeta(s+\zeta\omega_n)+\omega_n(2\zeta^2-1)}{(s+\zeta\omega_n)^2 - \left(\sqrt{\zeta^2-1}\,\omega_n\right)^2}$$

$$\frac{Y(s)}{K} = -\frac{2\zeta}{\omega_n}\frac{1}{s} + \frac{1}{s^2} + \frac{2\zeta}{\omega_n}\frac{s+\zeta\omega_n}{(s+\zeta\omega_n)^2 - \left(\sqrt{\zeta^2-1}\,\omega_n\right)^2} + \frac{2\zeta^2-1}{\sqrt{\zeta^2-1}\,\omega_n}\frac{\sqrt{\zeta^2-1}\,\omega_n}{(s+\zeta\omega_n)^2 - \left(\sqrt{\zeta^2-1}\,\omega_n\right)^2}$$

逆ラプラス変換する

$$\frac{y(t)}{K} = -\frac{2\zeta}{\omega_n} + t + \frac{2\zeta}{\omega_n}e^{-\zeta\omega_n t}\cosh\sqrt{\zeta^2-1}\,\omega_n t + \frac{2\zeta^2-1}{\sqrt{\zeta^2-1}\,\omega_n}e^{-\zeta\omega_n t}\sinh\sqrt{\zeta^2-1}\,\omega_n t$$

$$y(t) = K\left(-\frac{2\zeta}{\omega_n} + t + \frac{2\zeta}{\omega_n}e^{-\zeta\omega_n t}\cosh\sqrt{\zeta^2-1}\,\omega_n t + \frac{2\zeta^2-1}{\sqrt{\zeta^2-1}\,\omega_n}e^{-\zeta\omega_n t}\sinh\sqrt{\zeta^2-1}\,\omega_n t\right)$$

図 5.30 に $\omega_n = 1$ とした場合の解を示す．ζ による解の違いがわかる．

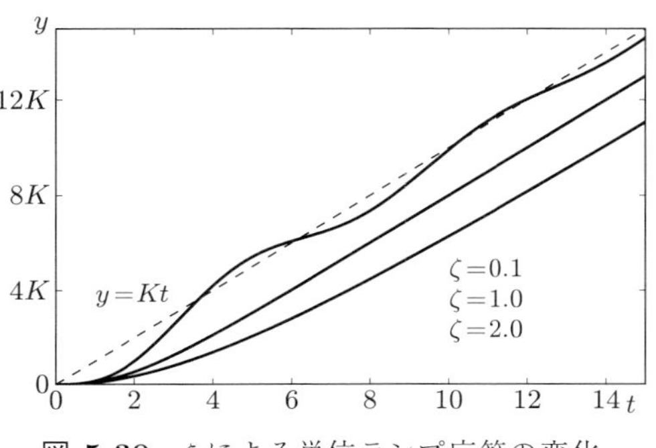

図 5.30　ζ による単位ランプ応答の変化

［解 7］

$$\ddot{y}(t) + 2\zeta\omega_n\dot{y}(t) + \omega_n^2 y(t) = K\omega_n^2\sin pt$$

ラプラス変換する

$$s^2Y(s) + 2\zeta\omega_n sY(s) + \omega_n^2 Y(s) = \frac{K\omega_n^2 p}{s^2+p^2}$$

$$\frac{Y(s)}{K} = \frac{\omega_n^2 p}{(s^2+p^2)(s^2+2\zeta\omega_n s+\omega_n^2)}$$

部分分数分解のために次のようにおく．

$$\frac{\omega_n^2 p}{(s^2+p^2)(s^2+2\zeta\omega_n s+\omega_n^2)} = \frac{As+B}{s^2+p^2} - \frac{Cs+D}{s^2+2\zeta\omega_n s+\omega_n^2}$$

分母を払って

$$\omega_n^2 p = (A+C)s^3 + (2\zeta\omega_n A + B + D)s^2 + (\omega_n^2 A + 2\zeta\omega_n B + p^2 C)s + \omega_n^2 B + p^2 D$$

恒等式の性質を使って

$$\begin{cases} A + C = 0 \\ 2\zeta\omega_n A + B + D = 0 \\ \omega_n^2 A + 2\zeta\omega_n B + p^2 C = 0 \\ \omega_n^2 B + p^2 D = \omega_n^2 p \end{cases}$$

となる．よって

$$A = -2\zeta\omega_n Q,\ B = \left(\omega_n^2 - p^2\right)Q,\ C = 2\zeta\omega_n Q,$$
$$D = \left(4\zeta^2\omega_n^2 + p^2 - \omega_n^2\right)Q$$

ただし $Q = \dfrac{\omega_n^2 p}{(\omega_n^2-p^2)^2 + 4\zeta^2\omega_n^2 p^2}$

$$\frac{Y(s)}{K} = \frac{As+B}{s^2+p^2} + \frac{Cs+D}{s^2+2\zeta\omega_n s+\omega_n^2}$$

$$\frac{Y(s)}{KQ} = \frac{-2\zeta\omega_n s + \left(\omega_n^2-p^2\right)}{s^2+p^2} + \frac{2\zeta\omega_n s + \left(4\zeta^2\omega_n^2 + p^2 - \omega_n^2\right)}{(s+\zeta\omega_n)^2 + (1-\zeta^2)\,\omega_n^2}$$

ここで第 2 項の分母を平方完成するために $1-\zeta^2$ の値によって第 2 項の分母の変形の仕方を変える必要がある．

$$\text{第 2 項の分母} = \begin{cases} (s+\zeta\omega_n)^2 + \left(\sqrt{1-\zeta^2}\,\omega_n\right)^2 & (\zeta < 1) \\ (s+\omega_n)^2 & (\zeta = 1) \\ (s+\zeta\omega_n)^2 - \left(\sqrt{\zeta^2-1}\,\omega_n\right)^2 & (1 < \zeta) \end{cases}$$

1) $\zeta < 1$ のとき

$$\frac{Y(s)}{KQ} = \frac{-2\zeta\omega_n s + \left(\omega_n^2-p^2\right)}{s^2+p^2} + \frac{2\zeta\omega_n s + \left(4\zeta^2\omega_n^2 + p^2 - \omega_n^2\right)}{(s+\zeta\omega_n)^2 + \left(\sqrt{1-\zeta^2}\,\omega_n\right)^2}$$

$$\frac{Y(s)}{KQ} = -2\zeta\omega_n\frac{s}{s^2+p^2} + \frac{\omega_n^2-p^2}{p}\frac{p}{s^2+p^2}$$

$$+\frac{2\zeta\omega_n(s+\zeta\omega_n)}{(s+\zeta\omega_n)^2+\left(\sqrt{1-\zeta^2}\omega_n\right)^2}$$
$$+\frac{2\zeta^2\omega_n^2+p^2-\omega_n^2}{\sqrt{1-\zeta^2}\omega_n}$$
$$\times\frac{\sqrt{1-\zeta^2}\omega_n}{(s+\zeta\omega_n)^2+\left(\sqrt{1-\zeta^2}\omega_n\right)^2}$$

逆ラプラス変換する

$$\frac{y(t)}{KQ}=-2\zeta\omega_n\cos pt+\frac{\omega_n^2-p^2}{p}\sin pt$$
$$+2\zeta\omega_n e^{-\zeta\omega_n t}\cos\sqrt{1-\zeta^2}\omega_n t$$
$$+\frac{2\zeta^2\omega_n^2+p^2-\omega_n^2}{\sqrt{1-\zeta^2}\omega_n}e^{-\zeta\omega_n t}\sin\sqrt{1-\zeta^2}\omega_n t$$

$$y_T(t)=KQ\left(2\zeta\omega_n e^{-\zeta\omega_n t}\cos\sqrt{1-\zeta^2}\omega_n t\right.$$
$$\left.+\frac{2\zeta^2\omega_n^2+p^2-\omega_n^2}{\sqrt{1-\zeta^2}\omega_n}e^{-\zeta\omega_n t}\sin\sqrt{1-\zeta^2}\omega_n t\right)$$
$$y_S(t)=KQ\left(-2\zeta\omega_n\cos pt+\frac{\omega_n^2-p^2}{p}\sin pt\right)$$
$$y(t)=y_T(t)+y_S(t)$$

2) $\zeta=1$ のとき

$Q=\dfrac{\omega_n^2 p}{(\omega_n^2+p^2)^2}$ となる．

$$\frac{Y(s)}{KQ}=\frac{-2\omega_n s+(\omega_n^2-p^2)}{s^2+p^2}+\frac{2\omega_n s+(3\omega_n^2+p^2)}{(s+\omega_n)^2}$$
$$\frac{Y(s)}{KQ}=\frac{-2\omega_n s+(\omega_n^2-p^2)}{s^2+p^2}$$
$$+\frac{2\omega_n(s+\omega_n)+(\omega_n^2+p^2)}{(s+\omega_n)^2}$$
$$\frac{Y(s)}{KQ}=-2\omega_n\frac{s}{s^2+p^2}+\frac{\omega_n^2-p^2}{p}\frac{p}{s^2+p^2}$$
$$+2\omega_n\frac{1}{s+\omega_n}+(\omega_n^2+p^2)\frac{1}{(s+\omega_n)^2}$$

逆ラプラス変換する

$$\frac{y(t)}{KQ}=-2\omega_n\cos pt+\frac{\omega_n^2-p^2}{p}\sin pt+2\omega_n e^{-\omega_n t}$$
$$+(\omega_n^2+p^2)te^{-\omega_n t}$$
$$y_T(t)=KQ\left(2\omega_n e^{-\omega_n t}+(\omega_n^2+p^2)te^{-\omega_n t}\right)$$
$$y_S(t)=KQ\left(-2\omega_n\cos pt+\frac{\omega_n^2-p^2}{p}\sin pt\right)$$
$$y(t)=y_T(t)+y_S(t)$$

3) $1<\zeta$ のとき

$$\frac{Y(s)}{KQ}=\frac{-2\zeta\omega_n s+(\omega_n^2-p^2)}{s^2+p^2}$$
$$+\frac{2\zeta\omega_n s+(4\zeta^2\omega_n^2+p^2-\omega_n^2)}{(s+\zeta\omega_n)^2-\left(\sqrt{\zeta^2-1}\omega_n\right)^2}$$
$$\frac{Y(s)}{KQ}=-2\zeta\omega_n\frac{s}{s^2+p^2}+\frac{\omega_n^2-p^2}{p}\frac{p}{s^2+p^2}$$
$$+\frac{2\zeta\omega_n(s+\zeta\omega_n)}{(s+\zeta\omega_n)^2-\left(\sqrt{\zeta^2-1}\omega_n\right)^2}$$
$$+\frac{2\zeta^2\omega_n^2+p^2-\omega_n^2}{\sqrt{\zeta^2-1}\omega_n}$$
$$\times\frac{\sqrt{\zeta^2-1}\omega_n}{(s+\zeta\omega_n)^2-\left(\sqrt{\zeta^2-1}\omega_n\right)^2}$$

逆ラプラス変換する

$$\frac{y(t)}{KQ}=-2\zeta\omega_n\cos pt+\frac{\omega_n^2-p^2}{p}\sin pt$$
$$+2\zeta\omega_n e^{-\zeta\omega_n t}\cosh\sqrt{\zeta^2-1}\omega_n t$$
$$+\frac{2\zeta^2\omega_n^2+p^2-\omega_n^2}{\sqrt{\zeta^2-1}\omega_n}e^{-\zeta\omega_n t}\sinh\sqrt{\zeta^2-1}\omega_n t$$
$$y_T(t)=KQ\left(2\zeta\omega_n e^{-\zeta\omega_n t}\cosh\sqrt{\zeta^2-1}\omega_n t\right.$$
$$\left.+\frac{2\zeta^2\omega_n^2+p^2-\omega_n^2}{\sqrt{\zeta^2-1}\omega_n}e^{-\zeta\omega_n t}\sinh\sqrt{\zeta^2-1}\omega_n t\right)$$
$$y_S(t)=KQ\left(-2\zeta\omega_n\cos pt+\frac{\omega_n^2-p^2}{p}\sin pt\right)$$
$$y(t)=y_T(t)+y_S(t)$$

図 5.31 は $\omega_n>p\,(\omega_n=1,\ p=0.5)$ としたとき，ζ の値による応答の違いを図に示す．破線は入力関数である $\sin pt$ である．位相が遅れてゆくのがわかる．

図 5.32 は $\omega_n<p\,(\omega_n=1,\ p=2)$ としたとき，ζ の値による応答の違いを図に示す．破線は入力関数である $\sin pt$ である．位相がほぼ反転しているのがわかる．

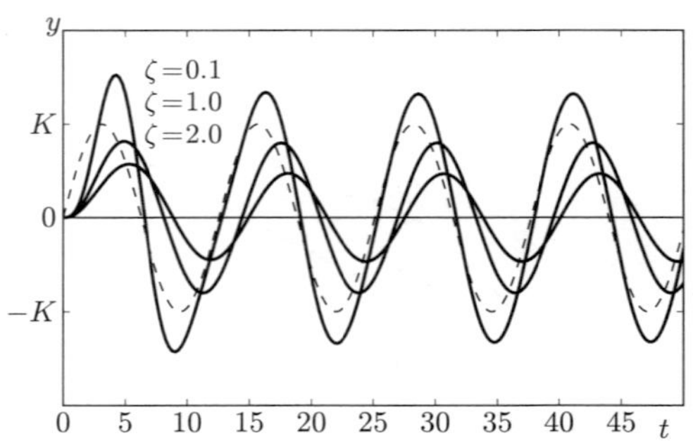

図 5.31　$\omega_n>p$ のとき，ζ による応答の変化

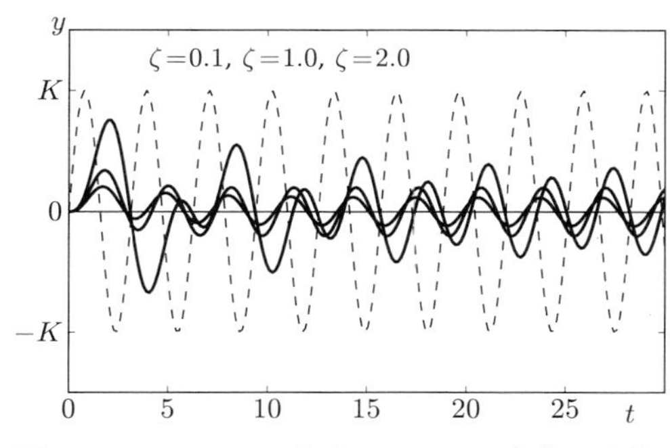

図 **5.32**　$\omega_n < p$ のとき，ζ による応答の変化

［解 8］

(1) $3\dot{y}(t) - y(t) = 0$

$$\xrightarrow{\mathscr{L}} 3\,(sY(s) - y(0)) - Y(s) = 0$$

$$3\,(sY(s) - 2) - Y(s) = 0$$

$$(3s-1)Y(s) = 6$$

$$Y(s) = \frac{6}{3s-1} = \frac{2}{s-\frac{1}{3}}$$

$$\xrightarrow{\mathscr{L}^{-1}} y(t) = 2e^{\frac{t}{3}}$$

(2) $3\dot{y}(t) + y(t) = u(t)$

$$\xrightarrow{\mathscr{L}} 3\,(sY(s) - y(0)) + Y(s) = \frac{1}{s}$$

$$3\,(sY(s) - 2) + Y(s) = \frac{1}{s}$$

$$(3s+1)Y(s) = 6 + \frac{1}{s}$$

$$Y(s) = \frac{6}{3s+1} + \frac{1}{s(3s+1)} = \frac{6}{3s+1} + \frac{1}{s} - \frac{3}{3s+1}$$

$$= \frac{1}{s} + \frac{3}{3s+1} = \frac{1}{s} + \frac{1}{s+\frac{1}{3}}$$

$$\xrightarrow{\mathscr{L}^{-1}} y(t) = 1 + e^{-\frac{t}{3}}$$

(3) $3\dot{y}(t) + y(t) = t$

$$\xrightarrow{\mathscr{L}} 3\,(sY(s) - y(0)) + Y(s) = \frac{1}{s^2}$$

$$3\,(sY(s) - 2) + Y(s) = \frac{1}{s^2}$$

$$(3s+1)Y(s) = 6 + \frac{1}{s^2}$$

$$Y(s) = \frac{6}{3s+1} + \frac{1}{s^2(3s+1)}$$

$$= \frac{6}{3s+1} - \frac{3}{s} + \frac{1}{s^2} + \frac{9}{3s+1}$$

$$= -\frac{3}{s} + \frac{1}{s^2} + \frac{15}{3s+1}$$

$$Y(s) = -\frac{3}{s} + \frac{1}{s^2} + \frac{5}{s+\frac{1}{3}}$$

$$\xrightarrow{\mathscr{L}^{-1}} y(t) = -3 + t + 5e^{-\frac{t}{3}}$$

(4) $3\dot{y}(t) + y(t) = \sin t$

$$\xrightarrow{\mathscr{L}} 3\,(sY(s) - y(0)) + Y(s) = \frac{1}{s^2+1}$$

$$3\,(sY(s) - 2) + Y(s) = \frac{1}{s^2+1}$$

$$(3s+1)Y(s) = 6 + \frac{1}{s^2+1}$$

$$Y(s) = \frac{6}{3s+1} + \frac{1}{(3s+1)(s^2+1)}$$

$$= \frac{6}{3s+1} - \frac{3}{10}\frac{s}{s^2+1} + \frac{1}{10}\frac{1}{s^2+1} + \frac{9}{10}\frac{1}{3s+1}$$

$$Y(s) = -\frac{3}{10}\frac{s}{s^2+1} + \frac{1}{10}\frac{1}{s^2+1} + \frac{69}{10}\frac{1}{3s+1}$$

$$= -\frac{3}{10}\frac{s}{s^2+1} + \frac{1}{10}\frac{1}{s^2+1} + \frac{23}{10}\frac{1}{s+\frac{1}{3}}$$

$$\xrightarrow{\mathscr{L}^{-1}} y(t) = -\frac{3}{10}\cos t + \frac{1}{10}\sin t + \frac{23}{10}e^{-\frac{t}{3}}$$

［解 9］

(1) $\ddot{y}(t) + 4\dot{y}(t) + 2y(t) = 2u(t)$

初期条件：$y(0) = \dot{y}(0) = 1$

$$\xrightarrow{\mathscr{L}} \left(s^2Y(s) - sy(0) - \dot{y}(0)\right) + 4\,(sY(s) - y(0)) + 2Y(s) = \frac{2}{s}$$

$$\left(s^2 + 4s + 2\right)Y(s) = \frac{2}{s} + s + 5$$

$$Y(s) = \frac{2}{s\,(s^2+4s+2)} + \frac{s+5}{s^2+4s+2}$$

$$Y(s) = \frac{1}{s} - \frac{s+4}{s^2+4s+2} + \frac{s+5}{s^2+4s+2}$$

$$= \frac{1}{s} + \frac{1}{s^2+4s+2}$$

$$= \frac{1}{s} + \frac{1}{(s+2)^2 - \sqrt{2}^2}$$

$$= \frac{1}{s} + \frac{1}{\sqrt{2}}\frac{\sqrt{2}}{(s+2)^2 - \sqrt{2}^2}$$

$$\xrightarrow{\mathscr{L}^{-1}} y(t) = 1 + \frac{\sqrt{2}}{2}e^{-2t}\sinh\sqrt{2}t$$

(2) $\ddot{y}(t) + 4\dot{y}(t) + 2y(t) = 2t$

初期条件：$y(0) = 1,\ \dot{y}(0) = 0$

$$\xrightarrow{\mathscr{L}} \left(s^2Y(s) - sy(0) - \dot{y}(0)\right) + 4\,(sY(s) - y(0)) + 2Y(s) = \frac{2}{s^2}$$

$$\left(s^2 + 4s + 2\right)Y(s) = \frac{2}{s^2} + s + 4$$

$$Y(s) = \frac{2}{s^2\,(s^2+4s+2)} + \frac{s+4}{s^2+4s+2}$$

$$Y(s)=\frac{-2s+1}{s^2}+\frac{2s+7}{s^2+4s+2}+\frac{s+4}{s^2+4s+2}$$
$$=-\frac{2}{s}+\frac{1}{s^2}+\frac{3s+11}{s^2+4s+2}$$
$$=-\frac{2}{s}+\frac{1}{s^2}+\frac{3(s+2)+5}{(s+2)^2-\sqrt{2}^2}$$
$$=-\frac{2}{s}+\frac{1}{s^2}+3\frac{s+2}{(s+2)^2-\sqrt{2}^2}$$
$$+\frac{5}{\sqrt{2}}\frac{\sqrt{2}}{(s+2)^2-\sqrt{2}^2}$$
$$\xrightarrow{\mathscr{L}^{-1}} y(t)=-2+t+3e^{-2t}\cosh\sqrt{2}t$$
$$+\frac{5}{\sqrt{2}}e^{-2t}\sinh\sqrt{2}t$$

(3) $\ddot{y}(t)+4\dot{y}(t)+4y(t)=4u(t)$

初期条件：$y(0)=\dot{y}(0)=1$

$$\xrightarrow{\mathscr{L}} \left(s^2Y(s)-sy(0)-\dot{y}(0)\right)$$
$$+4\left(sY(s)-y(0)\right)+4Y(s)=\frac{4}{s}$$
$$\left(s^2+4s+4\right)Y(s)=\frac{4}{s}+s+5$$
$$Y(s)=\frac{4}{s\left(s^2+4s+4\right)}+\frac{s+5}{s^2+4s+4}$$
$$Y(s)=\frac{1}{s}-\frac{s+4}{s^2+4s+4}+\frac{s+5}{s^2+4s+4}$$
$$=\frac{1}{s}+\frac{1}{s^2+4s+4}$$
$$=\frac{1}{s}+\frac{1}{(s+2)^2}$$
$$\xrightarrow{\mathscr{L}^{-1}} y(t)=1+te^{-2t}$$

(4) $\ddot{y}(t)+4\dot{y}(t)+4y(t)=4t$

初期条件：$y(0)=1,\ \dot{y}(0)=0$

$$\xrightarrow{\mathscr{L}} \left(s^2Y(s)-sy(0)-\dot{y}(0)\right)$$
$$+4\left(sY(s)-y(0)\right)+4Y(s)=\frac{4}{s^2}$$
$$\left(s^2+4s+4\right)Y(s)=\frac{4}{s^2}+s+4$$
$$Y(s)=\frac{4}{s^2\left(s^2+4s+4\right)}+\frac{s+4}{s^2+4s+4}$$
$$Y(s)=\frac{-s+1}{s^2}+\frac{s+3}{s^2+4s+4}+\frac{s+4}{s^2+4s+4}$$
$$=-\frac{1}{s}+\frac{1}{s^2}+\frac{2s+7}{s^2+4s+4}$$
$$=-\frac{1}{s}+\frac{1}{s^2}+\frac{2(s+2)+3}{(s+2)^2}$$
$$=-\frac{1}{s}+\frac{1}{s^2}+2\frac{1}{s+2}+3\frac{1}{(s+2)^2}$$
$$\xrightarrow{\mathscr{L}^{-1}} y(t)=-1+t+2e^{-2t}+3te^{-2t}$$

(5) $\ddot{y}(t)+4\dot{y}(t)+29y(t)=29u(t)$

初期条件：$y(0)=\dot{y}(0)=1$

$$\xrightarrow{\mathscr{L}} \left(s^2Y(s)-sy(0)-\dot{y}(0)\right)$$
$$+4\left(sY(s)-y(0)\right)+29Y(s)=\frac{29}{s}$$
$$\left(s^2+4s+29\right)Y(s)=\frac{29}{s}+s+5$$
$$Y(s)=\frac{29}{s\left(s^2+4s+29\right)}+\frac{s+5}{s^2+4s+29}$$
$$Y(s)=\frac{1}{s}-\frac{s+4}{s^2+4s+29}+\frac{s+5}{s^2+4s+29}$$
$$=\frac{1}{s}+\frac{1}{s^2+4s+29}$$
$$=\frac{1}{s}+\frac{1}{(s+2)^2+5^2}=\frac{1}{s}+\frac{1}{5}\frac{5}{(s+2)^2+5^2}$$
$$\xrightarrow{\mathscr{L}^{-1}} y(t)=1+\frac{1}{5}e^{-2t}\sin 5t$$

(6) $\ddot{y}(t)+4\dot{y}(t)+29y(t)=29t$

初期条件：$y(0)=1,\ \dot{y}(0)=0$

$$\xrightarrow{\mathscr{L}} \left(s^2Y(s)-sy(0)-\dot{y}(0)\right)$$
$$+4\left(sY(s)-y(0)\right)+29Y(s)=\frac{29}{s^2}$$
$$\left(s^2+4s+29\right)Y(s)=\frac{29}{s^2}+s+4$$
$$Y(s)=\frac{29}{s^2\left(s^2+4s+29\right)}+\frac{s+4}{s^2+4s+29}$$
$$Y(s)=\frac{-4s+29}{29s^2}+\frac{1}{29}\frac{4s-13}{s^2+4s+29}$$
$$+\frac{s+4}{s^2+4s+29}$$
$$=-\frac{4}{29s}+\frac{1}{s^2}+\frac{1}{29}\frac{33s+103}{(s+2)^2+5^2}$$
$$=-\frac{4}{29s}+\frac{1}{s^2}+\frac{1}{29}\frac{33(s+2)+37}{(s+2)^2+5^2}$$
$$=-\frac{4}{29}\frac{1}{s}+\frac{1}{s^2}+\frac{33}{29}\frac{s+2}{(s+2)^2+5^2}$$
$$+\frac{37}{29\times 5}\frac{5}{(s+2)^2+5^2}$$
$$\xrightarrow{\mathscr{L}^{-1}} y(t)=-\frac{4}{29}+t+\frac{33}{29}e^{-2t}\cos 5t$$
$$+\frac{37}{145}e^{-2t}\sin 5t$$

［解 10］

(1) $3\dot{y}(t)-y(t)=0$

$$\xrightarrow{\mathscr{L}} 3\left(sY(s)-y(0)\right)-Y(s)=0$$
$$(3s-1)\,Y(s)=3y(0)$$
$$Y(s)=\frac{3y(0)}{3s-1}=y(0)\frac{1}{s-\frac{1}{3}}$$
$$\xrightarrow{\mathscr{L}^{-1}} y(t)=y(0)e^{\frac{t}{3}}$$

$y(0)$ を任意定数 A にすると $y(t)=Ae^{\frac{t}{3}}$

(2) $\ddot{y}(t)+4\dot{y}(t)+2y(t)=0$

$$\xrightarrow{\mathscr{L}} \left(s^2Y(s)-sy(0)-\dot{y}(0)\right) + 4\left(sY(s)-y(0)\right)+2Y(s)=0$$

$$\left(s^2+4s+2\right)Y(s)=y(0)s+4y(0)+\dot{y}(0)$$

$$\begin{aligned} Y(s) &= \frac{y(0)s+4y(0)+\dot{y}(0)}{s^2+4s+2} \\ &= \frac{y(0)(s+2)+2y(0)+\dot{y}(0)}{(s+2)^2-\sqrt{2}^2} \\ &= y(0)\frac{s+2}{(s+2)^2-\sqrt{2}^2} \\ &\quad + \frac{2y(0)+\dot{y}(0)}{\sqrt{2}}\frac{\sqrt{2}}{(s+2)^2-\sqrt{2}^2} \end{aligned}$$

$$\xrightarrow{\mathscr{L}^{-1}} y(t)=y(0)e^{-2t}\cosh\sqrt{2}t + \frac{2y(0)+\dot{y}(0)}{\sqrt{2}}e^{-2t}\sinh\sqrt{2}t$$

定数部を任意定数に置き換える．

$y(t)=Ae^{-2t}\cosh\sqrt{2}t+Be^{-2t}\sinh\sqrt{2}t$

(3) $\ddot{y}(t)+4\dot{y}(t)+4y(t)=0$

$$\xrightarrow{\mathscr{L}} \left(s^2Y(s)-sy(0)-\dot{y}(0)\right)+4\left(sY(s)-y(0)\right) + 4Y(s)=0$$

$$\left(s^2+4s+4\right)Y(s)=y(0)s+4y(0)+\dot{y}(0)$$

$$\begin{aligned} Y(s) &= \frac{y(0)s+4y(0)+\dot{y}(0)}{s^2+4s+4} \\ &= \frac{y(0)(s+2)+2y(0)+\dot{y}(0)}{(s+2)^2} \\ &= y(0)\frac{1}{s+2}+\left(2y(0)+\dot{y}(0)\right)\frac{1}{(s+2)^2} \end{aligned}$$

$$\xrightarrow{\mathscr{L}^{-1}} y(t)=y(0)e^{-2t}+\left(2y(0)+\dot{y}(0)\right)te^{-2t}$$

定数部を任意定数に置き換える．

$y(t)=Ae^{-2t}+Bte^{-2t}$

(4) $\ddot{y}(t)+4\dot{y}(t)+29y(t)=0$

$$\xrightarrow{\mathscr{L}} \left(s^2Y(s)-sy(0)-\dot{y}(0)\right) + 4\left(sY(s)-y(0)\right)+29Y(s)=0$$

$$\left(s^2+4s+29\right)Y(s)=y(0)s+4y(0)+\dot{y}(0)$$

$$\begin{aligned} Y(s) &= \frac{y(0)s+4y(0)+\dot{y}(0)}{s^2+4s+29} \\ &= \frac{y(0)(s+2)+2y(0)+\dot{y}(0)}{(s+2)^2+5^2} \\ &= y(0)\frac{s+2}{(s+2)^2+5^2} \\ &\quad + \frac{2y(0)+\dot{y}(0)}{5}\frac{5}{(s+2)^2+5^2} \end{aligned}$$

$$\xrightarrow{\mathscr{L}^{-1}}$$

$$y(t)=y(0)e^{-2t}\cos 5t+\frac{2y(0)+\dot{y}(0)}{5}e^{-2t}\sin 5t$$

定数部を任意定数に置き換える．

$y(t)=Ae^{-2t}\cos 5t+Be^{-2t}\sin 5t$

［解 11］

(1) $\begin{cases} \dot{x}(t) &= -\omega_n^2 y(t)+\omega_n^2 \\ \dot{y}(t) &= x(t) \end{cases}$

$$\xrightarrow{\mathscr{L}} \begin{cases} sX(s) &= -\omega_n^2 Y(s)+\omega_n^2\frac{1}{s} \\ sY(s) &= X(s) \end{cases}$$

連立方程式として $X(s)$, $Y(s)$ について解く．

$$\begin{cases} X(s) &= \dfrac{\omega_n^2}{s^2+\omega_n^2} \\ Y(s) &= \dfrac{1}{s}-\dfrac{s}{s^2+\omega_n^2} \end{cases}$$

$$\xrightarrow{\mathscr{L}^{-1}} \begin{cases} x(t) &= \omega_n\sin\omega_n t \\ y(t) &= 1-\cos\omega_n t \end{cases}$$

(2) $\begin{cases} \dot{x}(t) &= -\omega_n x(t)-\omega_n^2 y(t)+\omega_n^2 \\ \dot{y}(t) &= x(t) \end{cases}$

$$\xrightarrow{\mathscr{L}} \begin{cases} sX(s) &= -\omega_n X(s)-\omega_n^2 Y(s)+\omega_n^2\frac{1}{s} \\ sY(s) &= X(s) \end{cases}$$

連立方程式として $X(s)$, $Y(s)$ について解く．

$$\begin{cases} X(s) &= \dfrac{\omega_n^2}{s^2+\omega_n s+\omega_n^2} \\ Y(s) &= \dfrac{1}{s}-\dfrac{s+\omega_n}{s^2+\omega_n s+\omega_n^2} \end{cases}$$

$$\begin{cases} X(s) &= \dfrac{2\omega_n}{\sqrt{3}}\dfrac{\frac{\sqrt{3}\omega_n}{2}}{\left(s+\frac{\omega_n}{2}\right)^2+\left(\frac{\sqrt{3}\omega_n}{2}\right)^2} \\ Y(s) &= \dfrac{1}{s}-\dfrac{s+\frac{\omega_n}{2}}{\left(s+\frac{\omega_n}{2}\right)^2+\left(\frac{\sqrt{3}\omega_n}{2}\right)^2} \\ &\quad -\dfrac{1}{\sqrt{3}}\dfrac{\frac{\sqrt{3}\omega_n}{2}}{\left(s+\frac{\omega_n}{2}\right)^2+\left(\frac{\sqrt{3}\omega_n}{2}\right)^2} \end{cases}$$

$$\xrightarrow{\mathscr{L}^{-1}} \begin{cases} x(t) &= \dfrac{2\omega_n}{\sqrt{3}}e^{-\frac{\omega_n}{2}t}\sin\dfrac{\sqrt{3}\omega_n}{2}t \\ y(t) &= 1-e^{-\frac{\omega_n}{2}t}\cos\dfrac{\sqrt{3}\omega_n}{2}t \\ &\quad -\dfrac{1}{\sqrt{3}}e^{-\frac{\omega_n}{2}t}\sin\dfrac{\sqrt{3}\omega_n}{2}t \end{cases}$$

(3) $\begin{cases} \dot{x}(t) &= -2\omega_n x(t)-\omega_n^2 y(t)+\omega_n^2 \\ \dot{y}(t) &= x(t) \end{cases}$

$$\xrightarrow{\mathscr{L}} \begin{cases} sX(s) &= -2\omega_n X(s)-\omega_n^2 Y(s)+\omega_n^2\frac{1}{s} \\ sY(s) &= X(s) \end{cases}$$

連立方程式として $X(s)$, $Y(s)$ について解く．

$$\begin{cases} X(s) &= \dfrac{\omega_n^2}{(s+\omega_n)^2} \\ Y(s) &= \dfrac{1}{s} - \dfrac{1}{s+\omega_n} - \dfrac{\omega_n}{(s+\omega_n)^2} \end{cases}$$

$$\xrightarrow{\mathscr{L}^{-1}} \begin{cases} x(t) &= \omega_n^2 t e^{-\omega_n t} \\ y(t) &= 1 - e^{-\omega_n t} - \omega_n t e^{-\omega_n t} \end{cases}$$

(4) $$\begin{cases} \dot{x}(t) &= -4\omega_n x(t) - \omega_n^2 y(t) + \omega_n^2 \\ \dot{y}(t) &= x(t) \end{cases}$$

$$\xrightarrow{\mathscr{L}} \begin{cases} sX(s) &= -4\omega_n X(s) - \omega_n^2 Y(s) + \omega_n^2 \dfrac{1}{s} \\ sY(s) &= X(s) \end{cases}$$

連立方程式として $X(s)$, $Y(s)$ について解く．

$$\begin{cases} X(s) &= \dfrac{\omega_n^2}{s^2+4\omega_n s+\omega_n^2} \\ Y(s) &= \dfrac{1}{s} - \dfrac{s+4\omega_n}{s^2+4\omega_n s+\omega_n^2} \end{cases}$$

$$\begin{cases} X(s) &= \dfrac{\sqrt{3}\omega_n}{3} \dfrac{\sqrt{3}\omega_n}{(s+2\omega_n)^2 - \left(\sqrt{3}\omega_n\right)^2} \\ Y(s) &= \dfrac{1}{s} - \dfrac{s+2\omega_n}{(s+2\omega_n)^2 - \left(\sqrt{3}\omega_n\right)^2} \\ &\quad - \dfrac{2\sqrt{3}}{3} \dfrac{\sqrt{3}\omega_n}{(s+2\omega_n)^2 - \left(\sqrt{3}\omega_n\right)^2} \end{cases}$$

$$\xrightarrow{\mathscr{L}^{-1}} \begin{cases} x(t) &= \dfrac{\sqrt{3}\omega_n}{3} e^{-2\omega_n t} \sinh \sqrt{3}\omega_n t \\ y(t) &= 1 - e^{-2\omega_n t} \cosh \sqrt{3}\omega_n t \\ &\quad - \dfrac{2\sqrt{3}}{3} e^{-2\omega_n t} \sinh \sqrt{3}\omega_n t \end{cases}$$

6 章　伝達関数と畳込み

[ねらい]

システムの伝達関数の概念を用いると，s 領域で表現したシステムの出力が s の関数である伝達関数と，s 領域で表現した入力関数の積の形で表わされることを学ぶ．

そうすると，t 領域で表現したシステムの出力を求めるために，2つの像関数の積の逆ラプラス変換を求めたくなる．そこで，この計算は t 領域では畳込みという演算になることを学ぶ．

また，システムに単位インパルス関数を入力したときの出力は単位インパルス応答（t 領域）と呼ばれるが，この単位インパルス応答が既知の場合，入力関数（t 領域）と単位インパルス応答（t 領域）の畳込みにより出力関数（t 領域）が得られることを学ぶ．

[この章の項目]

伝達関数
伝達関数の工学上の意味
畳込み
畳込みの線形システムでの利用

6.1　伝達関数

RC 回路（1 章演習 4(4)），RLC 回路（1 章演習 4(5)）として取り上げた例では，入力電圧を $x(t)$[V] とし，コンデンサ充電電圧 $y(t)$[V] を出力として扱った．またばね質量振動系（1 章演習 4(2)(3)）においても入力変位を $x(t)$[m] とし，質量の変位 $y(t)$[m] を出力として扱った．このように，1 つの入力が解析対象（対象システム）に加えられたとき，1 つの出力が現われるシステムは 1 入力 1 出力システムと呼ばれる．入力関数 $x(t)$ は時間の任意の関数であるが，これまで特別な例として $x(t) = au(t)$，$x(t) = at$，$x(t) = a\sin\omega t$ などを考えてきた．入力関数 $x(t)$ が定まれば，出力関数 $y(t)$ は解析対象システムの特性によって定まり，その関係は微分方程式で表わされていた．

システムの解析では，解析に都合がよいので，時刻 0 のときは何も動いていないという状態を想定する．そこで $x(t)$ を特定なものに定めずに，次の代表的な 2 つの微分方程式を再度検討してみよう．ただし $0 \leq t, 0 < T, \zeta, \omega_n, K$ であり，初期条件は $y(0) = \dot{y}(0) = 0$ とする．

(1) $T\dot{y}(t) + y(t) = Kx(t)$

(2) $\ddot{y}(t) + 2\zeta\omega_n\dot{y}(t) + \omega_n^2 y(t) = K\omega_n^2 x(t)$

両辺をラプラス変換して整理すると

(1) $Y(s) = \dfrac{K}{Ts+1}X(s)$

(2) $Y(s) = \dfrac{K\omega_n^2}{s^2 + 2\zeta\omega_n s + \omega_n^2}X(s)$

となり，$x(t)$ を特定な関数に定めなくても $Y(s)$ を表わすことができる．(1)(2) どちらの場合も，右辺は「s の関数」× $X(s)$ となっている．右辺の「s の関数」を $G(s)$ と表わすと，2 つの式は共通の形，すなわち

▶［伝達関数の単位］

一般に入力 $x(t)$ がシステムからの出力 $y(t)$ を生ずるとき，それぞれのラプラス変換が $X(s)$，$Y(s)$ であり，伝達関数が $G(s)$ で表わされることを考える．2.1 の「■ s，$F(s)$ の単位はどうなっているのか」で示したように，$X(s)$，$Y(s)$ の単位はそれぞれ $x(t)$，$y(t)$ の単位の分子に時間の単位 [s] がついたものであるため，伝達関数 $G(s) = \dfrac{Y(s)}{X(s)}$ の単位は $\dfrac{y(t)}{x(t)}$ と同じ単位となる．

たとえば，$x(t)$，$y(t)$ の単位がともに [V] であるとすると，$X(s)$，$Y(s)$ の単位はともに [Vs] であり，伝達関数 $G(s)$ は無次元量となる．

伝達関数

システムの入力関数，出力関数を $x(t), y(t)$ とし，そのラプラス変換を $X(s), Y(s)$ としたとき，$G(s)$ は伝達関数である

$$Y(s) = G(s)X(s) \tag{6.1}$$

$$G(s) = \frac{Y(s)}{X(s)} \tag{6.2}$$

と表わすことができる．$G(s)$ は伝達関数と呼ばれ，解析対象システムの性質を表わすものである． 2 つの例で $G(s)$ は次のように表わされる．

(1) $G(s) = \dfrac{K}{Ts+1}$

(2) $G(s) = \dfrac{K\omega_n^2}{s^2 + 2\zeta\omega_n s + \omega_n^2}$

微分方程式で表わされたシステムでは，s 領域において，出力関数が伝達関数と入力関数の積で表わされることになり，システムの記述が見通しのよいものになる．

たとえば，2 つのシステムの直列結合を考える．システム 1 の伝達関数を $G_1(s)$，入力と出力をそれぞれ $X(s), Z(s)$ とし，システム 2 の伝達関数を $G_2(s)$，入力と出力をそれぞれ $Z(s), Y(s)$ とすると，$Z(s) = G_1(s)X(s)$，$Y(s) = G_2(s)Z(s)$ と表わすことができる．システム 1 の出力をシステム 2 の入力につなげ，2 つのシステムが直列結合されると，$Y(s) = G_2(s)Z(s) = G_2(s)\left(G_1(s)X(s)\right) = G_2(s)G_1(s)X(s)$ となり，これを $Y(s) = G(s)X(s)$ のように 1 つの伝達関数とみなすと，合成伝達関数は $G(s) = G_2(s)G_1(s)$ となる．

例題 6 − 1

2 つのシステムが，次の式で表わされるとき，入力 $x(t)$，出力 $y(t)$ としたときの合成伝達関数を求めなさい．

(1) $T\dot{z}(t) + z(t) = K_1 x(t)$，(2) $\ddot{y}(t) + 2\zeta\omega_n\dot{y}(t) + \omega_n^2 y(t) = K_2 z(t)$

$$Z(s) = G_1(s)X(s),\quad G_1(s) = \frac{K_1}{Ts+1},\quad Y(s) = G_2(s)Z(s)$$

$$G_2(s) = \frac{K_2\omega_n^2}{s^2 + 2\zeta\omega_n s + \omega_n^2}$$

なので $Y(s) = G_2(s)G_1(s)X(s)$ となり，次式を得る．

$$G(s) = G_2(s)G_1(s) = \frac{K_2\omega_n^2}{s^2 + 2\zeta\omega_n s + \omega_n^2}\frac{K_1}{Ts+1}$$

6.2　伝達関数の工学上の意味

$Y(s) = G(s)X(s)$ を逆ラプラス変換すると

$$y(t) = \mathscr{L}^{-1}\left(G(s)X(s)\right) \tag{6.3}$$

となる．ここで，入力を単位インパルス関数とすると，$x(t) = \delta(t)$, $X(s) = 1$ なので，$y(t) = \mathscr{L}^{-1}\left(G(s)\right)$ である．$\mathscr{L}^{-1}\left(G(s)\right) = g(t)$ とするとき，$g(t)$ は単位インパルス関数入力のときの出力なので，単位インパルス応答と呼ばれている．この表現を用いると次のように言い表わすことができる．「伝達関数を逆ラプラス変換したものは，システムの単位インパルス応答に等しい．」 そうすると，式 (6.3) は次のように読み取ることができる．

出力関数と単位インパルス応答，入力関数の関係

一般入力 $x(t)$ が加えられたときのシステムの出力は，システムのインパルス応答 $g(t)$ のラプラス変換と入力 $x(t)$ のラプラス変換の積を，逆ラプラス変換したものになる．

ここで章末の演習 1 をやってみよう．

コラム：単位インパルス応答の単位

単位をもつ物理系のインパルス応答について考えてみよう．

たとえばあるシステムで，入力関数 $x(t)$，出力関数 $y(t)$ の単位がともに [V] であるとすると，$X(s)$，$Y(s)$ の単位はともに [Vs] であり，伝達関数 $G(s)$ は無次元量となる．（本コラム内ではこの単位をもつ量とする．）

$\delta(t)$ は単独では定義できない関数であり，その単位は $[\mathrm{s}^{-1}]$ であった．入力に単位インパルス関数を使うというのは，単位を考えると $x(t) = a\delta(t)$，$(a = 1\,\mathrm{Vs},\ x(t)\mathrm{:[V]})$ を使うということである．ラプラス変換すると，$X(s) = a \cdot 1$，$(a = 1\,\mathrm{Vs},\ X(s)\mathrm{:[Vs]})$ である．この時の出力は $y(t) = \mathscr{L}^{-1}(G(s)X(s)) = a\mathscr{L}^{-1}(G(s))$ であり，$\mathscr{L}^{-1}(G(s))$ は単位 [1/s] をもつので $y(t)$ の単位は [V] となってつじつまが合っている．

また単位インパルス応答 $g(t) = \mathscr{L}^{-1}(G(s))$ を定義しているので，単位インパルス応答 $g(t)$ は単位 $[\mathrm{s}^{-1}]$ をもつことになる．

6.3　線形システム，時不変システム

▶［線形システムの別な表現］
線形システムに関しては，入力が $x_1(t)$ のときの出力を $y_1(t)$ とし，入力が $x_2(t)$ のときの出力を $y_2(t)$ としたとき，

(1) 入力が $x(t) = kx_1(t)$ のときの出力は $y(t) = ky_1(t)$

(2) 入力が $x(t) = x_1(t) + x_2(t)$ のときの出力は $y(t) = y_1(t) + y_2(t)$ となる．

と表現してもよい．

これまでに扱ってきたシステムでは，入力が $x_1(t)$ のときの出力を $y_1(t)$ とし，入力が $x_2(t)$ のときの出力を $y_2(t)$ としたとき，a, b を定数として入力が $x(t) = ax_1(t) + bx_2(t)$ のときの出力は $y(t) = ay_1(t) + by_2(t)$ になる．このような入出力の関係は線形であり，このようなシステムは線形システムと呼ばれる．

また入力が $x(t) = x_1(t-\tau)$ のときの出力が $y(t) = y_1(t-\tau)$ になる線形システムは，システムの特性が時間の変化とともに変化しないので線形時不変システムと呼ばれる．これまで扱ってきた線形システムは時不変システムである．

ここで章末の演習 2 をやってみよう．

6.4　畳込み

■　畳込みの定義

式（6.3）では，s で表わされた伝達関数と s で表わされた入力関数の積の逆ラプラス変換で t 領域の出力関数が求められた．t 領域の計算だけで出力関数を求めることはできないだろうか．畳込みの概念を用いるとそれが可能になる．畳込みの定義を次に示す．$\displaystyle\int_0^t f(\tau)g(t-\tau)\,d\tau$ を $f(t)$ と $g(t)$ の畳込みあるいは合成積と呼び，次式 (6.4) で表わす．

▶［畳込みの記号「$*$」］
畳込みに使われている記号「$*$」は掛け算の記号ではない．2つの関数の畳込みの積分を表わわしている．定義として受け入れよう．

▶［畳込み］
畳込み $f(t)*g(t)$ は定義の積分で分かるように t の関数である．

畳込みの定義

$$f(t)*g(t) = (f*g)(t) = \int_0^t f(\tau)g(t-\tau)\,d\tau \tag{6.4}$$

例題 6－2

$\sin t * \cos t$ を求めなさい．

$$
\begin{aligned}
\sin t * \cos t &= \int_0^t \sin\tau\cos(t-\tau)\,d\tau = \frac{1}{2}\int_0^t (\sin t + \sin(2\tau - t))\,d\tau \\
&= \frac{1}{2}\left[\tau\sin t - \frac{1}{2}\cos(2\tau - t)\right]_0^t = \frac{1}{2}\left(t\sin t - \frac{1}{2}\cos t + \frac{1}{2}\cos t\right) \\
&= \frac{1}{2}t\sin t
\end{aligned}
$$

■ 畳込みの性質

畳込み演算で交換側，分配則が成り立つことを確かめてみよう．

畳込みの交換則

$$f(t) * g(t) = g(t) * f(t) \tag{6.5}$$

証明してみよう．

$\int_0^t f(\tau)g(t-\tau)\,d\tau$ において $t-\tau=u$ とおくと，$\tau = t-u$，$d\tau = -du$ なので，積分範囲を考えながら計算する．

$$
\begin{aligned}
f(t) * g(t) &= \int_0^t f(\tau)g(t-\tau)\,d\tau = -\int_t^0 f(t-u)g(u)\,du = \int_0^t f(t-u)g(u)\,du
\end{aligned}
$$

（説明のために，変数名 u を τ に変更すると）

$$= \int_0^t f(t-\tau)g(\tau)\,d\tau = \int_0^t g(\tau)f(t-\tau)\,du = g(t) * f(t)$$

畳込みの分配則

$$f(t) * (g_1(t) + g_2(t)) = f(t) * g_1(t) + f(t) * g_2(t) \tag{6.6}$$

証明してみよう．

$$
\begin{aligned}
f(t) * (g_1(t) + g_2(t)) &= \int_0^t f(\tau)\left(g_1(t-\tau) + g_2(t-\tau)\right)d\tau \\
&= \int_0^t \left(f(\tau)g_1(t-\tau) + f(\tau)g_2(t-\tau)\right)d\tau \\
&= \int_0^t f(\tau)g_1(t-\tau)\,d\tau + \int_0^t f(\tau)g_2(t-\tau)\,d\tau \\
&= f(t) * g_1(t) + f(t) * g_2(t)
\end{aligned}
$$

■ 畳込みのラプラス変換

畳込みのラプラス変換は便利な公式を与えてくれる．

畳込みのラプラス変換

$\mathscr{L}\left(f_1(t)\right) = F_1(s)$，$\mathscr{L}\left(f_2(t)\right) = F_2(s)$ のとき

$$\mathscr{L}\left(f_1(t) * f_2(t)\right) = \mathscr{L}\left(f_1(t)\right)\mathscr{L}\left(f_2(t)\right) \tag{6.7}$$

$$\mathscr{L}\left(f_1(t) * f_2(t)\right) = F_1(s)F_2(s) \tag{6.8}$$

$$f_1(t) * f_2(t) = \mathscr{L}^{-1}\left(F_1(s)F_2(s)\right) \tag{6.9}$$

積分順序を変更しても積分が収束するという条件のもとで，式 (6.7) を証明してみよう．

$$\mathscr{L}\left(f_1(t) * f_2(t)\right) = \int_0^{\infty} e^{-st}\left(\int_0^t f_1(\tau)f_2(t-\tau)\,d\tau\right)dt$$

ここで積分順序を変更する．すなわち「τ での積分後，t での積分」を「t での積分後，τ での積分」にする．図 6.1 を参照しながら，

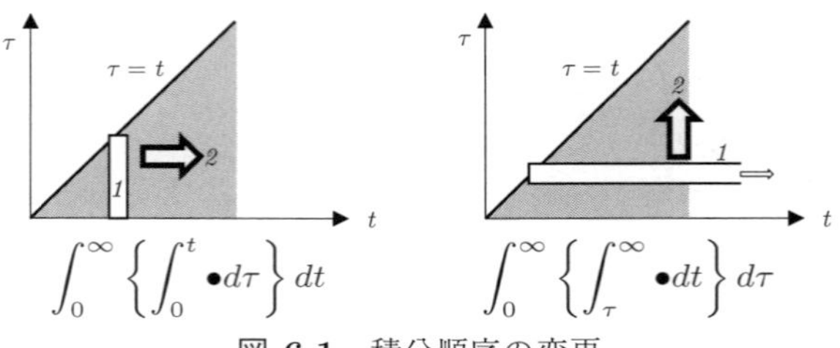

図 **6.1**　積分順序の変更

$$\mathscr{L}\left(f_1(t) * f_2(t)\right) = \int_0^{\infty} f_1(\tau)\left(\int_\tau^{\infty} e^{-st}f_2(t-\tau)\,dt\right)d\tau$$

ここで $t-\tau = u$ とおくと，$t = u+\tau$, $dt = du$ であり，
積分範囲を考えて，次のようになる．

$$\begin{aligned}\mathscr{L}\left(f_1(t) * f_2(t)\right) &= \int_0^{\infty} f_1(\tau)\left(\int_0^{\infty} e^{-s(u+\tau)}f_2(u)\,du\right)d\tau \\ &= \int_0^{\infty} e^{-s\tau}f_1(\tau)\,d\tau\int_0^{\infty} e^{-su}f_2(u)\,du \\ &= \mathscr{L}\left(f_1(t)\right)\mathscr{L}\left(f_2(t)\right)\end{aligned}$$

6.5　畳込みの線形システムでの利用

ある線形システムの伝達関数を $G(s)$，そのシステムにおける単位インパルス応答を $g(t) = \mathscr{L}^{-1}\left(G(s)\right)$ とする．またそのシステムへの任意の入力関数を $x(t)$，その像関数を $X(s)$ とすると，時刻 0 のときは何も動いていないという状態のもとで，出力関数 $y(t)$ を時間領域のみの計算で表わすと次式 (6.10) となる．

単位インパルス応答と入力関数から出力関数を算出

単位インパルス応答，入力関数，出力関数が $g(t)$, $x(t)$, $y(t)$ のとき

$$\begin{aligned} y(t) &= g(t) * x(t) \\ &= \int_0^t x(\tau)g(t-\tau)\,d\tau \end{aligned} \tag{6.10}$$

これは式 (6.3) $y(t) = \mathscr{L}^{-1}(G(s)X(s))$ と式 (6.9) $f_1(t) * f_2(t) = \mathscr{L}^{-1}(F_1(s)F_2(s))$ により明らかであろう．

ある線形システムにおける単位インパルス応答 $g(t)$ をあらかじめ求めて（この計算にはラプラス変換を用いることになるであろう）おけば，一般的な入力 $x(t)$ がそのシステムに入力されたときの出力 $y(t)$ は，単位インパルス応答 $g(t)$ と入力関数 $x(t)$ の畳込みで計算できることを示している．

ここで章末の演習 3 をやってみよう．

コラム：伝達関数，インパルス応答と一般出力関数の単位

$x(t)$，$y(t)$ の単位がともに [V] であるとすると，$X(s)$，$Y(s)$ の単位はともに [Vs] であり，伝達関数 $G(s)$ は無次元量となる（本コラムではこの単位をもつ量として話を進める）．それに伴い，6.2 のコラムで示した通り，単位インパルス応答 $g(t)$ は単位 $[\mathrm{s}^{-1}]$ をもつ．

さて，単位インパルス応答と入力関数から出力関数を畳込み演算で算出する過程での単位について考えてみよう．$y(t) = \int_0^t x(\tau)g(t-\tau)\,d\tau$ において，$x(\tau)$ は単位 [V] をもち，$g(t-\tau)$ は単位 $[\mathrm{s}^{-1}]$ をもつので，$x(\tau)g(t-\tau)$ は単位 [V/s] をもつ．これを τ で積分すると分子に [s] が増えるため，$\int_0^t x(\tau)g(t-\tau)\,d\tau$ の単位が [V] になり，つじつまがあっていることが確認される．

6.6 単位インパルス応答と入力関数の畳込み

前節で，ラプラス変換と畳込みの関係から，単位インパルス応答 $g(t)$ と入力関数 $x(t)$ を畳込むことで出力関数が得られることを示した．時間領域のみを使って畳込みが説明できれば，畳込みのイメージがわかりやすくなる．

線形時不変システムにおいて単位インパルス応答 $g(t)$ と入力関数 $x(t)$ の畳込みで出力関数 $y(t)$ が得られることを時間領域で考えてみよう．矩形関数を次のように定義する．

$$r(t) = \begin{cases} \frac{1}{T} & (0 \leq t < T) \\ 0 & (T \leq t) \end{cases}$$

この矩形関数の性質をみておこう．$Tr(t)$ は矩形関数で，幅は T のままで，高さを 1 としたものであり，$cTr(t-\tau)$ は幅は T のままで，高さを c とし，τ だけ右に移動させたものである．

そして，入力関数が $x(t) = r(t)$ のとき，出力関数は $y(t) = p(t)$ になると仮定する．システムは線形時不変なので入力関数が $x(t) = aTr(t-\tau)$ のと

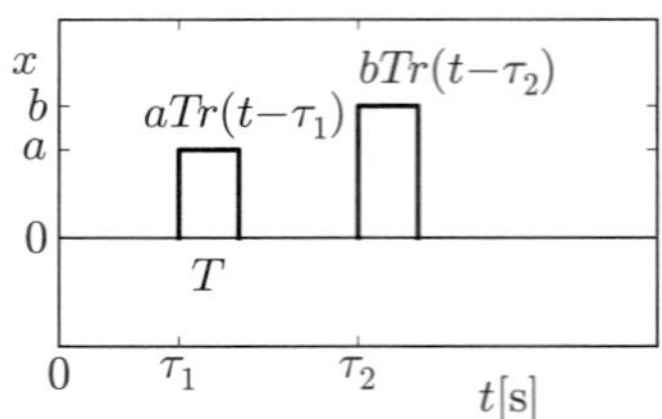

図 **6.2**　2つの矩形入力関数

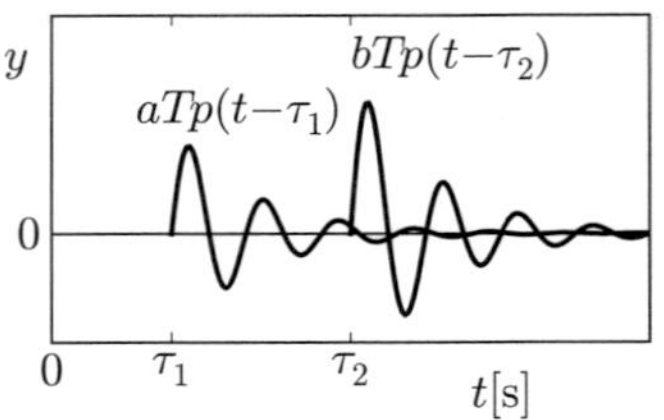

図 **6.3**　2つの応答出力関数

き，出力関数は $y(t) = aTp(t-\tau)$ になり，図 6.2 のように入力関数が高さと時刻の異なる 2 つの矩形関数の和 $x(t) = aTr(t-\tau_1) + bTr(t-\tau_2)$ のとき，出力関数は図 6.3 に示す大きさと時刻の異なる応答関数の和 $y(t) = aTp(t-\tau_1) + bTp(t-\tau_2)$ になる．

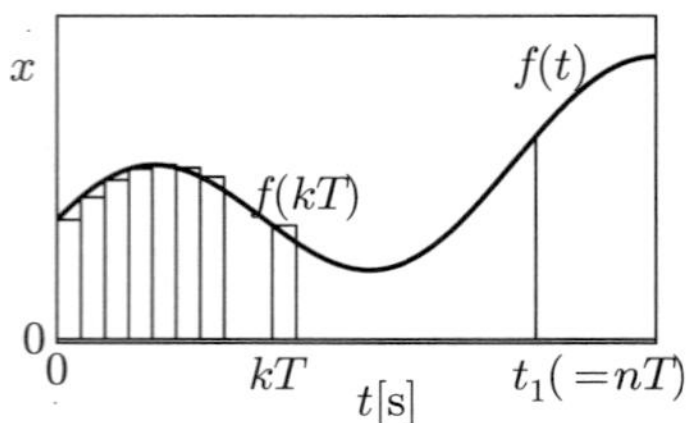

図 **6.4**　入力関数 $x(t) = f(t)$ の矩形関数近似

さて，$x(t) = f(t)$ のときを考え，$t = t_1$ のときの出力値 $y(t_1)$ を求めることにしよう．

図 6.4 のように $f(t)$ を n 個の細長い長方形で近似し，$nT = t_1$ になるようにする．そうすると

$$
\begin{aligned}
x(t) &= f(0)Tr(t) + f(T)Tr(t-T) + f(2T)Tr(t-2T) \\
&\quad + f(3T)Tr(t-3T) + \cdots + f((n-1)T)Tr(t-(n-1)T)
\end{aligned}
$$

（ただし $0 \leq t \leq t_1$ のみ表わす）と表わすことができる．さらに $t = t_1$ のときの出力値 $y(t_1)$ はこれらの矩形関数による出力値の和になり，次式で表わされる．

$$
\begin{aligned}
y(t_1) &= f(0)Tp(t_1) + f(T)Tp(t_1-T) + f(2T)Tp(t_1-2T) \\
&\quad + f(3T)Tp(t_1-3T) + \cdots + f((n-1)T)Tp(t_1-(n-1)T)
\end{aligned}
$$

ここで $T = \dfrac{t_1}{n}$ とおく．

$$
\begin{aligned}
y(t_1) &= f(0)\frac{t_1}{n}p(t_1) + f\left(\frac{t_1}{n}\right)\frac{t_1}{n}p\left(t_1 - \frac{t_1}{n}\right) \\
&\quad + f\left(2\frac{t_1}{n}\right)\frac{t_1}{n}p\left(t_1 - 2\frac{t_1}{n}\right)
\end{aligned}
$$

$$
\begin{aligned}
&+ f\left(3\frac{t_1}{n}\right)\frac{t_1}{n}p\left(t_1 - 3\frac{t_1}{n}\right) + \cdots \\
&+ f\left((n-1)\frac{t_1}{n}\right)\frac{t_1}{n}p\left(t_1 - (n-1)\frac{t_1}{n}\right) \\
= &\frac{t_1}{n}\sum_{k=0}^{n-1} f\left(k\frac{t_1}{n}\right)p\left(t_1 - k\frac{t_1}{n}\right)
\end{aligned}
$$

次に $n \to \infty$ とすると，$T \to 0, r(t) \to \delta(t)$ となり，その出力 $p(t)$ は単位インパルス応答 $g(t)$ になる．そして区分求積は積分となる．

$$
y(t_1) = \lim_{n\to\infty} \frac{t_1}{n}\sum_{k=0}^{n-1} f\left(\frac{k}{n}t_1\right)p\left(t_1 - \frac{k}{n}t_1\right) = \int_0^{t_1} f(\tau)g(t_1 - \tau)\,d\tau
$$

時刻 t_1 を一般化して t で表わすと，単位インパルス応答 $g(t)$ と入力関数 $f(t)$ の畳込みにより出力関数 $y(t)$ を得る．

$$
y(t) = \int_0^t f(\tau)g(t-\tau)\,d\tau
$$

[6 章のまとめ]

この章では，

1. 伝達関数の定義を示した．
2. 伝達関数の概念を用いることで線形システムを統一的に考えることができ，見通しがよくなることを示した．
3. 畳込みの定義とその性質を示した．
4. 畳込みのラプラス変換を示し，2 つの像関数の積の逆ラプラス変換が 2 つの原関数の畳込みになることを示した．
5. 畳込みを用いると，線形システムの単位インパルス応答と入力関数の畳込みで，出力関数を得ることができることを示した．

6 章　演習問題

［演習 1］　システムの入出力が次の微分方程式で表わされたとき，伝達関数を求めなさい．ただし，入力を $x(t)$，出力を $y(t)$ とする．また，そのシステムにおける単位インパルス応答を求めなさい．

(1) $3\dot{y}(t) + y(t) = x(t)$

(2) $\ddot{y}(t) + 4\dot{y}(t) + 2y(t) = x(t)$

(3) $\ddot{y}(t) + 4\dot{y}(t) + 4y(t) = x(t)$

(4) $\ddot{y}(t) + 4\dot{y}(t) + 29y(t) = x(t)$

［演習 2］　$T\dot{y}(t) + y(t) = Kx(t)$ で表わされるシステムにおいて，初期状態 $y(0) = 0$ として，入力が $x_1(t) = u(t)$ のときの出力を $y_1(t)$ とし，入力が $x_2(t) = t$ のときの出力を $y_2(t)$ としたとき，a, b を定数として入力が $x_3(t) = ax_1(t) + bx_2(t) = au(t) + bt$ のときの出力 $y_3(t)$ は $ay_1(x) + by_2(t)$ であることを確かめなさい．これはこのシステムが線形システムであることを確かめていることになる．

［演習 3］　線形システムの入出力の関係が次の微分方程式で表わされる線形システムにおいて，次の手順で応答を求めなさい．ただし，入力を $x(t)$，出力を $y(t)$ とする．

$T\dot{y}(t) + y(t) = Kx(t)$

(1) 単位インパルス応答 $g(t)$ を求めなさい．

(2) 入力が $x(t) = u(t)$ のときの出力 $y(t)$ を $x(t)$ と $g(t)$ の畳込みで求めなさい．

(3) 入力が $x(t) = t$ のときの出力 $y(t)$ を $x(t)$ と $g(t)$ の畳込みで求めなさい．

6章　演習問題解答

[解 1]

(1) $3\dot{y}(t)+y(t)=x(t)$

$$\xrightarrow{\mathscr{L}} 3sY(s)+Y(s)=X(s)$$
$$Y(s)=\frac{1}{3s+1}X(s)$$
$$G(s)=\frac{1}{3s+1}=\frac{1}{3}\frac{1}{s+\frac{1}{3}}$$
$$\xrightarrow{\mathscr{L}^{-1}} g(t)=\frac{1}{3}e^{-\frac{1}{3}t}$$

(2) $\ddot{y}(t)+4\dot{y}(t)+2y(t)=x(t)$

$$\xrightarrow{\mathscr{L}} s^2Y(s)+4sY(s)+2Y(s)=X(s)$$
$$Y(s)=\frac{1}{s^2+4s+2}X(s)$$
$$G(s)=\frac{1}{s^2+4s+2}=\frac{1}{\sqrt{2}}\frac{\sqrt{2}}{(s+2)^2-\sqrt{2}^2}$$
$$\xrightarrow{\mathscr{L}^{-1}} g(t)=\frac{1}{\sqrt{2}}e^{-2t}\sinh\sqrt{2}t$$

(3) $\ddot{y}(t)+4\dot{y}(t)+4y(t)=x(t)$

$$\xrightarrow{\mathscr{L}} s^2Y(s)+4sY(s)+4Y(s)=X(s)$$
$$Y(s)=\frac{1}{s^2+4s+4}X(s)$$
$$G(s)=\frac{1}{s^2+4s+4}=\frac{1}{(s+2)^2}$$
$$\xrightarrow{\mathscr{L}^{-1}} g(t)=te^{-2t}$$

(4) $\ddot{y}(t)+4\dot{y}(t)+29y(t)=x(t)$

$$\xrightarrow{\mathscr{L}} s^2Y(s)+4sY(s)+29Y(s)=X(s)$$
$$Y(s)=\frac{1}{s^2+4s+29}X(s)$$
$$G(s)=\frac{1}{s^2+4s+29}=\frac{1}{5}\frac{5}{(s+2)^2+5^2}$$
$$\xrightarrow{\mathscr{L}^{-1}} g(t)=\frac{1}{5}e^{-2t}\sin 5t$$

[解 2]

$T\dot{y}(t)+y(t)=Kx(t)$，初期状態 $y(0)=0$

$$\xrightarrow{\mathscr{L}} TsY(s)+Y(s)=KX(s)$$
$$Y(s)=\frac{K}{Ts+1}X(s)$$
$$G(s)=\frac{K}{Ts+1}$$

1) $x_1(t)=u(t)$ のとき

$$X_1(s)=\frac{1}{s}$$
$$y_1(t)=\mathscr{L}^{-1}(G(s)X_1(s))=\mathscr{L}^{-1}\left(\frac{K}{s(Ts+1)}\right)$$
$$=K\mathscr{L}^{-1}\left(\frac{1}{s}-\frac{T}{Ts+1}\right)$$
$$=K\mathscr{L}^{-1}\left(\frac{1}{s}-\frac{1}{s+\frac{1}{T}}\right)=K\left(1-e^{-\frac{1}{T}t}\right)$$

2) $x_2(t)=t$ のとき

$$X_2(s)=\frac{1}{s^2}$$
$$y_2(t)=\mathscr{L}^{-1}(G(s)X_2(s))=\mathscr{L}^{-1}\left(\frac{K}{s^2(Ts+1)}\right)$$
$$=K\mathscr{L}^{-1}\left(-T\frac{1}{s}+\frac{1}{s^2}+\frac{T^2}{Ts+1}\right)$$
$$=K\mathscr{L}^{-1}\left(-T\frac{1}{s}+\frac{1}{s^2}+T\frac{1}{s+\frac{1}{T}}\right)$$
$$=K\left(-T+t+Te^{-\frac{1}{T}t}\right)$$
$$=KT\left(\left(\frac{t}{T}-1\right)+e^{-\frac{1}{T}t}\right)$$

3) $x_3(t)=au(t)+bt$ のとき

$$X_3(s)=\frac{a}{s}+b\frac{1}{s^2}$$
$$y_3(t)=\mathscr{L}^{-1}(G(s)X_3(s))$$
$$=\mathscr{L}^{-1}\left(\frac{K}{(Ts+1)}\left(\frac{a}{s}+b\frac{1}{s^2}\right)\right)$$
$$=\mathscr{L}^{-1}\left(\frac{aK}{s(Ts+1)}\right)+\mathscr{L}^{-1}\left(\frac{bK}{s^2(Ts+1)}\right)$$
$$=aK\mathscr{L}^{-1}\left(\frac{1}{s}-\frac{T}{Ts+1}\right)$$
$$+bK\mathscr{L}^{-1}\left(-T\frac{1}{s}+\frac{1}{s^2}+\frac{T^2}{Ts+1}\right)$$
$$=aK\mathscr{L}^{-1}\left(\frac{1}{s}-\frac{1}{s+\frac{1}{T}}\right)$$
$$+bK\mathscr{L}^{-1}\left(-T\frac{1}{s}+\frac{1}{s^2}+T\frac{1}{s+\frac{1}{T}}\right)$$
$$=aK\left(1-e^{-\frac{1}{T}t}\right)+bK\left(-T+t+Te^{-\frac{1}{T}t}\right)$$
$$=aK\left(1-e^{-\frac{1}{T}t}\right)+bKT\left(\left(\frac{t}{T}-1\right)+e^{-\frac{1}{T}t}\right)$$

4) $ay_1(x)+by_2(t)=aK\left(1-e^{-\frac{1}{T}t}\right)$

$$+bKT\left(\left(\frac{t}{T}-1\right)+e^{-\frac{1}{T}t}\right)$$

3)4) より，$y_3(t)=ay_1(x)+by_2(t)$

[解 3]

(1)

$$\xrightarrow{\mathscr{L}} TsY(s)+Y(s)=KX(s)$$
$$Y(s)=\frac{K}{Ts+1}X(s)$$
$$G(s)=\frac{K}{Ts+1}=\frac{K}{T}\frac{1}{s+\frac{1}{T}}$$
$$g(t)=\frac{K}{T}e^{-\frac{1}{T}t}$$

(2)

$x(t) = u(t)$

$$
\begin{aligned}
y(t) &= \int_0^t g(\tau)x(t-\tau)d\tau \\
&= \int_0^t \frac{K}{T}e^{-\frac{1}{T}\tau}u(t-\tau)d\tau \\
&= \int_0^t \frac{K}{T}e^{-\frac{1}{T}\tau}\cdot 1d\tau \\
&= \frac{K}{T}\int_0^t e^{-\frac{1}{T}\tau}d\tau = -K\left[e^{-\frac{1}{T}\tau}\right]_0^t \\
&= -K\left(e^{-\frac{1}{T}t}-1\right)
\end{aligned}
$$

$$y(t) = K\left(1-e^{-\frac{1}{T}t}\right)$$

(3)

$x(t) = t$

$$
\begin{aligned}
y(t) &= \int_0^t g(\tau)x(t-\tau)d\tau = \int_0^t \frac{K}{T}e^{-\frac{1}{T}\tau}(t-\tau)d\tau \\
&= \frac{K}{T}t\int_0^t e^{-\frac{1}{T}\tau}d\tau - \frac{K}{T}\int_0^t \tau e^{-\frac{1}{T}\tau}d\tau
\end{aligned}
$$

$$
\begin{aligned}
\int_0^t e^{-\frac{1}{T}\tau}d\tau &= -T\left[e^{-\frac{1}{T}\tau}\right]_0^t = -T\left(e^{-\frac{1}{T}t}-1\right) \\
&= T\left(1-e^{-\frac{1}{T}t}\right)
\end{aligned}
$$

$$
\begin{aligned}
\int_0^t \tau e^{-\frac{1}{T}\tau}d\tau &= -T\left[\tau e^{-\frac{1}{T}\tau}\right]_0^t + T\int_0^t e^{-\frac{1}{T}\tau}d\tau \\
&= -Tte^{-\frac{1}{T}t} + T^2\left(1-e^{-\frac{1}{T}t}\right)
\end{aligned}
$$

$$
\begin{aligned}
y(t) &= Kt\left(1-e^{-\frac{1}{T}t}\right) + Kte^{-\frac{1}{T}t} - KT\left(1-e^{-\frac{1}{T}t}\right) \\
&= KT\left(\left(\frac{t}{T}-1\right)+e^{-\frac{1}{T}t}\right)
\end{aligned}
$$

7章　フーリエの準備

[ねらい]

本章では，フーリエ級数やフーリエ変換を学ぶ準備として，背景や対象とする波形について触れておく．また，波形は見るだけでなく，自分で描くことにより理解するうえでの強力な助けとなるため，波形の描画についても準備を行っておく．

フーリエを学ぶうえで，よく前準備として線形代数が引き合いに出されるが，ここでも重要な性質として，「直交」について線形代数を用いて復習をしておく．

[この章の項目]

フーリエとは

周期・周波数・角周波数

グラフソフトを利用し正弦波を描く

ベクトルの内積・ノルム・直交関係

ベクトルの分解と合成

7.1　フーリエ

■　フーリエとは？

フーリエ (Jean Baptiste Joseph Fourier：1768～1830) は，フランスで活躍した数学者の名前であり，彼は正弦波を合成することで波形を表現できると言ったそうである．波形といっても実に色々なものがあるが，これらが本当に単純な正弦波を組み合わせていくことで表現できれば，どのような正弦波でできているかを調べることで，波形がどのようなものかを知る（解析する）ことができる．特に現代においては，コンピュータ技術の発展に伴ない，高速な計算が可能となったことから，フーリエ解析は，本節 7.1 の最後に紹介している例や，11 章で紹介している分野も含み，幅広い分野で必要不可欠な基本技術の一つになっている．

▶［ラプラス変換とは親戚］
本書の前半で紹介しているラプラス変換を学ぶ機会があったなら，フーリエを学んで行くうちに，似た感じを受けるかもしれない．詳細は割愛するが，実はフーリエとラプラス変換は親戚のようなところがあり，特にラプラス変換はシステムの解析，フーリエは周波数の解析で利用される．

さて，今後順に紹介していくが，フーリエ解析を行うにあたり，実フーリエ級数や複素フーリエ級数，フーリエ変換と呼ばれる手法が利用される．フーリエとは人の名前と紹介したが，ここではこれらの手法を総称する場合，単に「フーリエ」と呼ぶことにしよう．

■　正弦波とその合成

次の図 7.1 は，東日本の家庭用コンセントの電圧 [V] とその 1 周期を抜き出した波形を表わしている．よく知られているように波形は正弦波で，周波数は 50 Hz となっている．正弦波なので図 7.1 の目盛より，周期が 0.02 s

▶［西日本は］
西日本の家庭コンセントは 60 Hz の交流電圧となる．また，100 V と言われるのは実効値と呼ばれるもので，実際の電圧の最大値は 100 V を超えている $(100\sqrt{2})$．

▶［周期］
1 周期とは，波形が同じ形で繰り返される最小の範囲で，一般には T[s] で表現される．

▶［周波数］
周波数は f[Hz] と表現されるが，その計算は正弦波の周期を T[s] と表わすと，逆数を取り $f[\mathrm{Hz}] = \dfrac{1}{T}[\mathrm{s}]$ であった（周波数は $[\dfrac{1}{s}]$ の次元をもつ．ラプラス変換 1.2 では色々な単位について解説されているので参考にしてみるとよい）．

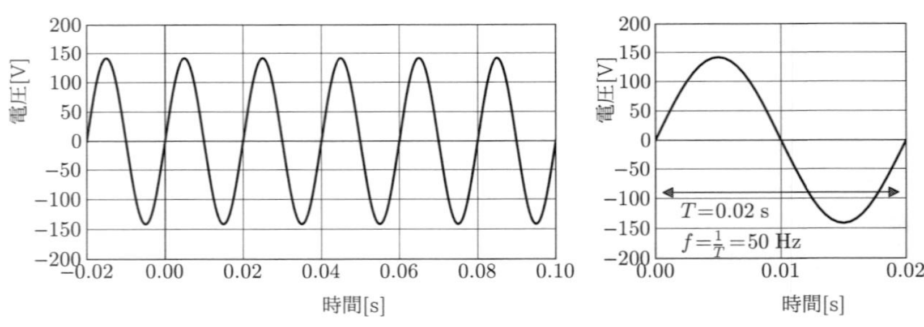

図 7.1　コンセントの電圧波形とその 1 周期の波形

であることが読み取れ，図 7.1 の 1 周期の波形の下に示しているように，周波数は周期の逆数なので，周波数は 50 Hz となる．

次に，図 7.2 の三角波を見てみよう．何となく形が正弦波に似ているのが分かる．波形の周期を見ると 0.04 s となるが，実はその周期（周波数 25 Hz）を基本とし，それよりも周期の短い（周波数の高い）複数の正弦波を組み合わせてできている．どのような周波数の正弦波でできているのだろうか．これは次章 8.2 で実際に計算してみることにしよう．

▶［3 つの正弦波で三角波を描くと］
三角波は「複数の正弦波を組み合わせたもの」と紹介した．単純に 3 つの正弦波を合成した例を次章 8.2 で示している．

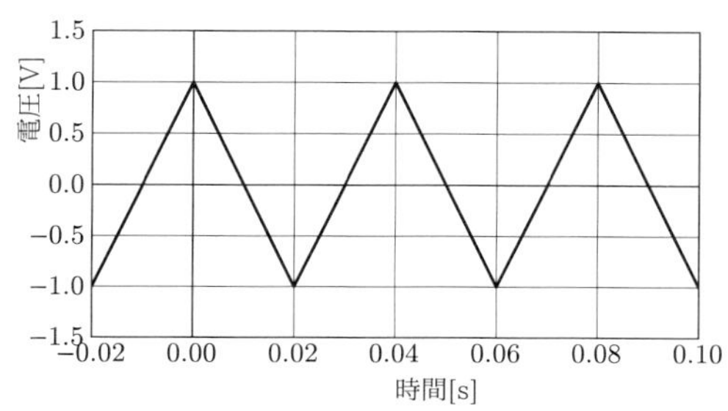

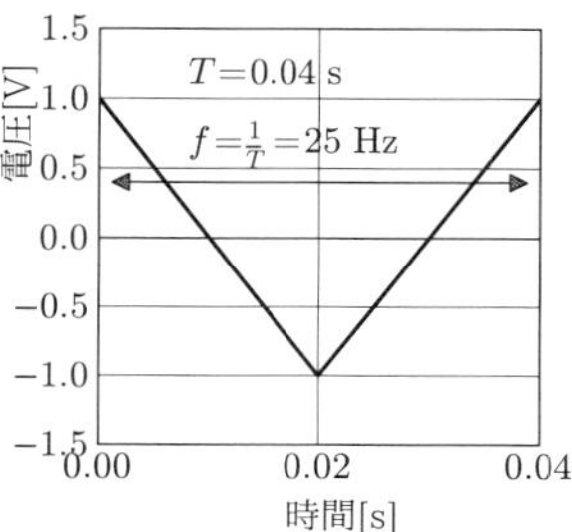

図 **7.2**　三角波と 1 周期

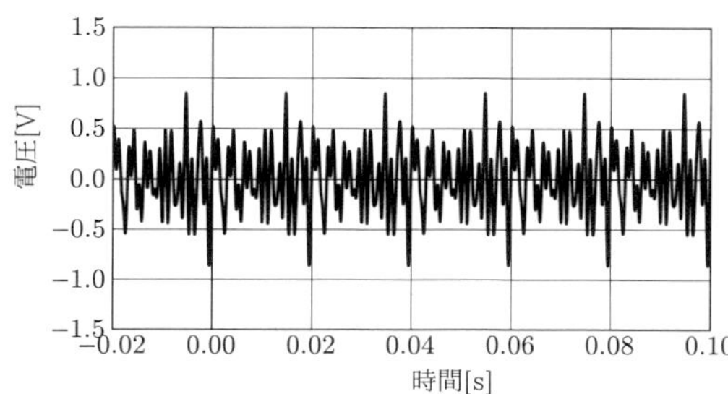

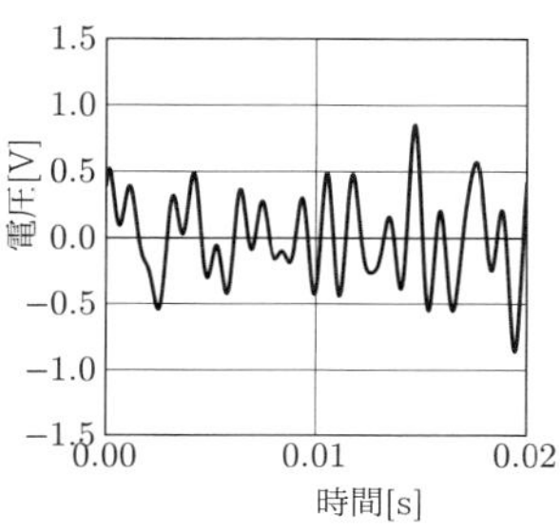

図 **7.3**　ある波形とその 1 周期

最後に，図 7.3 の波形をみてみよう．周期が 0.02 s であることは分かるが，1 周期の拡大図を見ても，どのような周波数の正弦波が含まれているのか見当がつかないし，手計算にも限界がある．しかし，コンピュータに適した手法も考えられており，実は瞬時に解析できてしまう．これについては 11 章で触れることにしよう．

▶［グラフの単位］
ここではグラフの縦軸の単位を電圧として紹介しているが，一般には単位は考えないで扱われることも多い．

■　フーリエとは

今，波形を表現する世界を「時間領域」と呼ぶこととしよう．一方，周波数に関係する量をスペクトルと呼ぶことにし，このスペクトルを表現する世界を「周波数領域」と呼ぶこととする．すると，これらの関係は図 7.4 のようにとらえることができる．

ポイントは，これら 2 次元で表現（スクリーンに投影）された「時間領域」（波形）と「周波数領域」（スペクトル）は「直角」の関係で存在しており，波形は「周波数の異なる正弦波の合成（和）」で投影され，スペクトルは「周波数の異なる正弦波それぞれの大きさ」が投影されていることである．

▶［スペクトルについて］
詳しくは 9 章，10 章で紹介している．スペクトルには波形の振幅や位相に関するものがある．

このように，「時間」と「周波数」の間には重要な関係があり，対象とする波形がどのようなものなのか解析したり，逆に解析した結果がわかっていれば，もとの波形を復元したりすることが可能となる．すなわち

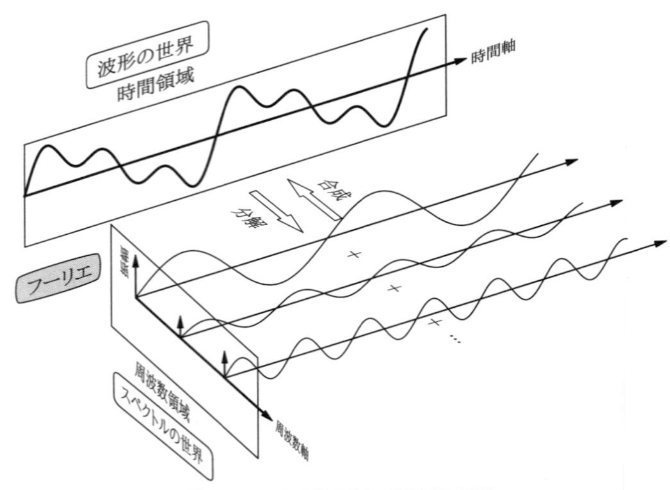

図 **7.4**　時間領域と周波数領域

> フーリエとは
> （波形の世界）　（スペクトルの世界）
> **時間領域**　⟷　**周波数領域**
> を行き来するための便利な道具

ということができ，先にも触れたように，フーリエ係数・級数，フーリエ変換などと呼ばれる手法がある．

8章，9章で学ぶフーリエ係数・級数と呼ばれる手法は周期的な波形の解析に，10章で学ぶフーリエ変換は，基本的に周期が無いもの（非周期信号）の解析で用いられる．また，11章で取り上げている離散フーリエ変換はコンピュータで利用しやすい形になっている．

▶［離散とは］
通常の波形をアナログ信号や連続信号というのに対し，飛び飛びの「ある間隔」で表現される波形を離散信号と呼ぶ．

■　フーリエは何に使われている？

ステレオや携帯プレーヤーで音楽を聴いている時に，音楽にあわせて棒グラフのようなものがぴょんぴょんと出たり引っ込んだりする場面をみた経験はないだろうか（音の大きさが表示されている場合もあるがこれは別として）．このとき，高音・中音・低音などといった表現，あるいは具体的に100 Hzや1 kHzといった周波数が表示されているかもしれない．実はこれもフーリエ解析の一種で，機器内では瞬時に処理が行われ，その結果を表示している．

一方，本書前半ラプラス変換の物理と数学の準備ではさまざまな物理量や単位が出てきた．フーリエも，普段よく触れている音（音圧）をはじめ，気圧（パスカル：Pa）であるとか，地震の揺れでは速度（カイン：cm/s），加速度（ガル：$\mathrm{cm/s^2}$）などでも扱われる．通常それらの物理量を何らかのセンサから A/D 変換を介して，一定時刻ごとにサンプリングする．そ

▶［A/D変換とサンプリング］
サンプリング周波数が48 kHzだとか，44.1 kHzだとか耳にしたことがあるかもしれない．A/D変換とはアナログ−ディジタル変換のことを指し，波形グラフでいうと横軸方向の時間的に連続（アナログ）な信号を飛び飛びの（ディジタル）信号に変換する．
飛び飛びの間隔をサンプリング周期，その逆数をサンプリング周波数と呼ぶ．

の後，さらに取り込んだその大きさを量子化により，ある一定範囲に収めコンピュータに送る．コンピュータに取り込んでしまえば，もとはどのような物理量であったとしても，ある一定範囲の数値データとして取り扱うことが可能になる．もちろん，そのデータを解析し，その結果を考察する場合は，もとの物理量が何であったか注意が必要である．

そのほか，フーリエは mp3 や今の医療現場で無くてはならない CT スキャン，携帯電話といった通信や地上波デジタル放送，jpeg といった画像圧縮技術などに関連する基本技術であり，実に広い分野で使われていることに驚くと思う．もし時間があれば実際に調べてみよう．

▶［量子化］
8 bit（ビット）や 16 bit 量子化といった言葉を聞いたことがあるかもしれない．波形グラフでいうと縦軸方向の連続な振幅値を飛び飛びの値（代表値）にすること．たとえば 8 bit 量子化の場合，波形の振幅を $2^8 = 256$ 段階のデータに変換する．

7.2　波形グラフを描こう

今後の理解の助けになるようグラフソフトを活用することを勧めたい．初めは少々時間を取られると思うが，波形や計算から得られた結果を実際に形にすることで，さらに関係がよく分かる．グラフを作成するためのソフトは数多くあるが，基本的な使い方はほぼ同じであると思う（ここでは Excel をベースにした）．そのため，グラフソフトの使い方ではなく，利用する関数や基本的な方法のみを示すことにする．

■　正弦波の表現

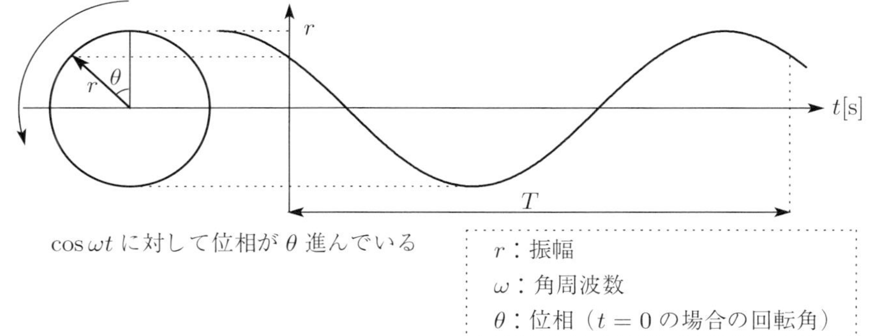

図 7.5　$\cos\omega t$ 波形

▶［ω（角周波数）］
角周波数 ω は
・1 s で 1 回転のとき
$\omega = 2\pi$ rad/s
・1 s で 2 回転のとき
$\omega = 4\pi$ rad/s
・1 s で f 回転のとき
$\omega = 2\pi f$[rad/s]
という関係がある．

▶［周波数・周期・角周波数の関係］
f[Hz] は周波数であったが，周波数 [Hz]・周期 [s]・角周波数 [rad/s] の関係は
$f = \dfrac{1}{T}$[Hz]
$\omega = 2\pi f$[rad/s]
となっている．

グラフソフトを使う前に，前節で触れた正弦波についておさらいをしておこう．図 7.5 は半径 r の $\cos\omega t$ の波形を表わしている．この波形の関数は

$$f(t) = r\cdot\cos(\omega t+\theta) \qquad (7.1)$$

$$= r\cdot\sin\left(\omega t+\theta+\frac{\pi}{2}\right) \qquad (7.2)$$

と表わされ，sin と cos は位相が $\dfrac{\pi}{2}$ ずれていた．

ここで，章末の演習 1 をやってみよう．

■　グラフソフトで正弦波を描く

実際に正弦波のグラフを描いてみよう．

> **例題 7－1**
> ±10 V，50 Hz の sin 波のグラフを描きなさい．ただし，1 周期を 100 サンプルで表現し，グラフの範囲は −0.02 s から 0.02 s までとする．

50 Hz は 1 周期が $T = \frac{1}{50}\,\mathrm{s} = 0.02\,\mathrm{s}$ であるので，−0.02 s から 0.02 s は 2 周期分となる（1 周期を 100 サンプルで表現するので 2π を 100 分割した n 番目，すなわち $\sin(2\pi\frac{n}{100})$ がその瞬間の値を示している）．グラフ横軸の時刻 [s] を考えると，1 サンプル当たりの間隔は $\frac{0.02}{100}\,\mathrm{s} = 0.2\,\mathrm{ms}$ であるので，0.2 ms ごとの時刻を $\sin\omega t$ の t として与えるとよい．

今回はグラフを描く最初の例題であるので，完成したグラフ（図 7.6）を確認しながら進めよう．グラフ右側には，ワークシートに表示されている数値の一部を示している．

グラフソフトを起動すると，多くのマス目がある画面（ワークシート）が表示されるので，ここに入力する．入力する値は

- サンプル番号 n：A 列 6 行目に −100，A 列 7 行目に −99 とし，続けて A 列 206 行目が 100 になるように入力
  （2 周期という意味ではデータは 200 サンプルになるが 0.02 s に当たるデータも表示させるため全部で 201 サンプルにしている）
- 時刻 [s]：B 列 6 行目に「=0.0002*A6」を，以降続けて B 列 206 行目に「=0.0002*A206」を入力
- sin 波：C 列 6 行目に「=10*SIN(2*PI()*50*B6)」を，続けて C 列 206 行目に「=10*SIN(2*PI()*50*B206)」を入力
  （A 列の n を参照すると「=10*SIN(2*PI()*A6/100)」となる）

となる．これらの入力はセルのコピーを活用すればよい．

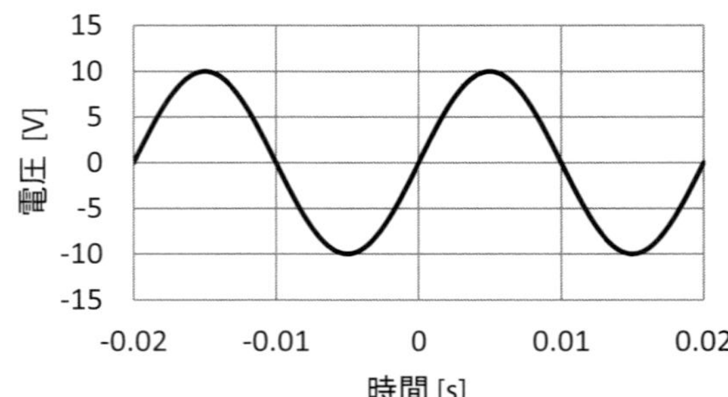

n	時間[s]	sin
−100	−0.02	2.45E−15
−99	−0.0198	0.627905
−98	−0.0196	1.253332
−97	−0.0194	1.873813
−96	−0.0192	2.486899
−95	−0.019	3.09017
⋮	⋮	⋮
99	0.0198	−0.62791
100	0.02	−2.5E−15

図 **7.6**　50 Hz の sin 波形 2 周期

最後にグラフの範囲として B 列と C 列を指定すると，図 7.6 のように，

▶［飛び飛びの値をつなげていく］
グラフソフトでは（連続でなく離散的な）飛び飛びの（離散的な）値に対して線をつなげていくことになる．

▶［グラフソフトの使い方を調べよう］
マス（セル）の中身を順に増やしたり，数式や数値をコピーしたり，全体に共通する数値（たとえば 100，10，0.0002）を特定のセルから参照させ，一括で変更することも簡単に実現できる．試してみよう（グラフソフトに「ヘルプ」がある場合は参考にできる）．

▶［グラフの体裁］
ここでは，グラフの体裁を整えたものを載せている．みなさんもおおよそ同じグラフができていると思うので，あまり細かい体裁は気にせず，波形が正確に表示できているか確認しよう．

▶［6 行目からにしているのは］
コメントなど他に何かを記入できるように少し余裕をもたせている．図 7.6 の右側の表を作成するためなら，6 行目から数値を入力しなくても構わない．

▶［誤差］
図 7.6 の右に示した例では 2.45E-15 となっている．これは 2.45×10^{-15} のことで，（理論上は 0 となるが）計算上非常に小さな誤差が発生することがあり，このような表示となっている．また，入力する値の桁数によっても，数値は微妙に変化するが，ここでは気にしなくてもよい．

▶［*］
表計算ソフトで掛け算を表現する場合「×」の代わりに，キーボードにある「*」を利用する．一方，本書では全く別の意味（畳込み）で「$*$」を使っているので注意してほしい．

50 Hz の sin が 2 周期分表示される．

ここで，章末の演習 2 をやってみよう．

7.3 線形代数の復習

フーリエに進む前に，関連する内容としてベクトルの復習をしておくことにしよう．ベクトルの内積・直交・ノルムについての考え方は，フーリエにおいても関係する考え方で，フーリエを学ぶ際に，イメージしやすい 2 次元や 3 次元のベクトルを用いて進めることも多い．

▶［ベクトルも離散的な表現］
グラフソフトを使い正弦波を表示させる際，離散的（飛び飛び）な値を与えた．線形代数も離散的な値を扱っているので，波形とベクトルの関連性もイメージしてみよう．

■ 連続信号と離散信号

実世界では連続的な信号であっても，利用する際にはある間隔で信号を抜き出すことが必要な場合がある．このような飛び飛びの信号は離散信号と呼ばれている．図 7.7 は連続な信号 $f(t)$ とそれをある一定間隔で値を 2 個，3 個，8 個と抜き出した例を示している．飛び飛びの値であるので，これをベクトル $\mathbf{f}_N$, (N は抜き出した数：次元に対応) として表記した．抜き出す値が多いほど $f(t)$ により近似されていることが分かる．

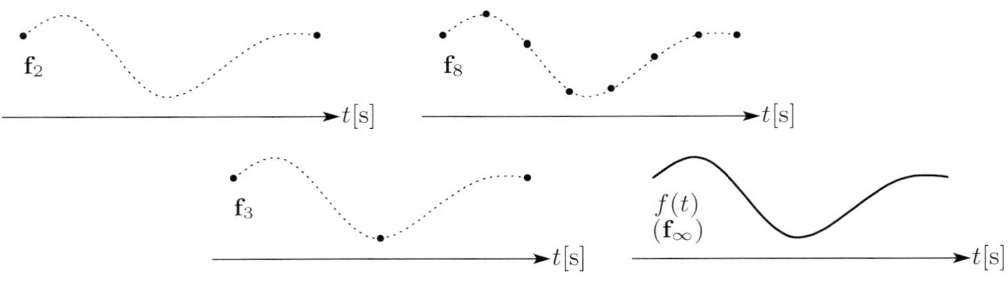

図 **7.7**　関数 $f(t)$ とベクトル $\mathbf{f}_N$

■ ベクトルの定義

N 次元ベクトルの表記を定義しておこう．ここではベクトルを $\mathbf{x}$ とボールドで表現する．

$$\mathbf{x} = \begin{bmatrix} x_1 \\ x_2 \\ \vdots \\ x_N \end{bmatrix} = [x_1, x_2, \cdots, x_N]^T \tag{7.3}$$

たとえば 3 次元の場合，馴染みのある (x, y, z) 座標系で考えると，図 7.8 のように，それぞれのデータの対応は $(x, y, z) = (x_1, x_2, x_3)$ と考えればよい．また，同じ表記でも異なるベクトルを表わす場合は，$\mathbf{x}_1, \mathbf{x}_2, \cdots$ と表わすことにする．

▶［ベクトルの表記］
ベクトルの表わし方として，ここではボールド（太字）を利用しているが，$\vec{x}$ や右下に要素（次元）数を示す形で $\mathbf{x}_N$ という表記を利用する場合もある．

▶［転置］
本書では T は信号の周期を表わしているが，ベクトルの右肩についている T は転置を意味している．少し紛らわしいが注意してほしい．

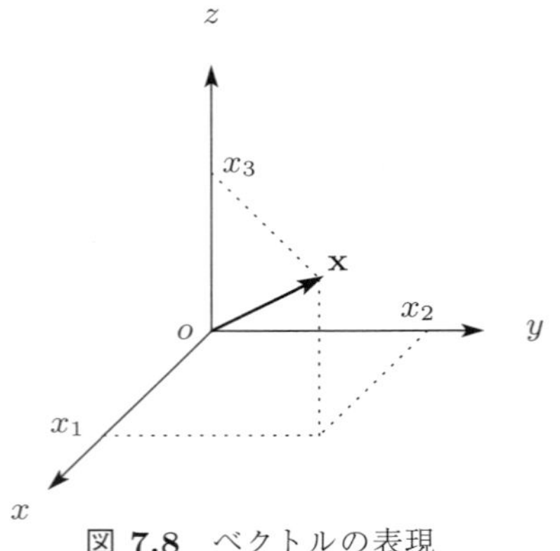

図 7.8　ベクトルの表現

▶［内積］
2つのベクトルのなす角を θ としたとき，$\langle \mathbf{x}, \mathbf{y} \rangle = \|\mathbf{x}\| \cdot \|\mathbf{y}\| \cos\theta$ という関係をもつ．

▶［相関係数 r］
2つのベクトルの角度についての関係を $-1 \sim 0 \sim 1$ の範囲の値で知ることができる．$r = \cos\theta = \dfrac{\langle \mathbf{x}, \mathbf{y} \rangle}{\|\mathbf{x}\| \cdot \|\mathbf{y}\|}$ により計算され，$r = 0$ に近いほど2本のベクトルは関係が無くなり，$r = 0$ のとき全く関係が無い（直交している）ということになる．また，$r = 1$ に近づくほど，2本のベクトルは関係が強くなり，$r = -1$ に近づくほど反対方向の関係が強くなることを示す．

■　ベクトルの内積・ノルム・正規化

ベクトル $\mathbf{x}$ と $\mathbf{y}$ があるとする，このとき

ベクトルの内積

$$\langle \mathbf{x}, \mathbf{y} \rangle = \mathbf{x}^T \cdot \mathbf{y} = \sum_{i=1}^{N} x_i \cdot y_i \tag{7.4}$$

の関係を内積と呼んでいる．また，$\mathbf{x}$ のノルムは

ベクトルのノルム

$$\|\mathbf{x}\| = \sqrt{\langle \mathbf{x}, \mathbf{x} \rangle} = \sqrt{\sum_{i=1}^{N} x_i \cdot x_i} = \sqrt{\sum_{i=1}^{N} {x_i}^2} \tag{7.5}$$

で計算され，ベクトルの大きさを表わしている．ベクトル $\mathbf{x}$ をそのノルム $\|\mathbf{x}\|$ で割ることにより，大きさが1のベクトルとすることができ，これを正規化と呼ぶ．

ベクトルの正規化

$$\frac{\mathbf{x}}{\|\mathbf{x}\|} \tag{7.6}$$

▶［直交］
内積 $\langle \mathbf{x}, \mathbf{y} \rangle = 0$ のとき，それぞれのベクトルは直角の関係 $\mathbf{x} \perp \mathbf{y}$ となっており，これを直交と呼んでいる．

■　ベクトルの直交関係

大きさが1でそれぞれが直交している N 本のベクトルを $\mathbf{u}_1, \mathbf{u}_2, \cdots, \mathbf{u}_N$ と表わすと，これらには

$$\langle \mathbf{u}_n, \mathbf{u}_m \rangle = \begin{cases} 0 & (n \neq m) \\ 1 & (n = m) \end{cases} \tag{7.7}$$

の関係がある．2次元の例をみてみよう．図7.9のようにそれぞれのベクトルの大きさが1でそれぞれが直交している場合，その内積は式(7.4)より $\langle \mathbf{u}_1, \mathbf{u}_2 \rangle = 0$，それぞれのノルムは式(7.5)より $\|\mathbf{u}_1\| = \|\mathbf{u}_2\| = 1$ とな

ることが分かる．

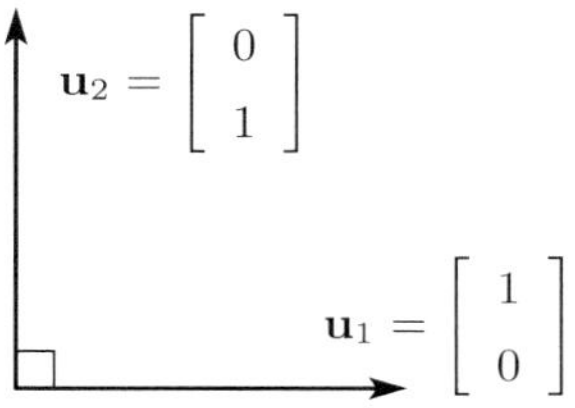

▶［自分自身の内積］
式 (7.5) ノルムの計算に含まれているが，$\mathbf{u}_1$，$\mathbf{u}_2$ それぞれの自分自身の内積は
$\langle \mathbf{u}_1, \mathbf{u}_1 \rangle = 1$
$\langle \mathbf{u}_2, \mathbf{u}_2 \rangle = 1$
となっている．

図 **7.9**　大きさ 1 でそれぞれ直交したベクトルの例

例題 7－2
2 本のベクトル $\mathbf{x}_1 = [3,4]^T, \mathbf{x}_2 = [-4,3]^T$ が直交していることを示し，それぞれを正規直交なベクトル $\mathbf{u}_1, \mathbf{u}_2$ として表わしなさい．

ベクトルが直交しているかどうかは内積が 0 であるかを調べればよいので

$$\langle \mathbf{x}_1, \mathbf{x}_2 \rangle = [3,4] \cdot \begin{bmatrix} -4 \\ 3 \end{bmatrix} = 3 \cdot (-4) + 4 \cdot 3 = -12 + 12 = 0$$

より直交していることが分かる．また，正規直交なベクトルとするには，式 (7.6) によりノルムで正規化すればよいので，それぞれ

$$\|\mathbf{x}_1\| = \sqrt{[3,4] \cdot \begin{bmatrix} 3 \\ 4 \end{bmatrix}} = \sqrt{3 \cdot 3 + 4 \cdot 4} = \sqrt{25} = 5$$

$$\|\mathbf{x}_2\| = \sqrt{[-4,3] \cdot \begin{bmatrix} -4 \\ 3 \end{bmatrix}} = \sqrt{(-4) \cdot (-4) + 3 \cdot 3} = \sqrt{25} = 5$$

で割ることにより

$$\mathbf{u}_1 = \frac{\mathbf{x}_1}{\|\mathbf{x}_1\|} = \frac{1}{5} \begin{bmatrix} 3 \\ 4 \end{bmatrix}, \quad \mathbf{u}_2 = \frac{\mathbf{x}_2}{\|\mathbf{x}_2\|} = \frac{1}{5} \begin{bmatrix} -4 \\ 3 \end{bmatrix}$$

となる．これらの関係を図 7.10 に示す．

ここで，章末の演習 3，4，5 をやってみよう．

■ 正規直交基底とベクトルの表現

ここで座標を思い浮かべてみよう．x, y の 2 次元座標上であるベクトルを表現するとき，図 7.9 のように座標軸がそれぞれ直交の関係で，大きさ 1（の単位ベクトル）を基準として，x 軸方向に大きさはいくつ，y 軸方向に大きさはいくつと表現していた．3 次元（図 7.8）や N 次元の場合（3 次元までしか図示できないが）も同様であろう．

▶［直交基底と正規直交基底］
N 次元の空間でそれぞれが直交する N 本のベクトルの組は直交基底と呼ばれ，さらにそれぞれのベクトルの長さが 1 の場合，正規直交基底と呼ばれる．

さて，N 次元の空間で $\mathbf{u}_n, (n = 1, 2, \cdots, N)$ は大きさが 1 で，それぞれが直交の関係にある正規直交基底を表わしているとすると，あるベクトル $\mathbf{g}$ を正規直交基底 $\mathbf{u}_n$ と大きさ（成分）α_n を使い

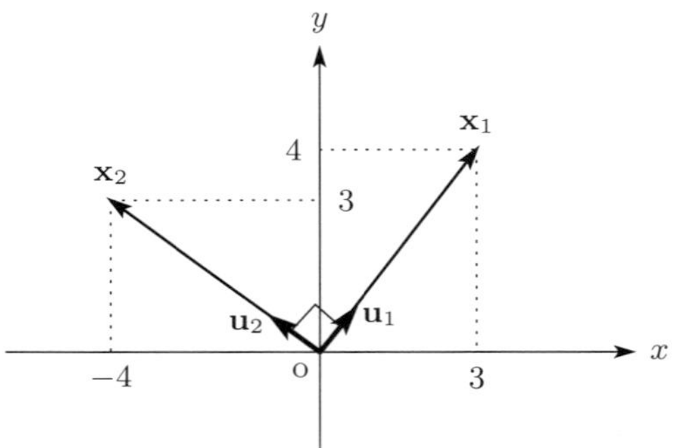

図 **7.10**　ベクトルの直交関係

ベクトルの合成

$$\mathbf{g} = \alpha_1 \cdot \mathbf{u}_1 + \alpha_2 \cdot \mathbf{u}_2 + \cdots + \alpha_N \cdot \mathbf{u}_N \tag{7.8}$$

とベクトルの合成（和）として表わすことができる．

例題 7－3

あるベクトルを $\mathbf{g} = [-5, 10]^T$ とする．例題 7 − 2 の正規直交なベクトル $\mathbf{u}_1$,$\mathbf{u}_2$，および，それぞれに対応する成分を α_1,α_2 とし図で示しなさい．

図 7.11 のように表わされる．この α_1，α_2 はそれぞれベクトル $\mathbf{g}$ に含まれる $\mathbf{u}_1$ と $\mathbf{u}_2$ の成分を表わしている．このように，あるベクトル $\mathbf{g}$ はそれぞれが直交するベクトル $\alpha_1 \cdot \mathbf{u}_1$ と $\alpha_2 \cdot \mathbf{u}_2$ の合成で表わされることが分かる．

▶［射影］
$\alpha_1 \cdot \mathbf{u}_1, \alpha_2 \cdot \mathbf{u}_2$ は，それぞれ $\mathbf{u}_1, \mathbf{u}_2$ に対する $\mathbf{g}$ の射影と呼ばれる．

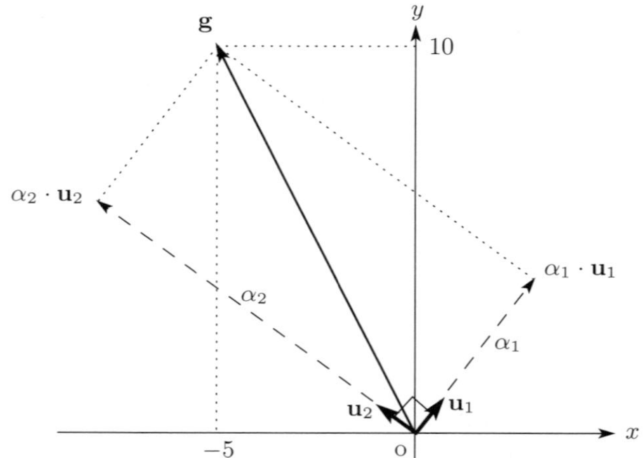

図 **7.11**　ベクトルの直交関係

さて，あるベクトル $\mathbf{g}$ は式 (7.8) と表わされた．ここで成分 α_n の算出方

法を確認しておこう．これは

成分 α_n の算出

$$\alpha_n = \langle \mathbf{g}, \mathbf{u}_n \rangle \quad (n = 1, 2, \cdots, N) \tag{7.9}$$

のように，あるベクトル $\mathbf{g}$ と求めたい成分 α_n に対応する正規直交なベクトル $\mathbf{u}_n$ との内積を計算すればよい．

証明してみよう．式 (7.8) の両辺において，それぞれ $\mathbf{u}_n$ との内積をとると

$$\begin{aligned} &\langle \mathbf{g}, \mathbf{u}_n \rangle \\ &\quad = \langle \{\alpha_1 \cdot \mathbf{u}_1 + \cdots + \alpha_n \cdot \mathbf{u}_n + \cdots + \alpha_N \cdot \mathbf{u}_N\}, \mathbf{u}_n \rangle \end{aligned}$$

となる．ここで右辺は

$$\begin{aligned} (\text{右辺}) =& \langle \alpha_1 \cdot \mathbf{u}_1, \mathbf{u}_n \rangle + \cdots + \langle \alpha_n \cdot \mathbf{u}_n, \mathbf{u}_n \rangle \\ &+ \cdots + \langle \alpha_N \cdot \mathbf{u}_N, \mathbf{u}_n \rangle \\ =& \alpha_1 \cdot 0 + \cdots + \alpha_n \cdot 1 + \cdots + \alpha_N \cdot 0 = \alpha_n \end{aligned}$$

であり，正規直交の関係から，結局 $\mathbf{u}_n$ に対応する成分 α_n のみが残ることから式 (7.9) となる．

▶［分配法則・結合法則］
分配法
$\langle \mathbf{x}_1 + \cdots + \mathbf{x}_N, \mathbf{y} \rangle$
$= \langle \mathbf{x}_1, \mathbf{y} \rangle + \cdots$
$+ \langle \mathbf{x}_N, \mathbf{y} \rangle$
結合法則
$\langle \alpha \cdot \mathbf{x}, \mathbf{y} \rangle = \alpha \langle \mathbf{x}, \mathbf{y} \rangle$

ここで，前例題の各成分 α_1, α_2 はどのようにすれば求めることができるだろうか．

例題 7－4
あるベクトル $\mathbf{g} = [-5, 10]^T$ がある．正規直交なベクトルとして $\mathbf{u}_1 = \left[\frac{3}{5}, \frac{4}{5}\right]^T, \mathbf{u}_2 = \left[-\frac{4}{5}, \frac{3}{5}\right]^T$ があるとして，これら $\mathbf{u}_1, \mathbf{u}_2$ に対する成分 α_1, α_2 を求めなさい．

これはあるベクトル $\mathbf{g}$ と求めたい成分に対応する正規直交なベクトル $\mathbf{u}_n$ との内積を計算すればよいので，式 (7.9) を使って α_1, α_2 はそれぞれ

$$\alpha_1 = \langle \mathbf{g}, \mathbf{u}_1 \rangle = [-5, 10] \cdot \frac{1}{5} \begin{bmatrix} 3 \\ 4 \end{bmatrix} = \frac{25}{5} = 5$$

$$\alpha_2 = \langle \mathbf{g}, \mathbf{u}_2 \rangle = [-5, 10] \cdot \frac{1}{5} \begin{bmatrix} -4 \\ 3 \end{bmatrix} = \frac{50}{5} = 10$$

と求められる．

ここで，章末の演習 6 をやってみよう．

他方，正規直交なベクトル $\mathbf{u}_1, \mathbf{u}_2$ および α_1, α_2 の合成で $\mathbf{g}$ を表現することができていることも確認しておこう．

例題 7－5

正規直交なベクトルとして $\mathbf{u}_1 = \left[\frac{3}{5}, \frac{4}{5}\right]^T$, $\mathbf{u}_2 = \left[-\frac{4}{5}, \frac{3}{5}\right]^T$ がある．今，あるベクトル $\mathbf{g}$ の成分として $\alpha(1) = 5, \alpha(2) = 10$ が与えられている．あるベクトル $\mathbf{g}$ を求めなさい．

あるベクトル $\mathbf{g}$ は，正規直交なベクトル $\mathbf{u}_n$ と対応する成分 α_n の積で表わされるベクトル $\alpha_n \cdot \mathbf{u}_n$ の合成により求めることができたので，式 (7.8) より

$$
\begin{aligned}
\mathbf{g} =& \alpha_1 \cdot \mathbf{u}_1 + \alpha_2 \cdot \mathbf{u}_2 \\
=& 5 \cdot \frac{1}{5} \begin{bmatrix} 3 \\ 4 \end{bmatrix} + 10 \cdot \frac{1}{5} \begin{bmatrix} -4 \\ 3 \end{bmatrix} = \begin{bmatrix} 3 \\ 4 \end{bmatrix} + \begin{bmatrix} -8 \\ 6 \end{bmatrix} = \begin{bmatrix} -5 \\ 10 \end{bmatrix}
\end{aligned}
$$

となり一致していることが確認できる．

ここで，章末の演習 7 をやってみよう．

ここまでをまとめると，あるベクトル $\mathbf{g}$ はそれぞれが正規直交なベクトルの組 $\mathbf{u}_n$ により，それらに対応する成分 α_n で表現することができる．また逆に，正規直交なベクトル $\mathbf{u}_n$ と，あるベクトルに対応する成分 α_n が分かっていれば，あるベクトル $\mathbf{g}$ を求めることができる．すなわち

ベクトルの分解と合成

- あらかじめ N 本の正規直交なベクトルを用意することにより，あるベクトルの N 個の成分を知ることができる（分解・解析）．
- 正規直交なベクトル N 本とあるベクトルに対する成分 N 個が分かっていれば，あるベクトルを知ることができる（合成・再構成）．

ということがいえる．さて，N 次元のベクトルではこのような重要な性質が確認できたが，$N \to \infty$ とした関数ではどうなるか．次章で確認していこう．

[7 章のまとめ]

この章では，

1. フーリエについての概要を学んだ．
2. 周期と周波数・角周波数について復習した．
3. グラフソフトを利用し正弦波を描いた．
4. ベクトルの内積・ノルム・直交関係について復習した．
5. ベクトルの分解と合成について復習した．

7章　演習問題

以下の周期信号に関して問に答えなさい．なお $\sqrt{}$ や π はそのままでよい．

［演習 1］次の問に答えなさい．

(1) 周波数 10 Hz のとき，周期 T[s] を求めなさい．

(2) 上問の角周波数 ω[rad/s] を求めなさい．

(3) 周期が 250 μs の正弦波の周波数を求めなさい．

(4) 上問の角周波数 ω[rad/s] を求めなさい．

(5) 図 7.5 において，矢印の先が次の図点 P にあったとする．ここを $t=0$ として，等速で反時計回りに 1 s かけて 1 回転したときの $f(t)$ の概形を示しなさい．

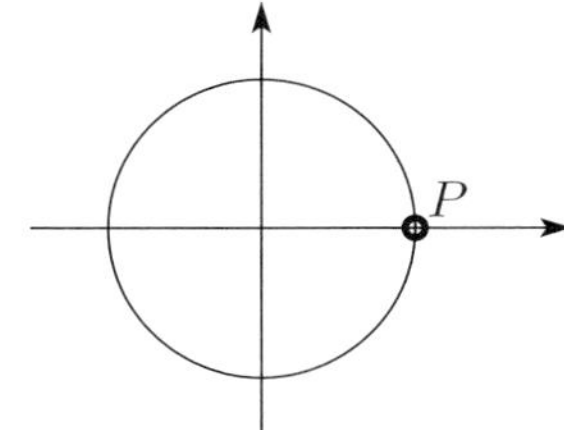

(6) 上問の周期 T[s]，および角周波数 ω[rad/s] を示しなさい．

(7) (5) において円の半径を r とし，時刻 0 s において既に位相が $\dfrac{\pi}{4}$ 進んでいたとする．このとき $f(t)$ はどのように表わされるか，概形および関数 $f(t)$ を示しなさい．

(8) (7) よりもさらに位相が $\dfrac{\pi}{4}$ 進んでいたとすると関数 $f(t)$ はどう表わされるか．sin を用いた場合，cos を用いた場合それぞれを表わしなさい．

［演習 2］図 7.6 を cos に変更した図を描きなさい．

［演習 3］次の 2 つのベクトルの内積を求めなさい．

$$(1)\ \begin{bmatrix} 2 \\ -2 \end{bmatrix}, \begin{bmatrix} 3 \\ -4 \end{bmatrix} \qquad (2)\ \begin{bmatrix} \dfrac{4}{5} \\ 3 \\ -\dfrac{5}{2} \end{bmatrix}, \begin{bmatrix} -5 \\ 1 \\ -6 \end{bmatrix} \qquad (3)\ \begin{bmatrix} -2 \\ 3 \\ -5 \\ -4 \end{bmatrix}, \begin{bmatrix} 4 \\ 2 \\ -2 \\ 2 \end{bmatrix}$$

［演習 4］次の 2 つのベクトルは直交基底である．これらを正規直交基底として表わしなさい．

$$\begin{bmatrix} 4 \\ 5 \end{bmatrix}, \begin{bmatrix} -\dfrac{5}{2} \\ 2 \end{bmatrix}$$

［演習 5］頭の体操をしよう．3 本の正規直交なベクトルの組を自分で考えて作ってみなさい．ただし，1 本は $[1,0,0]^T$ と考えてもよい（なお，残りの 2 本を $[0,1,0]^T$, $[0,0,1]^T$ としないこと）．

［演習 6］次の関係から成分 α_1, α_2 を求めなさい．

$$\mathbf{u}_1 = \begin{bmatrix} \dfrac{1}{2} \\ \dfrac{\sqrt{3}}{2} \end{bmatrix}, \mathbf{u}_2 = \begin{bmatrix} -\dfrac{\sqrt{3}}{2} \\ \dfrac{1}{2} \end{bmatrix}, \mathbf{g} = \begin{bmatrix} 2 \\ -2 \end{bmatrix}, \mathbf{g} = \alpha_1 \cdot \mathbf{u}_1 + \alpha_2 \cdot \mathbf{u}_2$$

［演習 7］演習 6 における正規直交なベクトル $\mathbf{u}_1, \mathbf{u}_2$ および，求めた成分 α_1, α_2 を利用すると $\mathbf{g} = \begin{bmatrix} 2 \\ -2 \end{bmatrix}$ が再現できることを示しなさい．

7章　演習問題解答

［解1］

(1)

$T = \dfrac{1}{f}$ より，$T = 0.1\,\mathrm{s}$ (あるいは $100\,\mathrm{ms}$)

(2)

$\omega = 2\pi f$ より，$\omega = 20\pi\,\mathrm{rad/s}$

(3)

$$f = \frac{1}{(250\,\mu\mathrm{s} \times 10^{-6})} = 4000\,\mathrm{Hz}$$

(4)

$\omega = 8000\pi\,\mathrm{rad/s}$

(5)

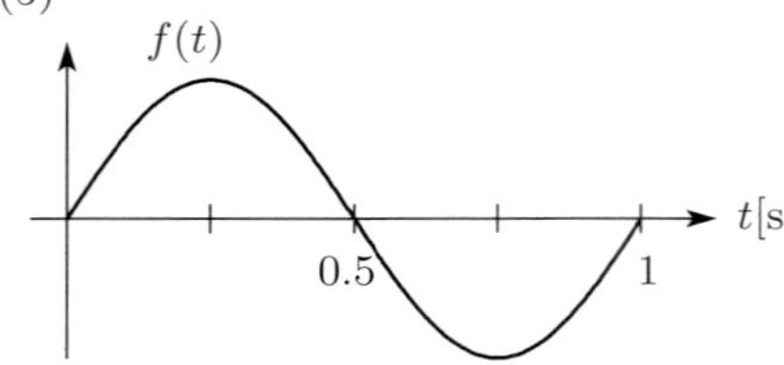

(6)

1 s で 1 周期なので $T = 1\,\mathrm{s}, \omega = 2\pi f$ より $\omega = 2\pi\,\mathrm{rad/s}$

(7)

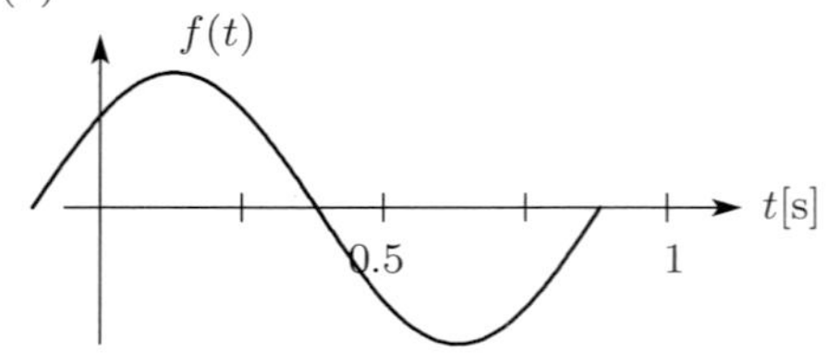

$$f(t) = r \cdot \sin(2\pi t + \frac{\pi}{4}) = r \cdot \cos(2\pi t - \frac{\pi}{4})$$

(8)

$$f(t) = r \cdot \sin(2\pi t + \frac{\pi}{2}) = r \cdot \cos(2\pi t)$$

［解2］

sin を cos に変更すればよいので

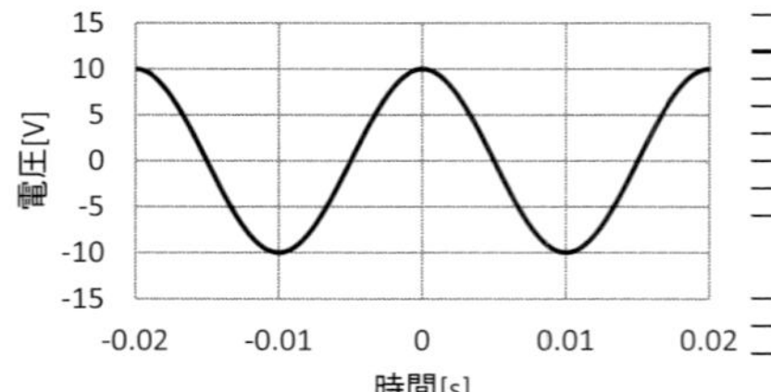

n	時間[s]	cos
−100	−0.02	10
−99	−0.0198	9.980267
−98	−0.0196	9.921147
−97	−0.0194	9.822873
−96	−0.0192	9.685832
−95	−0.019	9.510565
⋮	⋮	⋮
99	0.0198	9.980267
100	0.02	10

［解3］

(1) 14　(2) 14　(3) 0

［解4］

それぞれノルムを計算すると

$$\sqrt{4^2+5^2} = \sqrt{41},\ \sqrt{(-\frac{5}{2})^2 + 2^2} = \frac{\sqrt{41}}{2}$$

こららより

$$\frac{1}{\sqrt{41}}\begin{bmatrix} 4 \\ 5 \end{bmatrix}, \frac{2}{\sqrt{41}}\begin{bmatrix} -\frac{5}{2} \\ 2 \end{bmatrix}$$

［解5］

この解は数多く存在することになる．手計算で求めるにはある程度簡略化しなければなかなか作り出せない．1 本を $[1,0,0]^T$ とおいてもよいので，これに直交する残りのベクトル 2 本は，$[1,0,0]^T$ との内積が 0 となるよう最初の要素を 0 とおき，残りの要素をそれぞれが直交するように考えればよい．たとえば

$$\begin{bmatrix} 1 \\ 0 \\ 0 \end{bmatrix}, \begin{bmatrix} 0 \\ \frac{\sqrt{2}}{2} \\ \frac{\sqrt{2}}{2} \end{bmatrix}, \begin{bmatrix} 0 \\ \frac{\sqrt{2}}{2} \\ -\frac{\sqrt{2}}{2} \end{bmatrix}$$

※任意のベクトルをそれぞれ直交するように変換できる，グラムシュミットの直交化という方法もある．

［解6］

$\langle \mathbf{u}_1, \mathbf{u}_2 \rangle = 0, ||\mathbf{u}_1|| = ||\mathbf{u}_2|| = 1$ の関係が確認できる．

$\mathbf{g}$ における $\mathbf{u}_1, \mathbf{u}_2$ の成分 α_1, α_2 は内積により

$$\alpha_1 = \langle \mathbf{g}, \mathbf{u}_1 \rangle = [2, -2] \cdot \begin{bmatrix} \frac{1}{2} \\ \frac{\sqrt{3}}{2} \end{bmatrix} = 1 - \sqrt{3}$$

$$\alpha_2 = \langle \mathbf{g}, \mathbf{u}_2 \rangle = [2, -2] \cdot \begin{bmatrix} -\frac{\sqrt{3}}{2} \\ \frac{1}{2} \end{bmatrix} = -\sqrt{3} - 1$$

［解7］

正規直交なベクトルそれぞれに対応する成分を掛け合成すると

$$\mathbf{g} = \alpha_1 \cdot \mathbf{u}_1 + \alpha_2 \cdot \mathbf{u}_2$$

$$= \alpha_1 \cdot \begin{bmatrix} \frac{1}{2} \\ \frac{\sqrt{3}}{2} \end{bmatrix} + \alpha_2 \cdot \begin{bmatrix} -\frac{\sqrt{3}}{2} \\ \frac{1}{2} \end{bmatrix} = \begin{bmatrix} 2 \\ -2 \end{bmatrix}$$

8章　実フーリエ級数と係数

[ねらい]

まず，定数やsin関数，cos関数が直交の関係であることを確認する．次いで，この関係から，内積の計算を行うことにより，周期的な信号 $f(t) = f(t + nT)$ に含まれる成分（実フーリエ係数）を求める．さらに実フーリエ級数を用い，定数や正弦波 $(\sin, \cos)$ の合成を行い，グラフソフトを利用し波形を再現する．

[この章の項目]

定数，sin関数，cos関数の内積，ノルム，直交関係
実フーリエ係数
実フーリエ級数
グラフソフトにより合成波形を描く

8.1　実フーリエ級数と実フーリエ係数

ある周期的な信号 $f(t) = f(t + nT)$（n は任意の整数）を考えた場合，$f(t)$ は定数，sin 関数，cos 関数からなる級数で表わすことができ，

実フーリエ級数

$$f(t) = \frac{a_0}{2} + \sum_{n=1}^{\infty}(a_n \cos n\omega_0 t + b_n \sin n\omega_0 t) \tag{8.1}$$

と表現され，これは実フーリエ級数と呼ばれている．また，ω_0 は

基本角周波数

$$\omega_0 = \frac{2\pi}{T} \tag{8.2}$$

と表わされ，基本角周波数と呼ばれる．これは周期 T[s] で 1 周期となる正弦波の角周波数 [rad/s] を表わしている．

さて，式 (8.1) をみると，周期関数 $f(t)$ は定数および，係数（振幅）a_n，b_n 倍された角周波数が $\omega_0, 2\omega_0, \cdots$ と異なる余弦波と正弦波

$$\frac{a_0}{2}, \quad a_1 \cos \omega_0 t + a_2 \cos 2\omega_0 t + a_3 \cos 3\omega_0 t + \cdots$$
$$b_1 \sin \omega_0 t + b_2 \sin 2\omega_0 t + b_3 \sin 3\omega_0 t + \cdots$$

の和で表わされていることが分かる．

係数 a_n，b_n は

実フーリエ係数

$$a_n = \frac{2}{T}\int_{-\frac{T}{2}}^{\frac{T}{2}} f(t) \cdot \cos n\omega_0 t \, dt \qquad (n = 0, 1, 2, \cdots) \tag{8.3}$$

$$b_n = \frac{2}{T}\int_{-\frac{T}{2}}^{\frac{T}{2}} f(t) \cdot \sin n\omega_0 t \, dt \qquad (n = 1, 2, \cdots) \tag{8.4}$$

で求められ，これは実フーリエ係数と呼ばれている．a_n，b_n において a_n は $n = 0$ から始まっていることに気づいたかもしれないが，$n = 0$ のとき $\cos(0) = 1$ とし，式 (8.1) の右辺第 1 項（定数項）$\frac{a_0}{2}$ もいっしょに含めてしまえという意味があり，このとき

$$a_0 = \frac{2}{T}\int_{-\frac{T}{2}}^{\frac{T}{2}} f(t) \, dt \tag{8.5}$$

となる．$\frac{a_0}{2}$ は定数の成分（$f(t)$ の平均値）を示しており，時間に関わらず一定の値であるため，しばしば直流成分と呼ばれる（本書でも直流成分と呼ぶ）．また，$n = 1$ に対応する 1 周期が T（基本角周波数が ω_0）のときの

▶［波形，信号，関数］
$f(t)$ の呼ばれ方は関数や波形，信号と状況により異なるが，本書でも特に統一せずに利用している．

▶［級数］
式 (8.1) のように，ある値や関数で表現された項の和を無限にとった形は級数と呼ばれている．

▶［係数］
式 (8.1) 中の各項おける a_0, a_n, b_n のように，各項において定数の積で表わされるものは係数と呼ばれている．

▶［実］
単にフーリエ級数，フーリエ係数とも呼ばれる．本章におけるフーリエ級数，フーリエ係数は実数の形で表わされているが，次章では複素数の形で表わされるものを紹介する．これらの区別のため，しばしば実と複素を使った表現が用いられる．

▶［式 (8.1) について］
式 (8.1) の = は ∼ のように表現されることがある．厳密には，関数に不連続な点があるとき少し注意することもあるが，ここではそのような話もあったと頭の片隅に置いてもらえればよいと思う．

▶［正弦波］
正弦波 (sin) と余弦波 (cos) の違いは位相のみであるため，正弦波と区別なく呼ばれることがある．ここでも特に断らないかぎり，正弦波という表現を利用する．

$\cos\omega_0 t + \sin\omega_0 t$ を基本波，$n = 2$ に対応する $\cos 2\omega_0 t + \sin 2\omega_0 t$ を第 2 高調波 $\cdots\cdots$ といった形で第 n 高調波と呼ばれ，これらに対応する係数 a_n，b_n は第 n 高調波の大きさ（成分）を示している．

さて，実フーリエ級数・係数について概観を紹介したが，ここからは順を追って確認することにしよう．

▶［第 n 高調波］
基本波の n 倍の周波数を示している．JIS では基本波以外のものと定義されているが，基本波を第 1 高調波と表現している場合もある．

■ 関数の内積・ノルム・正規化

図 8.1 の関数 $x(t), y(t)$ をみてみよう．

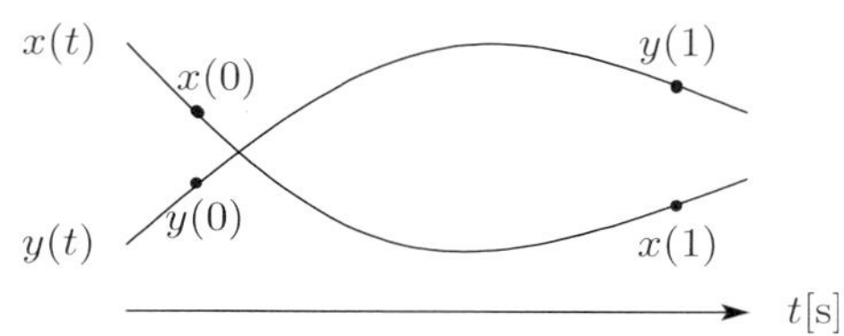

図 8.1　関数 $x(t)$ と $y(t)$ の関係

この 2 つの関数から代表点をそれぞれ 2 点ずつ取り出し関数値 $x(0), y(0)$ と $x(1), y(1)$ の関係をベクトルで次のように表現したとすると

$$\mathbf{x} = \begin{bmatrix} x(0) \\ x(1) \end{bmatrix}, \quad \mathbf{y} = \begin{bmatrix} y(0) \\ y(1) \end{bmatrix}$$

7 章でのベクトルの内積の所で行ったように，これらを用いて 2 つのベクトルの関係をみることができる．すなわち，かなり粗いが，2 つの関数 $x(t), y(t)$ について関係をみているということが言える．さらに，この区間内を等間隔に細かく値をとり，最終的に $N \to \infty$ と考えれば，それは関数の関係をみているのと同様と言える．

ここで関数の内積を

▶［関数の内積の定義］
区間 $[a, b]$ の形で定義されているが，たとえば関数 $x(t), y(t)$ が $[a, b]$ を周期とする周期的な関数とすると，$a \sim b$ を代表領域として考えれば，$a \sim b$ 以外の領域においても結果は同じになる．
また，区間 $[a, b]$ により内積の大きさが依存しないよう，$(b - a)$ で割った形の定義 $\dfrac{1}{b-a}\displaystyle\int_a^b x(t) \cdot y(t)\,dt$ を用いているが，$\dfrac{1}{b-a}$ を用いない表現で定義する場合もある．

関数の内積

$$\langle x(t), y(t) \rangle = \frac{1}{b-a}\int_a^b x(t) \cdot y(t)\,dt \tag{8.6}$$

と定義する．このように，ベクトルの $\sum$（和）が $\int$（積分）に変わった形になっている．この内積の定義から，ノルムも同様に

関数のノルム

$$\|x(t)\| = \sqrt{\langle x(t), x(t) \rangle} = \sqrt{\frac{1}{b-a}\int_a^b x(t)^2\,dt} \tag{8.7}$$

と計算される．また，これらにより関数の正規化は

関数の正規化

$$\frac{x(t)}{\|x(t)\|} \tag{8.8}$$

▶［相関係数］
関数における相関係数もこれらを用いると
$$r = \frac{\langle x(t), y(t)\rangle}{\|x(t)\| \cdot \|y(t)\|}$$
と表現される．

となる．

コラム：関数の内積は 2 つの関数の積の積分

関数 $x(t)$ と $y(t)$ について，区間を $[a, b]$ $(a < b)$ とし，それぞれ等間隔に 5 個の関数値をとりベクトルとして表記すると，それぞれ

$$\mathbf{x} = \begin{bmatrix} x(a) \\ x(a+\frac{1}{5}(b-a)) \\ x(a+\frac{2}{5}(b-a)) \\ x(a+\frac{3}{5}(b-a)) \\ x(a+\frac{4}{5}(b-a)) \end{bmatrix}, \quad \mathbf{y} = \begin{bmatrix} y(a) \\ y(a+\frac{1}{5}(b-a)) \\ y(a+\frac{2}{5}(b-a)) \\ y(a+\frac{3}{5}(b-a)) \\ y(a+\frac{4}{5}(b-a)) \end{bmatrix}$$

となる．ここで，ベクトル $\mathbf{x}$ と $\mathbf{y}$ の内積を，ベクトルの要素数で割ると

$$\begin{aligned}\frac{1}{5}\langle \mathbf{x}, \mathbf{y}\rangle = &\Big\{x(a)\cdot y(a) + x(a+\frac{1}{5}(b-a))\cdot y(a+\frac{1}{5}(b-a)) \\ &+ \cdots + x(a+\frac{4}{5}(b-a))\cdot y(a+\frac{4}{5}(b-a))\Big\} \\ =&\frac{1}{5}\sum_{n=0}^{4} x(a+\frac{n}{5}(b-a))\cdot y(a+\frac{n}{5}(b-a))\end{aligned}$$

となる．一般的に等間隔で N 個のずつの関数値を使ったベクトル $\mathbf{x}$ と $\mathbf{y}$ を考えると

$$\frac{1}{N}\langle \mathbf{x}, \mathbf{y}\rangle = \frac{1}{N}\sum_{n=0}^{N-1} x(a+\frac{n}{N}(b-a))\cdot y(a+\frac{n}{N}(b-a))$$

であり，$N \to \infty$ とすると

$$\lim_{N\to\infty}\frac{1}{N}\langle \mathbf{x}, \mathbf{y}\rangle = \lim_{N\to\infty}\frac{1}{N}\sum_{n=0}^{N-1} x(a+\frac{n}{N}(b-a))\cdot y(a+\frac{n}{N}(b-a))$$

となる．ここで，区分求積は一般に

$$\int_a^b f(t)\,dt = \lim_{N\to\infty}\frac{b-a}{N}\sum_{n=0}^{N-1} f(a+\frac{n}{N}(b-a))$$

で与えられる．両辺を $(b-a)$ で割り，$f(t) = x(t)\cdot y(t)$ とし整理すると

$$\frac{1}{b-a}\int_a^b x(t)\cdot y(t)\,dt = \lim_{N\to\infty}\frac{1}{N}\sum_{n=0}^{N-1} x(a+\frac{n}{N}(b-a))\cdot y(a+\frac{n}{N}(b-a))$$

したがって，次式が得られる

$$\frac{1}{b-a}\int_a^b x(t)\cdot y(t)\,dt = \lim_{N\to\infty}\frac{1}{N}\langle \mathbf{x}, \mathbf{y}\rangle$$

これは，関数の内積は各関数値の点列で作ったベクトルの内積をとり，ベクトルの要素数（点列の個数）で割った値を求め，その点列の数を無限個にした場合を表わしているといえよう．

■ 定数，$\sin nt$，$\cos nt$ の直交関係

関数が直交していると聞いても，今一つピンとこないかもしれないが，前章で正規直交なベクトルの組を用意したときと同様に，関数もそれぞれが直交する組を用意することができ，これには定数，sin 関数，cos 関数を利用する．

ここでは周期を $T = 2\pi$ とし，$(1, \sin t, \sin 2t, \cdots, \cos t, \cos 2t, \cdots)$ の組について，これらが直交しているか確認することにしよう．

例題 8－1

$\sin mt$ $(m = 1, 2, \cdots)$ と $\sin nt$ $(n = 1, 2, \cdots)$ において，$m \neq n$ のとき，$\sin mt$ と $\sin nt$ は直交していることを示しなさい．

関数の内積の定義式 (8.6) より内積を計算すると

$$
\begin{aligned}
&\langle \sin mt, \sin nt \rangle \\
&= \frac{1}{\pi - (-\pi)} \int_{-\pi}^{\pi} \sin mt \cdot \sin nt \, dt \\
&= -\frac{1}{2\pi} \int_{-\pi}^{\pi} \frac{1}{2} \{\cos(m+n)t - \cos(m-n)t\} \, dt \\
&= -\frac{1}{4\pi(m+n)} \Big[\sin(m+n)t \Big]_{-\pi}^{\pi} + \frac{1}{4\pi(m-n)} \Big[\sin(m-n)t \Big]_{-\pi}^{\pi} \\
&= -\frac{1}{4\pi(m+n)} \{\sin(m+n)\pi - \sin(m+n)(-\pi)\} \\
&\quad + \frac{1}{4\pi(m-n)} \{\sin(m-n)\pi - \sin(m-n)(-\pi)\} = 0
\end{aligned}
$$

と内積は 0 であり，直交していることが分かる．

▶［sin, cos の積分］
sin, cos の積分は
$\displaystyle\int_a^b \sin nt \, dt = -\frac{1}{n} \Big[\cos nt \Big]_a^b$
$\displaystyle\int_a^b \cos nt \, dt = \frac{1}{n} \Big[\sin nt \Big]_a^b$
の関係を利用．

▶［積和の公式］
$\sin\alpha \sin\beta = -\frac{1}{2}\{\cos(\alpha+\beta) - \cos(\alpha-\beta)\}$
を利用した．

▶［$\sin n\pi$］
$\sin n\pi = 0$
$(n = 0, \pm 1, \pm 2, \cdots)$
の関係を利用した．

例題 8－2

$\cos mt$ $(m = 1, 2, \cdots)$ と $\cos nt$ $(n = 1, 2, \cdots)$ において，$m \neq n$ のとき，$\cos mt$ と $\cos nt$ は直交していることを示しなさい．

内積を計算すると

$$
\begin{aligned}
&\langle \cos mt, \cos nt \rangle \\
&= \frac{1}{2\pi} \int_{-\pi}^{\pi} \cos mt \cdot \cos nt \, dt \\
&= \frac{1}{2\pi} \int_{-\pi}^{\pi} \frac{1}{2} \{\cos(m+n)t + \cos(m-n)t\} \, dt \\
&= \frac{1}{4\pi(m+n)} \Big[\sin(m+n)t \Big]_{-\pi}^{\pi} + \frac{1}{4\pi(m-n)} \Big[\sin(m-n)t \Big]_{-\pi}^{\pi} = 0
\end{aligned}
$$

と内積は 0 であり，直交している．

▶［sin は奇関数］
$\sin(-x) = -\sin x$
の関係がある．

▶［積和の公式］
$\cos\alpha \cos\beta = \frac{1}{2}\{\cos(\alpha+\beta) + \cos(\alpha-\beta)\}$
を利用した．

例題 8 – 3

$\sin mt$ $(m=1,2,\cdots)$ と $\cos nt$ $(n=1,2,\cdots)$ において，$m \neq n$ のとき，$\sin mt$ と $\cos nt$ が直交していることを示しなさい．

内積を計算すると

$$\begin{aligned}
&\langle \sin mt, \cos nt\rangle \\
&= \frac{1}{2\pi}\int_{-\pi}^{\pi} \sin mt \cdot \cos nt\, dt \\
&= \frac{1}{2\pi}\int_{-\pi}^{\pi} \frac{1}{2}\{\sin(m+n)t + \sin(m-n)t\}\, dt \\
&= -\frac{1}{4\pi(m+n)}\Big[\cos(m+n)t\Big]_{-\pi}^{\pi} - \frac{1}{4\pi(m-n)}\Big[\cos(m-n)t\Big]_{-\pi}^{\pi} \\
&= -\frac{1}{4\pi(m+n)}\{\cos(m+n)\pi - \cos(m+n)(-\pi)\} \\
&\quad - \frac{1}{4\pi(m-n)}\{\cos(m-n)\pi - \cos(m-n)(-\pi)\} = 0
\end{aligned}$$

と内積は 0 であり，直交している．

▶［積和の公式］
$\sin\alpha\cos\beta = \frac{1}{2}\{\sin(\alpha+\beta) + \sin(\alpha-\beta)\}$
を利用した．

▶［$\cos n\pi$］
$\cos n\pi = 1$,
$(n = 0, \pm 2, \pm 4, \cdots)$
$\cos n\pi = -1$,
$(n = \pm 1, \pm 3, \cdots)$
の関係を利用した．

▶［cos は偶関数］
$\cos(-x) = \cos x$
の関係がある．

例題 8 – 4

$\sin nt$ と $\cos nt$ $(n=1,2,\cdots)$ が直交していることを示しなさい．

内積の計算をすると

$$\begin{aligned}
&\langle \sin nt, \cos nt\rangle \\
&= \frac{1}{2\pi}\int_{-\pi}^{\pi} \sin nt \cdot \cos nt\, dt = \frac{1}{2\pi}\int_{-\pi}^{\pi} \frac{1}{2}\sin 2nt\, dt \\
&= -\frac{1}{4\pi\cdot 2n}\Big[\cos 2nt\Big]_{-\pi}^{\pi} = -\frac{1}{4\pi\cdot 2n}\{\cos 2n\pi - \cos 2n(-\pi)\} = 0
\end{aligned}$$

内積が 0 より直交している．

▶［倍角の公式］
$\sin 2\alpha = 2\sin\alpha\cos\alpha$
を利用した．

例題 8 – 5

1 と $\sin nt$ $(n=1,2,\cdots)$ が直交していることを示しなさい．

内積を計算すると

$$\begin{aligned}
&\langle 1, \sin nt\rangle \\
&= \frac{1}{2\pi}\int_{-\pi}^{\pi} 1\cdot \sin nt\, dt \\
&= -\frac{1}{2\pi n}\Big[\cos nt\Big]_{-\pi}^{\pi} = -\frac{1}{2\pi n}\{\cos n\pi - \cos n(-\pi)\} = 0
\end{aligned}$$

内積が 0 より直交している．

例題 8 – 6

1 と $\cos nt$ $(n = 1, 2, \cdots)$ が直交していることを示しなさい．

内積を計算すると

$$\langle 1, \cos nt \rangle$$
$$= \frac{1}{2\pi}\int_{-\pi}^{\pi} 1 \cdot \cos nt\, dt = \frac{1}{2\pi n}\Big[\sin nt\Big]_{-\pi}^{\pi} = 0$$

内積が 0 より直交している．

図 8.2 に $1, \sin t, \sin 2t, \sin 3t, \cos t, \cos 2t \cos 3t$ を示している．見た目は分からないが，これらはすべて直交しているということが確認できた．

▶［グラフソフトを使用して描いた］
図 8.2 は例題 8–11 および演習の参考となるので，グラフソフトで描いたものを示している．

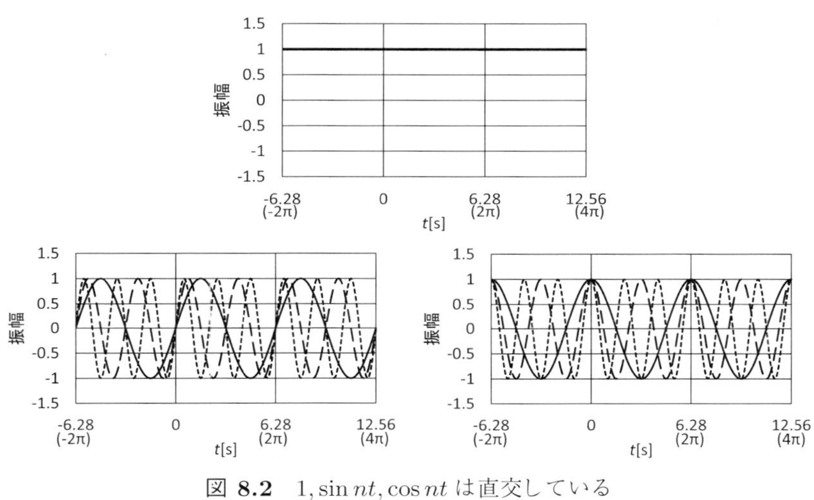

図 **8.2**　$1, \sin nt, \cos nt$ は直交している

■ $1, \sin nt, \cos nt$ のノルム

それでは，$1, \sin nt, \cos nt$ の大きさがどのようになっているかも確認しよう．

例題 8 – 7

1 のノルム $\|1\|$ を求めなさい．

ノルムの計算の定義式 (8.7) より，1 のノルムは

$$\|1\|^2 = \langle 1, 1 \rangle = \frac{1}{2\pi}\int_{-\pi}^{\pi} 1 \cdot 1\, dt = \frac{1}{2\pi}\Big[t\Big]_{-\pi}^{\pi} = 1$$

$$\|1\| = \sqrt{1} = 1$$

となる．

例題 8 − 8

$\sin nt$ のノルム $\|\sin nt\|$ $(n = 1, 2, \cdots)$ を求めなさい．

▶［半角の公式］
$\sin^2 \dfrac{\alpha}{2} = \dfrac{1}{2}(1 - \cos\alpha)$
を利用した．

ノルムを計算すると

$$\|\sin nt\|^2 = \langle \sin nt, \sin nt\rangle = \frac{1}{2\pi}\int_{-\pi}^{\pi} \sin^2 nt\, dt$$
$$= \frac{1}{2\pi}\cdot\frac{1}{2}\int_{-\pi}^{\pi}(1 - \cos 2nt)\, dt = \frac{1}{4\pi}\Big[t\Big]_{-\pi}^{\pi} - \frac{1}{4\pi\cdot 2n}\Big[\sin 2nt\Big]_{-\pi}^{\pi}$$
$$= \frac{1}{2} - 0 = \frac{1}{2}$$
$$\|\sin nt\| = \sqrt{\frac{1}{2}} = \frac{1}{\sqrt{2}}$$

となる．

▶［$\sin nt$ のノルム］
$\sin nt$ のノルムは 1 よりも少し小さいことになる．正規化するには $\dfrac{1}{\sqrt{2}}$ で割り（$\sqrt{2}$ を掛け），$\sqrt{2}\sin nt$ が正規直交関数となる．

例題 8 − 9

$\cos nt$ のノルム $\|\cos nt\|$ $(n = 1, 2, \cdots)$ を求めなさい．

▶［半角の公式］
$\cos^2 \dfrac{\alpha}{2} = \dfrac{1}{2}(1 + \cos\alpha)$
を利用した．

ノルムを計算すると

$$\|\cos nt\|^2 = \langle \cos nt, \cos nt\rangle = \frac{1}{2\pi}\int_{-\pi}^{\pi} \cos^2 nt\, dt$$
$$= \frac{1}{2\pi}\cdot\frac{1}{2}\int_{-\pi}^{\pi}(1 + \cos 2nt)\, dt = \frac{1}{4\pi}\Big[t\Big]_{-\pi}^{\pi} + \frac{1}{4\pi\cdot 2n}\Big[\sin 2nt\Big]_{-\pi}^{\pi}$$
$$= \frac{1}{2} + 0 = \frac{1}{2}$$
$$\|\cos nt\| = \sqrt{\frac{1}{2}} = \frac{1}{\sqrt{2}}$$

となる．

▶［$\cos nt$ のノルム］
$\cos nt$ のノルムも $\sin nt$ と同じであるので，$\sqrt{2}\cos nt$ が正規直交関数となる．

これらの関係から，正規直交な関数の組は

$$(1, \sqrt{2}\sin t, \sqrt{2}\sin 2t, \cdots, \sqrt{2}\cos t, \sqrt{2}\cos 2t, \cdots) \tag{8.9}$$

と表わされることが分かる．

▶［直交関数系と正規直交関数系］
それぞれが直交している関数の集合を直交関数系，また，それぞれの大きさが 1 に正規化されている場合，正規直交関数系と呼ばれる．

■ 周期の一般化

式 (8.2) で基本角周波数が $\omega_0 = \dfrac{2\pi}{T}$ であることを示した．ここまで周期を $T = 2\pi$（すなわち $\omega_0 = 1$）として話を進めてきたが，実際には関数の周期が 2π となっている場合はそれほど多くはない．このようなとき，関数の代表領域として一般化した $-\dfrac{T}{2} \sim \dfrac{T}{2}$ に着目すると，この代表領域を周期とする定数，sin 関数，cos 関数が直交している．図 8.3 に，$\sin\omega_0 t$ を例に周期 2π と周期 T の関係を示す．$\omega_0 = \dfrac{2\pi}{T}$ として，関数 $(1, \sin\omega_0 t, \sin 2\omega_0 t, \cdots, \cos\omega_0 t, \cos 2\omega_0 t, \cdots)$ の組について考えてみよう．

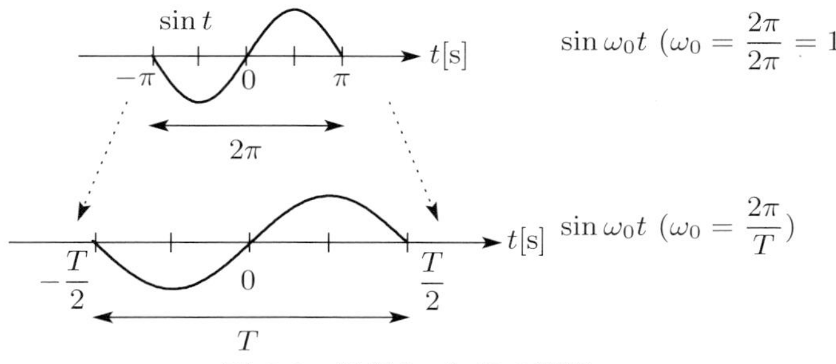

図 8.3　周期 2π と T の関係

1 例として，$\cos n\omega_0 t$ のノルムについて計算してみると

> **例題 8 – 10**
> $\cos n\omega_0 t$ のノルム $\|\cos n\omega_0 t\|$ $(n = 1, 2, \cdots)$ を求めなさい．

ノルムを計算すると

$$
\begin{aligned}
\|\cos n\omega_0 t\|^2 &= \langle \cos n\omega_0 t, \cos n\omega_0 t\rangle = \frac{1}{T}\int_{-\frac{T}{2}}^{\frac{T}{2}} \cos^2 n\omega_0 t\, dt \\
&= \frac{1}{T}\cdot\frac{1}{2}\int_{-\frac{T}{2}}^{\frac{T}{2}} (1 + \cos 2n\omega_0 t)\, dt \\
&= \frac{1}{2T}\Big[t\Big]_{-\frac{T}{2}}^{\frac{T}{2}} + \frac{1}{2T\cdot 2n\omega_0}\Big[\sin 2n\omega_0 t\Big]_{-\frac{T}{2}}^{\frac{T}{2}} = \frac{1}{2} + 0 = \frac{1}{2} \\
\|\cos n\omega_0 t\| &= \sqrt{\frac{1}{2}} = \frac{1}{\sqrt{2}}
\end{aligned}
$$

▶ $[\sin 2n\omega_0 t]$
$\sin 2n\omega_0 t$ は $\omega_0 = \dfrac{2\pi}{T}$ を用いると $\sin \dfrac{2n\cdot 2\pi}{T} t$ となるので，$t = \pm\dfrac{T}{2}$ のとき 0 になる．

となり，$||\cos nt||$ と同様の結果が得られていることが分かる．

ここで，章末の演習 1 をやってみよう．

■　正規直交関数と関数の内積

話を関数の直交関係に戻そう．正規直交な関数を $\phi_n(t)$ と表記すると，ベクトルと同様に

$$
\langle \phi_m(t), \phi_n(t)\rangle = \begin{cases} 0 & (n \neq m) \\ 1 & (n = m) \end{cases} \tag{8.10}
$$

の関係があり，関数 $f(t)$ に含まれる $\phi_n(t)$ に対する成分 α_n は，内積

$$
\alpha_n = \langle f(t), \phi_n(t)\rangle \tag{8.11}
$$

により算出できる．これを用いると関数 $f(t)$ は

$$
\begin{aligned}
f(t) =& \alpha_0\phi_0(t) + \alpha_1\phi_1(t) + \alpha_2\phi_2(t) + \cdots \\
=& \sum_{n=0}^{\infty} \alpha_n\phi_n(t)
\end{aligned} \tag{8.12}
$$

と表わされ，$1, \sin n\omega_0 t, \cos n\omega_0 t$ を利用した分解（解析），合成ができる．

7 章の式 (7.9) より，正規直交なベクトル $\mathbf{u}_n$ とあるベクトル $\mathbf{g}$ の内積の

▶ [α_c と α_s]
cos に対応する成分と sin に対応する成分の表記を区別するため，それぞれ α_c と α_s とした．

計算により，$\mathbf{g}$ の $\mathbf{u}_n$ に対する成分 α_n を算出できた．前述の正規直交関数 $(1, \sqrt{2}\sin n\omega_0 t, \sqrt{2}\cos n\omega_0 t)$ を利用することにより，α_n と同様に，これらに対応する成分を求めることができる．

それではベクトルのときに行った手順と同様に確認していこう．まず式 (8.12) により，ある関数 $g(t)$ を正規直交な関数による合成

$$g(t) = \alpha_0 + \sum_{m=1}^{\infty} (\alpha_{cm}\sqrt{2}\cos m\omega_0 t + \alpha_{sm}\sqrt{2}\sin m\omega_0 t) \tag{8.13}$$

と表現することにしよう．α_0 は定数 1，α_{cm} は $\sqrt{2}\cos m\omega_0 t$，α_{sm} は $\sqrt{2}\sin m\omega_0 t$ に対する成分を表わしているとする．ここで，式 (8.13) の両辺と $(1, \sqrt{2}\sin m\omega_0 t, \sqrt{2}\cos m\omega_0 t)$ それぞれの内積をとり，式 (8.11) を確認する．

$\boxed{\alpha_0 = \langle g(t), 1\rangle}$ の導出

式 (8.13) の両辺と 1 の内積をとると

$$\langle g(t), 1\rangle = \langle\{\alpha_0 + \sum_{m=1}^{\infty} (\alpha_{cm}\sqrt{2}\cos m\omega_0 t + \alpha_{sm}\sqrt{2}\sin m\omega_0 t)\}, 1\rangle$$

と表わせる．ここで右辺は

$$\begin{aligned}(\text{右辺}) &= \alpha_0\langle 1, 1\rangle + \sum_{m=1}^{\infty} (\alpha_{cm}\langle\sqrt{2}\cos m\omega_0 t, 1\rangle + \alpha_{sm}\langle\sqrt{2}\sin m\omega_0 t, 1\rangle) \\ &= \alpha_0 \cdot 1 + \sum_{m=1}^{\infty} (\alpha_{cm} \cdot 0 + \alpha_{sm} \cdot 0) = \alpha_0\end{aligned} \tag{8.14}$$

となる．

$\boxed{\alpha_{cn} = \langle g(t), \sqrt{2}\cos n\omega_0 t\rangle}$ の導出

式 (8.13) の両辺と $\sqrt{2}\cos n\omega_0 t$ の内積をとると

$$\begin{aligned}\langle g(t), \sqrt{2}\cos n\omega_0 t\rangle = &\langle\{\alpha_0 + \sum_{m=1}^{\infty} (\alpha_{cm}\sqrt{2}\cos m\omega_0 t \\ &+ \alpha_{sm}\sqrt{2}\sin m\omega_0 t)\}, \sqrt{2}\cos n\omega_0 t\rangle\end{aligned}$$

と表わせる．ここで右辺は

$$\begin{aligned}(\text{右辺}) &= \alpha_0\langle 1, \sqrt{2}\cos n\omega_0 t\rangle + \sum_{m=1}^{\infty} (\alpha_{cm}\langle\sqrt{2}\cos m\omega_0 t, \sqrt{2}\cos n\omega_0 t\rangle \\ &\quad + \alpha_{sm}\langle\sqrt{2}\sin m\omega_0 t, \sqrt{2}\cos n\omega_0 t\rangle) \\ &= 0 + \left\{\sum_{m=1}^{n-1} \alpha_{cm} \cdot 0 + \alpha_{cn} \cdot 1 + \sum_{m=n+1}^{\infty} \alpha_{cm} \cdot 0\right\} + \sum_{m=1}^{\infty} \alpha_{sm} \cdot 0 \\ &= \alpha_{cn}\end{aligned} \tag{8.15}$$

となる．

$\boxed{\alpha_{sn} = \langle g(t), \sqrt{2}\sin n\omega_0 t\rangle}$ の導出

式 (8.13) の両辺と $\sqrt{2}\sin n\omega_0 t$ の内積をとると

$$\begin{aligned}\langle g(t), \sqrt{2}\sin n\omega_0 t\rangle =&\langle\{\alpha_0 + \sum_{m=1}^{\infty}(\alpha_{cm}\sqrt{2}\cos m\omega_0 t \\ &+ \alpha_{sm}\sqrt{2}\sin m\omega_0 t)\}, \sqrt{2}\sin n\omega_0 t\rangle\end{aligned}$$

と表わせる．ここで右辺は

$$\begin{aligned}(\text{右辺}) =&\alpha_0\langle 1, \sqrt{2}\sin n\omega_0 t\rangle + \sum_{m=1}^{\infty}(\alpha_{cm}\langle\sqrt{2}\cos m\omega_0 t, \sqrt{2}\sin n\omega_0 t\rangle \\ &+ \alpha_{sm}\langle\sqrt{2}\sin m\omega_0 t, \sqrt{2}\sin n\omega_0 t\rangle) \\ =&0 + \sum_{m=1}^{\infty}\alpha_{cm}\cdot 0 + \left\{\sum_{m=1}^{n-1}\alpha_{sm}\cdot 0 + \alpha_{sn}\cdot 1 + \sum_{m=n+1}^{\infty}\alpha_{sm}\cdot 0\right\} \\ =&\alpha_{sn} \end{aligned} \tag{8.16}$$

となる．

■ 実フーリエ係数

実フーリエ級数式 (8.1) の（フーリエ）係数と正規直交な関数による合成式 (8.13) の係数を比較すると

$$\frac{a_0}{2} = \alpha_0, \quad a_n = \alpha_{cn}\sqrt{2}, \quad b_n = \alpha_{sn}\sqrt{2} \tag{8.17}$$

という関係が分かる．ここでフーリエ係数式 (8.3) の a_n と式 (8.4) の b_n を導出してみると a_0, a_n, b_n はそれぞれ

$$\frac{a_0}{2} =\alpha_0 = \langle f(t), 1\rangle = \frac{1}{T}\int_{-\frac{T}{2}}^{\frac{T}{2}} f(t)\,dt \tag{8.18}$$

$$\begin{aligned}a_n =&\alpha_{cn}\sqrt{2} = \langle f(t), \sqrt{2}\cos n\omega_0 t\rangle\sqrt{2} = 2\langle f(t), \cos n\omega_0 t\rangle \\ =&2\frac{1}{T}\int_{-\frac{T}{2}}^{\frac{T}{2}} f(t)\cdot\cos n\omega_0 t\,dt\end{aligned} \tag{8.19}$$

$$\begin{aligned}b_n =&\alpha_{sn}\sqrt{2} = \langle f(t), \sqrt{2}\sin n\omega_0 t\rangle\sqrt{2} = 2\langle f(t), \sin n\omega_0 t\rangle \\ =&2\frac{1}{T}\int_{-\frac{T}{2}}^{\frac{T}{2}} f(t)\cdot\sin n\omega_0 t\,dt\end{aligned} \tag{8.20}$$

となり，式 (8.3)，(8.4) が得られる．

また，$(1, \sin\omega_0 t, \sin 2\omega_0 t, \cdots, \cos\omega_0 t, \cos 2\omega_0 t, \cdots)$ の一次結合で合成された関数は周期 T の周期関数となるため，もとの関数が周期 T の関数であれば，$-\dfrac{T}{2} \sim \dfrac{T}{2}$ の領域以外も含め，もとの関数と合成された関数は一致する．したがって，周期 T の関数は式 (8.3)，(8.4) により，式 (8.1) と表わすことができる．

8.2　実フーリエ係数・級数の計算と波形グラフ

実際に周期関数 $f(t)$ のフーリエ係数，級数を計算し，そこから得られた結果からグラフにより表現してみよう．

▶［内積も計算させてみよう］
グラフでは1周期100サンプルの離散的なデータで信号を表現しているが，これら描いた波形の内積を確認することもできる．時間があればグラフを作成するついでに，内積の計算もさせてみるとよい．7章ベクトルの内積と同様に，2つの関数データの0番目から99番目までの内積を計算する．

■　複数波形のグラフ化

7章では練習として1本のグラフを描いてみたが，ここでは複数本のグラフやそれらを合成した波形を描いてみよう．

例題 8－11
図8.2のsin波形グラフについて，1章で作成した図7.6を基に作成しなさい．ただし振幅は1とし，それらの合成波形も表示すること．

グラフの範囲は -2π (-6.28) から 2π (6.28) であり，1周期100サンプルが $-\pi$ (-3.14) から π (3.14) となるので，$\dfrac{2\pi}{100}$ が1サンプルの間隔 [s] に対応する．また，$\sin t$ については振幅が1で $n=1$，$\omega_0=1$ であるので

- 時刻 [s]：B列6行目に=2*PI()/100*A6を，7行目はA6をA7に変更し，以降続けて入力
- $1\sin 1t$：C列6行目に「=1*SIN(1*B6)」とし，以降続けて入力

とする．D列，E列に新しく $1\sin 2t, 1\sin 3t$ を，F列に合成波を追加するが，これらは $1\sin 2t$ は $\sin t$ の周波数が2倍，$1\sin 3t$ は $\sin t$ の周波数が3倍であるので，それぞれSIN関数のカッコ内で2倍，3倍すればよく

- $1\sin 2t$：D列6行目に「=1*SIN(2*B6)」とし，以降続けて入力
- $1\sin 3t$：E列6行目に「=1*SIN(3*B6)」とし，以降続けて入力

合成については，それぞれの振幅値の和をとればよいので

- 合成波：F列6行目に「=C6+D6+E6」，F列7行目に「=C7+D7+E7」と，以降続けて入力

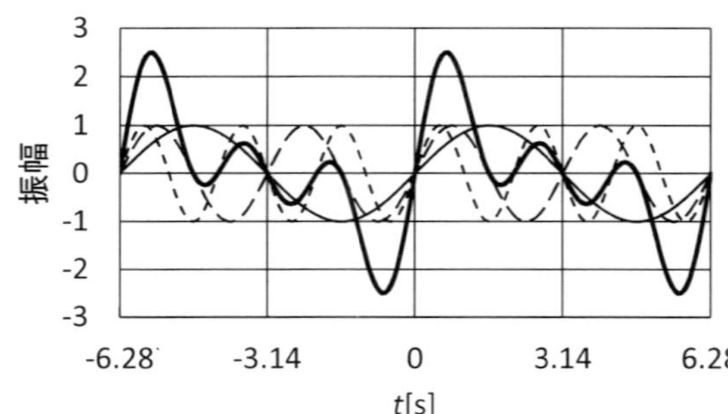

n	t[s]	1sin1t	1sin2t	1sin3t	sum
−100	−6.28319	−6.4E−16	−1.3E−15	−2.8E−15	−4.7E−15
−99	−6.22035	0.062791	0.125333	0.187381	0.375505
−98	−6.15752	0.125333	0.24869	0.368125	0.742148
−97	−6.09469	0.187381	0.368125	0.535827	1.091333
−96	−6.03186	0.24869	0.481754	0.684547	1.414991
−95	−5.96903	0.309017	0.587785	0.809017	1.705819
・	・	・	・	・	・
・	・	・	・	・	・
・	・	・	・	・	・
99	6.220353	−0.06279	−0.12533	−0.18738	−0.37551
100	6.283185	6.43E−16	1.29E−15	2.82E−15	4.75E−15

図 **8.4**　$\sin t, \sin 2t, \sin 3t$ とその合成波

最後にグラフの範囲としてB列〜F列を指定すると，図8.4のように表示される．太線が合成波となるが，単純な波形の合成でも正弦波とは違った表現ができることが分かる．

■ 矩形波でいくつかのパターンを確認する

▶［矩形］
方形と呼ばれることもある．

例題 8－12

1周期が

$$f(t)=\begin{cases} 0 & (-\pi \leq t < -\frac{\pi}{2}, \frac{\pi}{2} \leq t < \pi) \\ \pi & (-\frac{\pi}{2} \leq t < \frac{\pi}{2}) \end{cases}$$

である周期関数の実フーリエ係数と実フーリエ級数を求めなさい．

この矩形波は周期 $T=2\pi$ で図8.5のように表わされる．

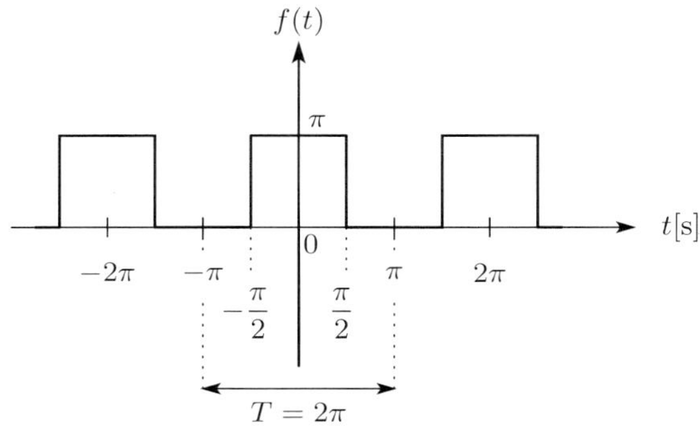

図 8.5　周期 $T=2\pi$ の矩形波

まず実フーリエ係数 a_0 を求めると

$$\begin{aligned} a_0 &= \frac{2}{T}\int_{-\frac{T}{2}}^{\frac{T}{2}} f(t)\cdot\cos 0\omega_0 t\,dt = \frac{2}{2\pi}\int_{-\pi}^{\pi} f(t)\cdot 1\,dt \\ &= \frac{1}{\pi}\left\{\int_{-\pi}^{-\frac{\pi}{2}} 0\,dt + \int_{-\frac{\pi}{2}}^{\frac{\pi}{2}} \pi\,dt + \int_{\frac{\pi}{2}}^{\pi} 0\,dt\right\} = 0 + \Big[t\Big]_{-\frac{\pi}{2}}^{\frac{\pi}{2}} + 0 \\ &= \frac{\pi}{2} - \left(-\frac{\pi}{2}\right) = \pi \end{aligned}$$

となり，直流成分は $\dfrac{a_0}{2}=\dfrac{\pi}{2}$ であることが分かる．

▶［図から直接計算］
図8.5から直流成分（平均値）を直接求めても $\dfrac{\pi}{2}$ と同じ値であることが分かる．

次に cos の成分である実フーリエ係数 a_n を計算すると

$$\begin{aligned} a_n &= \frac{2}{T}\int_{-\frac{T}{2}}^{\frac{T}{2}} f(t)\cdot\cos n\omega_0 t\,dt = \frac{1}{\pi}\int_{-\frac{\pi}{2}}^{\frac{\pi}{2}} \pi\cdot\cos nt\,dt = \frac{1}{n}\Big[\sin nt\Big]_{-\frac{\pi}{2}}^{\frac{\pi}{2}} \\ &= \frac{1}{n}\left\{\sin\frac{\pi}{2}n - \left(-\sin\frac{\pi}{2}n\right)\right\} = \frac{2}{n}\sin\frac{\pi}{2}n \end{aligned}$$

となる．

最後に，sin の成分である実フーリエ係数 b_n は

$$b_n = \frac{2}{T}\int_{-\frac{T}{2}}^{\frac{T}{2}} f(t)\cdot \sin n\omega_0 t\,dt = \frac{1}{\pi}\int_{-\frac{\pi}{2}}^{\frac{\pi}{2}} \pi\cdot \sin nt\,dt = \frac{1}{n}\Big[-\cos nt\Big]_{-\frac{\pi}{2}}^{\frac{\pi}{2}}$$
$$= -\frac{1}{n}\left(\cos\frac{\pi}{2}n - \cos\frac{\pi}{2}n\right) = 0$$

となる．

実フーリエ級数は，$b_n = 0$ であるので

$$f(t) = \frac{a_0}{2} + \sum_{n=1}^{\infty} a_n \cos n\omega_0 t + 0 = \frac{\pi}{2} + \sum_{n=1}^{\infty} \frac{2}{n}\sin\frac{\pi}{2}n\cdot\cos nt$$
$$= \frac{\pi}{2} + 2\cos t - \frac{2}{3}\cos 3t + \frac{2}{5}\cos 5t - \frac{2}{7}\cos 7t + \cdots$$

となり，$n = 5$ までの実フーリエ級数により表わすと図 8.6 となる．

▶［$\sin\frac{\pi}{2}n$ の値］
$\sin\frac{\pi}{2}n$ は $n = 1$ のとき 1，$n = 2$ のとき 0，$n = 3$ のとき -1，$n = 4$ のとき 0，と順番に繰り返す．すなわち，$1, 5, 9, \cdots$ のとき 1，$3, 7, 11, \cdots$ のとき -1 となる．

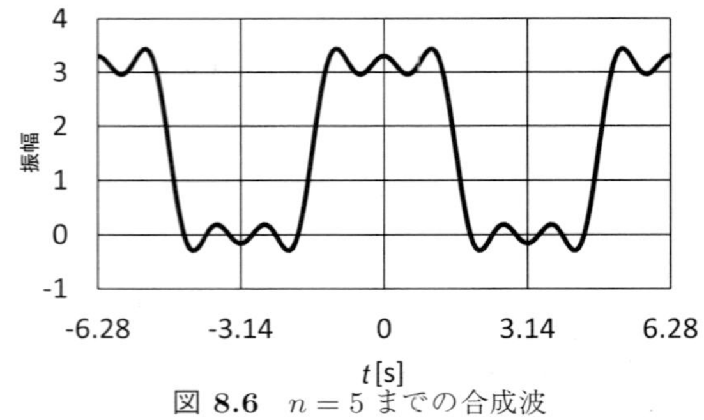

図 **8.6**　$n = 5$ までの合成波

この波形は a_n $(n = 0, 1, 3, 5)$ のみから構成されているが，図 8.5 の矩形波に近づいていることが確認できる．

▶［偶関数］
例題 8–12 の矩形波は $t = 0$ における縦軸を中心に線対称，つまり偶関数となる．このような偶関数の場合，実フーリエ係数は cos 成分 a_n のみの計算でもよいことが分かる．

例題 8 – 13

1 周期が

$$f(t) = \begin{cases} 0 & (-\pi \le t < 0) \\ \pi & (0 \le t < \pi) \end{cases}$$

である周期関数の実フーリエ係数と実フーリエ級数を求めなさい．

この波形は周期 $T = 2\pi$ で図 8.7 のように表わされる．

実フーリエ係数 a_0 は

$$a_0 = \frac{2}{T}\int_{-\frac{T}{2}}^{\frac{T}{2}} f(t)\,dt = \frac{1}{\pi}\int_{-\pi}^{\pi} f(t)\,dt = \frac{1}{\pi}\left\{\int_{-\pi}^{0} 0\,dt + \int_{0}^{\pi} \pi\,dt\right\}$$
$$= 0 + \Big[t\Big]_0^{\pi} = \pi - 0 = \pi$$

となり，この場合も直流成分は $\frac{\pi}{2}$ であることが分かる．

実フーリエ係数 a_n は

$$a_n = \frac{2}{T}\int_{-\frac{T}{2}}^{\frac{T}{2}} f(t)\cdot\cos n\omega_0 t\,dt = \frac{1}{\pi}\int_{0}^{\pi} \pi\cdot\cos nt\,dt = \frac{1}{n}\Big[\sin nt\Big]_0^{\pi}$$

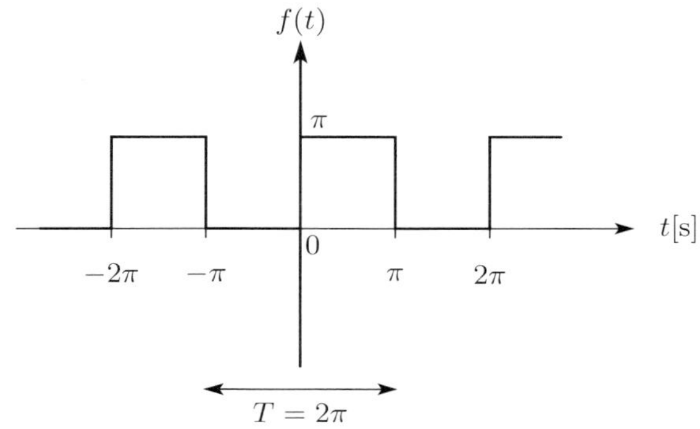

図 **8.7**　周期 $T = 2\pi$ の矩形波（位相 $\frac{\pi}{2}$ 遅れ）

$$=\frac{1}{n}\left(\sin \pi n - \sin 0\right) = 0$$

となり，実フーリエ係数 b_n は

$$b_n = \frac{2}{T}\int_{-\frac{T}{2}}^{\frac{T}{2}} f(t)\cdot \sin n\omega_0 t\, dt = \frac{1}{\pi}\int_0^{\pi} \pi \cdot \sin nt\, dt = -\frac{1}{n}\Big[\cos nt\Big]_0^{\pi}$$

$$=\frac{1}{n}(1-\cos \pi n)$$

となる．

実フーリエ級数は，$a_n = 0$ であるので

$$f(t) = \frac{a_0}{2} + \sum_{n=1}^{\infty} 0 + b_n \sin n\omega_0 t = \frac{\pi}{2} + \sum_{n=1}^{\infty} \frac{1}{n}(1-\cos \pi n)\cdot \sin nt$$

$$= \frac{\pi}{2} + 2\sin t + \frac{2}{3}\sin 3t + \frac{2}{5}\sin 5t + \frac{2}{7}\sin 7t + \cdots$$

となる．$n = 5$ までの実フーリエ級数により表わすと図 8.8 となる．

▶［奇関数］
例題 8–13 の波形から直流成分 $\frac{a_0}{2}$ を除くと，0 を中心に点対称，つまり奇関数となる．奇関数の場合は偶関数と違い，実フーリエ係数は sin 成分 b_n のみの計算でよいことが分かる．

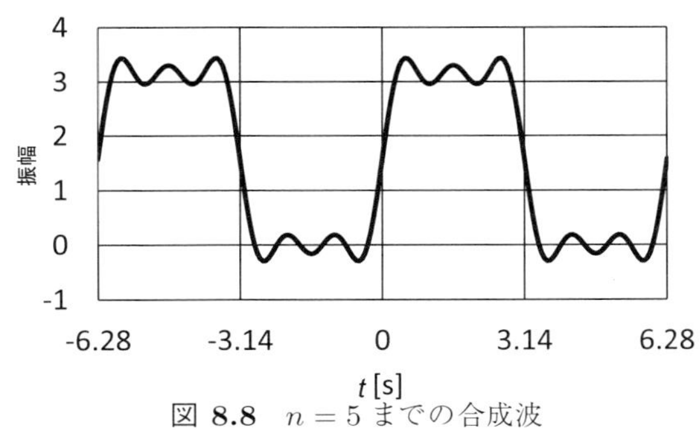

図 **8.8**　$n = 5$ までの合成波

例題 8 – 14

1 周期が

$$f(t) = \begin{cases} 0 & (-\pi \le t < -\frac{\pi}{4}, \frac{3\pi}{4} \le t < \pi) \\ \pi & (-\frac{\pi}{4} \le t < \frac{3\pi}{4}) \end{cases}$$

である周期関数の実フーリエ係数と実フーリエ級数を求めなさい．

この波形は周期 $T=2\pi$ で図 8.9 のように表わされる．

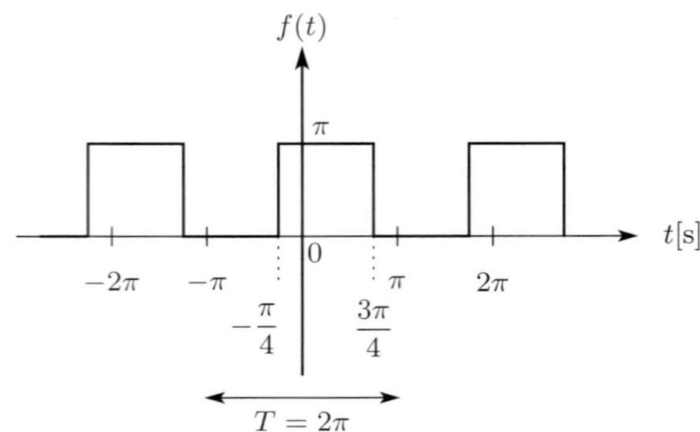

図 8.9　周期 $T=2\pi$ の矩形波（位相 $\frac{\pi}{4}$ 遅れ）

実フーリエ係数 a_0 は

$$a_0=\frac{2}{T}\int_{-\frac{T}{2}}^{\frac{T}{2}} f(t)\,dt=\frac{1}{\pi}\int_{-\pi}^{\pi} f(t)\,dt=\frac{1}{\pi}\int_{-\frac{\pi}{4}}^{\frac{3\pi}{4}} \pi\,dt=\Big[t\Big]_{-\frac{\pi}{4}}^{\frac{3\pi}{4}}=\pi$$

となり，この場合も直流成分は $\dfrac{\pi}{2}$ であることが分かる．

実フーリエ係数 a_n は

$$\begin{aligned}a_n&=\frac{2}{T}\int_{-\frac{T}{2}}^{\frac{T}{2}} f(t)\cdot\cos n\omega_0 t\,dt=\frac{1}{\pi}\int_{-\frac{\pi}{4}}^{\frac{3\pi}{4}}\pi\cdot\cos nt\,dt=\frac{1}{n}\Big[\sin nt\Big]_{-\frac{\pi}{4}}^{\frac{3\pi}{4}}\\&=\frac{1}{n}\left\{\sin\frac{3\pi}{4}n-\left(-\sin\frac{\pi}{4}n\right)\right\}=\frac{1}{n}\left(\sin\frac{3\pi}{4}n+\sin\frac{\pi}{4}n\right)\end{aligned}$$

となり，実フーリエ係数 b_n は

$$\begin{aligned}b_n&=\frac{2}{T}\int_{-\frac{T}{2}}^{\frac{T}{2}} f(t)\cdot\sin n\omega_0 t\,dt=\frac{1}{\pi}\int_{-\frac{\pi}{4}}^{\frac{3\pi}{4}}\pi\cdot\sin nt\,dt=-\frac{1}{n}\Big[\cos nt\Big]_{-\frac{\pi}{4}}^{\frac{3\pi}{4}}\\&=-\frac{1}{n}\left(\cos\frac{3\pi}{4}n-\cos\frac{\pi}{4}n\right)\end{aligned}$$

となる．

▶［積和の公式より］
$\sin\alpha\cos\beta=\frac{1}{2}\{\sin(\alpha+\beta)+\sin(\alpha-\beta)\}$ を利用し，$\left(\sin\frac{3\pi}{4}n+\sin\frac{\pi}{4}n\right)$ を $\sin\frac{2\pi+\pi}{4}n+\sin\frac{2\pi+\pi}{4}n$ とおき，$2\sin\frac{\pi}{2}n\cdot\cos\frac{\pi}{4}n$ とすることもできる．

▶［積和の公式より］
$\sin\alpha\sin\beta=-\frac{1}{2}\{\cos(\alpha+\beta)-\cos(\alpha-\beta)\}$ を利用し，$\left(\cos\frac{3\pi}{4}n-\cos\frac{\pi}{4}n\right)$ を $-2\sin\frac{\pi}{2}n\cdot\sin\frac{\pi}{4}n$ とすることもできる．

これらより実フーリエ級数は

$$\begin{aligned}f(t)&=\frac{a_0}{2}+\sum_{n=1}^{\infty}a_n\cos n\omega_0 t+b_n\sin n\omega_0 t\\&=\frac{\pi}{2}+\sum_{n=1}^{\infty}\left\{\frac{1}{n}\left(\sin\frac{3\pi}{4}n+\sin\frac{\pi}{4}n\right)\cdot\cos nt+\frac{1}{n}\left(\cos\frac{\pi}{4}n-\cos\frac{3\pi}{4}n\right)\cdot\sin nt\right\}\\&=\frac{\pi}{2}+\sqrt{2}\cos t+\sqrt{2}\sin t+\frac{\sqrt{2}}{3}\cos 3t-\frac{\sqrt{2}}{3}\sin 3t-\frac{\sqrt{2}}{5}\cos 5t-\frac{\sqrt{2}}{5}\sin 5t-\cdots\end{aligned}$$

となる．

$n=5$ までの実フーリエ級数により表わすと図 8.10 となる．cos 成分，sin 成分を利用することにより，波形の時間軸上の移動も再現できることが確認できる．

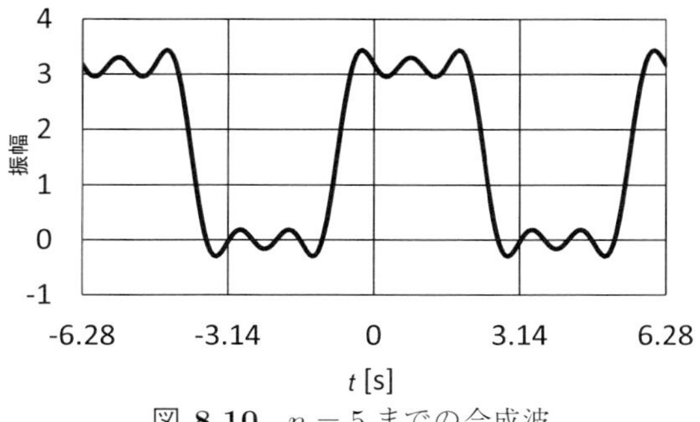

図 **8.10**　$n=5$ までの合成波

ここで，実フーリエ係数の値を確認しておこう．a_n，b_n がそれぞれ

$$a_n = \frac{1}{n}\left(\sin\frac{3\pi}{4}n + \sin\frac{\pi}{4}n\right),\quad b_n = -\frac{1}{n}\left(\cos\frac{3\pi}{4}n - \cos\frac{\pi}{4}n\right)$$

として，$n=1\sim 7$ までを計算すると

$$\begin{aligned}
a_1 &= \frac{1}{1}\left(\frac{1}{\sqrt{2}}+\frac{1}{\sqrt{2}}\right) = \sqrt{2} & b_1 &= -\frac{1}{1}\left(-\frac{1}{\sqrt{2}}-\frac{1}{\sqrt{2}}\right) = \sqrt{2}\\
a_2 &= \frac{1}{2}(-1+1) = 0 & b_2 &= -\frac{1}{2}(0-0) = 0\\
a_3 &= \frac{1}{3}\left(\frac{1}{\sqrt{2}}+\frac{1}{\sqrt{2}}\right) = \frac{\sqrt{2}}{3} & b_3 &= -\frac{1}{3}\left(\frac{1}{\sqrt{2}}+\frac{1}{\sqrt{2}}\right) = -\frac{\sqrt{2}}{3}\\
a_4 &= \frac{1}{4}(0+0) = 0 & b_4 &= -\frac{1}{4}(-1+1) = 0\\
a_5 &= \frac{1}{5}\left(-\frac{1}{\sqrt{2}}-\frac{1}{\sqrt{2}}\right) = -\frac{\sqrt{2}}{5} & b_5 &= -\frac{1}{5}\left(\frac{1}{\sqrt{2}}+\frac{1}{\sqrt{2}}\right) = -\frac{\sqrt{2}}{5}\\
a_6 &= \frac{1}{6}(1-1) = 0 & b_6 &= -\frac{1}{6}(0-0) = 0\\
a_7 &= \frac{1}{7}\left(-\frac{1}{\sqrt{2}}-\frac{1}{\sqrt{2}}\right) = -\frac{\sqrt{2}}{7} & b_7 &= -\frac{1}{7}\left(-\frac{1}{\sqrt{2}}-\frac{1}{\sqrt{2}}\right) = \frac{\sqrt{2}}{7}
\end{aligned}$$

となる．

■　三角波の例

例題 8 – 15

1 周期が

$$f(t) = \begin{cases} 2+t & (-2 \le t < 0)\\ 2-t & (0 \le t < 2)\end{cases}$$

である周期関数の実フーリエ係数と実フーリエ級数を求めなさい．

この波形は周期 $T=4$ で図 8.11 のようになる．

$T=4$ であるので，基本角周波数は $\omega_0 = \dfrac{2\pi}{T} = \dfrac{2\pi}{4} = \dfrac{\pi}{2}$ となる．まず，直流成分 a_0 は

$$a_0 = \frac{2}{T}\int_{-\frac{T}{2}}^{\frac{T}{2}} f(t)\,dt = \frac{2}{4}\left\{\int_{-2}^{0}(2+t)\,dt + \int_{0}^{2}(2-t)\,dt\right\}$$

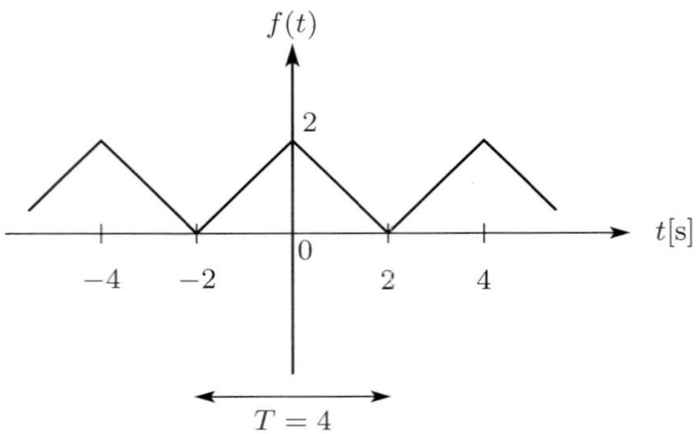

図 **8.11**　周期 $T = 4$ の三角波

$$
\begin{aligned}
&= \frac{1}{2}\left\{\int_{-2}^{0} 2\,dt + \int_{-2}^{0} t\,dt + \int_{0}^{2} 2\,dt + \int_{0}^{2} (-t)\,dt\right\} \\
&= \frac{1}{2}\left\{2\Big[t\Big]_{-2}^{0} + \frac{1}{2}\Big[t^2\Big]_{-2}^{0} + 2\Big[t\Big]_{0}^{2} - \frac{1}{2}\Big[t^2\Big]_{0}^{2}\right\} \\
&= \frac{1}{2}\left\{2(0+2) + \frac{1}{2}(0-4) + 2(2-0) - \frac{1}{2}(4-0)\right\} = 2
\end{aligned}
$$

となる．次に a_n は

$$
\begin{aligned}
a_n &= \frac{2}{T}\int_{-\frac{T}{2}}^{\frac{T}{2}} f(t)\cdot\cos n\omega_0 t\,dt \\
&= \frac{2}{4}\left\{\int_{-2}^{0}(2+t)\cdot\cos\frac{n\pi}{2}t\,dt + \int_{0}^{2}(2-t)\cdot\cos\frac{n\pi}{2}t\,dt\right\} \\
&= \int_{-2}^{0}\cos\frac{n\pi}{2}t\,dt + \frac{1}{2}\int_{-2}^{0} t\cdot\cos\frac{n\pi}{2}t\,dt \\
&\quad + \int_{0}^{2}\cos\frac{n\pi}{2}t\,dt + \frac{1}{2}\int_{0}^{2}(-t)\cdot\cos\frac{n\pi}{2}t\,dt \\
&= \frac{2}{n\pi}\Big[\sin\frac{n\pi}{2}t\Big]_{-2}^{0} + \frac{1}{n\pi}\Big[t\cdot\sin\frac{n\pi}{2}t\Big]_{-2}^{0} - \frac{1}{n\pi}\int_{-2}^{0} 1\cdot\sin\frac{n\pi}{2}t\,dt \\
&\quad + \frac{2}{n\pi}\Big[\sin\frac{n\pi}{2}t\Big]_{0}^{2} - \frac{1}{n\pi}\Big[t\cdot\sin\frac{n\pi}{2}t\Big]_{0}^{2} + \frac{1}{n\pi}\int_{0}^{2} 1\cdot\sin\frac{n\pi}{2}t\,dt \\
&= 0 + 0 + \frac{2}{n^2\pi^2}\Big[\cos\frac{n\pi}{2}t\Big]_{-2}^{0} + 0 - 0 - \frac{2}{n^2\pi^2}\Big[\cos\frac{n\pi}{2}t\Big]_{0}^{2} \\
&= \frac{2}{n^2\pi^2}\left\{(1-\cos(-n\pi)) - (\cos n\pi - 1)\right\} \\
&= \frac{4}{n^2\pi^2}(1-\cos n\pi) \qquad \left\{= \frac{8}{n^2\pi^2}\sin^2\frac{n\pi}{2}\right\}
\end{aligned}
$$

となる．最後に b_n を計算すると

$$
\begin{aligned}
b_n &= \frac{2}{T}\int_{-\frac{T}{2}}^{\frac{T}{2}} f(t)\cdot\sin n\omega_0 t\,dt \\
&= \frac{2}{4}\left\{\int_{-2}^{0}(2+t)\cdot\sin n\omega_0 t\,dt + \int_{0}^{2}(2-t)\cdot\sin n\omega_0 t\,dt\right\} \\
&= \int_{-2}^{0}\sin\frac{n\pi}{2}t\,dt + \frac{1}{2}\int_{-2}^{0} t\cdot\sin\frac{n\pi}{2}t\,dt
\end{aligned}
$$

▶［部分積分］
部分積分の公式では $\int_a^b x(t)\cdot y(t)\,dt$ のとき $\Big[x(t)$ はそのまま・$y(t)$ を積分$\Big]_a^b - \int_a^b x(t)$ を微分・$y(t)$ を積分 dt（$x(t), y(t)$ が逆でも可）と表わされた．

▶［$\cos n\pi$］
$\cos n\pi$ において n が偶数のとき 1，奇数のとき -1 の値をとる．

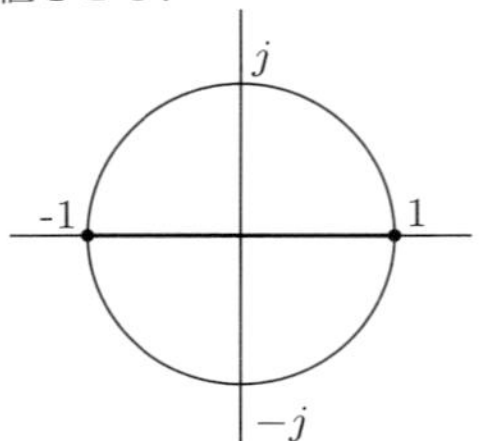

▶［倍角の公式を使うと］
{ } 内は
$\frac{1}{2}(1-\cos 2\alpha) = \sin^2\alpha$
を使いまとめた．

▶［この三角波は偶関数］
この三角波は偶関数であるので $b_n = 0$ となる．

$$
\begin{aligned}
&+\int_0^2 \sin\frac{n\pi}{2}t\,dt+\frac{1}{2}\int_0^2(-t)\cdot\sin\frac{n\pi}{2}t\,dt\\
=&-\frac{2}{n\pi}\left[\cos\frac{n\pi}{2}t\right]_{-2}^{0}-\frac{1}{n\pi}\left[t\cdot\cos\frac{n\pi}{2}t\right]_{-2}^{0}+\frac{1}{n\pi}\int_{-2}^{0}1\cdot\cos\frac{n\pi}{2}t\,dt\\
&-\frac{2}{n\pi}\left[\cos\frac{n\pi}{2}t\right]_{0}^{2}+\frac{1}{n\pi}\left[t\cdot\cos\frac{n\pi}{2}t\right]_{0}^{2}-\frac{1}{n\pi}\int_{0}^{2}1\cdot\cos\frac{n\pi}{2}t\,dt\\
=&-\frac{2}{n\pi}(1-\cos(-n\pi))-\frac{1}{n\pi}(0+2\cos n\pi)+\frac{2}{n^2\pi^2}\left[\sin\frac{n\pi}{2}t\right]_{-2}^{0}\\
&-\frac{2}{n\pi}(\cos n\pi-1)+\frac{1}{n\pi}(2\cos n\pi-0)-\frac{2}{n^2\pi^2}\left[\sin\frac{n\pi}{2}t\right]_{0}^{2}=0
\end{aligned}
$$

となる．したがって，フーリエ級数は

$$
\begin{aligned}
f(t)&=\frac{a_0}{2}+\sum_{n=1}^{\infty}a_n\cos n\omega_0 t=1+\sum_{n=1}^{\infty}\frac{8}{n^2\pi^2}\sin^2\frac{n\pi}{2}\cos\frac{n\pi}{2}t\\
&=1+\frac{8}{\pi^2}\cos\frac{\pi}{2}t+\frac{8}{9\pi^2}\cos\frac{3\pi}{2}t+\frac{8}{25\pi^2}\cos\frac{5\pi}{2}t+\cdots
\end{aligned}
$$

と表わされる．$n=5$ までのフーリエ級数で表わしたのが図 8.12 となる．

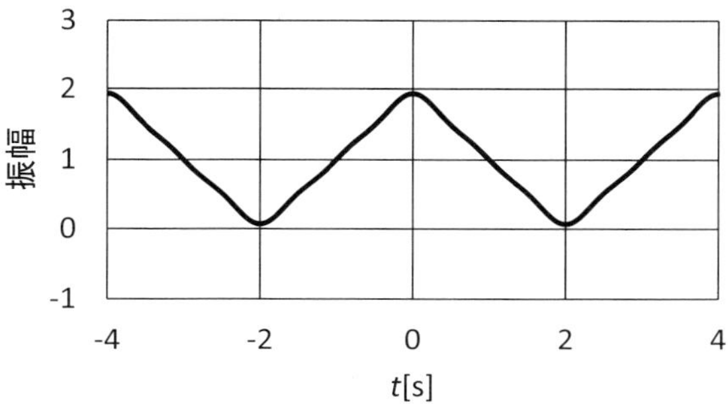

図 **8.12**　$n=5$ までの合成波

少ない正弦波の合成でも，先ほどの矩形波よりも比較的きれいな波形が再現されている．

▶［高い周波数の成分が大きいと］
波形に含まれる高い周波数成分が大きいとき，n を多くとらないとあまりきれいに再現できない．逆に高い周波数の成分が小さい波形は，少ない n でも比較的きれいに再現できる．

[8 章のまとめ]

この章では，

1. 定数，sin 関数，cos 関数の内積，ノルム，直交関係を確認した．
2. 実フーリエ係数を求めた．
3. 実フーリエ級数を求めた．
4. グラフソフトにより合成波形を描いた．

8章　演習問題

［演習1］周期 T（範囲 $-\dfrac{T}{2} \sim \dfrac{T}{2}$）における直交とノルムを確認する．

(1) $\sin\omega_0 t$ と $\sin 2\omega_0 t$ の内積を求めなさい．

(2) $\cos 2\omega_0 t$ と $\cos 3\omega_0 t$ の内積を求めなさい．

(3) $\sin\omega_0 t$ と $\cos 3\omega_0 t$ の内積を求めなさい．

(4) $\sin\omega_0 t$ と $\cos\omega_0 t$ の内積を求めなさい．

(5) 1 と $\sin\omega_0 t$ の内積を求めなさい．

(6) 1 と $\cos\omega_0 t$ の内積を求めなさい．

(7) $\sin\omega_0 t$ のノルムを求めなさい．

※ (1)～(7) の $\sin n\omega_0 t$，$\cos n\omega_0 t$ とした一般形については，例題 8－1 から 8－10 を参考に自分で計算し確認しなさい．結果は 1,$\sin nt$,$\cos nt$ の場合と同じになる．

［演習2］次の図をグラフソフトを用いて描きなさい．

(1) 図 8.8　　　(2) 図 8.10

［演習3］図 8.12 をグラフソフトを用いて描く．

(1) 範囲を $-2\pi \sim 2\pi$ にしたグラフを描きなさい．

(2) 範囲を三角波 2 周期分の範囲に変更したグラフを描きなさい．

（ただし，横軸の範囲と関数内の範囲を変更して実現することとする）

［演習4］次のノコギリ波の実フーリエ係数，実フーリエ級数を求めなさい．またグラフソフトを用いて波形を描きなさい（$n = 5$ まででよい）．

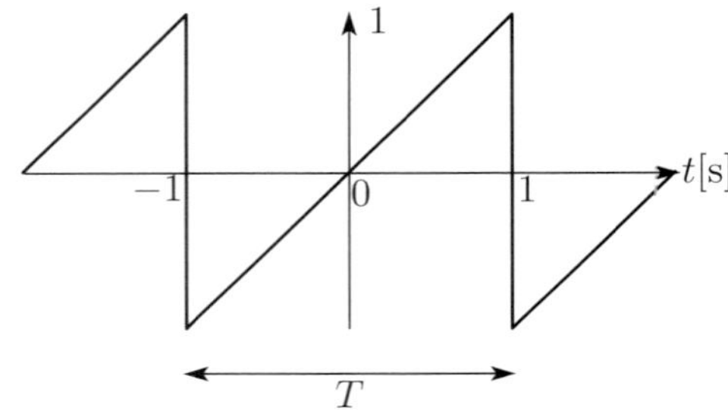

［演習5］一般家庭のコンセントから電源をとることのできる半波整流回路を製作し，その出力電圧は下図のようになっていた．

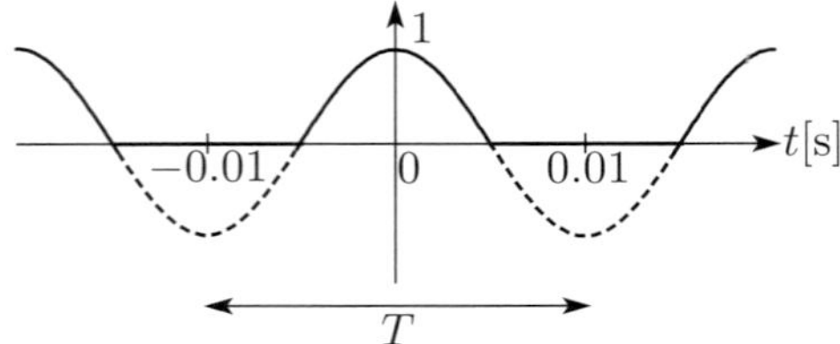

(1) この波形の周期 T[s] と基本角周波数 ω_0[rad/s] を求めなさい．

(2) 実フーリエ係数 a_n を求めなさい．

(3) グラフソフトを用い，$n = 5$ までの係数を利用して波形を描きなさい．

8 章　演習問題解答

［解 1］

(1)

$$\langle \sin\omega_0 t, \sin 2\omega_0 t\rangle = \frac{1}{T}\int_{-\frac{T}{2}}^{\frac{T}{2}} \sin\omega_0 t \cdot \sin 2\omega_0 t\, dt$$

$$= -\frac{1}{T}\int_{-\frac{T}{2}}^{\frac{T}{2}} \frac{1}{2}\{\cos 3\omega_0 t - \cos(-1)\omega_0 t\}\, dt$$

$$= -\frac{1}{2T\cdot 3\omega_0}\Big[\sin 3\omega_0 t\Big]_{-\frac{T}{2}}^{\frac{T}{2}} + \frac{1}{2T\cdot \omega_0}\Big[\sin \omega_0 t\Big]_{-\frac{T}{2}}^{\frac{T}{2}}$$

$$= -\frac{1}{12\pi}\{\sin 3\pi - \sin(-3\pi)\} + \frac{1}{4\pi}\{\sin\pi - \sin(-\pi)\}$$

$$= 0$$

(2)

$$\langle \cos 2\omega_0 t, \cos 3\omega_0 t\rangle = \frac{1}{T}\int_{-\frac{T}{2}}^{\frac{T}{2}} \cos 2\omega_0 t \cdot \cos 3\omega_0 t\, dt$$

$$= \frac{1}{T}\int_{-\frac{T}{2}}^{\frac{T}{2}} \frac{1}{2}\{\cos 5\omega_0 t + \cos(-1)\omega_0 t\}\, dt$$

$$= \frac{1}{2T\cdot 5\omega_0}\Big[\sin 5\omega_0 t\Big]_{-\frac{T}{2}}^{\frac{T}{2}} + \frac{1}{2T\cdot \omega_0}\Big[\sin \omega_0 t\Big]_{-\frac{T}{2}}^{\frac{T}{2}} = 0$$

(3)

$$\langle \sin\omega_0 t, \cos 3\omega_0 t\rangle = \frac{1}{T}\int_{-\frac{T}{2}}^{\frac{T}{2}} \sin\omega_0 t \cdot \cos 3\omega_0 t\, dt$$

$$= \frac{1}{T}\int_{-\frac{T}{2}}^{\frac{T}{2}} \frac{1}{2}\{\sin 4\omega_0 t + \sin(-2)\omega_0 t\}\, dt$$

$$= -\frac{1}{2T\cdot 4\omega_0}\Big[\cos 4\omega_0 t\Big]_{-\frac{T}{2}}^{\frac{T}{2}} + \frac{1}{2T\cdot 2\omega_0}\Big[\cos 2\omega_0 t\Big]_{-\frac{T}{2}}^{\frac{T}{2}}$$

$$= -\frac{1}{16\pi}\{\cos 4\pi - \cos 4\pi\} + \frac{1}{8\pi}\{\cos 2\pi - \cos 2\pi\} = 0$$

(4)

$$\langle \sin\omega_0 t, \cos\omega_0 t\rangle = \frac{1}{T}\int_{-\frac{T}{2}}^{\frac{T}{2}} \sin\omega_0 t \cdot \cos\omega_0 t\, dt$$

$$= \frac{1}{T}\int_{-\frac{T}{2}}^{\frac{T}{2}} \frac{1}{2}\sin 2\omega_0 t\, dt = -\frac{1}{2T\cdot 2\omega_0}\Big[\cos 2\omega_0 t\Big]_{-\frac{T}{2}}^{\frac{T}{2}} = 0$$

(5)

$$\langle 1, \sin\omega_0 t\rangle$$

$$= \frac{1}{T}\int_{-\frac{T}{2}}^{\frac{T}{2}} 1\cdot\sin\omega_0 t\, dt = -\frac{1}{T\cdot\omega_0}\Big[\cos\omega_0 t\Big]_{-\frac{T}{2}}^{\frac{T}{2}} = 0$$

(6)

$$\langle 1, \cos\omega_0 t\rangle$$

$$= \frac{1}{T}\int_{-\frac{T}{2}}^{\frac{T}{2}} 1\cdot\cos\omega_0 t\, dt = \frac{1}{T\cdot\omega_0}\Big[\sin\omega_0 t\Big]_{-\frac{T}{2}}^{\frac{T}{2}} = 0$$

(7)

$$\|\sin\omega_0 t\|^2 = \langle \sin nt, \sin nt\rangle$$

$$= \frac{1}{T}\int_{-\frac{T}{2}}^{\frac{T}{2}} \sin^2\omega_0 t\, dt = \frac{1}{T}\cdot\frac{1}{2}\int_{-\frac{T}{2}}^{\frac{T}{2}} (1-\cos 2\omega_0 t)\, dt$$

$$= \frac{1}{2T}\Big[t\Big]_{-\frac{T}{2}}^{\frac{T}{2}} - \frac{1}{2T\cdot 2\omega_0}\Big[\sin 2\omega_0 t\Big]_{-\frac{T}{2}}^{\frac{T}{2}} = \frac{1}{2} - 0 = \frac{1}{2}$$

$$\|\sin nt\| = \sqrt{\frac{1}{2}} = \frac{1}{\sqrt{2}}$$

［解 2］

(1)

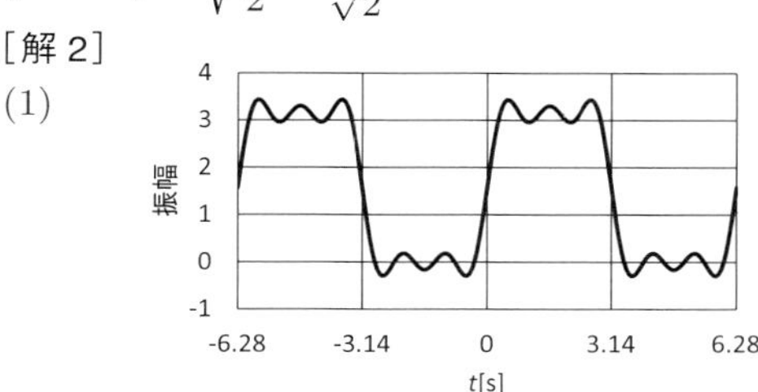

n	t[s]	a0/2	b1*sin1t	b2*sin2t	b3*sin3t	b4*sin4t	b5*sin5t	sum
−100	−6.283	1.571	0	0	0	0	0	1.571
−99	−6.220	1.571	0.126	0	0.125	0	0.124	1.945
−98	−6.158	1.571	0.251	0	0.245	0	0.235	2.302
−97	−6.095	1.571	0.375	0	0.357	0	0.324	2.626
−96	−6.032	1.571	0.497	0	0.456	0	0.380	2.905
−95	−5.969	1.571	0.618	0	0.539	0	0.400	3.128
·	·	·	·	·	·	·	·	·
·	·	·	·	·	·	·	·	·
·	·	·	·	·	·	·	·	·
99	6.220	1.571	−0.126	0	−0.125	0	−0.124	1.197
100	6.283	1.571	0	0	0	0	0	1.571

(2)

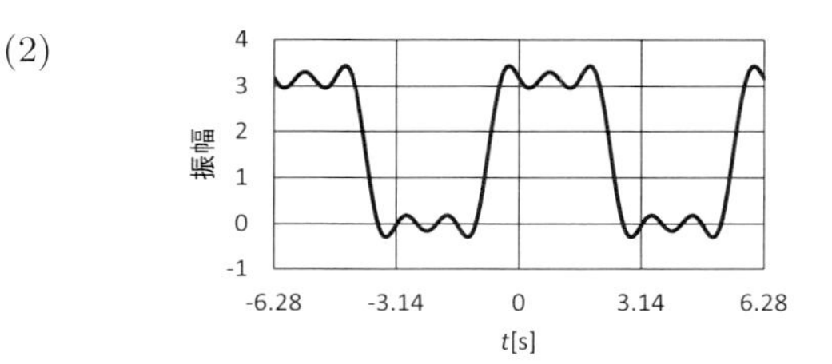

n	t[s]	a0/2	a1*cos1t	a2*cos2t	a3*cos3t	a4*cos4t	a5*cos5t	b1*sin1t	b2*sin2t	b3*sin3t	b4*sin4t	b5*sin5t	sum
−100	−6.283	1.571	1.414	0	0.471	0	−0.283	0	0	0	0	0	3.174
−99	−6.220	1.571	1.411	0	0.463	0	−0.269	0.089	0	−0.088	0	−0.087	3.089
−98	−6.158	1.571	1.403	0	0.438	0	−0.229	0.177	0	−0.174	0	−0.166	3.021
−97	−6.095	1.571	1.389	0	0.398	0	−0.166	0.265	0	−0.253	0	−0.229	2.975
−96	−6.032	1.571	1.370	0	0.344	0	−0.087	0.352	0	−0.323	0	−0.269	2.957
−95	−5.969	1.571	1.345	0	0.277	0	0	0.437	0	−0.381	0	−0.283	2.966
·	·	·	·	·	·	·	·	·	·	·	·	·	·
·	·	·	·	·	·	·	·	·	·	·	·	·	·
·	·	·	·	·	·	·	·	·	·	·	·	·	·
99	6.220	1.571	1.411	0	0.463	0	−0.269	−0.089	0	0.088	0	0.087	3.263
100	6.283	1.571	1.414	0	0.471	0	−0.283	0	0	0	0	0	3.174

［解 3］

(1)

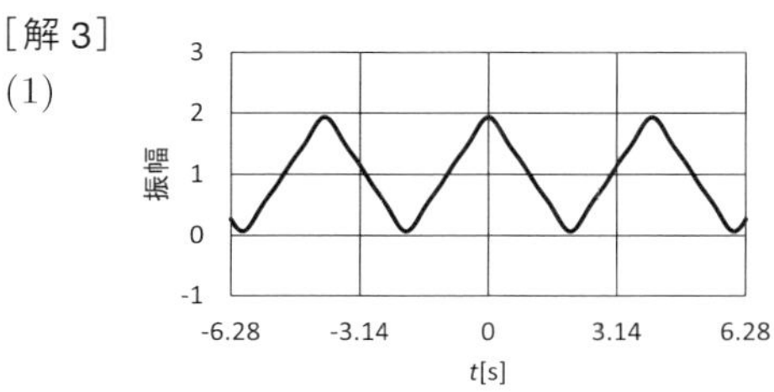

n	t[s]	a0/2	a1*cos1t	a2*cos2t	a3*cos3t	a4*cos4t	a5*cos5t	sum
−100	−6.283	1.000	−0.732	0	−0.021	0	0.020	0.267
−99	−6.220	1.000	−0.762	0	−0.046	0	0.005	0.197
−98	−6.158	1.000	−0.786	0	−0.066	0	−0.011	0.137
−97	−6.095	1.000	−0.802	0	−0.081	0	−0.024	0.093
−96	−6.032	1.000	−0.810	0	−0.089	0	−0.031	0.070
−95	−5.969	1.000	−0.810	0	−0.089	0	0	0.070
·	·	·	·	·	·	·	·	·
·	·	·	·	·	·	·	·	·
·	·	·	·	·	·	·	·	·
99	6.220	1.000	−0.762	0	−0.046	0	0.005	0.197
100	6.283	1.000	−0.732	0	−0.021	0	0.020	0.267

(2)

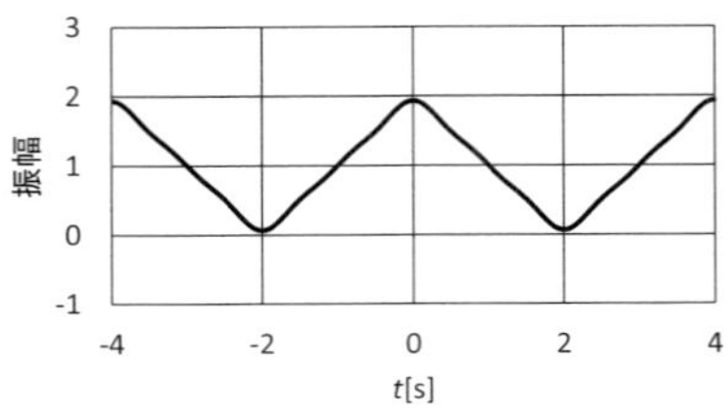

n	t[s]	a0/2	a1*cos1ω0t	a2*cos2ω0t	a3*cos3ω0t	a4*cos4ω0t	a5*cos5ω0t	sum
−100	−4	1	0.811	0	0.090	0	0.032	1.933
−99	−3.96	1	0.809	0	0.088	0	0.031	1.928
−98	−3.92	1	0.804	0	0.084	0	0.026	1.914
−97	−3.88	1	0.796	0	0.076	0	0.019	1.891
−96	−3.84	1	0.785	0	0.066	0	0.010	1.861
−95	−3.80	1	0.771	0	0.053	0	0	1.824
·	·	·	·	·	·	·	·	·
·	·	·	·	·	·	·	·	·
·	·	·	·	·	·	·	·	·
99	3.96	1	0.809	0	0.088	0	0.031	1.928
100	4	1	0.811	0	0.090	0	0.032	1.933

［解 4］

この関数は奇関数で a_n は 0 となるため割愛する．

$$b_n = \frac{2}{T}\int_{-\frac{T}{2}}^{\frac{T}{2}} t\cdot\sin n\omega_0 t\,dt = \frac{2}{2}\int_{-1}^{1} t\cdot\sin n\pi t\,dt$$
$$= \Big[t\cdot(-\frac{1}{n\pi}\cos n\pi t)\Big]_{-1}^{1} - \int_{-1}^{1}(-\frac{1}{n\pi}\cos n\pi t)\,dt$$
$$= -\frac{1}{n\pi}\Big[t\cdot\cos n\pi t\Big]_{-1}^{1} + \frac{1}{(n\pi)^2}\Big[\sin n\pi t\Big]_{-1}^{1}$$
$$= -\frac{2}{n\pi}\cos n\pi$$

となり，$n = 1 \sim 5$ のときの b_n は順に，$\frac{2}{\pi}, -\frac{2}{2\pi}, \frac{2}{3\pi}, -\frac{2}{4\pi}, \frac{2}{5\pi}$ であるので，フーリエ級数は

$$f(t) = 2(\frac{1}{\pi}\sin\pi t - \frac{1}{2\pi}\sin 2\pi t + \frac{1}{3\pi}\sin 3\pi t - \cdots)$$

波形のグラフは次のようになる．

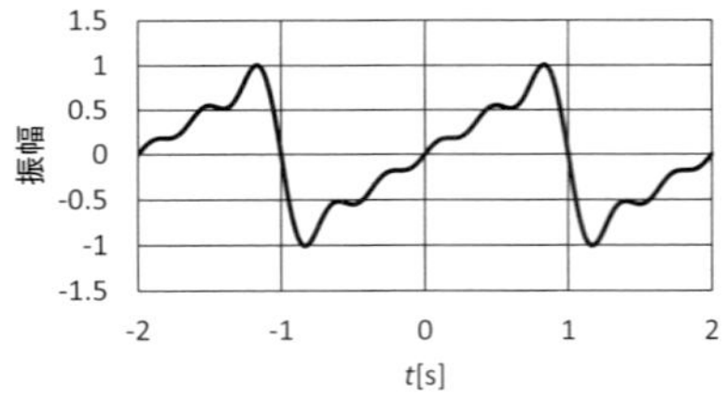

n	t[s]	a0/2	b1*sin1ω0t	b2*sin2ω0t	b3*sin3ω0t	b4*sin4ω0t	b5*sin5ω0t	sum
−100	−2.0000	0	0.0000	0.0000	0.0000	0.0000	0.0000	0.0000
−99	−1.9800	0	0.0400	−0.0399	0.0398	−0.0396	0.0393	0.0396
−98	−1.9600	0	0.0798	−0.0792	0.0781	−0.0767	0.0748	0.0769
−97	−1.9400	0	0.1193	−0.1172	0.1137	−0.1089	0.1030	0.1099
−96	−1.9200	0	0.1583	−0.1533	0.1453	−0.1344	0.1211	0.1370
−95	−1.9000	0	0.1967	−0.1871	0.1717	−0.1514	0.1273	0.1573
·	·	·	·	·	·	·	·	·
·	·	·	·	·	·	·	·	·
·	·	·	·	·	·	·	·	·
99	1.9800	0	−0.0400	0.0399	−0.0398	0.0396	−0.0393	−0.0396
100	2.0000	0	0.0000	0.0000	0.0000	0.0000	0.0000	0.0000

［解 5］

この関数は偶関数で b_n は 0 となるため割愛する．

(1) 周期 $T = 0.02$[s]，基本角周波数 $\omega_0 = 100\pi$[rad/s]

(2) $-\frac{T}{4} \sim \frac{T}{4}$ の間は $\cos\omega_0 t$ となっているので

$n = 0$ のとき

$$a_0 = \frac{2}{T}\int_{-\frac{T}{4}}^{\frac{T}{4}} \cos\omega_0 t\,dt = \frac{2}{T}\Big[\frac{1}{\omega_0}\sin\omega_0 t\Big]_{-\frac{T}{4}}^{\frac{T}{4}}$$
$$= \frac{2}{\pi}\sin\frac{\pi}{2} = \frac{2}{\pi}$$
$$a_n = \frac{2}{T}\int_{-\frac{T}{4}}^{\frac{T}{4}} \cos\omega_0 t\cdot\cos\omega_0 nt\,dt$$
$$= \frac{2}{T}\int_{-\frac{T}{4}}^{\frac{T}{4}} \frac{1}{2}\{\cos\omega_0(1+n)t + \cos\omega_0(1-n)t\,dt\}$$

$n = 1$ のとき

$$a_1 = \frac{1}{T}\int_{-\frac{T}{4}}^{\frac{T}{4}} (\cos 2\omega_0 t + 1)\,dt$$
$$= \frac{1}{T\cdot 2\omega_0}\Big[\sin 2\omega_0 t\Big]_{-\frac{T}{4}}^{\frac{T}{4}} + \frac{1}{T}\Big[t\Big]_{-\frac{T}{4}}^{\frac{T}{4}} = \frac{1}{2}$$

$n \geq 2$ のとき

$$a_n = \frac{1}{T}\Big[\frac{1}{\omega_0(1+n)}\sin\omega_0(1+n)t\Big]_{-\frac{T}{4}}^{\frac{T}{4}}$$
$$+ \frac{1}{T}\Big[\frac{1}{\omega_0(1-n)}\sin\omega_0(1-n)t\Big]_{-\frac{T}{4}}^{\frac{T}{4}}$$
$$= \frac{2}{T\cdot\omega_0(1+n)}\sin\frac{\omega_0(1+n)T}{4}$$
$$+ \frac{2}{T\cdot\omega_0(1-n)}\sin\frac{\omega_0(1-n)T}{4}$$
$$= \frac{1}{\pi(1+n)}\sin\frac{\pi(1+n)}{2} + \frac{1}{\pi(1-n)}\sin\frac{\pi(1-n)}{2}$$

波形のグラフは次のようになる．

n	t[s]	a0/2	a1*cos1ω0t	a2*cos2ω0t	a3*cos3ω0t	a4*cos4ω0t	a5*cos5ω0t	sum
−100	−0.0200	0.31831	0.500	0.21221	0.000	−0.04244	0.000	0.98808
−99	−0.0198	0.31831	0.499	0.21053	0.000	−0.04111	0.000	0.98675
−98	−0.0196	0.31831	0.496	0.20554	0.000	−0.03719	0.000	0.98272
−97	−0.0194	0.31831	0.491	0.19730	0.000	−0.03094	0.000	0.97582
−96	−0.0192	0.31831	0.484	0.18596	0.000	−0.02274	0.000	0.96582
−95	−0.0190	0.31831	0.476	0.17168	0.000	−0.01312	0	0.95240
·	·	·	·	·	·	·	·	·
·	·	·	·	·	·	·	·	·
·	·	·	·	·	·	·	·	·
99	0.0198	0.31831	0.499	0.21053	0.000	−0.04111	0.000	0.98675
100	0.0200	0.31831	0.500	0.21221	0.000	−0.04244	0.000	0.98808

9章　複素フーリエ級数と係数

[ねらい]

実フーリエ級数では定数，$\sin n\omega_0 t$，$\cos n\omega_0 t$ を用いた形で周期関数 $f(t)$ を表現していた．ここでは $e^{jn\omega_0 t}$ が $\sin n\omega_0 t$ と $\cos n\omega_0 t$ で表わされ，かつ直交の関係となっていることを確認し，実フーリエから複素フーリエへ拡張する．

また，新たに周波数領域におけるスペクトルを導入し，振幅スペクトル，位相スペクトルによる表現法を学ぶ．

[この章の項目]

複素数とオイラーの公式
$e^{j\theta}$ の直交性を確認する
実フーリエから複素フーリエへ
線スペクトルと振幅・位相スペクトル
振幅・位相スペクトルによる波形のグラフ化

9.1　複素数の復習

ここでは，複素形式で表現される複素フーリエ級数・係数および10章のフーリエ変換のため，複素数についての復習を行っておく．

■　$e^{j\theta}$ の表現

▶［虚数］
一般的には i が用いられているが，工学では電流に i を利用しているため j が用いられることが多い．

複素平面について思い出してみよう．複素平面上におけるベクトルを z とし，横軸（実数軸）の値を x，縦軸（虚数軸）の値を y，最後に虚数を j を用いて表わすと，直交座標表示では

$$z = x + jy \tag{9.1}$$

極座標表示で表現すると

$$z = |z|\angle z \tag{9.2}$$

▶［$\angle z$ について］
一般的には $\angle z = \tan^{-1}\dfrac{y}{x}$ と表現される．$\tan^{-1}$ の範囲は $-\dfrac{\pi}{2} \sim \dfrac{\pi}{2}$ となるので，ここでは範囲を $-\pi \sim \pi$ とした表現にした．特に断らない限り，以降の $\tan^{-1}$ については同様に考えてほしい．
また，グラフソフトにおいても $-\pi \sim \pi$ に対応するATAN2()という関数が用意されているかと思う．

▶［$|z|^2 = z \cdot \overline{z}$］
$|z|$ は z の大きさを表わしているが，z と複素共役な $\overline{z}$ の積は $z \cdot \overline{z} = (x+jy)(x-jy) = x^2+y^2 = |z|^2$ の関係がある．

となる．なお，$|z|$，$\angle z$ は

$$|z| = \sqrt{x^2+y^2} \tag{9.3}$$

$$\angle z = \begin{cases} \tan^{-1}\dfrac{y}{x} & (0 < x) \\ \tan^{-1}\dfrac{y}{x} + \pi & (x < 0) \end{cases} \qquad \{= \arg(z)\} \tag{9.4}$$

と表現され，図9.1のような関係になる．

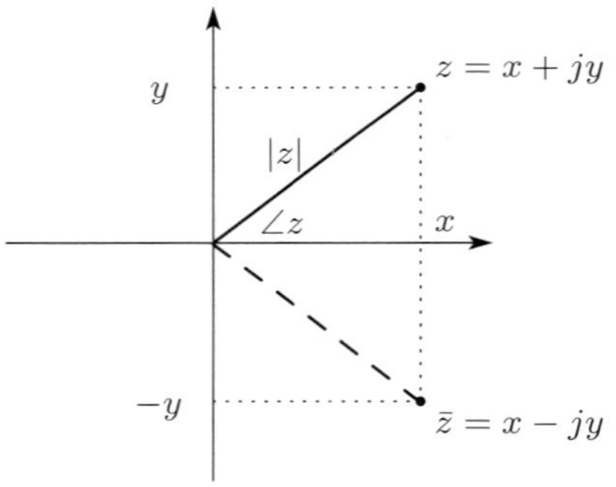

図 9.1　複素数の表現

▶［複素共役］
図(9.1)では，複素数 z について，横（実部）軸を中心に対称の位置に $\overline{z}$ が存在している．これは複素共役と呼ばれており，虚部 (j) の符号 $\pm$ を逆にした形となっている．

▶［複素共役の表記］
ここでは $\overline{z}$ と表記しているが，z^* のように $*$ で表現されることもある．

ところで，オイラーの公式を覚えているだろうか．オイラーの公式は

$$e^{j\theta} = \cos\theta + j\sin\theta \tag{9.5}$$

と表わされるが，複素平面上でみると図9.2のように $e^{j\theta}$ の軌跡は複素平面上で単位円を描いている．これは絶対値が

$$\begin{aligned} |e^{j\theta}| &= \sqrt{\cos^2\theta + \sin^2\theta} \\ &= 1 \end{aligned} \tag{9.6}$$

と常に1となるためである．また角 θ は，

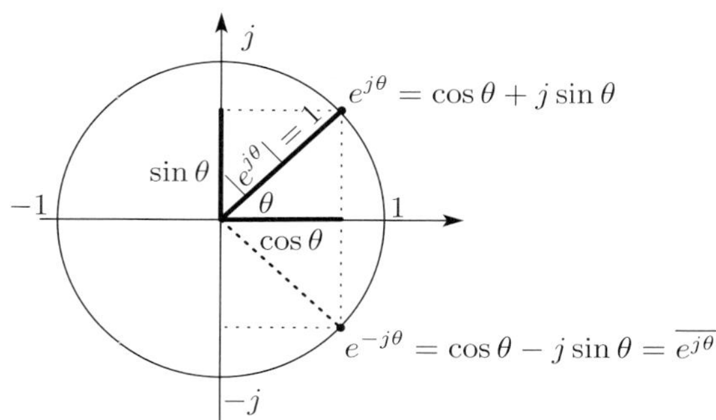

図 **9.2**　単位円

$$\tan^{-1}\frac{\sin\theta}{\cos\theta} = \theta \quad \{= \angle e^{j\theta}\} \tag{9.7}$$

と表わされる．

オイラーの公式を利用した表現として

$$\begin{aligned} 2\cos\theta &= (\cos\theta + j\sin\theta) + (\cos\theta - j\sin\theta) \\ &= e^{j\theta} + e^{-j\theta} \end{aligned} \tag{9.8}$$

$$\begin{aligned} j2\sin\theta &= (\cos\theta + j\sin\theta) - (\cos\theta - j\sin\theta) \\ &= e^{j\theta} - e^{-j\theta} \end{aligned} \tag{9.9}$$

がある．この形はよく利用されるので，いつでも使えるようにしておくとよい．

▶［$e^{j\theta} \pm e^{-j\theta}$ を図で確認］
図（9.2）上に線を描いてみるとよく分かる．原点から $e^{j\theta}$ へのベクトルと原点から $e^{-j\theta}$ へのベクトルを足すと，ちょうど実軸上の $2\cos\theta$ になる．また，$e^{j\theta}$ から $e^{-j\theta}$ を引くと，虚軸上の $2\sin\theta$ になる．

例題 9－1

図 9.2 における $\cos\theta$ および $\sin\theta$ をそれぞれ，$e^{j\theta}$ の形を用いて表わしなさい．

$2\cos\theta = e^{j\theta} + e^{-j\theta}$ より

$$\cos\theta = \frac{e^{j\theta} + e^{-j\theta}}{2}$$

同様に $j2\sin\theta = e^{j\theta} - e^{-j\theta}$ より

$$\sin\theta = \frac{e^{j\theta} - e^{-j\theta}}{j2}$$

となる．

ここで，章末の演習 1 ～ 3 をやってみよう．

■ $e^{j\theta}$ の直交性

前章では cos，sin がそれぞれ直交の関係にあることを確認し，これらを用いてフーリエ係数を計算してきた．本章では，$e^{j\theta}$ を利用しフーリエ係数を計算するが，その前に $e^{j\theta}$ 自体が直交しているかを確認しておこう．

内積の計算には前章の定義を用いるが，複素数であるため

$$\langle x(t), y(t)\rangle = \frac{1}{b-a}\int_a^b x(t)\cdot\overline{y(t)}\,dt \tag{9.10}$$

と一方の複素共役をとった形で計算する．

▶［一方が複素共役］
実数の場合は，ノルムを同じ関数同士の内積の形で導くことができたが，複素数の場合は一方を複素共役の形にして計算しないとノルムが導けない．

例題 9－2

$e^{j\omega_0 mt}$ と $e^{j\omega_0 nt}$ が直交しているかを確認し $m=n$ のときのノルムを示しなさい．

それぞれが直交しているかは $m \neq n$ の場合の内積を，ノルムは $m=n$ の内積を計算することにより確認できる．まず内積は

$$\begin{aligned}\langle e^{j\omega_0 mt}, e^{j\omega_0 nt}\rangle &= \frac{1}{T}\int_{-\frac{T}{2}}^{\frac{T}{2}} e^{j\omega_0 mt}\cdot\overline{e^{j\omega_0 nt}}\,dt\\ &= \frac{1}{T}\int_{-\frac{T}{2}}^{\frac{T}{2}} e^{j\omega_0 mt}\cdot e^{-j\omega_0 nt}\,dt = \frac{1}{T}\int_{-\frac{T}{2}}^{\frac{T}{2}} e^{j\omega_0(m-n)t}\,dt\end{aligned}$$

となるので，

<u>$m \neq n$ のとき</u>

$$\begin{aligned}\langle e^{j\omega_0 mt}, e^{j\omega_0 nt}\rangle &= \frac{1}{T}\int_{-\frac{T}{2}}^{\frac{T}{2}} e^{j\omega_0(m-n)t}\,dt\\ &= \frac{1}{T}\cdot\frac{1}{j\omega_0(m-n)}\left[e^{j\omega_0(m-n)t}\right]_{-\frac{T}{2}}^{\frac{T}{2}}\\ &= \frac{1}{T}\cdot\frac{1}{j\omega_0(m-n)}\left\{e^{j\omega_0(m-n)\frac{T}{2}} - e^{-j\omega_0(m-n)\frac{T}{2}}\right\}\\ &= \frac{1}{j2(m-n)\pi}\left\{e^{j(m-n)\pi} - e^{-j(m-n)\pi}\right\}\\ &= \frac{1}{(m-n)\pi}\sin\{(m-n)\pi\} = 0\end{aligned}$$

▶［ω_0］
$\omega_0 = \dfrac{2\pi}{T}$ である．

▶［オイラーの公式を使う］
ここでは
$\sin\theta = \dfrac{1}{j2}(e^{j\theta} - e^{-j\theta})$
の関係を使い計算している．

と内積が 0 となりそれぞれが直交の関係になっていることが分かる．また，

<u>$m = n$ のとき</u>

$$\begin{aligned}\langle e^{j\omega_0 mt}, e^{j\omega_0 nt}\rangle &= \frac{1}{T}\int_{-\frac{T}{2}}^{\frac{T}{2}} e^{j\omega_0(m-n)t}\,dt\\ &= \frac{1}{T}\int_{-\frac{T}{2}}^{\frac{T}{2}} e^{j\omega_0(0)t}\,dt = \frac{1}{T}\int_{-\frac{T}{2}}^{\frac{T}{2}} 1\,dt\\ &= \frac{1}{T}[t]_{-\frac{T}{2}}^{\frac{T}{2}} = \frac{1}{T}\left\{\frac{T}{2}+\frac{T}{2}\right\} = 1\end{aligned}$$

とノルムが 1 となっていることが分かる．

▶［ノルムの計算］
内積の計算であるので，結果はノルムの 2 乗 ($\|\cdot\|^2$) であるが，ここでは結果が 1 であるので，ルート ($\sqrt{\cdot}$) をとっても同じく 1 となる．

これらをまとめると，$e^{j\omega_0 nt}$ は

$$\langle e^{j\omega_0 mt}, e^{j\omega_0 nt}\rangle = \begin{cases} 0 & (m \neq n)\\ 1 & (m = n)\end{cases} \tag{9.11}$$

と表わされ，正規直交関数となっていることが確認できる．

9.2　複素フーリエ係数と複素フーリエ級数

それでは複素フーリエ係数および複素フーリエ級数の公式をみてみよう．

複素フーリエ級数・複素フーリエ係数

$$c_n = \frac{1}{T}\int_{-\frac{T}{2}}^{\frac{T}{2}} f(t)\cdot e^{-jn\omega_0 t}\,dt \quad (n = 0, \pm 1, \pm 2, \cdots) \tag{9.12}$$

$$f(t) = \sum_{n=-\infty}^{\infty} c_n \cdot e^{jn\omega_0 t} \tag{9.13}$$

ここでは，複素フーリエ係数を c_n と表現しているが，このように a_n，b_n が無くなり，簡潔に整理されていることが分かる．

▶［n には ± がある］
a_n, b_n と異なり，c_n は $n = 0, \pm 1, \pm 2, \cdots$ とプラスとマイナスの n が存在する．このマイナス側はしばしば負の周波数と呼ばれる．

ところで，式 (9.12) の c_n は複素形式であるので

$$\begin{aligned} c_n &= \frac{1}{T}\int_{-\frac{T}{2}}^{\frac{T}{2}} f(t)\cdot e^{-jn\omega_0 t}\,dt \\ &= \frac{1}{T}\int_{-\frac{T}{2}}^{\frac{T}{2}} f(t)\cdot(\cos n\omega_0 t - j\sin n\omega_0 t)\,dt \\ &= \frac{1}{T}\int_{-\frac{T}{2}}^{\frac{T}{2}} f(t)\cdot\cos n\omega_0 t\,dt - j\frac{1}{T}\int_{-\frac{T}{2}}^{\frac{T}{2}} f(t)\cdot\sin n\omega_0 t\,dt \end{aligned} \tag{9.14}$$

と表わすことができる．

ここで前章の式 (8.3)，(8.4) の実フーリエ係数 a_n，b_n との関係をみてみると，c_n は複素数であるため，c_n と c_{-n} とは複素共役の関係となり

$$c_0 = \frac{1}{2}a_0 \tag{9.15}$$

$$c_n = \frac{1}{2}a_n - j\frac{1}{2}b_n \quad (n = 1, 2, \cdots) \tag{9.16}$$

$$c_{-n} = \frac{1}{2}a_n + j\frac{1}{2}b_n \quad (n = 1, 2, \cdots) \tag{9.17}$$

と表わされる．

■　線スペクトル

複素フーリエ係数 c_n は複素数であることから，実部および虚部をそれぞれ Re，Im で表現し

$$c_n = \mathrm{Re}\{c_n\} + j\mathrm{Im}\{c_n\} \tag{9.18}$$

とすると

$$c_n = |c_n|\cdot e^{j\theta_n} \tag{9.19}$$

と表わされる．この $|c_n|$ を振幅スペクトル，θ_n を位相スペクトルと呼び，それぞれ

振幅スペクトル・位相スペクトル（線スペクトル）

$$|c_n| = \sqrt{\mathrm{Re}\{c_n\}^2 + \mathrm{Im}\{c_n\}^2} \tag{9.20}$$

$$\theta_n = \tan^{-1}\frac{\mathrm{Im}\{c_n\}}{\mathrm{Re}\{c_n\}} \quad \{= \angle c_n = \arg(c_n)\} \tag{9.21}$$

と表わされる．

c_n は複素数であるので，c_{-n} とは複素共役の関係がある．すなわち c_n の実部 $\mathrm{Re}\{c_n\}$ は偶関数，虚部 $\mathrm{Im}\{c_n\}$ は奇関数であることから，振幅スペクトル $|c_n|$ は $n = 0$ において線対称に，位相スペクトル θ_n は原点において点対称になる．また，これらスペクトルをグラフで表わすと，横軸は角周波数の高調波に対する n ごとに飛び飛びで表現される（たとえば棒グラフのようなイメージ）．このため線スペクトルと呼ばれている．これは後ほど確認しよう．

▶［θ_n に注意］
位相スペクトル θ_n には $\tan^{-1}$ があるので，$\mathrm{Re}\{c_n\} < 0$ のときは注意しよう．

▶［$|c_n|$］
$|c_n|$ は絶対値スペクトルと呼ばれることもある．

▶［$|c_n|^2$］
$|c_n|^2$ はパワースペクトルと呼ばれる．

▶［Parseval の等式］
パーシバルやパーセバルと呼ばれる．
$\frac{1}{T}\int_{-\frac{T}{2}}^{\frac{T}{2}} |f(t)|^2\,dt = \sum_{n=-\infty}^{\infty} |c_n|^2$ という関係が知られている．

■ フーリエ級数とスペクトルの関係

複素フーリエ級数に振幅スペクトルおよび位相スペクトルを用いて整理すると

$$\begin{aligned} f(t) &= \sum_{n=-\infty}^{\infty} c_n \cdot e^{jn\omega_0 t} \\ &= \sum_{n=-\infty}^{\infty} |c_n| \cdot e^{j\theta_n} \cdot e^{jn\omega_0 t} \\ &= \sum_{n=-\infty}^{\infty} |c_n| \cdot e^{j(n\omega_0 t + \theta_n)} \end{aligned} \tag{9.22}$$

と表わすことができる．

また，さらに式 (9.22) の n を正と負の場合で分け，オイラーの公式を用いて整理していくと

$$\begin{aligned} f(t) &= \sum_{n=-\infty}^{\infty} |c_n| \cdot e^{j(n\omega_0 t + \theta_n)} \\ &= c_0 + \sum_{n=1}^{\infty} |c_n| \cdot \left\{ e^{j(n\omega_0 t + \theta_n)} + e^{-j(n\omega_0 t + \theta_n)} \right\} \\ &= c_0 + \sum_{n=1}^{\infty} 2|c_n| \cdot \cos(n\omega_0 t + \theta_n) \end{aligned}$$

となる．すなわち，振幅スペクトル c_n と位相スペクトル θ_n があらかじめわかっていれば

▶［$f(t)$ は実数］
$f(t)$ は波形であるので，j のない表現になる．

$$f(t) = c_0 + \sum_{n=1}^{\infty} 2|c_n| \cdot \cos(n\omega_0 t + \theta_n) \tag{9.23}$$

となり，（直流成分 c_0）＋（2 倍した振幅スペクトル $|c_n|$）×（位相 θ_n を加味した cos 波）で $f(t)$ を再現できることを示している．

▶［式 (9.23) の 2 は $\sum$ の外でもよい］
式 (9.23) の 2 は $\sum$ の外（前）に出した表現が一般的ではあるが，ここでは中に含めた表現としている．

コラム：実フーリエ級数との関係

実フーリエ級数は

$$f(t) = \frac{a_0}{2} + \sum_{n=1}^{\infty}(a_n \cos n\omega_0 t + b_n \sin n\omega_0 t)$$

と表わされていた．ここで，右辺第 2 項に次の公式

$$a\cos\alpha + b\sin\alpha = \sqrt{a^2+b^2}\cos(\alpha-\beta)$$

$$\cos\beta = \frac{a}{\sqrt{a^2+b^2}}, \quad \sin\beta = \frac{b}{\sqrt{a^2+b^2}}$$

において $\alpha = n\omega_0 t$，$\beta = \phi_n$ として利用すると

$$a_n \cos n\omega_0 t + b_n \sin n\omega_0 t \sqrt{a_n^2+b_n^2}\cos(n\omega_0 t - \phi_n)$$

となり，実フーリエ級数は

$$f(t) = \frac{a_0}{2} + \sum_{n=1}^{\infty}\sqrt{a_n^2+b_n^2}\cos(n\omega_0 t - \phi_n)$$

と表わすことができる．したがって，式 (9.23) を比較して，複素フーリエ級数の振幅・位相スペクトルはそれぞれ実フーリエ係数で表わすと

$$|c_n| = \frac{1}{2}\sqrt{a_n^2+b_n^2}$$

$$\theta_n = -\phi_n = -\tan^{-1}\left(\frac{b_n}{a_n}\right)$$

の関係があることが分かる．下図に a_n, b_n, ϕ_n の関係を示す．

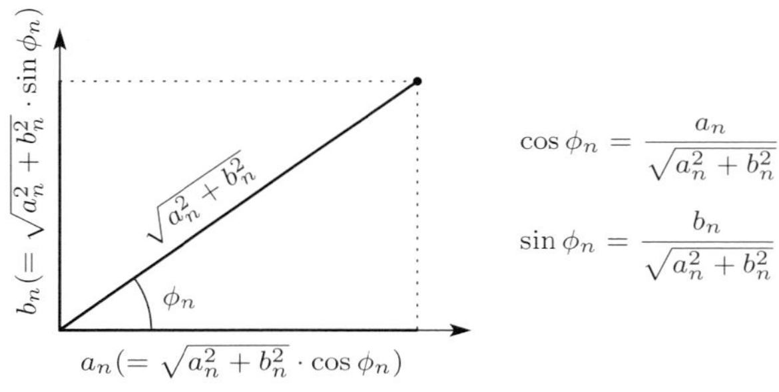

9.3　複素フーリエ係数と級数の計算

それでは，ここで複素フーリエ係数および級数を計算し，そのスペクトルを確認してみることにしよう．

■　矩形波の計算

前章の例題 8–14 と同様の矩形波を利用して計算を行ってみる．

例題 9 – 3

矩形波

$$f(t) = \begin{cases} 0 & (-\pi \leq t < -\dfrac{\pi}{4}, \dfrac{3\pi}{4} \leq t < \pi) \\ \pi & (-\dfrac{\pi}{4} \leq t < \dfrac{3\pi}{4}) \end{cases}$$

の複素フーリエ係数，複素フーリエ級数を求めなさい．また振幅スペクトルと位相スペクトルを示しなさい．

この波形は図 9.3 で表わされる．

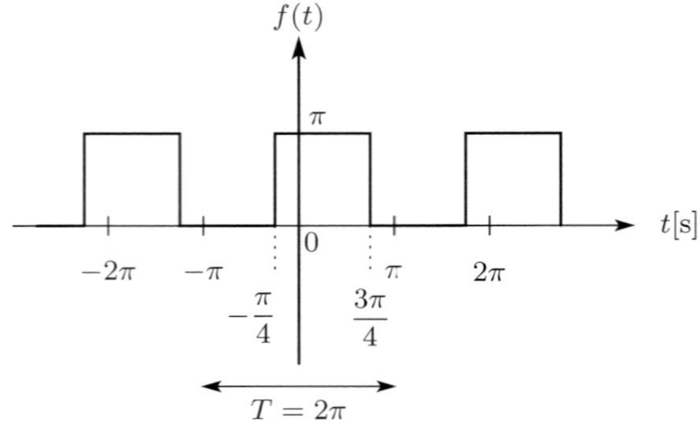

図 9.3　周期 $T = 2\pi$ の矩形波（位相 $\dfrac{\pi}{4}$ 遅れ）

実フーリエ係数と級数はすでに計算したが，複素フーリエ係数と級数はどのようになるだろうか．まず，複素フーリエ係数 c_n を求めてみよう．ここで，$\omega_0 = \dfrac{2\pi}{T} = 1$ である．

<u>c_0 の計算</u> は

$$\begin{aligned} c_0 =& \frac{1}{T}\int_{-\frac{T}{2}}^{\frac{T}{2}} f(t)\,dt = \frac{1}{2\pi}\int_{-\pi}^{\pi} f(t)\,dt = \frac{1}{2\pi}\int_{-\frac{\pi}{4}}^{\frac{3\pi}{4}} \pi\,dt \\ =& \frac{\pi}{2\pi}\Big[t\Big]_{-\frac{\pi}{4}}^{\frac{3\pi}{4}} = \frac{\pi}{2} \end{aligned}$$

となり，直流成分は $\dfrac{\pi}{2}$ であることが分かる．また，

<u>c_n の計算</u> は

$$\begin{aligned} c_n =& \frac{1}{T}\int_{-\frac{T}{2}}^{\frac{T}{2}} f(t)\cdot e^{-jn\omega_0 t}\,dt \\ =& \frac{1}{2\pi}\int_{-\frac{\pi}{4}}^{\frac{3\pi}{4}} \pi\cdot e^{-jnt}\,dt = \frac{1}{-j2n}\Big[e^{-jnt}\Big]_{-\frac{\pi}{4}}^{\frac{3\pi}{4}} \\ =& \frac{1}{-j2n}(e^{-j\frac{3n\pi}{4}} - e^{j\frac{n\pi}{4}}) = \frac{1}{j2n}(e^{j\frac{2n\pi}{4}} - e^{-j\frac{2n\pi}{4}})e^{-j\frac{n\pi}{4}} \\ =& \frac{1}{n}\sin\frac{n\pi}{2}(\cos\frac{n\pi}{4} - j\sin\frac{n\pi}{4}) \end{aligned}$$

実部は実数値で，虚部には j が掛かった形で表示されていることが分かる．

さて，ここで c_n について，係数を確認しておこう．

$$c_n = \frac{1}{n}\sin\frac{n\pi}{2}(\cos\frac{n\pi}{4} - j\sin\frac{n\pi}{4})$$

として，$n = \pm 1 \sim \pm 7$ までを計算すると

$$c_{\pm 1} = \frac{\sqrt{2}}{2} \mp j\frac{\sqrt{2}}{2}$$
$$c_{\pm 2} = 0$$
$$c_{\pm 3} = \frac{\sqrt{2}}{6} \pm j\frac{\sqrt{2}}{6}$$
$$c_{\pm 4} = 0$$
$$c_{\pm 5} = -\frac{\sqrt{2}}{10} \pm j\frac{\sqrt{2}}{10}$$
$$c_{\pm 6} = 0$$
$$c_{\pm 7} = -\frac{\sqrt{2}}{14} \mp j\frac{\sqrt{2}}{14}$$

となる．図 9.4 にその様子を示す．前章の例題 8–14 の実フーリエ係数と比較すると，複素フーリエ係数との対応関係が分かるだろう．

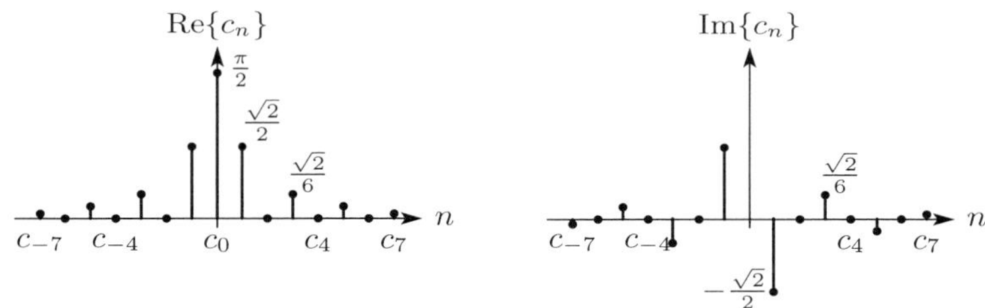

図 9.4　複素フーリエ係数の実部（左図）と虚部（右図）

ここで c_n を利用して複素フーリエ級数を求めてみよう．複素フーリエ級数は式 (9.13) より

$$f(t) = \sum_{n=-\infty}^{\infty} c_n \cdot e^{jn\omega_0 t}$$
$$= c_0 + c_1 \cdot e^{j\omega_0 t} + c_{-1} \cdot e^{-j\omega_0 t} + c_2 \cdot e^{j2\omega_0 t} + c_{-2} \cdot e^{-j2\omega_0 t} + \cdots$$

と表わすことができるので，

▶［式中の $-\cdots$］
フーリエ係数 c_5 の実部が $-$ であるため，ここでは $+\cdots$ ではなく $-\cdots$ と表記した．

$$f(t) = \frac{\pi}{2} + \left\{\left(\frac{\sqrt{2}}{2} - j\frac{\sqrt{2}}{2}\right)e^{jt} + \left(\frac{\sqrt{2}}{2} + j\frac{\sqrt{2}}{2}\right)e^{-jt}\right\}$$
$$+ \left\{\left(\frac{\sqrt{2}}{6} + j\frac{\sqrt{2}}{6}\right)e^{j3t} + \left(\frac{\sqrt{2}}{6} - j\frac{\sqrt{2}}{6}\right)e^{-j3t}\right\} - \cdots$$
$$= \frac{\pi}{2} + \left\{\frac{\sqrt{2}}{2}(e^{jt} + e^{-jt}) - j\frac{\sqrt{2}}{2}(e^{jt} - e^{-jt})\right\}$$
$$+ \left\{\frac{\sqrt{2}}{6}(e^{j3t} + e^{-j3t}) + j\frac{\sqrt{2}}{6}(e^{j3t} - e^{-j3t})\right\} - \cdots$$

$$=\frac{\pi}{2}+\sqrt{2}\cos t+\sqrt{2}\sin t+\frac{\sqrt{2}}{3}\cos 3t-\frac{\sqrt{2}}{3}\sin 3t-\cdots$$

となる．このように，前章実フーリエ級数による結果と同じであることが分かる．

$n=\pm 7$ までの複素フーリエ係数を求めたので，これを利用し振幅スペクトルと位相スペクトルを表わしてみると

▶［位相スペクトルの 0］
ここでは位相が無い場合も含めて 0 と表記しておく．

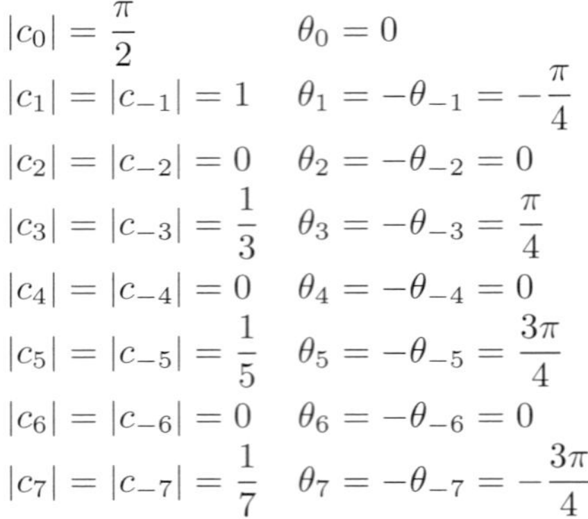

$$
\begin{array}{ll}
|c_0|=\dfrac{\pi}{2} & \theta_0=0 \\
|c_1|=|c_{-1}|=1 & \theta_1=-\theta_{-1}=-\dfrac{\pi}{4} \\
|c_2|=|c_{-2}|=0 & \theta_2=-\theta_{-2}=0 \\
|c_3|=|c_{-3}|=\dfrac{1}{3} & \theta_3=-\theta_{-3}=\dfrac{\pi}{4} \\
|c_4|=|c_{-4}|=0 & \theta_4=-\theta_{-4}=0 \\
|c_5|=|c_{-5}|=\dfrac{1}{5} & \theta_5=-\theta_{-5}=\dfrac{3\pi}{4} \\
|c_6|=|c_{-6}|=0 & \theta_6=-\theta_{-6}=0 \\
|c_7|=|c_{-7}|=\dfrac{1}{7} & \theta_7=-\theta_{-7}=-\dfrac{3\pi}{4}
\end{array}
$$

となる．これらを図 9.5 に示す．

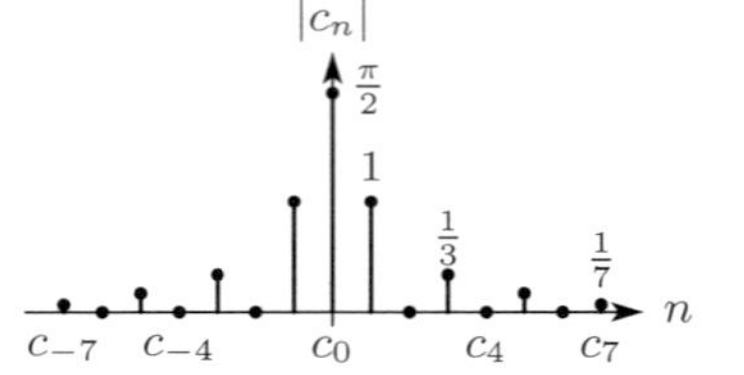

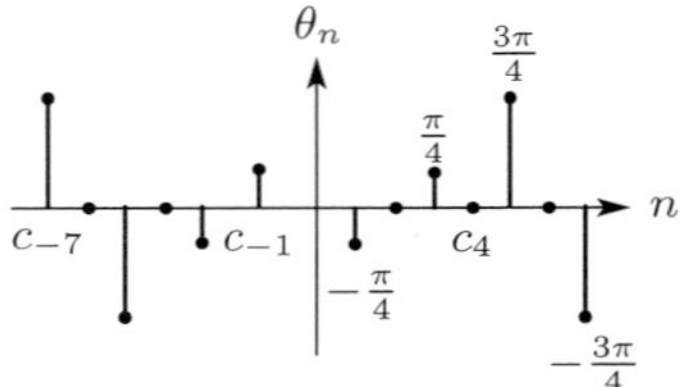

図 9.5　振幅スペクトル（左図）と位相スペクトル（右図）

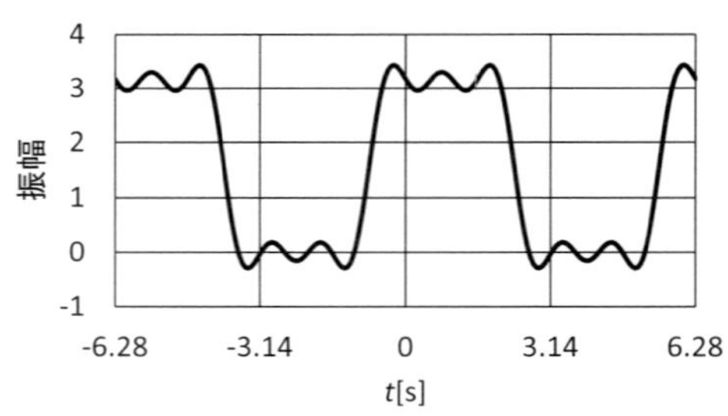

n	t[s]	c0	2|c1|*cos(1ω0t+θ1)	2|c2|*cos(2ω0t+θ2)	2|c3|*cos(3ω0t+θ3)	2|c4|*cos(4ω0t+θ4)	2|c5|*cos(5ω0t+θ5)	sum
−100	−6.2832	1.570796	1.4142	0.0000	0.4714	0.0000	−0.2828	3.1736
−99	−6.2204	1.570796	1.5002	0.0000	0.3747	0.0000	−0.3564	3.0893
−98	−6.1575	1.570796	1.5803	0.0000	0.2648	0.0000	−0.3951	3.0208
−97	−6.0947	1.570796	1.6542	0.0000	0.1454	0.0000	−0.3951	2.9753
−96	−6.0319	1.570796	1.7215	0.0000	0.0209	0.0000	−0.3564	2.9568
−95	−5.9690	1.570796	1.7820	0.0000	−0.1043	0.0000	−0.2828	2.9657
·	·	·	·	·	·	·	·	·
·	·	·	·	·	·	·	·	·
·	·	·	·	·	·	·	·	·
99	6.2204	1.570796	1.3226	0.0000	0.5514	0.0000	−0.1816	3.2632
100	6.2832	1.570796	1.4142	0.0000	0.4714	0.0000	−0.2828	3.1736

図 9.6　振幅・位相スペクトルによる矩形波の再現

先に述べたように，振幅スペクトルは偶関数，位相スペクトルは奇関数

の形で表わされている．また，線スペクトルは n ごとに飛び飛びの表現になっている．一方，振幅・位相スペクトルが分かれば，式 (9.23) により，波形を再現することができる．$n = 0 \sim 5$ までの振幅・位相スペクトルで波形を合成すると，図 9.6 のように表わされる．

■ 三角波の計算

前章の例題 8–15 と同様の三角波を利用し計算を行ってみよう．

例題 9 – 4

三角波

$$f(t) = \begin{cases} 2+t & (-2 \leq t < 0) \\ 2-t & (0 \leq t < 2) \end{cases}$$

の複素フーリエ係数，複素フーリエ級数を求めなさい．また振幅スペクトルと位相スペクトルを示しなさい．

この波形は図 9.7 のようになる．

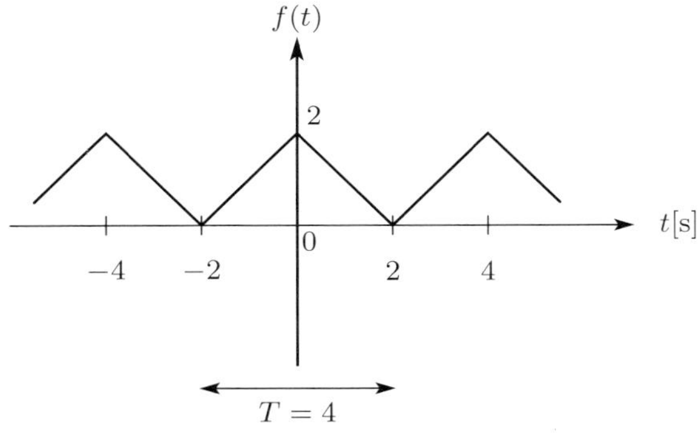

図 **9.7**　周期 $T = 4$ の三角波

$T = 4$ より，基本角周波数は $\omega_0 = \dfrac{\pi}{2}$ となる．c_0 は

$$\begin{aligned}
c_0 =& \frac{1}{T}\int_{-\frac{T}{2}}^{\frac{T}{2}} f(t)\,dt = \frac{1}{4}\left\{\int_{-2}^{0}(2+t)\,dt + \int_{0}^{2}(2-t)\,dt\right\} \\
=& \frac{1}{4}\left\{\int_{-2}^{0} 2\,dt + \int_{-2}^{0} t\,dt + \int_{0}^{2} 2\,dt + \int_{0}^{2}(-t)\,dt\right\} \\
=& \frac{1}{4}\left\{2\Big[t\Big]_{-2}^{0} + \frac{1}{2}\Big[t^2\Big]_{-2}^{0} + 2\Big[t\Big]_{0}^{2} - \frac{1}{2}\Big[t^2\Big]_{0}^{2}\right\} \\
=& \frac{1}{4}\left\{2(0+2) + \frac{1}{2}(0-4) + 2(2-0) - \frac{1}{2}(4-0)\right\} \\
=& 1
\end{aligned}$$

となり，$c_n\ (n \neq 0)$ は

$$
\begin{aligned}
c_n =& \frac{1}{T}\int_{-\frac{T}{2}}^{\frac{T}{2}} f(t)\cdot e^{-jn\omega_0 t}\,dt \\
=& \frac{1}{4}\left\{\int_{-2}^{0}(2+t)\cdot e^{-jn\omega_0 t}\,dt + \int_{0}^{2}(2-t)\cdot e^{-jn\omega_0 t}\,dt\right\} \\
=& \frac{1}{4}\left\{2\int_{-2}^{0} e^{-jn\omega_0 t}\,dt + \int_{-2}^{0} t\cdot e^{-jn\omega_0 t}\,dt + 2\int_{0}^{2} e^{-jn\omega_0 t}\,dt + \int_{0}^{2}(-t)\cdot e^{-jn\omega_0 t}\,dt\right\} \\
=& \frac{1}{-j2n\omega_0}\left[e^{-jn\omega_0 t}\right]_{-2}^{0} + \frac{1}{-j4n\omega_0}\left[t\cdot e^{-jn\omega_0 t}\right]_{-2}^{0} - \frac{1}{-j4n\omega_0}\int_{-2}^{0} 1\cdot e^{-jn\omega_0 t}\,dt \\
&+ \frac{1}{-j2n\omega_0}\left[e^{-jn\omega_0 t}\right]_{0}^{2} - \frac{1}{-j4n\omega_0}\left[t\cdot e^{-jn\omega_0 t}\right]_{0}^{2} + \frac{1}{-j4n\omega_0}\int_{0}^{2} 1\cdot e^{-jn\omega_0 t}\,dt \\
=& \frac{1}{-j2n\omega_0}(1-e^{j2n\omega_0}) + \frac{1}{-j4n\omega_0}(0+2e^{j2n\omega_0}) - \frac{1}{-4(n\omega_0)^2}\left[e^{-jn\omega_0 t}\right]_{-2}^{0} \\
&+ \frac{1}{-j2n\omega_0}(e^{-j2n\omega_0}-1) - \frac{1}{-j4n\omega_0}(2e^{-j2n\omega_0}-0) + \frac{1}{-4(n\omega_0)^2}\left[e^{-jn\omega_0 t}\right]_{0}^{2} \\
=& \frac{1}{4(n\omega_0)^2} - \frac{1}{4(n\omega_0)^2}e^{j2n\omega_0} - \frac{1}{4(n\omega_0)^2}e^{-j2n\omega_0} + \frac{1}{4(n\omega_0)^2} \\
=& \frac{1}{4(n\omega_0)^2}(2-e^{j2n\omega_0}-e^{-j2n\omega_0}) = \frac{1}{4(n\omega_0)^2}(2-2\cos 2n\omega_0) \\
=& \frac{2}{n^2\pi^2}(1-\cos n\pi) \quad \left\{= \frac{4}{n^2\pi^2}\sin^2\frac{n\pi}{2}\right\}
\end{aligned}
$$

▶［部分積分を使う］
今までと同様に，部分積分の公式を使う．

▶［オイラーの公式を使う］
$2\cos\theta = e^{j\theta} + e^{-j\theta}$
を利用しまとめた．

▶［倍角の公式を使う］
{ } 内は
$\frac{1}{2}(1-\cos 2\alpha) = \sin^2\alpha$
を使いまとめた．

となる．

複素フーリエ係数は実部しか存在していないため，複素フーリエ係数の実部・虚部および振幅・位相スペクトルはそれぞれ図 9.8，図 9.9 のようになっており，$\mathrm{Re}\{c_n\}$ と $|c_n|$ は同じ形になっていることが分かる．

また，複素フーリエ級数は

$$
\begin{aligned}
f(t) =& 1 + \left(\frac{4}{\pi^2}e^{j\frac{\pi}{2}t} + \frac{4}{\pi^2}e^{-j\frac{\pi}{2}t}\right) + \left(\frac{4}{9\pi^2}e^{j\frac{3\pi}{2}t} + \frac{4}{9\pi^2}e^{-j\frac{3\pi}{2}t}\right) + \cdots \\
=& 1 + \frac{4}{\pi^2}\left(e^{j\frac{\pi}{2}t} + e^{-j\frac{\pi}{2}t}\right) + \frac{4}{9\pi^2}\left(e^{j\frac{3\pi}{2}t} + e^{-j\frac{3\pi}{2}t}\right) + \cdots \\
=& 1 + \frac{8}{\pi^2}\cos\frac{\pi}{2}t + \frac{8}{9\pi^2}\cos\frac{3\pi}{2}t + \cdots
\end{aligned}
$$

となり，これも前章の例題 8–15 の実フーリエ級数による結果と同じであることが分かる．また，式 (9.23) により ($n = 0 \sim 5$) までの振幅・位相スペ

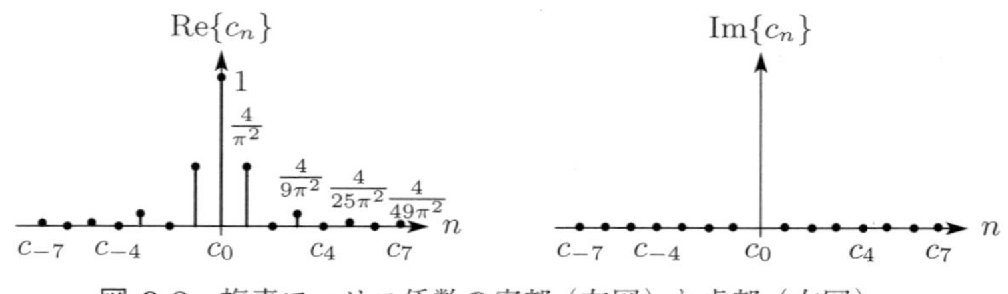

図 9.8　複素フーリエ係数の実部（左図）と虚部（右図）

クトルで波形を合成すると，図 9.10 のようになる．

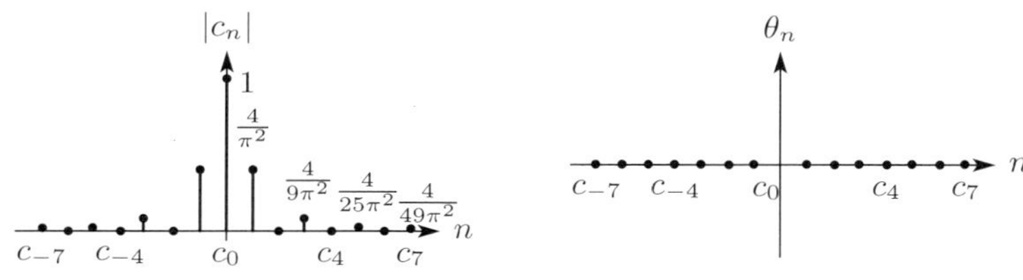

図 9.9　振幅スペクトル（左図）と位相スペクトル（右図）

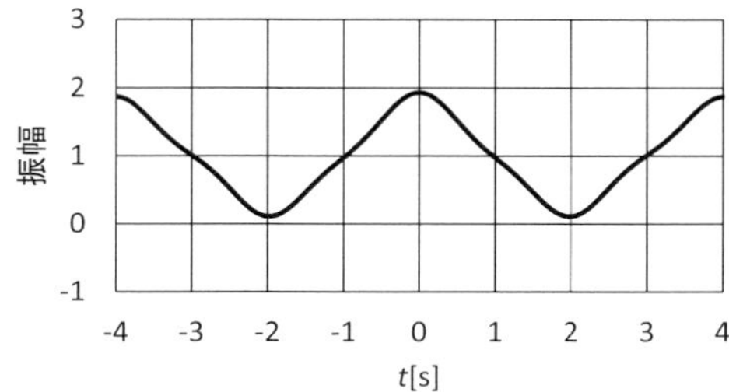

n	t[s]	c0	2|c1|*cos(1ω0t+θ1)	2|c2|*cos(2ω0t+θ2)	2|c3|*cos(3ω0t+θ3)	2|c4|*cos(4ω0t+θ4)	2|c5|*cos(5ω0t+θ5)	sum
−100	−4.0000	1	0.8106	0.0000	0.0901	0.0000	−0.0272	1.8734
−99	−3.9600	1	0.8090	0.0000	0.0885	0.0000	−0.0288	1.8686
−98	−3.9200	1	0.8042	0.0000	0.0837	0.0000	−0.0302	1.8577
−97	−3.8800	1	0.7962	0.0000	0.0760	0.0000	−0.0312	1.8411
−96	−3.8400	1	0.7851	0.0000	0.0657	0.0000	−0.0319	1.8188
−95	−3.8000	1	0.7709	0.0000	0.0529	0.0000	−0.0323	1.7915
·	·	·	·	·	·	·	·	·
·	·	·	·	·	·	·	·	·
·	·	·	·	·	·	·	·	·
99	3.9600	1	0.8090	0.0000	0.0885	0.0000	−0.0288	1.8686
100	4.0000	1	0.8106	0.0000	0.0901	0.0000	−0.0272	1.8734

図 9.10　振幅・位相スペクトルによる三角波の合成

ここで，章末の演習 4，5 をやってみよう．

[9 章のまとめ]

この章では，

1. 複素数とオイラーの公式の復習を行った．
2. $e^{j\theta}$ の直交性を確認した．
3. 実フーリエから複素フーリエへ拡張した．
4. 線スペクトルと振幅・位相スペクトルの表現を学んだ．
5. 振幅・位相スペクトルにより波形のグラフ化を行った．

9章　演習問題

［演習 1］複素平面上で

(1) $-\dfrac{1}{2}+j\dfrac{\sqrt{3}}{2}$　　　　(2) $-\dfrac{\sqrt{2}}{2}-j\dfrac{\sqrt{2}}{2}$

と表わされている．このとき，それぞれ $e^{j\theta}$ ではどう表現されるか示しなさい．

［演習 2］$e^{j\theta}$ において，

(1) $\theta=\dfrac{3\pi}{4}$　　　　(2) $\theta=\dfrac{5\pi}{3}$

であった．このとき，それぞれ直交座標表示ではどう表現されるか示しなさい．

［演習 3］次の関係から $\cos\theta+j\sin\theta$ を導きなさい．

$$\cos\theta=\frac{e^{j\theta}+e^{-j\theta}}{2},\quad \sin\theta=\frac{e^{j\theta}-e^{-j\theta}}{j2}$$

［演習 4］次の問に答えなさい．

(1) 図の矩形波の複素フーリエ係数 c_n を求めなさい．

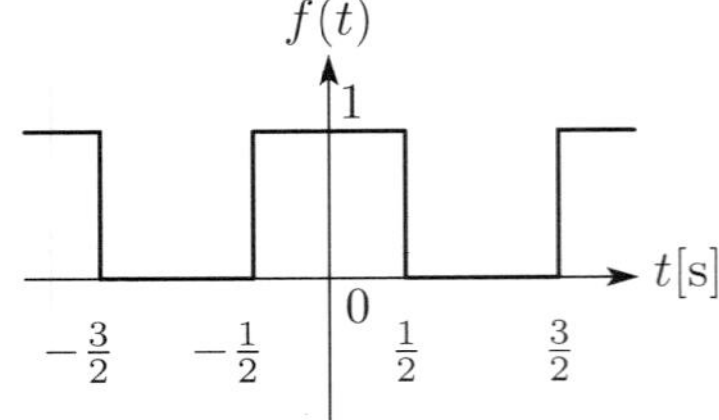

(2) フーリエ級数を示しなさい．

(3) $n=0\sim5$ の振幅，位相スペクトルを求めなさい．ただし，位相スペクトルにおいて，実部，虚部ともに0のときは0と表わす．また範囲 $(-\pi\leq\theta<\pi)$ とする．

(4) 振幅・位相スペクトルおよび式 (9.23) を用い，$f(t)$ をグラフソフトを利用し描きなさい．ただし，グラフの横軸の範囲は $-2\sim2$ で，1周期を100サンプルで表現する．

「グラフの描き方とヒント」: ワークシートのA列 n は $-100\sim100$，B列 t は0.02ごとの変化とする．C列には定数 c_0 を，D列には $2|c_1|\cos(1\cdot\omega_0 t+\theta_1)$，E列には $2|c_2|\cos(2\cdot\omega_0 t+\theta_2)$，$\cdots$，H列には $2|c_5|\cos(5\cdot\omega_0 t+\theta_5)$，最後にI列はC列からH列の和とする．

［演習 5］次の問に答えなさい（［演習 4］と同様に解くこと）．

(1) 図の矩形波の複素フーリエ係数 c_n を求めなさい．

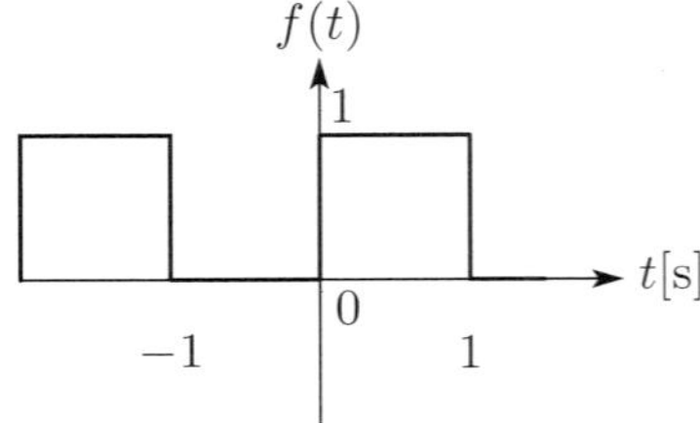

(2) フーリエ級数を示しなさい．

(3) $n=0\sim5$ の振幅，位相スペクトルを求めなさい．

(4) 振幅・位相スペクトルおよび式 (9.23) を用い，$f(t)$ をグラフソフトを利用し描きなさい．条件は［演習 4］の (4) と同様とする．

9 章　演習問題解答

［解 1］

(1) 第 2 象限：$e^{j\frac{2\pi}{3}}$　$\{= e^{-j\frac{4\pi}{3}}\}$

(2) 第 3 象限：$e^{-j\frac{3\pi}{4}}$　$\{= e^{j\frac{5\pi}{4}}\}$

［解 2］

(1) 第 2 象限：$-\dfrac{\sqrt{2}}{2} + j\dfrac{\sqrt{2}}{2}$

(2) 第 4 象限：$\dfrac{1}{2} - j\dfrac{\sqrt{3}}{2}$

［解 3］

$$\cos\theta + j\sin\theta = \frac{e^{j\theta}}{2} + \frac{e^{-j\theta}}{2} + \frac{e^{j\theta}}{2} - \frac{e^{-j\theta}}{2} = e^{j\theta}$$

［解 4］

(1) $T = 2, \omega_0 = \pi$ であるので

$$c_0 = \frac{1}{T}\int_{-\frac{T}{2}}^{\frac{T}{2}} f(t)\,dt = \frac{1}{2}\int_{-\frac{1}{2}}^{\frac{1}{2}} 1\,dt = \frac{1}{2}\Big[t\Big]_{-\frac{1}{2}}^{\frac{1}{2}} = \frac{1}{2}$$

$$\begin{aligned} c_n &= \frac{1}{T}\int_{-\frac{T}{2}}^{\frac{T}{2}} f(t)\cdot e^{-jn\omega_0 t}\,dt = \frac{1}{2}\int_{-\frac{1}{2}}^{\frac{1}{2}} 1\cdot e^{-jn\pi t}\,dt \\ &= \frac{1}{-j2n\pi}\Big[e^{-jn\pi t}\Big]_{-\frac{1}{2}}^{\frac{1}{2}} = \frac{1}{-j2n\pi}(e^{-j\frac{n\pi}{2}} - e^{j\frac{n\pi}{2}}) \\ &= \frac{1}{n\pi}\sin\frac{n\pi}{2} \end{aligned}$$

(2) (1) より

$$\begin{aligned} f(t) &= \frac{1}{2} + \frac{1}{\pi}(e^{j\pi t} + e^{-j\pi t}) - \frac{1}{3\pi}(e^{j3\pi t} + e^{-j3\pi t}) + \cdots \\ &= \frac{1}{2} + \frac{2}{\pi}\cos\pi t - \frac{2}{3\pi}\cos 3\pi t + \cdots \end{aligned}$$

(3) (1) より

$$c_0 = \frac{1}{2},\ |c_1| = \frac{1}{\pi},\ |c_2| = 0,\ |c_3| = \frac{1}{3\pi},\ |c_4| = 0,\ |c_5| = \frac{1}{5\pi}$$

$$\theta_1 = 0, \theta_2 = 0, \theta_3 = -\pi, \theta_4 = 0, \theta_5 = 0$$

(4) 「グラフの描き方の例」：

- A 列 n は $-100 \sim 100$，B 列 t は -2 から 0.02 ごとの変化とする．
- C 列は c_0「=0.5」を入力し，以下コピーを行う．
- D 列は「=2*1/PI()*COS(1*PI()*B6+0)」を入力し，以下コピーを行う．
- E 列は「=2*0*COS(2*PI()*B6+0)」を入力し，以下コピーを行う．
- F 列は「=2*1/(3*PI())*COS(3*PI()*B6-PI())」を入力し，以下コピーを行う．
- G 列は「=2*0*COS(4*PI()*B6+0)」を入力し，以下コピーを行う．
- H 列は「=2*1/(5*PI())*COS(5*PI()*B6+0)」を入力し，以下コピーを行う．
- I 列は「=C6+D6−E6+F6+G6+H6」を入力し，以下コピーを行う．

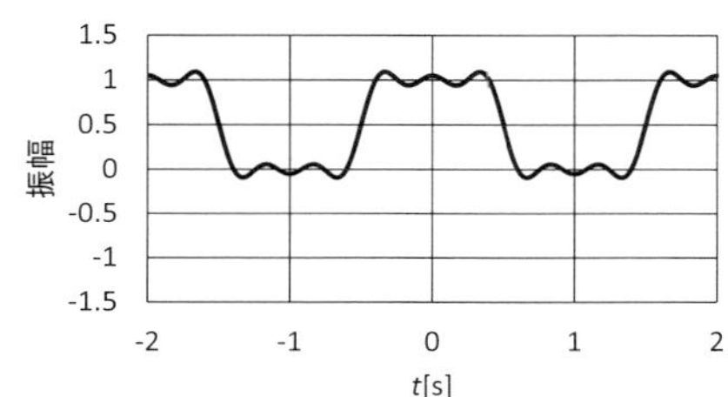

n	t[s]	c0	2|c1|*cos()	2|c2|*cos()	2|c3|*cos()	2|c4|*cos()	2|c5|*cos()	sum
−100	−2.0000	0.5	0.6366	0.0000	−0.2122	0.0000	0.1273	1.0517
−99	−1.9800	0.5	0.6354	0.0000	−0.2084	0.0000	0.1211	1.0480
−98	−1.9600	0.5	0.6316	0.0000	−0.1973	0.0000	0.1030	1.0373
−97	−1.9400	0.5	0.6253	0.0000	−0.1792	0.0000	0.0748	1.0210
−96	−1.9200	0.5	0.6136	0.0000	−0.1547	0.0000	0.0393	1.0013
−95	−1.9000	0.5	0.6055	0.0000	−0.1247	0.0000	0.0000	0.9807
·	·	·	·	·	·	·	·	·
·	·	·	·	·	·	·	·	·
·	·	·	·	·	·	·	·	·
99	1.9800	0.5	0.6354	0.0000	−0.2084	0.0000	0.1211	1.0480
100	2.0000	0.5	0.6366	0.0000	−0.2122	0.0000	0.1273	1.0517

［解 5］

(1) $T = 2, \omega_0 = \pi$ であるので

$$c_0 = \frac{1}{2}\int_0^1 1\,dt = \frac{1}{2}\Big[t\Big]_0^1 = \frac{1}{2}$$

$$\begin{aligned} c_n &= \frac{1}{2}\int_0^1 1\cdot e^{-jn\pi t}\,dt \\ &= \frac{1}{-j2n\pi}\Big[e^{-jn\pi t}\Big]_0^1 = \frac{1}{-j2n\pi}(e^{-jn\pi} - 1) \\ &= \frac{1}{-j2n\pi}(e^{-j\frac{n\pi}{2}} - e^{j\frac{n\pi}{2}})e^{-j\frac{n\pi}{2}} \\ &= \frac{1}{n\pi}\sin\frac{n\pi}{2}\{\cos\frac{n\pi}{2} - j\sin\frac{n\pi}{2}\} \end{aligned}$$

(2) (1) より

$$\begin{aligned} f(t) &= \frac{1}{2} - j\frac{1}{\pi}e^{j\pi t} + j\frac{1}{\pi}e^{-j\pi t} - j\frac{1}{3\pi}e^{j3\pi t} + j\frac{1}{3\pi}e^{-j3\pi t} - \cdots \\ &= \frac{1}{2} - j\frac{1}{\pi}(e^{j\pi t} - e^{-j\pi t}) - j\frac{1}{3\pi}(e^{j3\pi t} - e^{-j3\pi t}) - \cdots \\ &= \frac{1}{2} + \frac{2}{\pi}\sin\pi t + \frac{2}{3\pi}\sin 3\pi t + \cdots \end{aligned}$$

(3) (1) より

$$c_0 = \frac{1}{2}, |c_1| = \frac{1}{\pi}, |c_2| = 0, |c_3| = \frac{1}{3\pi}, |c_4| = 0, |c_5| = \frac{1}{5\pi}$$

$$\theta_1 = -\frac{\pi}{2}, \theta_2 = 0, \theta_3 = -\frac{\pi}{2}, \theta_4 = 0, \theta_5 = -\frac{\pi}{2}$$

(4) 「グラフの描き方の例」: [解 4] と同様にそれぞれを入力する.

- C 列 c_0「=0.5」
- D 列「=2*1/(1*PI())*COS(1*PI()*B6-PI()/2)」
- E 列「=2*0*COS(2*PI()*B6+0)」
- F 列「=2*1/(3*PI())*COS(3*PI()*B6-PI()/2)」
- G 列「=2*0*COS(4*PI()*B6+0)」
- H 列「=2*1/(5*PI())*COS(5*PI()*B6-PI()/2)」

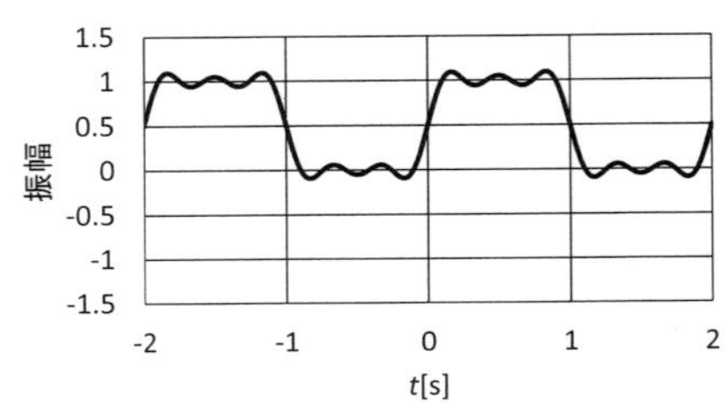

<table>
<tr><th>n</th><th>t[s]</th><th>c0</th><th>2|c1|*cos()</th><th>2|c2|*cos()</th><th>2|c3|*cos()</th><th>2|c4|*cos()</th><th>2|c5|*cos()</th><th>sum</th></tr>
<tr><td>−100</td><td>−2.0000</td><td>0.5</td><td>0.0000</td><td>0.0000</td><td>0.0000</td><td>0.0000</td><td>0.0000</td><td>0.5000</td></tr>
<tr><td>−99</td><td>−1.9800</td><td>0.5</td><td>0.0400</td><td>0.0000</td><td>0.0398</td><td>0.0000</td><td>0.0393</td><td>0.6191</td></tr>
<tr><td>−98</td><td>−1.9600</td><td>0.5</td><td>0.0798</td><td>0.0000</td><td>0.0781</td><td>0.0000</td><td>0.0748</td><td>0.7327</td></tr>
<tr><td>−97</td><td>−1.9400</td><td>0.5</td><td>0.1193</td><td>0.0000</td><td>0.1137</td><td>0.0000</td><td>0.1030</td><td>0.8360</td></tr>
<tr><td>−96</td><td>−1.9200</td><td>0.5</td><td>0.1583</td><td>0.0000</td><td>0.1453</td><td>0.0000</td><td>0.1211</td><td>0.9247</td></tr>
<tr><td>−95</td><td>−1.9000</td><td>0.5</td><td>0.1967</td><td>0.0000</td><td>0.1717</td><td>0.0000</td><td>0.1273</td><td>0.9957</td></tr>
<tr><td>・</td><td>・</td><td>・</td><td>・</td><td>・</td><td>・</td><td>・</td><td>・</td><td>・</td></tr>
<tr><td>・</td><td>・</td><td>・</td><td>・</td><td>・</td><td>・</td><td>・</td><td>・</td><td>・</td></tr>
<tr><td>・</td><td>・</td><td>・</td><td>・</td><td>・</td><td>・</td><td>・</td><td>・</td><td>・</td></tr>
<tr><td>99</td><td>1.9800</td><td>0.5</td><td>−0.0400</td><td>0.0000</td><td>−0.0398</td><td>0.0000</td><td>−0.0393</td><td>0.3809</td></tr>
<tr><td>100</td><td>2.0000</td><td>0.5</td><td>0.0000</td><td>0.0000</td><td>0.0000</td><td>0.0000</td><td>0.0000</td><td>0.5000</td></tr>
</table>

10 章　フーリエ変換

[ねらい]

複素フーリエ級数・係数は周期関数に対する手法で，周期的な信号のスペクトルを見ることができた．ここでは，一般的な（周期的でない）信号を対象としたフーリエ変換と呼ばれる手法について学ぶ．

特に，時間とスペクトルの関係は，今後フーリエ変換を使う使わないを別としても，時間と周波数のイメージをもつためのよい題材になると思われる．

本章 5 節までは基本的なフーリエ変換に関する内容となっている．また，6 節については，より専門の導入部分に関係の深い内容となるので，必要に応じて進めてほしい．

[この章の項目]

フーリエ変換の計算

グラフソフトによりスペクトルを描く

フーリエ変換の基本的な性質

特殊な関数のフーリエ変換

10.1　フーリエ変換とは

■ フーリエ変換対

まず最初にフーリエ変換の公式をみてみよう．

フーリエ変換対

$$F(\omega) = \int_{-\infty}^{\infty} f(t) \cdot e^{-j\omega t}\, dt \tag{10.1}$$

$$f(t) = \frac{1}{2\pi} \int_{-\infty}^{\infty} F(\omega) \cdot e^{j\omega t}\, d\omega \tag{10.2}$$

式 (10.1) をフーリエ変換，式 (10.2) を逆フーリエ変換と呼び，これらはフーリエ変換対と呼ばれている．

▶［フーリエスペクトル］
この $F(\omega)$ はフーリエスペクトルと呼ばれる．

▶［フーリエ変換の条件］
フーリエ変換の条件として，$\int_{-\infty}^{\infty} |f(t)|\, dt < \infty$（絶対積分が可能）ということが知られている．

▶［フーリエ積分］
フーリエ変換はフーリエ積分と呼ばれることもある．

この変換はしばしば

$$f(t) \longleftrightarrow F(\omega)$$

と矢印を用いた表現で簡略化して利用される．本書でもこの表現を利用することがあるので覚えておいてほしい．

▶［フーリエ変換の矢印］
フーリエ変換では，たとえば $f(t) \xrightarrow{\mathscr{F}} F(\omega)$ というように，矢印の上に $\mathscr{F}$ をのせるなど，表記が異なることがある．

さて，フーリエ変換の公式 (10.1) と複素フーリエ係数の公式 (9.12) を比較すると，式 (10.1) では式 (9.12) に対し

- 周期 T がなくなっている
- 基本角周波数 ω_0 とその高調波成分に対応する n が無くなっている

となっている．これらにはどのような関係があるのか, 次で確認してみよう．

■ フーリエ変換と複素フーリエ係数

今までみてきたフーリエ級数は，周期的な関数に対して利用してきた．しかしより一般的に考えると，周期的な信号ばかりでなく，周期的でない信号（非周期信号）も多く存在する．このような信号は，どのように考えればよいだろうか．実は，ちょっと強引と思うかもしれないが，周期 T をぐっと広げて無限大と考えてしまう．こうすれば周期的でない信号も周期が無限大となり，一種の周期信号と見なしてしまえるということになる．では，その様子をよく利用される矩形波を例に取り，そのスペクトルを対比しながらみていくことにしよう．

ここで式 (9.12) の複素フーリエ係数 c_n を再記すると

$$c_n = \frac{1}{T} \int_{-\frac{2}{T}}^{\frac{2}{T}} f(t) \cdot e^{-j\omega_0 nt}\, dt$$

であった．

コラム：フーリエ変換と逆変換

複素フーリエ級数は次式で表される．

$$f(t) = \sum_{n=-\infty}^{\infty} c_n \cdot e^{jn\omega_0 t}$$

ここで

$$c_n = \frac{1}{T}\int_{-\frac{T}{2}}^{\frac{T}{2}} f(t) \cdot e^{-jn\omega_0 t}\,dt$$
$$T = \frac{2\pi}{\omega_0}$$

である．これを 1 つにまとめると

$$\begin{aligned} f(t) &= \sum_{n=-\infty}^{\infty}\left[\left\{\frac{1}{T}\int_{-\frac{T}{2}}^{\frac{T}{2}} f(t)\cdot e^{-jn\omega_0 t}\,dt\right\} e^{jn\omega_0 t}\right] \\ &= \sum_{n=-\infty}^{\infty}\left[\left\{\frac{\omega_0}{2\pi}\int_{-\frac{\pi}{\omega_0}}^{\frac{\pi}{\omega_0}} f(t)\cdot e^{-jn\omega_0 t}\,dt\right\} e^{jn\omega_0 t}\right] \\ &= \frac{1}{2\pi}\sum_{n=-\infty}^{\infty}\left[\left\{\int_{-\frac{\pi}{\omega_0}}^{\frac{\pi}{\omega_0}} f(t)\cdot e^{-jn\omega_0 t}\,dt\right\} e^{jn\omega_0 t}\omega_0\right] \end{aligned}$$

となる．ここで $T \to \infty$ にすることによって，フーリエ級数表現がフーリエ変換表現になることを使う．$T \to \infty$ のとき，$\omega_0 \to 0$ になるため，計算のイメージをつかみやすくするために，ω_0 を $\Delta\omega$ と表記上置き換える．

$$f(t) = \frac{1}{2\pi}\sum_{n=-\infty}^{\infty}\left[\left\{\left\{\int_{-\frac{\pi}{\Delta\omega}}^{\frac{\pi}{\Delta\omega}} f(t)\cdot e^{-jn\Delta\omega t}\,dt\right\} e^{jn\Delta\omega t}\right\}\Delta\omega\right]$$

さらに $\Delta\omega \to 0$ として区分求積を用いると，次式 (A) となる．

$$f(t) = \frac{1}{2\pi}\int_{-\infty}^{\infty}\left\{\left\{\int_{-\infty}^{\infty} f(t)\cdot e^{-j\omega t}\,dt\right\} e^{j\omega t}\right\} d\omega \qquad \cdots(A)$$

ただし，ここで用いた区分求積は

$$\lim_{\Delta\omega\to 0}\sum_{n=-\infty}^{\infty} p(n\Delta\omega)\Delta\omega = \int_{-\infty}^{\infty} p(\omega)\,d\omega$$

であり，また $\frac{\pi}{\Delta\omega} \to \infty$ も適用している．

式 (A) で $\int_{-\infty}^{\infty} f(t)e^{-j\omega t}\,dt$ は定義より，フーリエ変換そのものであり

$$F(\omega) = \int_{-\infty}^{\infty} f(t)\cdot e^{-j\omega t}\,dt$$

とおくことができる．したがって，式 (A) は

$$f(t) = \frac{1}{2\pi}\int_{-\infty}^{\infty} F(\omega)\cdot e^{j\omega t}\,d\omega$$

と表現でき，これは逆フーリエ変換を表わしている．ゆえに，t の関数 $f(t)$ をフーリエ変換して，$F(\omega)$ を求めたとすると，$F(\omega)$ を逆フーリエ変換して，もとの $f(t)$ が得られることが示された．

例題 10 − 1

図 10.1 における周期 $T=4$ の矩形波の複素フーリエ係数を求め，そのスペクトルを示しなさい．

複素フーリエ係数 c_0 は

$$c_0=\frac{1}{4}\int_{-1}^{1}2\,dt=\frac{2}{4}\Big[t\Big]_{-1}^{1}=\frac{2}{4}(1+1)=1$$

となり，また複素フーリエ係数 $c_n(n=\pm1,\pm2,\cdots)$ は

$$\begin{aligned}c_n&=\frac{1}{4}\int_{-1}^{1}2\cdot e^{-j\omega_0 nt}\,dt=\frac{2}{-j4\omega_0 n}\Big[e^{-j\omega_0 nt}\Big]_{-1}^{1}\\&=\frac{1}{-j2\omega_0 n}\left(e^{-j\omega_0 nt}-e^{j\omega_0 nt}\right)=\frac{2}{2\omega_0 n}\sin\omega_0 n\\&=\frac{2}{\pi n}\sin\frac{\pi n}{2}\end{aligned}$$

となるので，線スペクトルは図 10.2 となる．なお，点線はスペクトルの包絡線を示している．

▶［包絡線］
線スペクトルの頂点を滑らかに繋いでいった形を意味する．

▶［図の横軸］
前章の図 9.4 などでは，横軸は n であったが，図 10.2 では $n\omega_0$ を横軸にとっている．$n\omega_0$ は角周波数の単位 [rad/s] をもつ量である．

また，$\omega_0=\dfrac{2\pi}{T}$ より，$n\omega_0=\dfrac{2\pi n}{T}$ として，横軸は $\dfrac{2\pi n}{T}$ と表記している．この場合，$T=4$ であることを考慮すれば $n=\cdots-2,-1,0,1,2,\cdots$ は $\dfrac{2\pi n}{T}=\cdots,-\pi,-\dfrac{\pi}{2},0,\dfrac{\pi}{2},\pi,\cdots$ となっている．

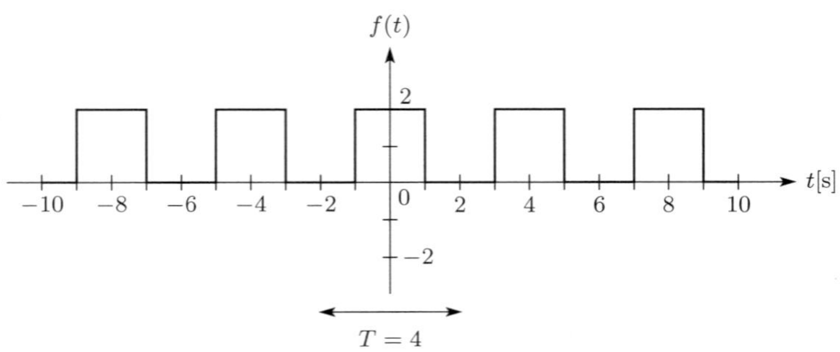

図 **10.1**　$T=4$ の矩形波

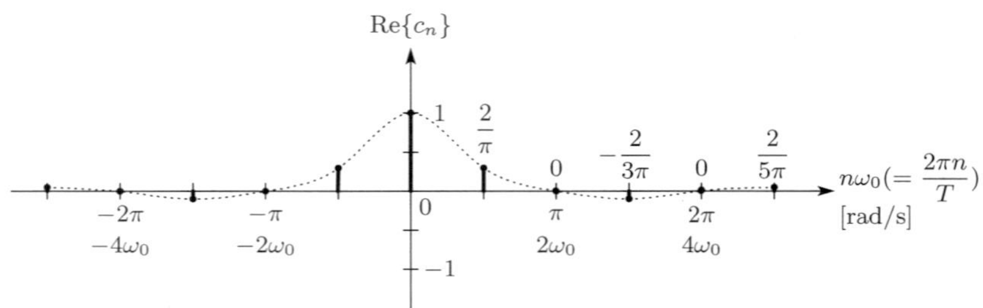

図 **10.2**　$T=4$ のときの線スペクトル

次に，周期を $T=4$ から $T=8$ へと変更してみよう．

例題 10－2
図 10.3 における周期 $T=8$ の矩形波の複素フーリエ係数を求め，そのスペクトルを示しなさい．

複素フーリエ係数 c_0 は

$$c_0 = \frac{1}{8}\int_{-1}^{1} 2\,dt = \frac{2}{8}\Big[t\Big]_{-1}^{1} = \frac{1}{2}$$

となり，また複素フーリエ係数 $c_n (n = \pm 1, \pm 2, \cdots)$ は

$$\begin{aligned} c_n &= \frac{1}{8}\int_{-1}^{1} 2\cdot e^{-j\omega_0 nt}\,dt = \frac{2}{-j8\omega_0 n}\Big[e^{-j\omega_0 nt}\Big]_{-1}^{1} \\ &= \frac{1}{-j4\omega_0 n}\left(e^{-j\omega_0 nt} - e^{j\omega_0 nt}\right) = \frac{1}{2\omega_0 n}\sin\omega_0 n = \frac{2}{\pi n}\sin\frac{\pi n}{4} \end{aligned}$$

となるため，線スペクトルは図 10.4 のように表わされる．

▶ $[\omega_0]$
このときの基本角周波数は $\omega_0 = \dfrac{\pi}{4}$ となる．

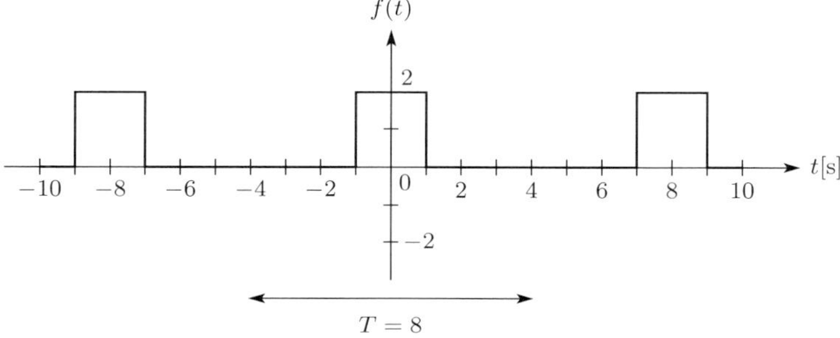

図 10.3　$T=8$ の矩形波

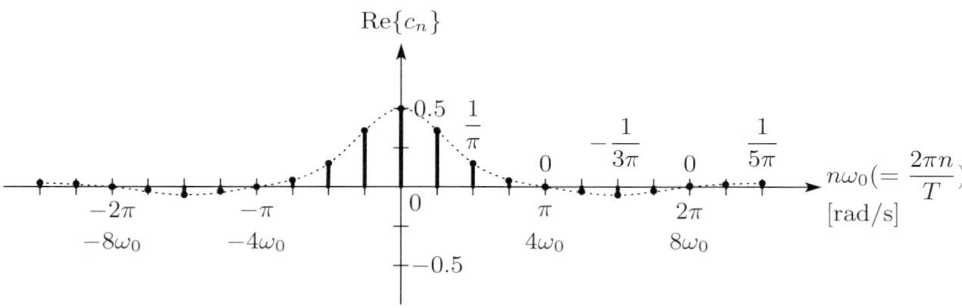

図 10.4　$T=8$ のときの線スペクトル

$T=4$ と $T=8$ の場合を見比べると，周期を長くすることにより $\dfrac{1}{T}$ があるため，線スペクトルの大きさは小さくなっていくが，これを除くと

- 線スペクトルの概形は同じ
- 線スペクトル間隔が狭くなりどんどん詰まってくる

という関係が見てとれる．

ここで，図 10.5 のように周期を無限としたフーリエ変換の式 (10.1) を使い $F(\omega)$ のスペクトルをみてみよう．

▶［パルス］
たとえば心拍のように，瞬間的な変化のある信号がある間隔で発生しているイメージがあるだろう．ここではそれが 1 つだけ孤立した波形（孤立波と呼ばれる）をパルスと呼び，それらが時間的に発生する場合は列をつけてパルス列と呼ぶ．

例題 10 − 3
図 10.5 の矩形パルスのフーリエ変換 $F(\omega)$ を求め，そのスペクトルを示しなさい．

$f(t)$ のフーリエ変換は

$$F(\omega) = \int_{-1}^{1} 2 \cdot e^{-j\omega t}\,dt = \frac{2}{-j\omega}\Big[e^{-j\omega t}\Big]_{-1}^{1} = \frac{2}{-j\omega}\left(e^{-j\omega} - e^{j\omega}\right) = \frac{4}{\omega}\sin\omega$$

▶［オイラーの公式を使う］
オイラーの公式から導かれる $e^{j\omega} - e^{-j\omega} = j2\sin\omega$ を利用する．

となり，そのスペクトルは図 10.6 のように表わされる．

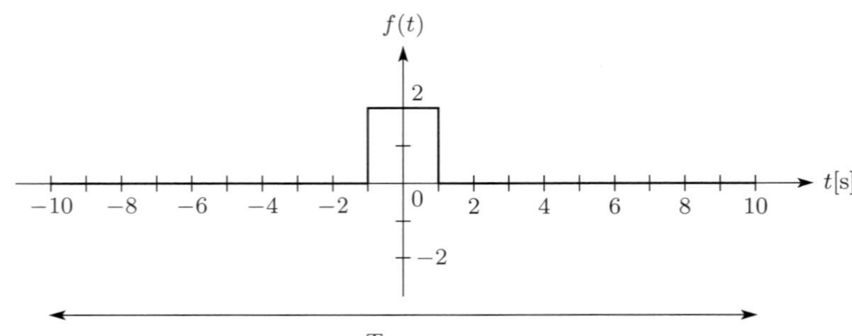

図 10.5　$T = \infty$ の矩形波

▶［フーリエ変換と複素フーリエ係数のスペクトル］
フーリエ変換では複素フーリエ変換に対し周期を考えないため $\dfrac{1}{T}$ が無くなり，スペクトルも連続となるため $\omega_0 n$ が ω となっている．したがって，$F(\omega)$ から $\omega_0 n$ ごとの値を $\dfrac{1}{T}$ 倍すると複素フーリエ係数と同様の表現になる．

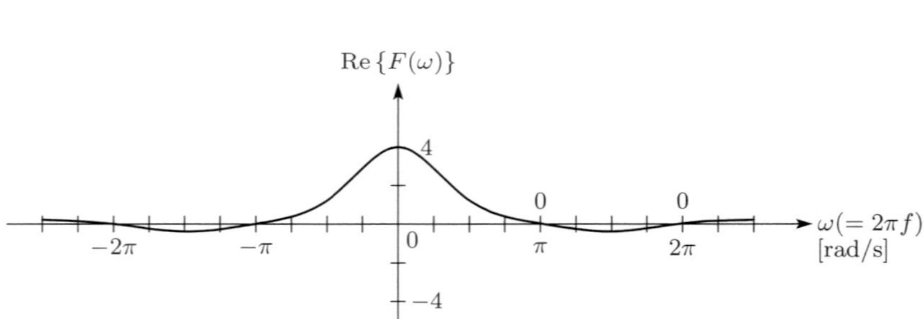

図 10.6　$T = \infty$ のときの連続スペクトル

今までのように一定間隔ごとで表現される離散的な線スペクトルと異なり，連続的なスペクトルが現れる．このようなスペクトルは連続スペクトルと呼ばれる．線スペクトルと表現は異なるが，スペクトルの概形（包絡線）は同じということが分かる．

■ sinc 関数

前節の例題に出てきた形で，フーリエ変換でよく目にする関数として sinc 関数と呼ばれるものがあり

▶［sinc 関数］
シンクやジンクと呼ばれる．この形は広く利用されており，サンプリング関数，補間関数などと呼ばれることもあるが本質は同じである．

sinc 関数

$$\mathrm{sinc}(x) = \frac{\sin(x)}{x}$$

$$\begin{cases} \mathrm{sinc}(0) = 1 \\ \mathrm{sinc}(\pi n) = 0 \quad (n = \pm 1, 2, \cdots) \end{cases}$$

のように定義されている．この関数は図 10.7 のように，x が大きく (あるいはマイナス方向へ大きく) なるほど減衰している関数となっている．

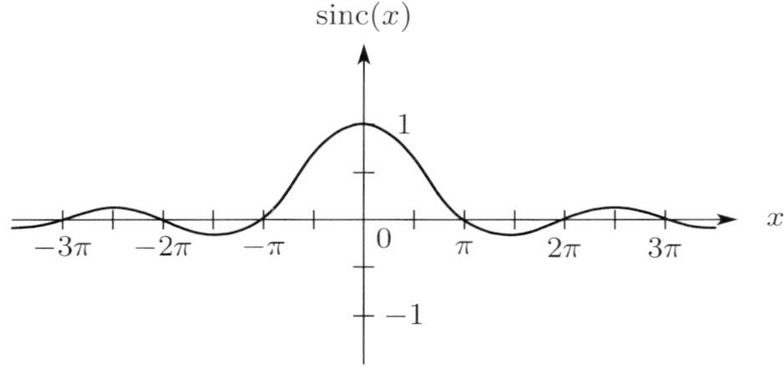

図 **10.7**　sinc(x) の波形

コラム：sinc 関数

$\sin(x)$ と $\dfrac{1}{x}$ を掛けあわせた関数になっており，図 10.7 のように，$t=0$ のとき 1 で $t=0$ を中心として減衰している．

ところで $x=0$ のときはどう考えるのだろう．マクローリン展開と呼ばれる手法により $\sin(x)$ は級数で

$$\sin(x) = x - \frac{x^3}{3!} + \frac{x^5}{5!} - \frac{x^7}{7!} + \cdots$$

と表わせることから，これを利用すると

$$\begin{aligned} \mathrm{sinc}(x) &= \frac{1}{x} \cdot \left\{ x - \frac{x^3}{3!} + \frac{x^5}{5!} - \frac{x^7}{7!} + \cdots \right\} \\ &= 1 - \frac{x^2}{3!} + \frac{x^4}{5!} - \frac{x^6}{7!} + \cdots \end{aligned}$$

となる．

10.2　代表的なフーリエ変換

ここでは代表的な関数のフーリエ変換を求めてみよう．

■ スペクトル表現の復習

スペクトルの表現について復習しておく．フーリエスペクトル $F(\omega)$ も複素数で表わされるため

$$F(\omega) = \mathrm{Re}\{F(\omega)\} + j\mathrm{Im}\{F(\omega)\} \tag{10.3}$$

$$= |F(\omega)| \cdot e^{j\theta(\omega)} \tag{10.4}$$

と表わすと，振幅スペクトル $|F(\omega)|$ および位相スペクトル $\theta(\omega)$ はそれぞれ

振幅スペクトル・位相スペクトル（連続スペクトル）

$$|F(\omega)| = \sqrt{\mathrm{Re}\{F(\omega)\}^2 + \mathrm{Im}\{F(\omega)\}^2} \tag{10.5}$$

$$\theta(\omega) = \tan^{-1}\frac{\mathrm{Im}\{F(\omega)\}}{\mathrm{Re}\{F(\omega)\}} \quad \{= \arg(F(\omega))\} \tag{10.6}$$

となる．

さて，ここで先ほどの図 10.6 の $F(\omega)$ をみると

$$\mathrm{Re}\{F(\omega)\} = \frac{4}{\omega}\sin\omega$$

$$\mathrm{Im}\{F(\omega)\} = 0$$

と，実部のみで虚部が無いことが分かる．これを振幅スペクトル $|F(\omega)|$ と位相スペクトル $\theta(\omega)$ で表わすと

$$|F(\omega)| = \sqrt{\left\{\frac{4}{\omega}\sin\omega\right\}^2 + \{0\}^2} \quad \left\{= \sqrt{\{\mathrm{sinc}(\omega)\}^2 + \{0\}^2}\right\}$$

$$= 4\left|\frac{1}{\omega}\sin\omega\right| \quad \{= 4\,|\mathrm{sinc}(\omega)|\}$$

$$\theta(\omega) = \tan^{-1}\frac{0}{\frac{4}{\omega}\sin\omega} \quad \left\{= \tan^{-1}\frac{0}{4\mathrm{sinc}(\omega)}\right\}$$

と表わされる．その様子を図 10.8 に示す ($-\pi < \theta(\omega) \leq \pi$)．$x$ 軸を中心として，振幅スペクトルのマイナス部分が折り返すようにプラス側へと移って来ているため，それにあわせて位相も

$$\theta(\omega) = \begin{cases} 0 & (4\mathrm{sinc}(\omega) \geq 0) \\ \pi & (4\mathrm{sinc}(\omega) < 0) \end{cases}$$

と変化していることが見てとれる．

■ 矩形パルスのフーリエ変換

あらためて，矩形パルスのフーリエ変換を求めてみよう．

▶［$e^{\theta(\omega)}$ の絶対値 $|e^{\theta(\omega)}|$］
$e^{\theta(\omega)}$ の絶対値は 1 であることも思い出しておこう（$e^{\theta(\omega)}$ は純粋に位相のみに関係している）．

▶［$|F(\omega)|^2$］
フーリエ変換における $|F(\omega)|^2$ はエネルギースペクトルとも呼ばれる．

▶［Parseval の等式］
$\int_{-\infty}^{\infty}|f(t)|^2\,dt = \frac{1}{2\pi}\int_{-\infty}^{\infty}|F(\omega)|^2\,d\omega$ という関係が知られている．

▶［θ_n に注意］
9 章の位相スペクトルでも触れたが，位相スペクトル $\theta(\omega)$ には $\tan^{-1}$ の計算があるので，$\mathrm{Re}\{F(\omega)\} < 0$ のときは注意しよう．

▶［$\theta(\omega)$ の範囲］
ここでは位相スペクトルを ($-\pi < \theta(\omega) \leq \pi$) の範囲で示している．一方 ($-\pi \leq \theta(\omega) < \pi$) とした場合は，$\theta(\omega)$ のとる値は $-\pi$ となるため，位相スペクトルの図は凸が凹になった形になる．どちらにしても位相が 180 度変化していることになるため，結果は同じとなる．

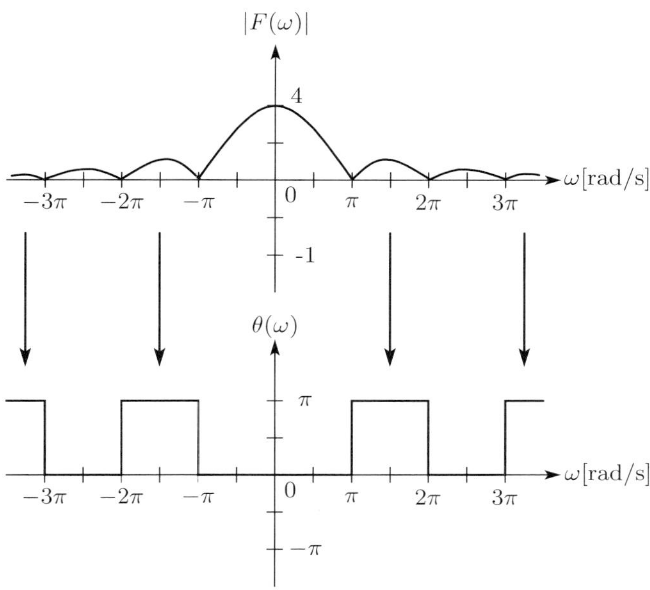

図 **10.8**　振幅スペクトル（上図）と位相スペクトル（下図）

例題 10 – 4

次の矩形パルスのフーリエ変換を求めなさい．

$$f(t) = \begin{cases} 2 & (|t| \leq 2) \\ 0 & (|t| > 2) \end{cases}$$

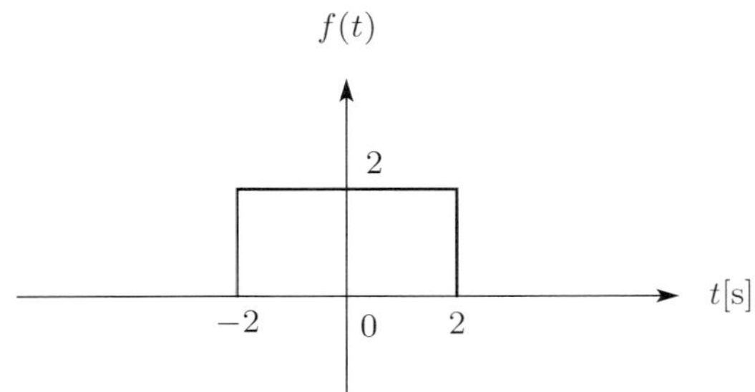

図 **10.9**　矩形パルス

図 10.9 の矩形パルスフーリエ変換を行うと

$$\begin{aligned} F(\omega) &= \int_{-2}^{2} 2 \cdot e^{-j\omega t}\,dt \\ &= \frac{2}{-j\omega}\left[e^{-j\omega t}\right]_{-2}^{2} = \frac{2}{-j\omega}\left(e^{-j2\omega} - e^{j2\omega}\right) \\ &= \frac{4}{\omega}\sin 2\omega \quad \left\{= \frac{8}{2\omega}\sin 2\omega = 8\mathrm{sinc}(2\omega)\right\} \end{aligned}$$

となる．さて，ここで $F(\omega)$ を見ると，実部のみで虚部が無いことが分かるが，これを振幅スペクトル $|F(\omega)|$ と位相スペクトル $\theta(\omega)$ で表わすと

$$|F(\omega)| = \sqrt{\left(\frac{4}{\omega}\sin 2\omega\right)^2 + 0^2} = \left|\frac{4}{\omega}\sin 2\omega\right| \quad \{= 8\,|\mathrm{sinc}(2\omega)|\}$$

$$\theta(\omega) = \tan^{-1}\frac{0}{\dfrac{4}{\omega}\sin 2\omega} \quad \left\{= \tan^{-1}\frac{0}{8\mathrm{sinc}(2\omega)}\right\}$$

となるので，振幅スペクトルを図示すると図 10.10 のように表わされる．

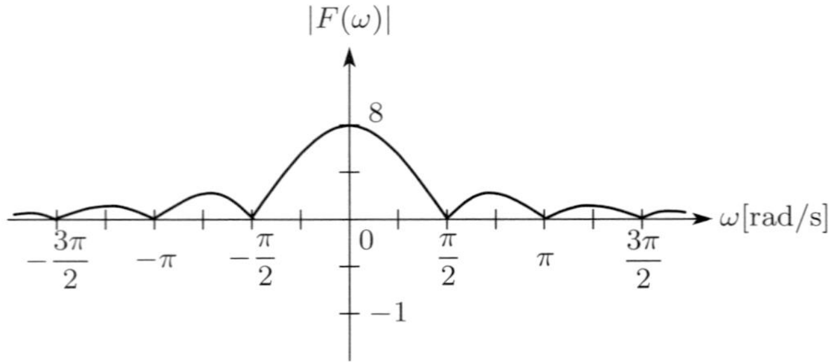

図 **10.10**　振幅スペクトル

図 10.5 の矩形パルスの振幅スペクトルの図 10.8 と比較してみると分かるが，フーリエ変換でもパルス波の概形が同じであれば，振幅スペクトルの概形も（横軸や縦軸のスケールが異なるだけで）同じである．

■　三角パルスのフーリエ変換

三角パルスについてフーリエ変換を行ってみよう．

例題 10－5

次の図 10.11 の三角パルスのフーリエ変換を求めなさい．

$$f(t) = \begin{cases} 2 - |t| & (|t| \leq 2) \\ 0 & (|t| > 2) \end{cases}$$

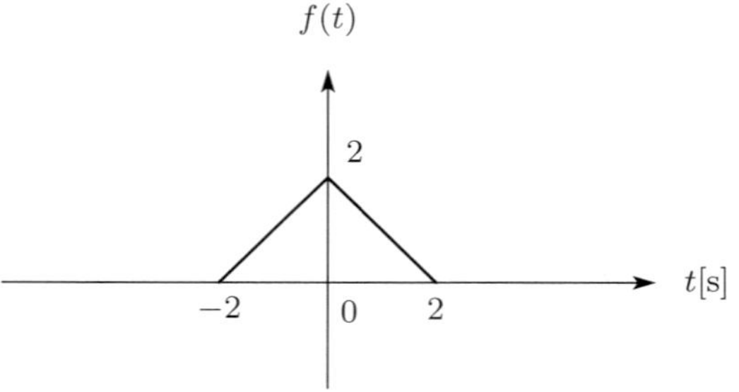

図 **10.11**　三角パルス

$$
\begin{aligned}
F(\omega) &= \int_{-2}^{0}(2+t)\cdot e^{-j\omega t}\,dt + \int_{0}^{2}(2-t)\cdot e^{-j\omega t}\,dt \\
&= \int_{-2}^{0} 2\cdot e^{-j\omega t}\,dt + \int_{-2}^{0} t\cdot e^{-j\omega t}\,dt - \int_{0}^{2} 2\cdot e^{-j\omega t}\,dt + \int_{0}^{2}(-t)\cdot e^{-j\omega t}\,dt \\
&= \frac{2}{-j\omega}\Big[e^{-j\omega t}\Big]_{-2}^{0} + \left\{\frac{1}{-j\omega}\Big[t\cdot e^{-j\omega t}\Big]_{-2}^{0} - \int_{-2}^{0}\frac{1}{-j\omega}e^{-j\omega t}\,dt\right\} \\
&\quad + \frac{2}{-j\omega}\Big[e^{-j\omega t}\Big]_{0}^{2} - \left\{\frac{1}{-j\omega}\Big[t\cdot e^{-j\omega t}\Big]_{0}^{2} - \int_{0}^{2}\frac{1}{-j\omega}e^{-j\omega t}\,dt\right\} \\
&= \frac{2}{-j\omega} - \frac{2}{-j\omega}e^{j2\omega} + \frac{2}{-j\omega}e^{j2\omega} + \frac{1}{\omega^2} - \frac{1}{\omega^2}e^{j2\omega} \\
&\quad + \frac{2}{-j\omega}e^{-j2\omega} - \frac{2}{-j\omega} - \frac{2}{-j\omega}e^{-j2\omega} - \frac{1}{\omega^2}e^{-j2\omega} + \frac{1}{\omega^2} \\
&= \frac{1}{\omega^2}\left(2 - e^{j2\omega} - e^{-j2\omega}\right) = \frac{2}{\omega^2}\left(1-\cos 2\omega\right) \\
&= \frac{4}{\omega^2}\sin^2\omega = 4\mathrm{sinc}^2(\omega)
\end{aligned}
$$

▶［部分積分の公式を使う］
今までと同様に，部分積分の公式を使って解く．

▶［倍角の公式を使う］
これも同様に
$\frac{1}{2}(1-\cos 2\alpha) = \sin^2\alpha$
を使った．

となる．

この三角パルスの振幅スペクトルも先ほどの矩形パルスと同様，実部 $\mathrm{Re}\{F(\omega)\}$ のみの形になっているが，$\sin^2$ の形式となっているため，振幅スペクトルは x 軸より上（すべて 0 以上）のプラス側にあり

$$
|F(\omega)| = \left|\frac{4}{\omega^2}\sin^2\omega\right| = \frac{4}{\omega^2}\sin^2\omega \quad \left\{= 4\left|\mathrm{sinc}^2(\omega)\right| = 4\mathrm{sinc}^2(\omega)\right\}
$$

となるので，$\mathrm{Re}\{F(\omega)\}$ のスペクトルと振幅スペクトル $|F(\omega)|$ が同じスペクトルの形となっている．

位相スペクトル $\theta(\omega)$ も

$$
\theta(\omega) = \tan^{-1}\frac{0}{\dfrac{4}{\omega^2}\sin^2\omega} \quad \left\{= \tan^{-1}\frac{0}{4\mathrm{sinc}^2(\omega)}\right\} = 0
$$

となり，図 10.12 のように ω によって変化せず 0 のままとなる．このような位相は零位相と呼ばれている．

ここで，章末の演習 1 ～ 3 をやってみよう．

10.3　偶関数と奇関数

フーリエ変換もフーリエ級数同様に，実部と虚部をもち

$$
\begin{aligned}
F(\omega) &= \int_{-\infty}^{\infty} f(t)\cdot e^{-j\omega t}\,dt = \int_{-\infty}^{\infty} f(t)\cdot(\cos\omega t - j\sin\omega t)\,dt \\
&= \int_{-\infty}^{\infty} f(t)\cdot\cos\omega t\,dt - j\int_{-\infty}^{\infty} f(t)\cdot\sin\omega t\,dt \qquad (10.7)
\end{aligned}
$$

と表わされ，$f(t)$ が偶関数なら $F(\omega)$ は実数に，$f(t)$ が奇関数なら純虚数になる．あらかじめ $f(t)$ が偶関数か奇関数か分かっていれば，どちらかの項について計算することによっても求められる．

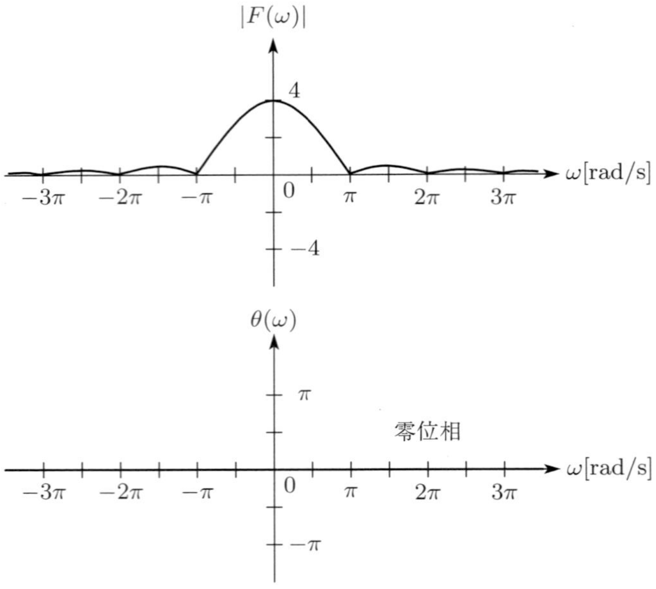

図 **10.12**　振幅スペクトル（上図）と位相スペクトル（下図）

たとえば，前述の矩形パルスや三角パルスは偶関数であるので，図 10.9 の矩形パルスフーリエ変換は

$$
\begin{aligned}
F(\omega) &= \int_{-2}^{2} 2 \cdot \cos \omega t \, dt = 2 \int_{0}^{2} 2 \cdot \cos \omega t \, dt \\
&= \frac{4}{\omega} \Big[\sin \omega t \Big]_0^2 = \frac{4}{\omega} (\sin 2\omega + 0) \\
&= \frac{4}{\omega} \sin 2\omega = 8 \mathrm{sinc}(2\omega)
\end{aligned}
$$

▶［積分範囲］
　偶関数であるので，対称な半分の区間として計算し，その分 2 倍としている．

と計算でき，同様に図 10.11 の三角パルスフーリエ変換も

$$
\begin{aligned}
F(\omega) &= \int_{-2}^{0} (2+t) \cos \omega t \, dt + \int_{0}^{2} (2-t) \cos \omega t \, dt = 2 \int_{0}^{2} (2-t) \cos \omega t \, dt \\
&= 2 \left\{ \int_{0}^{2} 2 \cos \omega t \, dt - \int_{0}^{2} t \cos \omega t \, dt \right\} \\
&= 2 \left[\frac{2}{\omega} \sin \omega t \right]_0^2 - 2 \left\{ \left[t \frac{1}{\omega} \sin \omega t \right]_0^2 - \int_{0}^{2} \frac{1}{\omega} \sin \omega t \, dt \right\} \\
&= \frac{4}{\omega} \sin 2\omega - 2 \left\{ \frac{2}{\omega} \sin 2\omega + \frac{1}{\omega^2} (\cos 2\omega - 1) \right\} \\
&= \frac{2}{\omega^2} (1 - \cos 2\omega) = \frac{4}{\omega^2} \sin^2 \omega = 4 \mathrm{sinc}^2(\omega)
\end{aligned}
$$

と計算することができる．

10.4　指数関数のフーリエ変換

ここではいくつかの指数関数のフーリエ変換を行ってみることにしよう．

ただし，対象とする関数は減衰（最終的に 0 とみなせる）していることとする．

例題 10－6

次のフーリエ変換を求めなさい．

$$f(t) = \begin{cases} e^{-2t} & (t \geq 0) \\ 0 & (t < 0) \end{cases}$$

$f(t)$ の概形は図 10.13 となっている．このフーリエ変換は

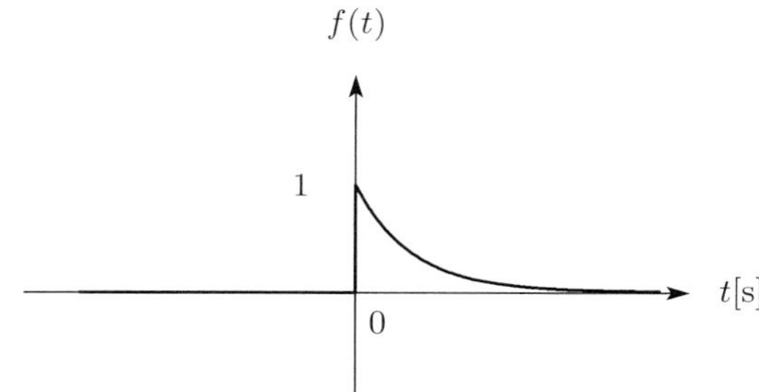

図 10.13　$f(t)$ の波形

$$\begin{aligned} F(\omega) &= \int_{-\infty}^{\infty} f(t) \cdot e^{-j\omega t}\, dt \\ &= \int_{0}^{\infty} e^{-2t} \cdot e^{-j\omega t}\, dt = \int_{0}^{\infty} e^{-(2+j\omega)t}\, dt \\ &= -\frac{1}{2+j\omega}\Big[e^{-(2+j\omega)t}\Big]_0^{\infty} = -\frac{1}{2+j\omega}\,(0-1) \\ &= \frac{1}{2+j\omega} \end{aligned}$$

と計算できる．

▶［指数関数の計算では］
$t \to \pm\infty$ とし，最終的に 0 として考え計算を行う．

ここで，$F(\omega)$ を実部と虚部に整理すると，

$$F(\omega) = \frac{1}{2+j\omega} = \frac{2}{2^2+\omega^2} - j\frac{\omega}{2^2+\omega^2}$$

であるのでそれぞれ

$$\mathrm{Re}\,\{F(\omega)\} = \frac{2}{4+\omega^2}$$

$$\mathrm{Im}\,\{F(\omega)\} = -\frac{\omega}{4+\omega^2}$$

と表わすことができる．図 10.14 はそれぞれ虚部のスペクトル，実部のスペクトルを表わしている．

▶［分母から j を取り除く］
分母と分子に $(2-j\omega)$ を掛け $\dfrac{1}{(2+j\omega)} \cdot \dfrac{(2-j\omega)}{(2-j\omega)}$ として有理化を行い，分母からの j を取り除き，j の無い項（実部），ある項（虚部）と分け整理している．

また，これらより振幅スペクトルおよび位相スペクトルは

$$|F(\omega)| = \sqrt{\frac{2^2+\omega^2}{(4+\omega^2)^2}} = \frac{\sqrt{4+\omega^2}}{4+\omega^2} \quad \left\{= \frac{1}{\sqrt{4+\omega^2}}\right\}$$

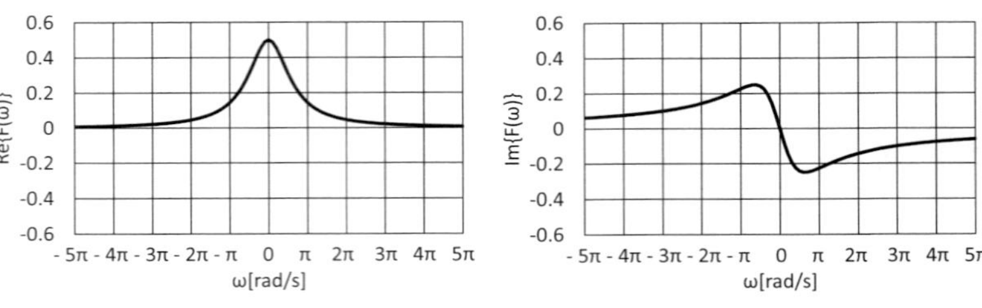

図 **10.14**　$F(\omega)$ の実部（左図）と虚部（右図）

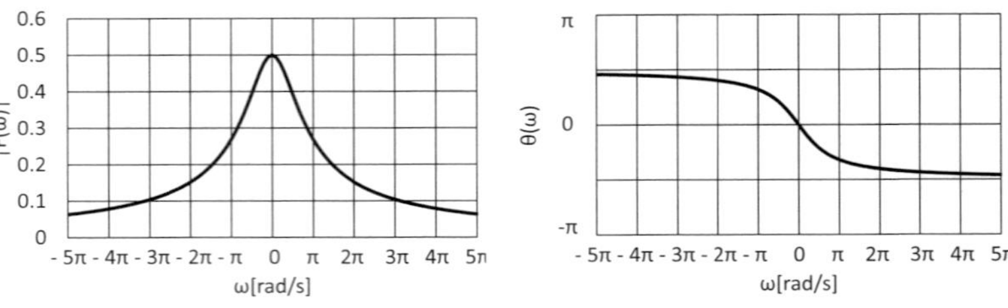

図 **10.15**　振幅スペクトル（左図）と位相スペクトル（右図）

$$\theta(\omega) = \tan^{-1}\frac{\mathrm{Im}\{F(\omega)\}}{\mathrm{Re}\{F(\omega)\}} = \tan^{-1}\frac{-\omega}{2} = -\tan^{-1}\frac{\omega}{2}$$

となる．図 10.15 にスペクトル図を示す．

例題 10－7

次のフーリエ変換を求めなさい．

$$f(t) = e^{-2|t|}$$

$f(t)$ の概形は図 10.16 となっている．このフーリエ変換を行うと

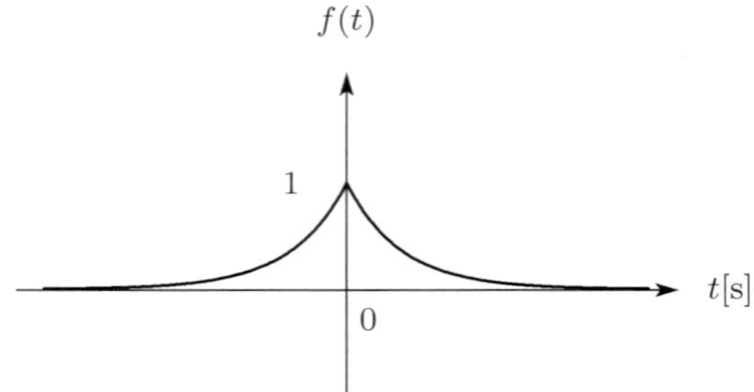

図 **10.16**　$f(t)$ の波形

$$\begin{aligned}F(\omega) &= \int_{-\infty}^{\infty} f(t)\cdot e^{-j\omega t}\,dt \\ &= \int_{-\infty}^{\infty} e^{-2|t|}\cdot e^{-j\omega t}\,dt = \int_{-\infty}^{0} e^{2t}\cdot e^{-j\omega t}\,dt + \int_{0}^{\infty} e^{-2t}\cdot e^{-j\omega t}\,dt \\ &= \int_{0}^{\infty} e^{-(2-j\omega)t}\,dt + \int_{0}^{\infty} e^{-(2+j\omega)t}\,dt\end{aligned}$$

$$= -\frac{1}{2-j\omega}\left[e^{-(2-j\omega)t}\right]_0^{\infty} - \frac{1}{2+j\omega}\left[e^{-(2+j\omega)t}\right]_0^{\infty}$$
$$= \frac{1}{2-j\omega} + \frac{1}{2+j\omega} = \frac{4}{4+\omega^2}$$

と計算できる．

ここで，$F(\omega)$ を実部と虚部に整理すると，それぞれ

$$\mathrm{Re}\{F(\omega)\} = \frac{4}{4+\omega^2}$$
$$\mathrm{Im}\{F(\omega)\} = 0$$

と表わすことができる．図 10.17 はそれぞれ実部のスペクトル，虚部のスペクトルを表わしている．

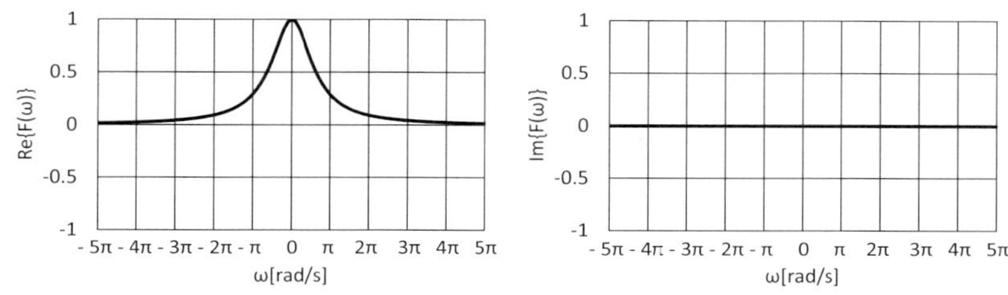

図 10.17　$F(\omega)$ の実部（左図）と虚部（右図）

また，これらより振幅スペクトルおよび位相スペクトルは

$$|F(\omega)| = \frac{4}{4+\omega^2}$$
$$\theta(\omega) = \tan^{-1}\frac{\mathrm{Im}\{F(\omega)\}}{\mathrm{Re}\{F(\omega)\}} = \tan^{-1}\frac{0}{\dfrac{4}{4+\omega^2}} = 0$$

となる．図 10.18 にスペクトル図を示す．

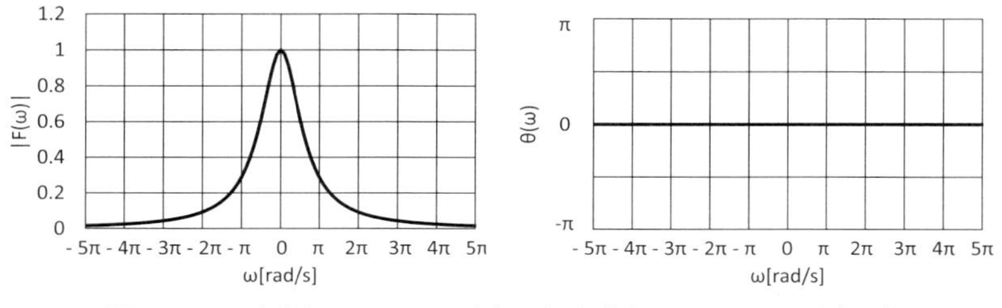

図 10.18　振幅スペクトル（左図）と位相スペクトル（右図）

例題 10 − 8
次のフーリエ変換を求めなさい．

$$f(t) = \begin{cases} \cos 2t \cdot e^{-2t} & (t \geq 0) \\ 0 & (t < 0) \end{cases}$$

▶［図 10.19 の注意］
実際は図よりも急峻な変化（減衰）となるが，波形を分かりやすくするため，減衰を緩やかにした図を用いた．

$f(t)$ の概形は図 10.19 となっている．

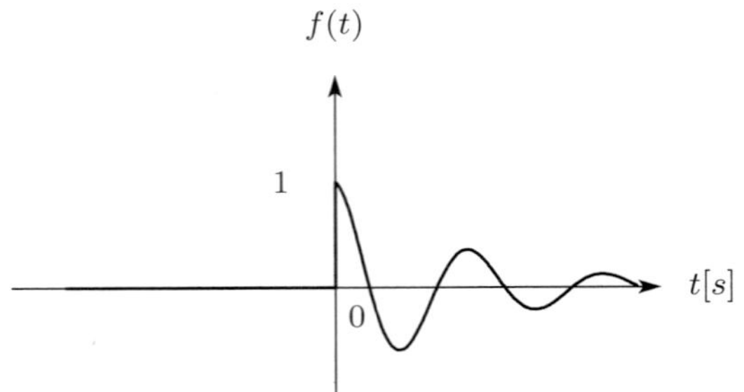

図 10.19　$f(t)$ の波形

▶［e でまとめる］
e 同士をまとめる．さらに，cos もオイラーの公式を利用し e の形にまとめてしまう．

このフーリエ変換を行うと

$$\begin{aligned}
F(\omega) &= \int_{-\infty}^{\infty} f(t) \cdot e^{-j\omega t}\, dt \\
&= \int_0^{\infty} \cos 2t \cdot e^{-2t} \cdot e^{-j\omega t}\, dt = \int_0^{\infty} \cos 2t \cdot e^{-(2+j\omega)t}\, dt \\
&= \int_0^{\infty} \frac{1}{2}\left(e^{j2t} + e^{-j2t}\right) \cdot e^{-(2+j\omega)t}\, dt \\
&= \int_0^{\infty} \frac{1}{2}\left\{e^{-(2+j(\omega-2))t} + e^{-(2+j(\omega+2))t}\right\} dt \\
&= -\frac{1}{2} \cdot \frac{1}{2+j(\omega-2)}\left[e^{-(2+j(\omega-2))t}\right]_0^{\infty} \\
&\quad -\frac{1}{2} \cdot \frac{1}{2+j(\omega+2)}\left[e^{-(2+j(\omega+2))t}\right]_0^{\infty} \\
&= \frac{1}{2}\left\{\frac{1}{2+j\omega-j2} + \frac{1}{2+j\omega+j2}\right\} \\
&= \frac{1}{2} \cdot \frac{\{(2+j\omega)-j2\} + \{(2+j\omega)+j2\}}{\{(2+j\omega)-j2\}\{(2+j\omega)+j2\}} \\
&= \frac{2+j\omega}{8-\omega^2+j4\omega}
\end{aligned}$$

と計算できる．$F(\omega)$ を実部と虚部に整理すると，

$$\begin{aligned}
F(\omega) &= \frac{2+j\omega}{8-\omega^2+j4\omega} = \frac{(2+j\omega)((8-\omega^2)-j4\omega)}{(8-\omega^2)^2+(4\omega)^2} \\
&= \frac{2\omega^2+16-j\omega^3}{\omega^4+64}
\end{aligned}$$

であるのでそれぞれ

$$\mathrm{Re}\{F(\omega)\} = \frac{2\omega^2 + 16}{\omega^4 + 64}$$

$$\mathrm{Im}\{F(\omega)\} = -\frac{\omega^3}{\omega^4 + 64}$$

と表わすことができる．図 10.20 はそれぞれ虚部のスペクトル，実部のスペクトルを表わしている．

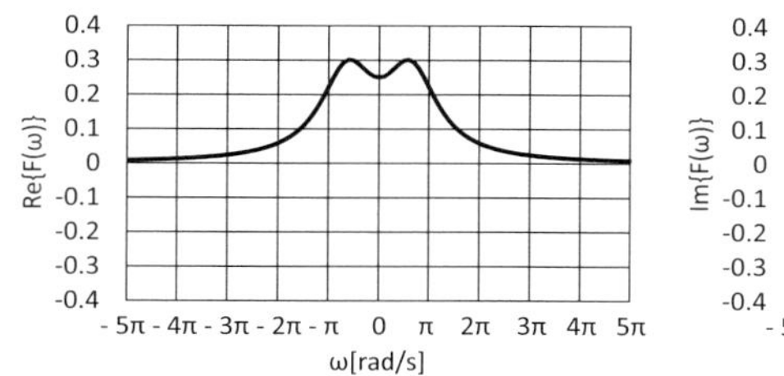

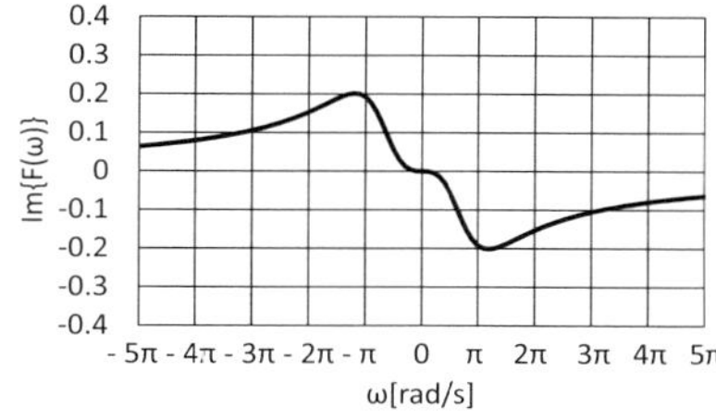

図 **10.20**　$F(\omega)$ の実部（左図）と虚部（右図）のスペクトル

また，これらより振幅スペクトルおよび位相スペクトルは

$$|F(\omega)| = \sqrt{\frac{(2\omega^2 + 16)^2 + (\omega^3)^2}{(\omega^4 + 64)^2}} = \sqrt{\frac{(\omega^4 + 64)(\omega^2 + 4)}{(\omega^4 + 64)^2}}$$

$$= \sqrt{\frac{\omega^2 + 4}{\omega^4 + 64}}$$

$$\theta(\omega) = \tan^{-1}\frac{\mathrm{Im}\{F(\omega)\}}{\mathrm{Re}\{F(\omega)\}} = -\tan^{-1}\frac{\omega^3}{2\omega^2 + 16}$$

となる．図 10.21 にスペクトルを示す．振幅スペクトルを見ると，$\omega = \pm 2$ に対応する部分が大きく現れていることが確認できる．

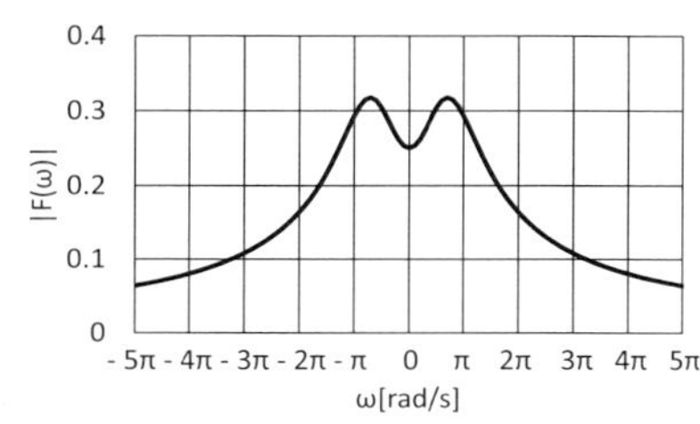

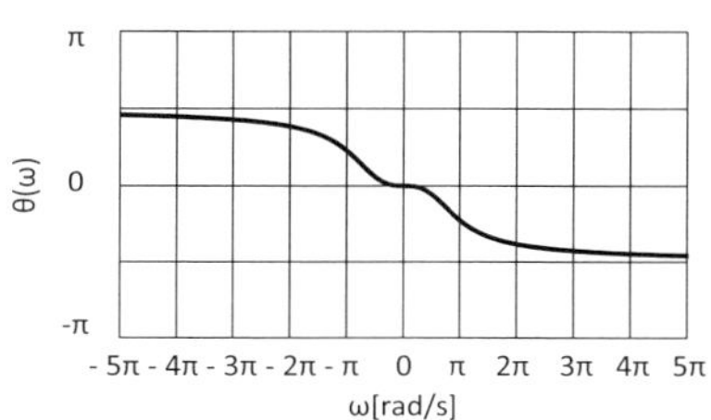

図 **10.21**　$F(\omega)$ の振幅スペクトル（左図）と位相スペクトル（右図）

ここで，章末の演習 4，5 をやってみよう．

10.5　フーリエ変換の性質

フーリエ変換では，その性質をまとめ変換に便利なフーリエ変換表としていることがある．ここではいくつかの性質や便利な変換の形を紹介する．表 10.1 としてあらかじめ示しておくので，必要に応じて参考にしてほしい．表の 1 〜 9 は基本的な変換を，10 以降は専門分野で出てくる可能性が高いものとした．

表 10.1　フーリエ変換表

No.	関数 $f(t)$	フーリエ変換 $F(\omega)$	
1	$a_1 \cdot f_1(t) + a_2 \cdot f_2(t)$	$a_1 \cdot F_1(\omega) + a_2 \cdot F_2(\omega)$	式 (10.8)
2	$F(t)$	$2\pi f(-\omega)$	式 (10.9)
3	$f(t-t_0)$	$F(\omega) \cdot e^{-j\omega t_0}$	式 (10.10)
4	$f(t) \cdot e^{j\omega_0 t}$	$F(\omega - \omega_0)$	式 (10.11)
5	$f(t) \cdot \cos\omega_0 t$	$\frac{1}{2}F(\omega+\omega_0) + \frac{1}{2}F(\omega-\omega_0)$	式 (10.12)
6	$f(t) \cdot \sin\omega_0 t$	$j\left\{\frac{1}{2}F(\omega+\omega_0) - \frac{1}{2}F(\omega-\omega_0)\right\}$	式 (10.13)
7	$f(at)$	$\frac{1}{\lvert a\rvert}F\left(\frac{\omega}{a}\right)$	式 (10.14)
8	$\frac{1}{\lvert a\rvert}f\left(\frac{t}{a}\right)$	$F(a\omega)$	式 (10.15)
9	$\mathrm{rect}\left(\frac{t}{T}\right) = \begin{cases} 1 & (\lvert t\rvert \leq \frac{T}{2}) \\ 0 & (\lvert t\rvert > \frac{T}{2}) \end{cases}$	$T \cdot \mathrm{sinc}\left(\frac{T}{2}\omega\right)$	式 (10.16)
10	$f_1(t) * f_2(t) \ \left\{= \int_{-\infty}^{\infty} f_1(\tau) \cdot f_2(t-\tau)\, d\tau\right\}$	$F_1(\omega) \cdot F_2(\omega)$	式 (10.17)
11	$f_1(t) \cdot f_2(t)$	$\frac{1}{2\pi}F_1(\omega) * F_2(\omega) \ \left\{= \frac{1}{2\pi}\int_{-\infty}^{\infty} F_1(u) \cdot F_2(\omega-u)\, du\right\}$	式 (10.19)
12	$\delta(t)$	1	式 (10.23)
13	$\delta(t-t_0)$	$e^{-j\omega t_0}$	式 (10.24)
14	1	$2\pi\delta(\omega)$	式 (10.25)
15	$e^{j\omega_0 t}$	$2\pi\delta(\omega-\omega_0)$	式 (10.27)
16	$\cos\omega_0 t$	$\pi\{\delta(\omega+\omega_0) + \delta(\omega-\omega_0)\}$	式 (10.28)
17	$\sin\omega_0 t$	$j\pi\{\delta(\omega+\omega_0) - \delta(\omega-\omega_0)\}$	式 (10.29)

■ 線形性

線形性 表 10.1(p.170) – 1

$f_n(t) \longleftrightarrow F_n(\omega)\,(n=1,2,\cdots,m)$ とし，任意の定数を a_n $(n=1,2,\cdots,m)$ とすると

$$\sum_{n=1}^{m} a_n f_n(t) \longleftrightarrow \sum_{n=1}^{m} a_n F_n(\omega) \quad (n=1,2,\cdots,m) \tag{10.8}$$

この関係を線形性と呼ぶ．証明してみよう．

$$\begin{aligned} & a_1 f_1(t) + a_2 f_2(t) + \cdots + a_m f_m(t) \\ & \longleftrightarrow \int_{\infty}^{-\infty} \{a_1 f_1(t) + a_2 f_2(t) + \cdots + a_m f_m(t)\}\, e^{-j\omega t}\,dt \\ & \quad = a_1 \int_{\infty}^{-\infty} f_1(t) e^{-j\omega t}\,dt + a_2 \int_{\infty}^{-\infty} f_2(t) e^{-j\omega t}\,dt + \cdots + a_m \int_{\infty}^{-\infty} f_m(t) e^{-j\omega t}\,dt \\ & \quad = a_1 F_1(\omega) + a_2 F_2(\omega) + \cdots + a_m F_m(\omega) \end{aligned}$$

例題 10 – 9

3 つの関数 $f(t)$，$g(t)$，$x(t)$ のフーリエ変換がそれぞれ $F(\omega)$，$G(\omega)$，$X(\omega)$ であった．このとき $2f(t)+3g(t)+4x(t)$ のフーリエ変換を求めなさい．

線形性により

$$2f(t)+3g(t)+4x(t) \longleftrightarrow 2F(\omega)+3G(\omega)+4X(\omega)$$

となる．

■ 対称性

時間領域での波形と周波数領域でのスペクトルの対称性を利用することにより，時間と周波数間での入れ換えた形で扱うことができる．

▶［対称性］
双対性と呼ばれることもある．

▶［対称性の符号］
ここでは対称性の例でよく用いられる矩形パルスを用いている．この場合そのスペクトルも ω に対し偶関数の形になっているため，対称性 $F(t) \longleftrightarrow 2\pi f(-\omega)$ を利用した場合の $-\omega$ については，$f(-\omega) = f(\omega)$ となっている．

対称性： 表 10.1(p.170) – 2

$f(t) \longleftrightarrow F(\omega)$ とすると

$$F(t) \longleftrightarrow 2\pi f(-\omega) \tag{10.9}$$

証明してみよう．逆フーリエ変換の公式 (10.2) より

$$f(t) = \frac{1}{2\pi}\int_{-\infty}^{\infty} F(\omega) e^{j\omega t}\,d\omega$$

$$2\pi f(t) = \int_{-\infty}^{\infty} F(\omega) e^{j\omega t}\,d\omega$$

これに t を $-t$ に置き換えると

$$2\pi f(-t) = \int_{-\infty}^{\infty} F(\omega) e^{-j\omega t}\, d\omega$$

ω と t を入れ換え

$$2\pi f(-\omega) = \int_{-\infty}^{\infty} F(t) e^{-j\omega t}\, dt$$

よって

$$F(t) \longleftrightarrow 2\pi f(-\omega) \quad \{= F_1(\omega)\}$$

この様子を矩形パルスを例に取り図 10.22 に示す．

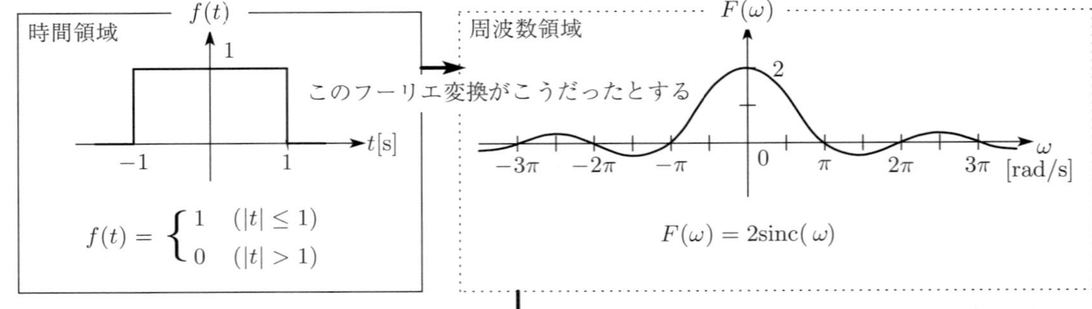

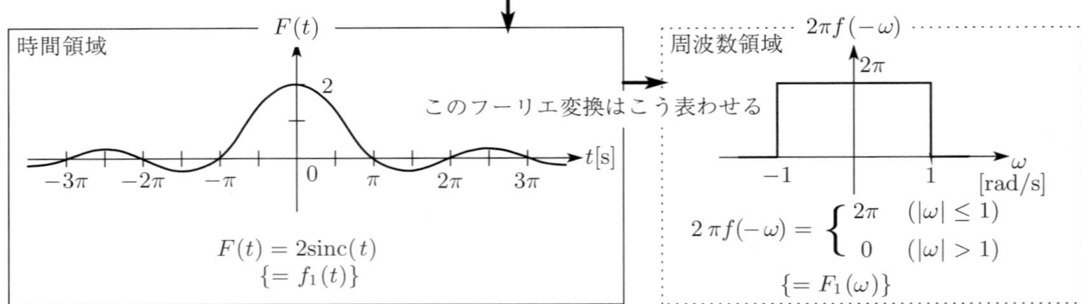

図 10.22　対称性の様子

このように，時間領域における波形と周波数領域におけるスペクトルの形は，それぞれが対応した形で表現されることが分かる．

例題 10 − 10

図 10.23 における

$$f(t) = \begin{cases} 1 & (|t| \leq 2) \\ 0 & (|t| > 2) \end{cases}$$

のフーリエ変換が，すでに図 10.24 のように

$$F(\omega) = 4\mathrm{sinc}(2\omega)$$

と与えられていた．このとき $F(t)$ のフーリエ変換を求めなさい．

$F(t)$ は図 10.24 により，図 10.25 のように表わされる．ここで，$f_1(t) = F(t) = 4\mathrm{sinc}(2t)$ とおくと，$f_1(t)$ のフーリエ変換は対称性より

$$f_1(t) \longleftrightarrow F_1(\omega) = \begin{cases} 2\pi & (|\omega| \leq 2) \\ 0 & (|\omega| > 2) \end{cases}$$

となる．図 10.26 に $F_1(\omega)$ のスペクトルを示す．

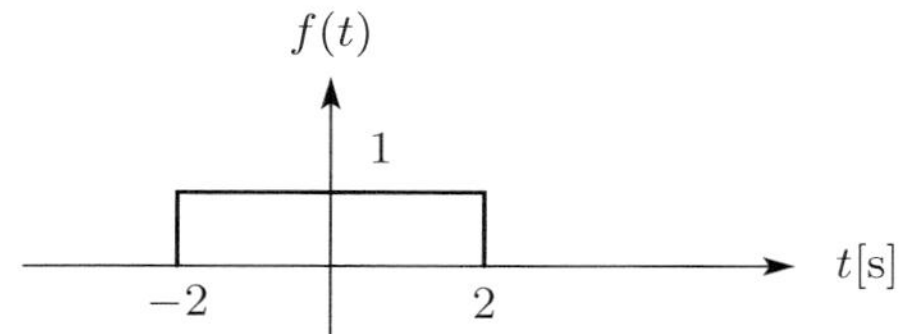

図 10.23　矩形波

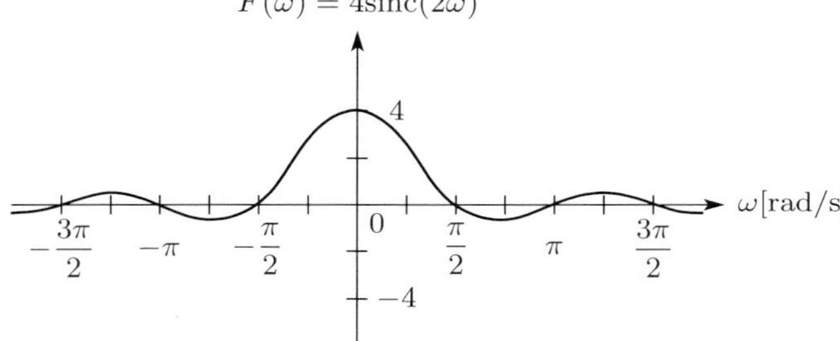

図 10.24　図 10.23 のスペクトル

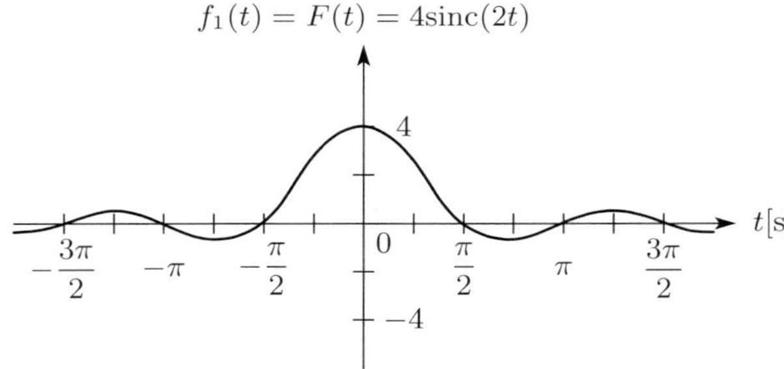

図 10.25　矩形波のスペクトルを時間波形とした結果

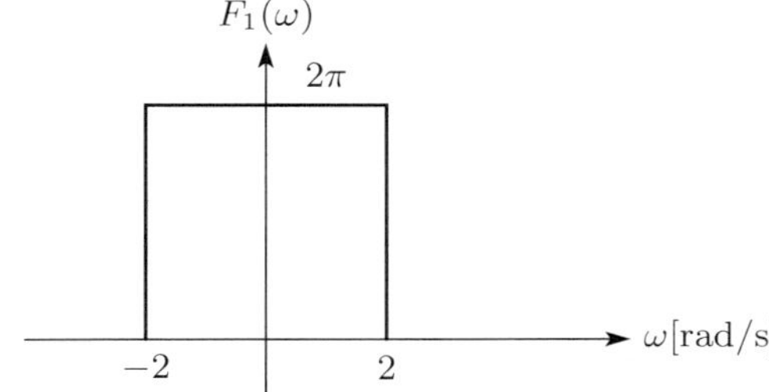

図 10.26　図 10.25 のスペクトル

■ 時間推移

関数 $f(t)$ を時間軸方向に t_0 移動させたとき

時間推移　　表 10.1(p.170) – 3

$f(t) \longleftrightarrow F(\omega)$ とすると

$$f(t-t_0) \longleftrightarrow F(\omega)\cdot e^{-j\omega t_0} \tag{10.10}$$

となる．$F(\omega)$ に対して，位相ずれ分の $e^{-j\omega t_0}$ が付加された形になっている．このとき付加された位相ずれ分は直線位相となっている．証明してみよう．$f(t-t_0) \longleftrightarrow X(\omega)$ として

$$X(\omega) = \int_{-\infty}^{\infty} f(t-t_0)\cdot e^{-j\omega t}\,dt$$

と表わす．変数を $t-t_0=x$ とすると

$$X(\omega) = \int_{-\infty}^{\infty} f(x)\cdot e^{-j\omega(x+t_0)}\,dx = e^{-j\omega t_0}\int_{-\infty}^{\infty} f(x)\cdot e^{-j\omega x}\,dx$$
$$=F(\omega)\cdot e^{-j\omega t_0}$$

となる．

▶ ［フーリエ変換して $F(\omega)$ になる関数］
フーリエ変換をし $F(\omega)$ になるもとの変数は t とは限らない．

$$F(\omega) = \int_{-\infty}^{\infty} e^{-j\omega t}\,dt = \int_{-\infty}^{\infty} e^{-j\omega x}\,dx = \int_{-\infty}^{\infty} e^{-j\omega u}\,du = \cdots$$

▶ ［直線位相］
位相スペクトルの変化が横軸 ω（周波数）に対して直線であらわれる．このような位相を直線位相，あるいは線形位相と呼ばれる．

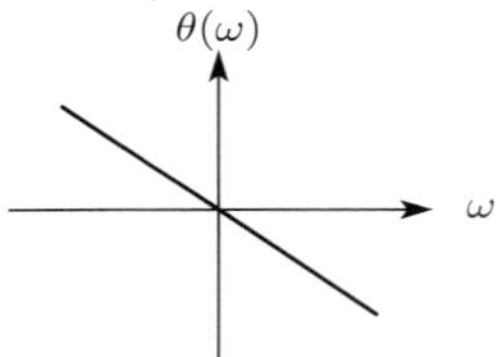

▶ ［位相スペクトルは $-\pi$〜π で表示している］
直線位相では位相は直線で表現されるが，ここでの位相スペクトルのグラフは $-\pi$〜π で表現しているために，上下で折り返した形になっている．

例題 10 – 11

$f(t) \longleftrightarrow F(\omega)$ と与えられている．$f(t-2)$ のフーリエ変換を求め，このとき付加される位相スペクトルを示しなさい．

時間推移より

$$f(t-2) \longleftrightarrow F(\omega)\cdot e^{-j2\omega}$$

となる．このとき付加される位相スペクトルは $\theta(\omega) = -2\omega$ であるので，スペクトルは図 10.27 となる．

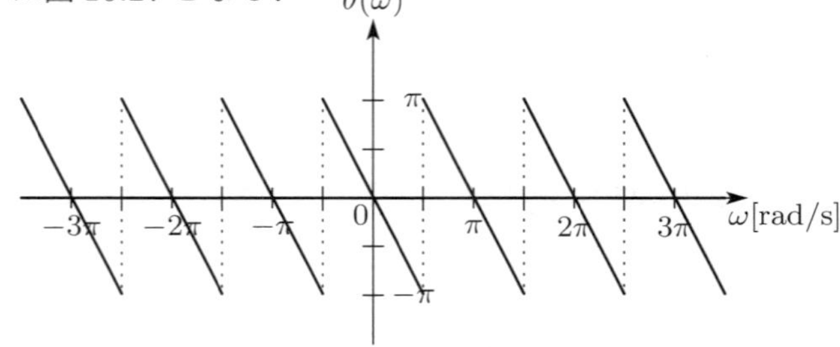

図 10.27　$f(t-2)$ のとき付加される位相スペクトル

例題 10 – 12

例題 10 – 5 の三角パルス $f(t)$ のフーリエ変換は $F(\omega) = 4\mathrm{sinc}^2(\omega)$ と得られていた．$f(t-1)$ のときのフーリエ変換を求めなさい．

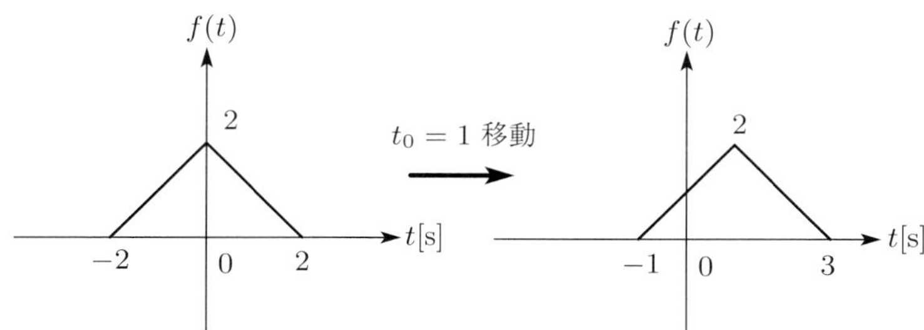

図 **10.28**　例題 10 – 5 の三角パルスを $t_0 = 1$ 移動した波形

このときの波形は図 10.28 のようになる．時間推移により

$$f(t-1) \longleftrightarrow 4\mathrm{sinc}^2(\omega) \cdot e^{-j\omega}$$

となる．振幅スペクトル，位相スペクトルは

$$|F(\omega)| = \left|4\mathrm{sinc}^2(\omega)\right| = 4\mathrm{sinc}^2(\omega)$$

$$\theta(\omega) = 0 - \omega = -\omega$$

であり，振幅スペクトルはそのまま変わらず，位相スペクトルはもともと 0 であったので，t_0 分変化したものすなわち $\theta(\omega)$ に $-\omega$ 分付加された形になっている．この様子を図 10.29 に示す．

▶［付加された位相分］
$e^{-j\omega}$ が付加されている．ここで，$e^{-j\omega} = \cos\omega - j\sin\omega$ であるので，単純に位相を考えても $\tan^{-1}\dfrac{-\sin\omega}{\cos\omega} = -\omega$ となることが分かる．

▶［付加された位相スペクトルは和］
$\angle(z_1 \cdot z_2) = \angle(z_1) + \angle(z_2)$ なので $\angle(F(\omega)e^{-j2\omega}) = \angle(F(\omega)) + \angle(e^{-j2\omega})$ となり，付加された位相スペクトルは加算される．

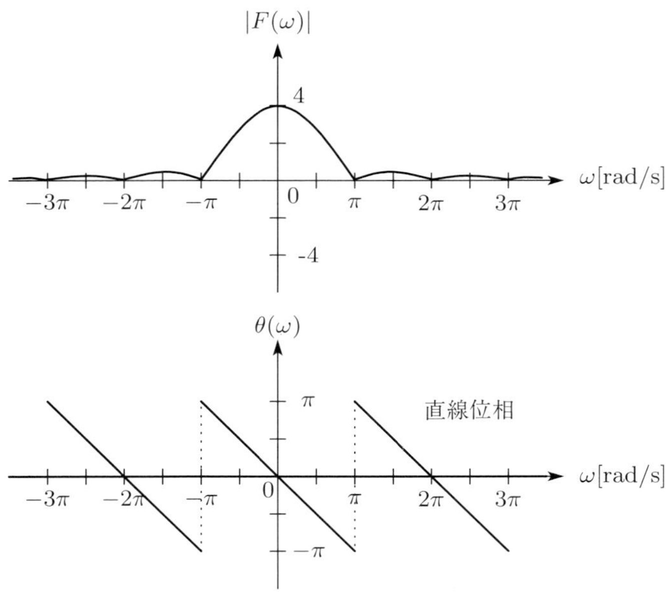

図 **10.29**　三角パルスを $t_0 = 1$ 移動

コラム：例題 10 – 11 を直接計算する

計算は少々大変ではあるが，図 10.28 のように右に 1 ずれた三角パルス $f(t-1)$ のフーリエ変換を直接求めると

$$
\begin{aligned}
F(\omega) &= \int_{-1}^{1} (1+t)\cdot e^{-j\omega t}\,dt + \int_{1}^{3} (3-t)\cdot e^{-j\omega t}\,dt \\
&= \int_{-1}^{1} 1\cdot e^{-j\omega t}\,dt + \int_{-1}^{1} t\cdot e^{-j\omega t}\,dt + \int_{1}^{3} 3\cdot e^{-j\omega t}\,dt - \int_{1}^{3} t\cdot e^{-j\omega t}\,dt \\
&= \frac{1}{-j\omega}\Big[e^{-j\omega t}\Big]_{-1}^{1} + \left\{\frac{1}{-j\omega}\Big[t\cdot e^{-j\omega t}\Big]_{-1}^{1} - \int_{-1}^{1}\frac{1}{-j\omega}e^{-j\omega t}\,dt\right\} \\
&\quad + \frac{3}{-j\omega}\Big[e^{-j\omega t}\Big]_{1}^{3} - \left\{\frac{1}{-j\omega}\Big[t\cdot e^{-j\omega t}\Big]_{1}^{3} - \int_{1}^{3}\frac{1}{-j\omega}e^{-j\omega t}\,dt\right\} \\
&= \frac{1}{-j\omega}(e^{-j\omega} - e^{j\omega}) + \frac{1}{-j\omega}(e^{-j\omega} + e^{j\omega}) - \frac{1}{(-j\omega)^2}\Big[e^{-j\omega t}\Big]_{-1}^{1} \\
&\quad + \frac{3}{-j\omega}(e^{-j3\omega} - e^{-j\omega}) - \left\{\frac{1}{-j\omega}(3e^{-j3\omega} - e^{-j\omega}) - \frac{1}{(-j\omega)^2}\Big[e^{-j\omega t}\Big]_{1}^{3}\right\} \\
&= \frac{1}{-j\omega}e^{-j\omega} - \frac{1}{-j\omega}e^{j\omega} + \frac{1}{-j\omega}e^{-j\omega} + \frac{1}{-j\omega}e^{j\omega} - \frac{1}{-\omega^2}(e^{-j\omega} - e^{j\omega}) \\
&\quad + \frac{3}{-j\omega}e^{-j3\omega} - \frac{3}{-j\omega}e^{-j\omega} - \frac{3}{-j\omega}e^{-j3\omega} + \frac{1}{-j\omega}e^{-j\omega} + \frac{1}{-\omega^2}(e^{-j3\omega} - e^{-j\omega}) \\
&= \frac{1}{\omega^2}\left(e^{-j\omega} - e^{j\omega}\right) - \frac{1}{\omega^2}\left(e^{-j3\omega} - e^{-j\omega}\right) = \frac{1}{\omega^2}\left(2e^{-j\omega} - e^{j\omega} - e^{-j3\omega}\right) \\
&= \frac{1}{\omega^2}\left(2 - e^{j2\omega} - e^{-j2\omega}\right)e^{-j\omega} = \frac{1}{\omega^2}\left(2 - 2\cos 2\omega\right)e^{-j\omega} \\
&= \frac{4}{\omega^2}\sin^2(\omega)e^{-j\omega} = 4\mathrm{sinc}^2(\omega)e^{-j\omega}
\end{aligned}
$$

となり，例題 10–5 図 10.11 の三角パルスに対して $e^{-j\omega t_0}$ が付加された形となる．

■ 周波数推移

時間領域において，複素正弦関数 $e^{j\omega_0 t}$ を掛けると，周波数軸上を

周波数推移　　表 10.1(p.170) – 4

$f(t) \longleftrightarrow F(\omega)$ とすると

$$F(\omega-\omega_0) \longleftrightarrow f(t)\cdot e^{j\omega_0 t} \tag{10.11}$$

と ω_0 移動する．証明してみよう．

$$
\begin{aligned}
f(t)\cdot e^{j\omega_0 t} \longleftrightarrow &\int_{-\infty}^{\infty} f(t)\cdot e^{j\omega_0 t}\cdot e^{-j\omega t}\,dt \\
&= \int_{-\infty}^{\infty} f(t)\cdot e^{-j(\omega-\omega_0)t}\,dt \\
&= F(\omega-\omega_0)
\end{aligned}
$$

例題 10 – 13

図 10.22 で示した $f(t)$ のフーリエ変換は $F(\omega) = 2\mathrm{sinc}(\omega)$ であった．このとき，$f(t)\cdot e^{j2t}$ のフーリエ変換を求めなさい．

$\omega_0 = 2$ として与えられているので

$$f(t) \cdot e^{j2t} \longleftrightarrow 2\mathrm{sinc}(\omega - 2)$$

となる．

図 10.30 にスペクトルの様子を示す．$\omega_0 = 2$ であるので，スペクトルが右へ 2 移動している．

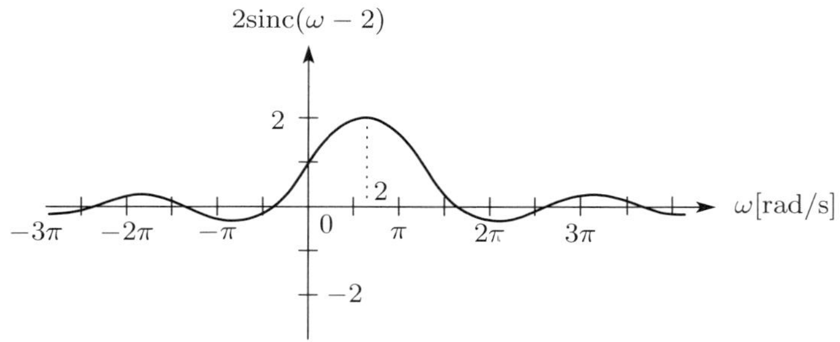

図 **10.30**　$F(\omega)$ のスペクトル

コラム：$f(t) \cdot e^{j2t}$ を直接計算する

試しに，$f(t) \cdot e^{j2t}$ を計算してみると

$$\begin{aligned} F(\omega) &= \int_{-\infty}^{\infty} f(t) \cdot e^{j2t} \cdot e^{-j\omega t}\, dt \\ &= \int_{-1}^{1} 1 \cdot e^{j2t} \cdot e^{-j\omega t}\, dt = \int_{-1}^{1} 1 \cdot e^{-j(\omega-2)t}\, dt \\ &= \frac{1}{-j(\omega-2)} \left[e^{-j(\omega-2)t} \right]_{-1}^{1} \\ &= \frac{1}{-j(\omega-2)} \left\{ e^{-j(\omega-2)} - e^{j(\omega-2)} \right\} \\ &= \frac{2}{\omega-2} \sin(\omega-2) = 2\mathrm{sinc}(\omega-2) \end{aligned}$$

となる．

■ 周波数推移の変形

同様に時間領域において余弦関数 $\cos\omega_0 t$ あるいは正弦関数 $\sin\omega_0 t$ が掛けられた場合

周波数推移の変形　表 10.1(p.170) – 5, 6

$f(t) \longleftrightarrow F(\omega)$ とすると

$$f(t) \cdot \cos\omega_0 t \longleftrightarrow \frac{1}{2}F(\omega+\omega_0) + \frac{1}{2}F(\omega-\omega_0) \qquad (10.12)$$

$$f(t) \cdot \sin\omega_0 t \longleftrightarrow j\left\{\frac{1}{2}\{F(\omega+\omega_0) - \frac{1}{2}F(\omega-\omega_0)\right\} \qquad (10.13)$$

となる．証明してみよう．

$$
\begin{aligned}
&f(t)\cdot\cos\omega_0 t \longleftrightarrow \\
&\qquad \int_{-\infty}^{\infty} f(t)\cdot\cos\omega_0 t\cdot e^{-j\omega t}\,dt \\
&\qquad = \frac{1}{2}\int_{-\infty}^{\infty} f(t)\cdot(e^{j\omega_0 t}+e^{-j\omega_0 t})\cdot e^{-j\omega t}\,dt \\
&\qquad = \frac{1}{2}\int_{-\infty}^{\infty} f(t)\cdot e^{-j(\omega-\omega_0)t}\,dt + \frac{1}{2}\int_{-\infty}^{\infty} f(t)\cdot e^{-j(\omega+\omega_0)t}\,dt \\
&\qquad = \frac{1}{2}F(\omega-\omega_0)+\frac{1}{2}F(\omega+\omega_0)
\end{aligned}
$$

▶［式変形］
オイラーの公式を利用した

$$
\begin{aligned}
&f(t)\cdot\sin\omega_0 t \longleftrightarrow \\
&\qquad \int_{-\infty}^{\infty} f(t)\cdot\sin\omega_0 t\cdot e^{-j\omega t}\,dt \\
&\qquad = \frac{1}{j2}\int_{-\infty}^{\infty} f(t)\cdot(e^{j\omega_0 t}-e^{-j\omega_0 t})\cdot e^{-j\omega t}\,dt \\
&\qquad = \frac{1}{j2}\int_{-\infty}^{\infty} f(t)\cdot e^{-j(\omega-\omega_0)t}\,dt - \frac{1}{j2}\int_{-\infty}^{\infty} f(t)\cdot e^{-j(\omega+\omega_0)t}\,dt \\
&\qquad = j\left\{\frac{1}{2}F(\omega+\omega_0)-\frac{1}{2}F(\omega-\omega_0)\right\}
\end{aligned}
$$

例題 10 – 14
図 10.22 で示した $f(t)$ のフーリエ変換は $F(\omega)=2\mathrm{sinc}(\omega)$ であった．このとき，$f(t)\cdot\cos 4\pi t$ のフーリエ変換を求めなさい．

$\omega_0 = 4\pi$ として与えられているので

$$
\begin{aligned}
f(t)\cdot\cos 4\pi t \longleftrightarrow & \frac{1}{2}F(\omega-4\pi)+\frac{1}{2}F(\omega+4\pi) \\
&= \mathrm{sinc}(\omega-4\pi)+\mathrm{sinc}(\omega+4\pi)
\end{aligned}
$$

となり，そのスペクトルは大きさが半分になり，± 両側にあらわれることが分かる．この様子を図 10.31 に示す．

▶［スペクトルの重なる部分に注意］
図 10.31 では，簡易的に ± における 2 つのスペクトルを表現しているが，正確には，それぞれのスペクトルが重なる場合，その面積を考慮する必要がある．

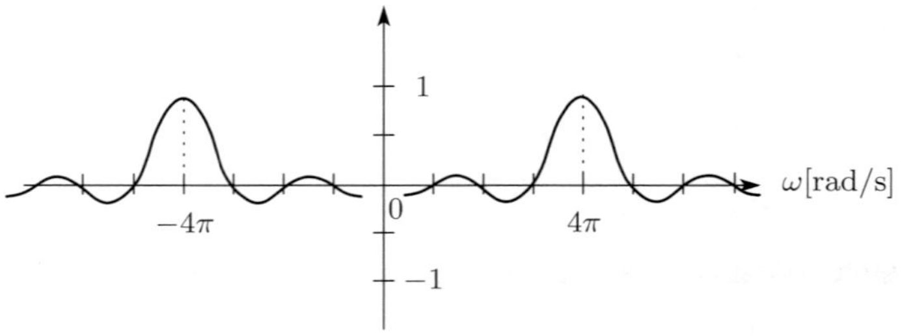

$\mathrm{sinc}(\omega-4\pi)+\mathrm{sinc}(\omega+4\pi)$

1
0
−1
-4π
4π
ω[rad/s]

図 10.31　$F(\omega)$ のスペクトル

コラム：$f(t)\cdot\cos 4\pi t$ を直接計算する

試しに $f(t)\cdot\cos 4\pi t$ を直接計算してみると

$$
\begin{aligned}
F(\omega) &= \int_{-\infty}^{\infty} f(t)\cdot\cos 4\pi t\cdot e^{-j\omega t}\,dt \\
&= \int_{-1}^{1} 1\cdot\frac{1}{2}(e^{j4\pi t}+e^{-j4\pi t})\cdot e^{-j\omega t}\,dt \\
&= \frac{1}{2}\int_{-1}^{1} e^{-j(\omega-4\pi)t}\,dt + \frac{1}{2}\int_{-1}^{1} e^{-j(\omega+4\pi)t}\,dt \\
&= \frac{1}{2}\cdot\frac{1}{-j(\omega-4\pi)}\left[e^{-j(\omega-4\pi)t}\right]_{-1}^{1} + \frac{1}{2}\cdot\frac{1}{-j(\omega+4\pi)}\left[e^{-j(\omega+4\pi)t}\right]_{-1}^{1} \\
&= \frac{1}{2}\cdot\frac{1}{-j(\omega-4\pi)}\left\{e^{-j(\omega-4\pi)} - e^{j(\omega-4\pi)}\right\} \\
&\quad + \frac{1}{2}\cdot\frac{1}{-j(\omega+4\pi)}\left\{e^{-j(\omega+4\pi)} - e^{j(\omega+4\pi)}\right\} \\
&= \frac{1}{2}\cdot\frac{2}{\omega-4\pi}\sin(\omega-4\pi) + \frac{1}{2}\cdot\frac{2}{\omega+4\pi}\sin(\omega+4\pi) \\
&= \mathrm{sinc}(\omega-4\pi) + \mathrm{sinc}(\omega+4\pi)
\end{aligned}
$$

となる．

コラム：軸のおさらい

横軸の表現について，うろ覚えの人もいるかもしれないのでここで確認をしておこう．中心の枠付き図を基準とすると，上は t が $\frac{1}{2}$ 倍，下は t が 2 倍のように表現できる．

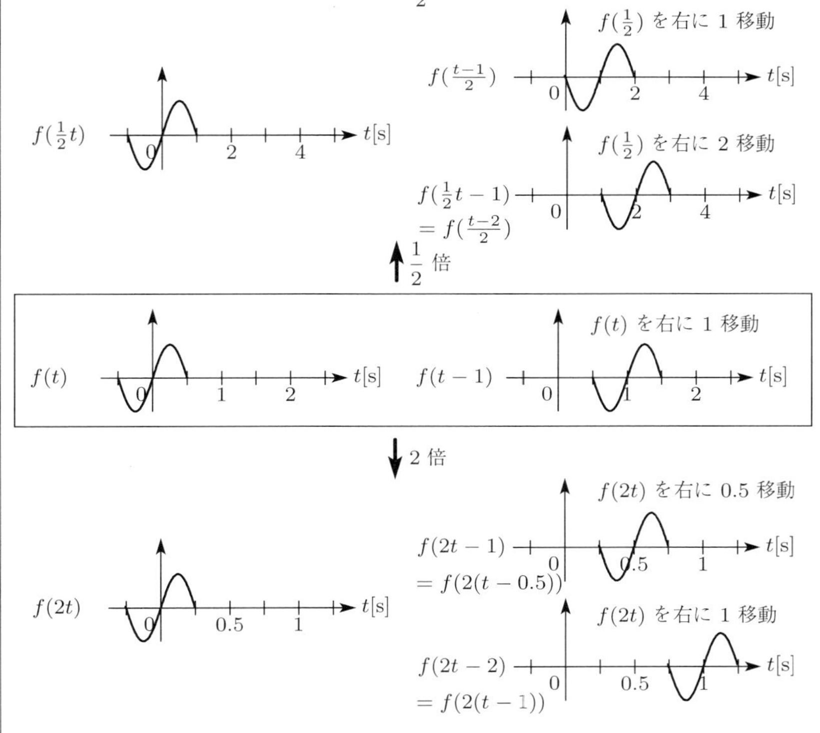

▶ [a]
a は実数の定数を表わしている．

■ 時間の伸縮

時間軸で a 倍する（波形が縮む）と，周波数軸では $\frac{1}{a}$ 倍（スペクトルが低くなり広がる）され

時間の伸縮　　表 10.1(p.170) – 7

$f(t) \longleftrightarrow F(\omega)$ とすると

$$f(at) \longleftrightarrow \frac{1}{|a|}F\left(\frac{\omega}{a}\right) \tag{10.14}$$

となる．証明してみよう．$f(at)$ を式 (10.1) でフーリエ変換した式

$$\int_{-\infty}^{\infty} f(at) \cdot e^{-j\omega t}\, dt$$

において $a > 0$ のとき，$at = x$ とおくと $dt = \dfrac{dx}{a}$ なので

$$\int_{-\infty}^{\infty} f(x) \cdot e^{-j\omega \frac{x}{a}} \frac{dx}{a} = \frac{1}{a}\int_{-\infty}^{\infty} f(x) \cdot e^{-j\frac{\omega}{a}x}\, dx = \frac{1}{a}F\left(\frac{\omega}{a}\right)$$

同様に $a < 0$ のとき（積分方向が変化する）

$$\int_{\infty}^{-\infty} f(x) \cdot e^{-j\omega \frac{x}{a}} \frac{dx}{a} = -\frac{1}{a}\int_{-\infty}^{\infty} f(x) \cdot e^{-j\frac{\omega}{a}x}\, dx = -\frac{1}{a}F\left(\frac{\omega}{a}\right)$$

例題 10 – 15

$f(t)$ のフーリエ変換が $F(\omega)$ であるとき，$f\left(\frac{1}{2}t\right)$ のフーリエ変換を示しなさい．

時間の伸縮より

$$f\left(\frac{1}{2}t\right) \longleftrightarrow 2F(2\omega)$$

となる．

■ 周波数の伸縮

周波数軸で a 倍すると，時間軸で $\frac{1}{a}$ 倍され

周波数の伸縮　　表 10.1(p.170) – 8

$f(t) \longleftrightarrow F(\omega)$ とすると

$$\frac{1}{|a|}f\left(\frac{t}{a}\right) \longleftrightarrow F(a\omega) \tag{10.15}$$

となる．証明してみよう．式 (10.2) で $F(a\omega)$ を逆フーリエ変換した式

$$\frac{1}{2\pi}\int_{-\infty}^{\infty} F(a\omega) \cdot e^{j\omega t}\, d\omega$$

において $a>0$ のとき，$a\omega=x$ とおくと $d\omega=\dfrac{dx}{a}$ なので

$$\frac{1}{2\pi}\int_{-\infty}^{\infty}F(x)\cdot e^{j\frac{x}{a}t}\frac{dx}{a}=\frac{1}{a}\frac{1}{2\pi}\int_{-\infty}^{\infty}F(x)\cdot e^{j\frac{t}{a}x}\,dx=\frac{1}{a}f\Big(\frac{t}{a}\Big)$$

同様に $a<0$ のとき

$$\frac{1}{2\pi}\int_{\infty}^{-\infty}F(x)\cdot e^{j\frac{x}{a}t}\frac{dx}{a}=-\frac{1}{a}\frac{1}{2\pi}\int_{-\infty}^{\infty}F(x)\cdot e^{j\frac{t}{a}x}\,dx=-\frac{1}{a}f\Big(\frac{t}{a}\Big)$$

■ 矩形パルス

本章の前半でも計算したが，よく用いられる矩形パルスのフーリエ変換対についても示しておこう．矩形パルスを

$$\mathrm{rect}\Big(\frac{t}{T}\Big)=\begin{cases}1 & (|t|\leq\dfrac{T}{2})\\ 0 & (|t|>\dfrac{T}{2})\end{cases}$$

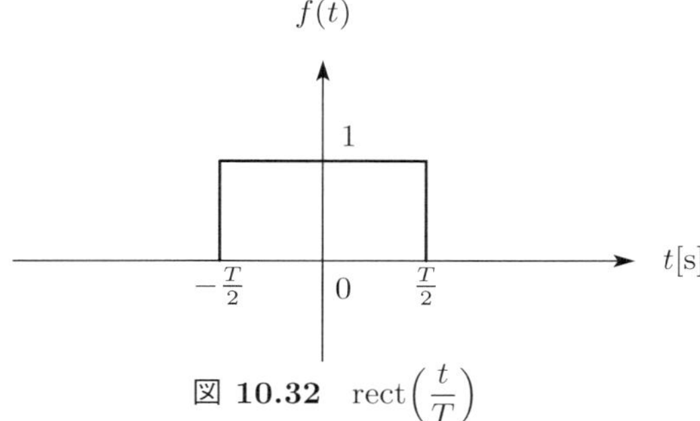

図 10.32　$\mathrm{rect}\Big(\dfrac{t}{T}\Big)$

と定義すると

> **矩形パルスのフーリエ変換**　表 10.1(p.170) – 9
>
> $$\mathrm{rect}\Big(\frac{t}{T}\Big)\longleftrightarrow T\cdot\mathrm{sinc}\Big(\frac{\omega T}{2}\Big)\qquad(10.16)$$

で表わされる．証明してみよう．

$$\begin{aligned}\mathrm{rect}\left(\frac{t}{T}\right)&\longleftrightarrow\int_{-\frac{T}{2}}^{\frac{T}{2}}1\cdot e^{-j\omega t}\,dt\\&=\frac{1}{-j\omega}(e^{-j\omega\frac{T}{2}}-e^{j\omega\frac{T}{2}})=\frac{2}{\omega}\sin\frac{\omega T}{2}\\&=T\cdot\mathrm{sinc}\Big(\frac{\omega T}{2}\Big)\end{aligned}$$

となる．

ここで，章末の演習 6 をやってみよう．

10.6 特殊な関数のフーリエ変換

前節までで基本的なフーリエ変換を学んだが，今後さらに専門的な分野を学んでいくうえで，知っておくとよいフーリエ変換を紹介しておく．

まず，特殊というわけではないが，畳込みのフーリエ変換を紹介し，次いで，超関数とも呼ばれるデルタ関数を定義して，特殊な関数について話を進める．

▶［畳込み］
畳込み積分あるいはコンボリューションとも呼ばれる．エクセルの計算で掛け算のことを*で示していた（コンピュータでは掛け算を*で表現するため）が，畳込みの記号 $*$ とは全く別物であるので注意してほしい．

■ 時間畳込み

時間領域で畳込みを行うと，周波数領域では

時間畳込み 表 10.1(p.170) – 10

$f_1(t) \longleftrightarrow F_1(\omega)$，$f_2(t) \longleftrightarrow F_2(\omega)$ とすると

$$f_1(t) * f_2(t) \longleftrightarrow F_1(\omega) \cdot F_2(\omega) \tag{10.17}$$

と積で表わされる．畳込みは $*$ を用い，次式で定義される．

$$f_1(t) * f_2(t) = \int_{-\infty}^{\infty} f_1(\tau) \cdot f_2(t-\tau)\, d\tau \tag{10.18}$$

$f_1(t) * f_2(t)$ は t の関数となる．証明してみよう．

$$\begin{aligned}
f_1(t) * f_2(t) &\longleftrightarrow \int_{-\infty}^{\infty} \left\{ \int_{-\infty}^{\infty} f_1(\tau) \cdot f_2(t-\tau)\, d\tau \right\} e^{-j\omega t}\, dt \\
&= \int_{-\infty}^{\infty} f_1(\tau) \left\{ \int_{-\infty}^{\infty} f_2(t-\tau) e^{-j\omega t}\, dt \right\} d\tau \\
&= \int_{-\infty}^{\infty} f_1(\tau) \left\{ F_2(\omega) e^{-j\omega\tau} \right\} d\tau \\
&= F_2(\omega) \int_{-\infty}^{\infty} f_1(\tau) e^{-j\omega\tau}\, d\tau \\
&= F_1(\omega) \cdot F_2(\omega)
\end{aligned}$$

▶［時間推移を利用］
$\displaystyle\int_{-\infty}^{\infty} f_2(t-\tau)e^{-j\omega t}\, dt = F_2(\omega)e^{-j\omega\tau}$ の形にする．

となる．

ここで，矩形パルスを使って，畳込みの計算をしてみよう．

例題 10 – 16

次の矩形パルスの畳込み $f_1(t) * f_2(t)$ のフーリエ変換を示しなさい．

$$f_1(t) = f_2(t) = \begin{cases} 1 & (|t| \leq 1) \\ 0 & (|t| > 1) \end{cases}$$

時間領域の畳込みは，周波数領域での積となることから，まず $f_1(t)$ と $f_2(t)$ のフーリエ変換 $F_1(\omega)$ と $F_2(\omega)$ を求める．矩形パルスのフーリエ変換 $\mathrm{rect}\left(\dfrac{t}{2}\right) \longleftrightarrow 2\mathrm{sinc}(\omega)$ より

$$f_1(t) * f_2(t) \longleftrightarrow F_1(\omega) \cdot F_2(\omega) = 2\mathrm{sinc}(\omega) \cdot 2\mathrm{sinc}(\omega) = 4\mathrm{sinc}^2(\omega)$$

となる．

これは 10.2 で行った図 10.11 の三角パルスのフーリエ変換 $F(\omega)$ と同じく，$f_1(t) * f_2(t)$ は三角パルスであることが分かる．

コラム：畳込みのイメージ

畳込みの様子について少し触れておこう．矩形波は偶関数であるので $f_2(\tau) = f_2(-\tau)$ となるので注意が必要であるが，下図の $f_2(t-\tau)$ の波形は鏡像に反転したものとなっている．

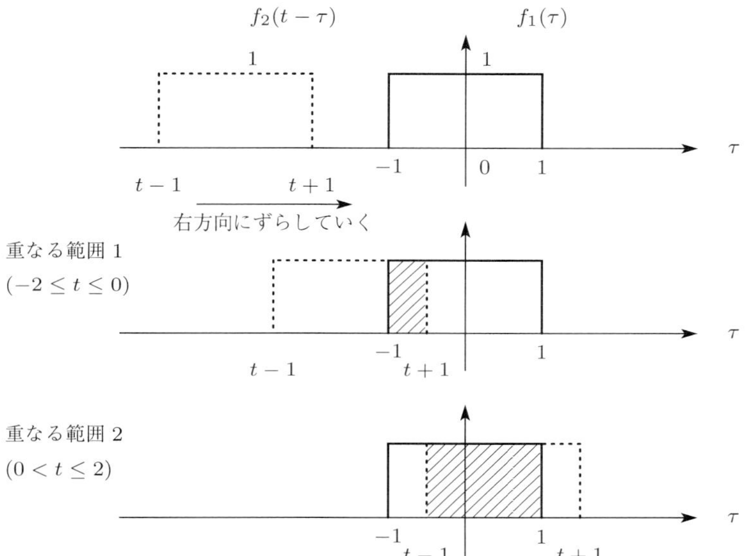

これを横軸 τ において少しずつ移動させると，2 つの波形が重なる部分が出てくる．ここでは右に移動させていき，重なった時点から完全に重なってしまうまでを範囲 1，完全に重なった後から離れてしまうまでを範囲 2 として表わしている．重ならない範囲の計算は 0 である．

まず，$f_2(t-\tau) = 1, (t-1 \leq \tau \leq t+1)$ で $f_1(\tau)$ と重なる範囲はすべて 1 であるので

範囲 $1(-1 \leq t+1 \leq 1)$

$$\begin{aligned} f_1(t) * f_2(t) &= \int_{-\infty}^{\infty} f_1(\tau) \cdot f_2(t-\tau)\, d\tau \\ &= \int_{-1}^{t+1} 1 \cdot 1\, d\tau = \Big[\tau\Big]_{-1}^{t+1} = t+2 \end{aligned}$$

範囲 $2(-1 \leq t-1 \leq 1)$

$$f_1(t) * f_2(t) = \int_{t-1}^{1} 1 \cdot 1\, d\tau = \Big[\tau\Big]_{t-1}^{1} = -t+2$$

となる．これを描くと図 10.11 の三角パルスとなっている．2 つの関数が重なった部分の面積の結果となることが分かる．

■ 周波数畳込み

周波数領域での畳込みは時間領域の積となっており，次のように表わされる．

> **周波数畳込み**　　表 10.1(p.170) – 11
>
> $f_1(t) \longleftrightarrow F_1(\omega)$，$f_2(t) \longleftrightarrow F_2(\omega)$ とすると
>
> $$f_1(t) \cdot f_2(t) \longleftrightarrow \frac{1}{2\pi}F_1(\omega) * F_2(\omega) \tag{10.19}$$

周波数領域における畳込みの定義は

$$\frac{1}{2\pi}F_1(\omega) * F_2(\omega) = \frac{1}{2\pi}\int_{-\infty}^{\infty} F_1(u) \cdot F_2(\omega - u)\,du \tag{10.20}$$

である． 証明してみよう．

$$\begin{aligned} f_1(t) \cdot f_2(t) \longleftrightarrow & \int_{-\infty}^{\infty} f_1(t) \cdot f_2(t) \cdot e^{-j\omega t}\,dt \\ &= \int_{-\infty}^{\infty} \left\{ \frac{1}{2\pi}\int_{-\infty}^{\infty} F_1(u) \cdot e^{jut}\,du \right\} f_2(t) e^{-j\omega t}\,dt \\ &= \frac{1}{2\pi}\int_{-\infty}^{\infty} F_1(u) \left\{ \int_{-\infty}^{\infty} f_2(t) \cdot e^{jut} \cdot e^{-j\omega t}\,dt \right\} du \\ &= \frac{1}{2\pi}\int_{-\infty}^{\infty} F_1(u) \cdot F_2(\omega - u)\,du \\ &= \frac{1}{2\pi}F_1(\omega) * F_2(\omega) \end{aligned}$$

▶［周波数推移を利用］
$f(t) \cdot e^{-j\omega_0 t} \longleftrightarrow F(\omega - \omega_0)$
を使う．

■ デルタ関数

デルタ関数は $\delta(t)$ で表わされ

$$\int_{-\infty}^{\infty} \delta(t - \tau) \cdot f(t)\,dt = f(\tau) \tag{10.21}$$

と定義されている関数で，図 10.33 のように $\delta(t-\tau)$ により，時刻 $t = \tau$ のときの関数 $f(t)$ の値を取り出せる性質をもつ．

▶［デルタ関数と離散デルタ関数］
　連続な信号を扱う場合，ディラックのデルタ関数 $\delta(t)$ が利用される．単にデルタ関数とも呼ばれる．
　一方，離散的な信号を扱う場合は離散デルタ関数 $\delta(n)$ が利用される．これはクロネッカーのデルタ (Kronecker delta) とも呼ばれる．

▶［デルタ関数を図示するとき］
　デルタ関数は図で表現できないため，しばしば矢印を利用して表現される．ここでも矢印を用いて表現することにする．

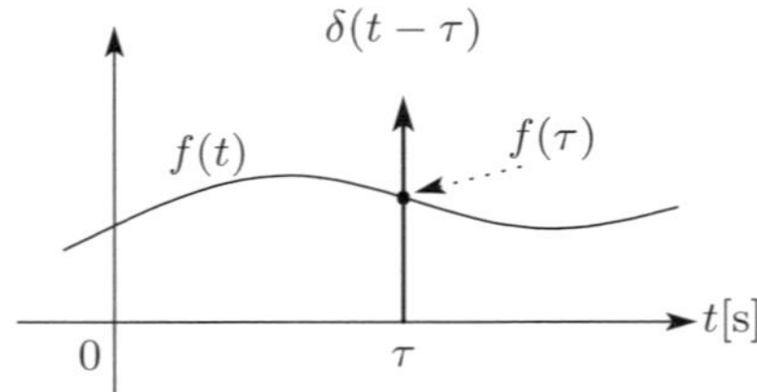

図 10.33　$\delta(t-\tau)$

また，式 (10.21) で $f(t) = 1$（定数）とすると，$\delta(t-\tau)$ の積分が

$$\int_{-\infty}^{\infty} \delta(t - \tau)\,dt = 1 \tag{10.22}$$

と得られる．式 (10.21) において，積分値 $f(\tau)$ は $t \neq \tau$ の値に依存しないので $\delta(t) = 0(t \neq \tau)$ と考えられる．このようにデルタ関数は，ある時刻 τ のときのみ非常な大きな値をとり，そのほかは 0 となるものということになる．

例題 10 – 17

$$\int_{-\infty}^{\infty} \delta(t-5) \cdot f(t)\, dt$$

において $f(t) = \sin \dfrac{\pi}{2} t$ のときの値を求めなさい．

デルタ関数の定義式 (10.21) より，$t = 5$ のときの関数値を取り出せるので

$$\int_{-\infty}^{\infty} \delta(t-5) \cdot \sin \frac{\pi}{2} t\, dt = \sin\left(\frac{\pi}{2} \cdot 5\right) = 1$$

となる．

ここではデルタ関数は，ある時刻 τ の瞬間的な場面にのみ意味をもたせる（瞬間的な時刻 τ のときの関数値を取り出す）ものだと考えておくとよいだろう．このデルタ関数を用い，次に挙げるような性質をもつ特殊な関数のフーリエ変換を表わすことができる．

▶［デルタ関数について］
単位インパルス関数とも呼ばれ，本書でも両方の表現を使っている．矩形パルスにおいて，面積 1 のままでの極限 $T \to 0$ を考え

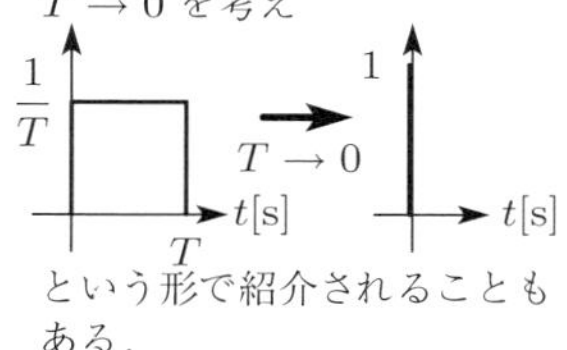

という形で紹介されることもある．
また，デルタ関数は特に $\tau = 0$ の場合として $\int_{-\infty}^{\infty} \delta(t)\, dt = 1$ と定義されていることもある．2 章でもディラックのデルタ関数が紹介されているので参考にしてほしい．

■ デルタ関数のフーリエ変換

デルタ関数のフーリエ変換は

デルタ関数のフーリエ変換　　表 10.1(p.170) – 12

$$\delta(t) \longleftrightarrow 1 \qquad (10.23)$$

となり，図 10.34 のように，時間領域での単位インパルス関数は，周波数領域での定数 1 となる．

▶［デルタ関数のフーリエ変換］
デルタ関数をフーリエ変換すると，周波数上で定数 1 となっている．これはデルタ関数が周波数上で一様にすべての周波数を含んでいることに相当しており，専門分野で扱ううえで重要な性質の 1 つでもある．

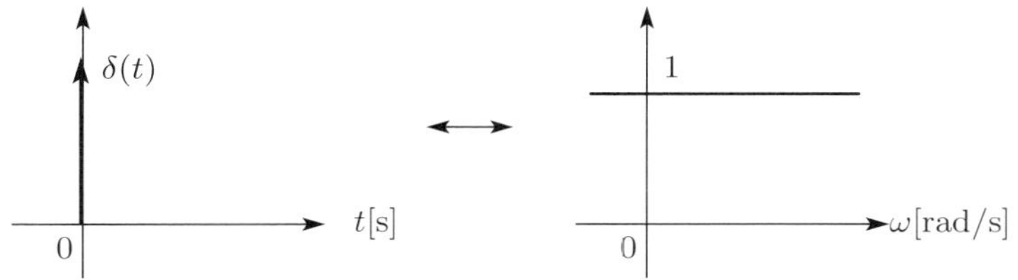

図 10.34　$\delta(t)$ のフーリエ変換

証明してみよう．定義 (10.21) より

$$\delta(t) \longleftrightarrow \int_{-\infty}^{\infty} \delta(t) \cdot e^{-j\omega t}\, dt = e^0 = 1$$

となる．

■ デルタ関数の時間推移のフーリエ変換

デルタ関数が時間軸上で移動した場合

$\delta(t)$ の時間推移のフーリエ変換　　　表 10.1(p.170) – 13

$$\delta(t-t_0) \longleftrightarrow e^{-j\omega t_0} \tag{10.24}$$

となる．証明してみよう．定義 (10.21) より

$$\delta(t-t_0) \longleftrightarrow \int_{-\infty}^{\infty} \delta(t-t_0)\cdot e^{-j\omega t}\,dt = e^{-j\omega t_0}$$

となる．

■ 1 のフーリエ変換

1 のフーリエ変換は

1 のフーリエ変換　　　表 10.1(p.170) – 14

$$1 \longleftrightarrow 2\pi\delta(\omega) \tag{10.25}$$

となる．図 10.35 のように表わされ，デルタ関数のフーリエ変換と時間領域，周波数領域が逆のイメージになる．

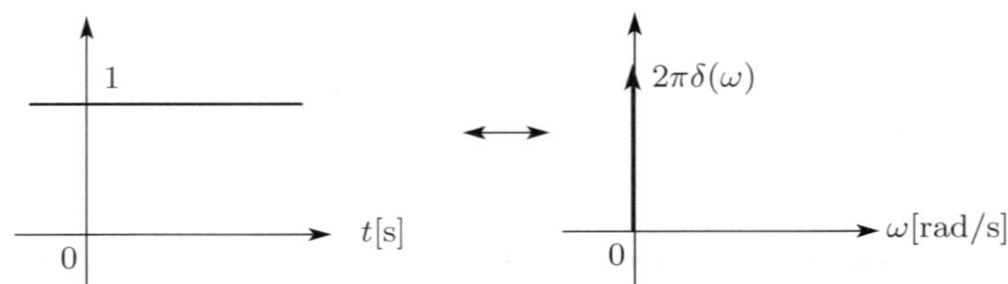

図 10.35　1 のフーリエ変換

▶ [$\delta(-x)$]
$\delta(x) = \delta(-x)$ と考えてよい．

▶ [$\delta(\omega)$ と $2\pi\delta(\omega)$]
$\delta(\omega)$ と $2\pi\delta(\omega)$ の違いは，積分すると分かる．つまり
$\int_{-\infty}^{\infty}\delta(\omega)\,d\omega = 1$
$\int_{-\infty}^{\infty}2\pi\delta(\omega)\,d\omega$
$= 2\pi\int_{-\infty}^{\infty}\delta(\omega) = 2\pi$

証明してみよう．対称性 $F(t) \longleftrightarrow 2\pi f(-\omega)$ を利用し

$$1 \longleftrightarrow 2\pi\delta(-\omega) = 2\pi\delta(\omega)$$

となる．

また，定数 A のフーリエ変換は，線形性から

$$A \longleftrightarrow 2\pi A\delta(\omega) \tag{10.26}$$

となる．

■ $e^{j\omega_0 t}$ のフーリエ変換

$e^{j\omega_0 t}$ のフーリエ変換は

$e^{j\omega_0 t}$ のフーリエ変換　　表 10.1(p.170) – 15

$$e^{j\omega_0 t} \longleftrightarrow 2\pi\delta(\omega - \omega_0) \tag{10.27}$$

となる．証明してみよう．1 のフーリエ変換と周波数推移より

$$1 \cdot e^{j\omega_0 t} \longleftrightarrow 2\pi\delta(\omega - \omega_0)$$

■ $\cos\omega_0 t$ のフーリエ変換

$\cos\omega_0 t$ のフーリエ変換は

$\cos\omega_0 t$ のフーリエ変換　　表 10.1(p.170) – 16

$$\cos\omega_0 t \longleftrightarrow \pi\{\delta(\omega + \omega_0) + \delta(\omega - \omega_0)\} \tag{10.28}$$

となり，図 10.36 のように表わされる．

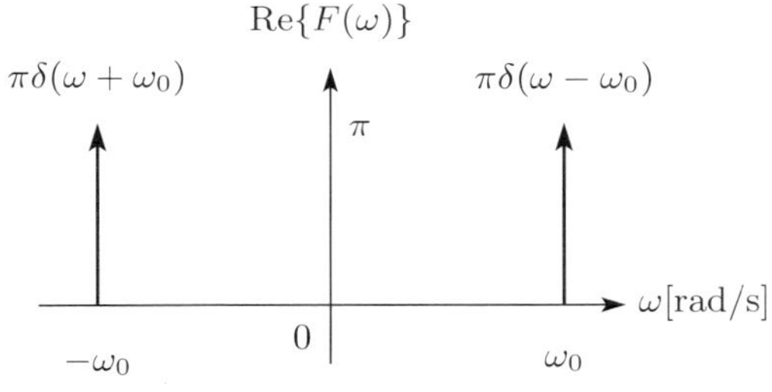

図 **10.36**　$\cos\omega_0 t$ のフーリエ変換

証明してみよう．$e^{j\omega_0 t}$ のフーリエ変換とオイラーの公式から

$$\begin{aligned}\cos\omega_0 t &= \frac{1}{2}e^{j\omega_0 t} + \frac{1}{2}e^{-j\omega_0 t} \\ &\longleftrightarrow \int_{-\infty}^{\infty} \cos\omega_0 t \cdot e^{-j\omega t}\,dt \\ &= \frac{1}{2}\{2\pi\delta(\omega - \omega_0) + 2\pi\delta(\omega + \omega_0)\} \\ &= \pi\{\delta(\omega - \omega_0) + \delta(\omega + \omega_0)\}\end{aligned}$$

▶［図におけるデルタ関数の表現］
　デルタ関数を図に表わすとき，矢印を利用することがあると言ったが，y 軸上の値としてデルタ関数の係数（ここでは π）を用いることがあるので，ここでもその表現法を利用する．

■ $\sin\omega_0 t$ のフーリエ変換

$\sin\omega_0 t$ のフーリエ変換も $\cos\omega_0 t$ と同様に考えると

$\sin\omega_0 t$ のフーリエ変換　　表 10.1(p.170) – 17

$$\sin\omega_0 t \longleftrightarrow j\pi\{\delta(\omega + \omega_0) - \delta(\omega - \omega_0)\} \tag{10.29}$$

となる．これは図 10.37 のように表わされる．j が掛けられているため，$\cos\omega_0 t$ とは異なり虚部に対応する形になる．

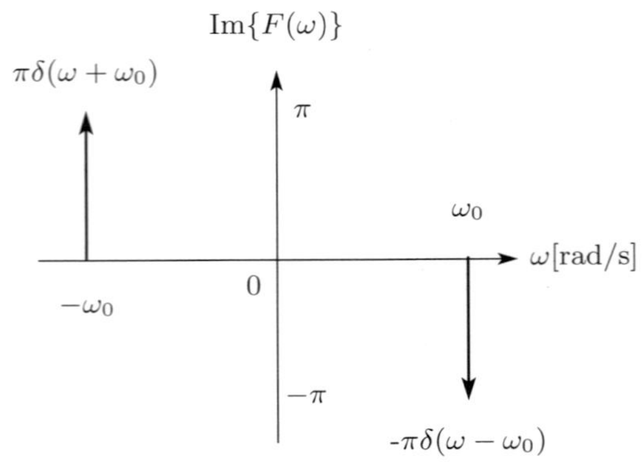

図 10.37　$\sin\omega_0 t$ のフーリエ変換

証明してみよう．$e^{j\omega_0 t}$ のフーリエ変換とオイラーの公式から

$$
\begin{aligned}
\sin\omega_0 t &= \frac{1}{j2}e^{j\omega_0 t} - \frac{1}{j2}e^{-j\omega_0 t} \\
&\longleftrightarrow \int_{-\infty}^{\infty} \sin\omega_0 t \cdot e^{-j\omega t}\, dt \\
&= \frac{1}{j2}\{2\pi\delta(\omega-\omega_0) - 2\pi\delta(\omega+\omega_0)\} \\
&= -j\pi\{\delta(\omega-\omega_0) - \delta(\omega+\omega_0)\}
\end{aligned}
$$

ここで，章末の演習 7 をやってみよう．

[10 章のまとめ]

この章では，

1. いくつかのフーリエ変換を求めた．
2. 求めたスペクトルから，グラフソフトによりスペクトルを描いた．
3. フーリエ変換の基本的な性質をみいだした．
4. 特殊な関数のフーリエ変換を確認した．

10 章　演習問題

［演習 1］$2\cos\theta$，$j2\sin\theta$ をそれぞれ $e^{j\theta}$，$e^{-j\theta}$ で表わしなさい．

［演習 2］次の関数のフーリエ変換を行い，$\mathrm{Re}\{F(\omega)\}$，$\mathrm{Im}\{F(\omega)\}$ および $|F(\omega)|$，$\theta(\omega)$ をグラフソフトを用いて示しなさい．ただし，グラフの横軸 ω の範囲は $-5\pi \sim 5\pi$ の 10π とし，波形グラフを描いたときと同様に，この 10π を 200 サンプルで表現する．

$$f(t) = \begin{cases} 1 & (|t| \leq 1) \\ 0 & (|t| > 1) \end{cases}$$

グラフの描き方とヒント：

- ワークシートの A 列は n のままでよい．また，B 列は ω を，C 列には $\mathrm{Re}\{F(\omega)\}$，D 列には $\mathrm{Im}\{F(\omega)\}$，E 列には $|F(\omega)|$，F 列には $\theta(\omega)$ を表示させる．
- 位相スペクトルの計算では ATAN2 という関数を利用する（$\tan^{-1}$ の計算において，ATAN は $-\dfrac{\pi}{2} \sim \dfrac{\pi}{2}$ の範囲に対して，ATAN2 は $-\pi \sim \pi$ の範囲に対して計算を行う）．
- sinc 関数をグラフにするときには $\dfrac{\sin x}{x}$ を用いる．そのため $x = 0$（$\mathrm{Re}\{F(\omega)\}$ における $\omega = 0$）のマス（セル）のみ直接手入力で数値を入れておくことにする．

［演習 3］次の関数のフーリエ変換を行い，演習 2 と同様に各グラフを描きなさい．

$$f(t) = \begin{cases} 1 - |t| & (|t| \leq 1) \\ 0 & (|t| > 1) \end{cases}$$

［演習 4］次の関数のフーリエ変換を行い，演習 2 と同様に各グラフを描きなさい．

$$f(t) = \begin{cases} 5 \cdot e^{-3t} & (0 \leq t) \\ 0 & (t < 0) \end{cases}$$

［演習 5］次の関数のフーリエ変換を行い，演習 2 と同様に各グラフを描きなさい．

$$f(t) = \begin{cases} \sin 2t \cdot e^{-2t} & (0 \leq t) \\ 0 & (t < 0) \end{cases}$$

［演習 6］$f(t) \longleftrightarrow F(\omega)$，$g(t) \longleftrightarrow G(\omega)$ のとき，フーリエ変換表を利用し次のフーリエ変換を埋めなさい．

(1) $3f(t) - 4g(t) \longleftrightarrow$ ［　　］　(2) $f(t-2) \longleftrightarrow$ ［　　］　(3) $f\left(t - \dfrac{1}{2}\right) \longleftrightarrow$ ［　　］

(4) $f\left(\dfrac{t}{4}\right) \longleftrightarrow$ ［　　］　(5) ［　　］ $\longleftrightarrow F(\omega - 2)$

［演習 7］［演習 6］と同様に，フーリエ変換表を利用し次のフーリエ変換を行いなさい．

(1) $f(t) * f(t) \longleftrightarrow$ ［　　］　(2) $\dfrac{1}{2\pi}\delta(t) \longleftrightarrow$ ［　　］　(3) $2 \longleftrightarrow$ ［　　］

(4) $\delta(t-5) \longleftrightarrow$ ［　　］　(5) $2\pi e^{j4t} \longleftrightarrow$ ［　　］

(6) ［　　］ $\longleftrightarrow \delta(\omega - 2)$　(7) $\delta(t) + e^{j2t} \longleftrightarrow$ ［　　］

(8) (1) において $g(t) = \begin{cases} 1 & \left(|t| \leq \dfrac{1}{2}\right) \\ 0 & \left(|t| > \dfrac{1}{2}\right) \end{cases}$ のときの $g(t) * g(t)$ のフーリエ変換を求めなさい．

(9) $g(t)$ が (8) と同様であったとき，$f(t) = g(t) \cdot \cos\omega_0 t$ のフーリエ変換 $F(\omega)$ を求めなさい．ただし，$\omega_0 = 4\pi$ とする．

10 章　演習問題解答

［解 1］オイラーの公式より，それぞれ

$$\begin{aligned} j2\sin\theta =& (\cos\theta + j\sin\theta) - (\cos\theta - j\sin\theta) \\ =& e^{j\theta} - e^{-j\theta} \\ 2\cos\theta =& (\cos\theta + j\sin\theta) + (\cos\theta - j\sin\theta) \\ =& e^{j\theta} + e^{-j\theta} \end{aligned}$$

［解 2］

$$\begin{aligned} F(\omega) &= \int_{-1}^{1} 1 \cdot e^{-j\omega t}\,dt \\ &= \frac{1}{-j\omega}\left[e^{-j\omega t}\right]_{-1}^{1} = \frac{1}{-j\omega}\left(e^{-j\omega} - e^{j\omega}\right) \\ &= \frac{2}{\omega}\sin\omega = 2\mathrm{sinc}(\omega) \end{aligned}$$

グラフの描き方：

- ワークシートの A 列は以前の $n(-100 \sim 100)$ のままでよい．
- B 列は時刻 t の代わりに角周波数 ω として「=A6*10*PI()/200」を入力し，以下コピーを行う．
- C 列は $\mathrm{Re}\{F(\omega)\}$ として「=2*SIN(B6)/B6」を入力し，以下コピーを行う．ただし，$\omega = 0$ のときのみ 2 を入力しておく．
- $\mathrm{Im}\{F(\omega)\}$ は虚部が無いため，すべて 0 としておく．
- $|F(\omega)|$ は振幅スペクトルの計算式より，「=SQRT(C6*C6+D6*D6)」と入力し，以下コピーを行う．
- $\theta(\omega)$ 位相スペクトルも同様に「=ATAN2(C6,D6)」と入力し，以下コピーを行う．

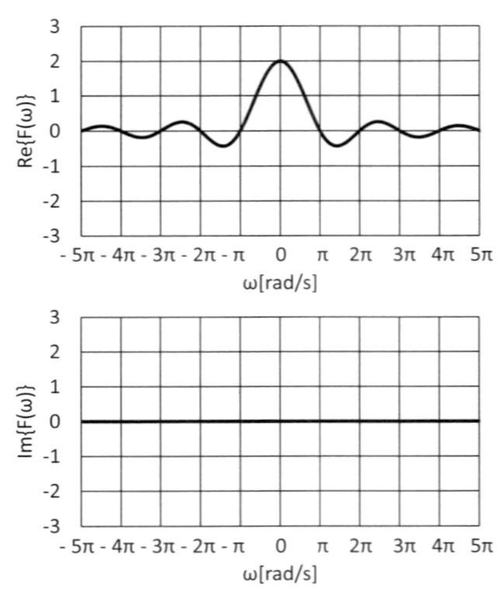

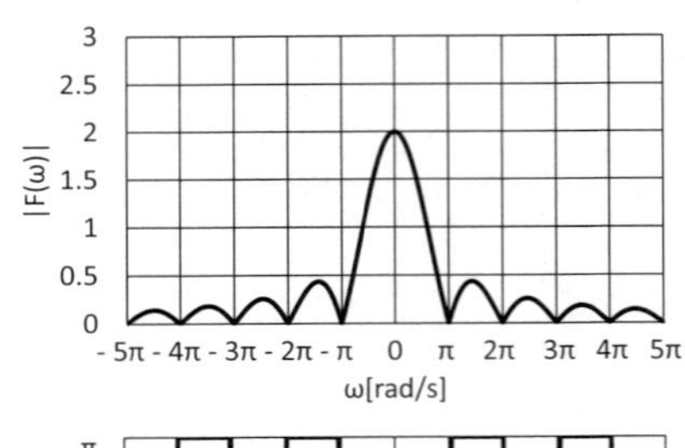

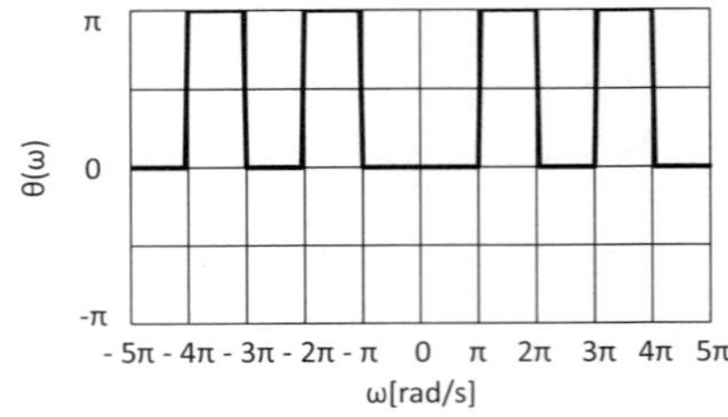

n	ω[rad/s]	Re{F(ω)}	Im{F(ω)}	|F(ω)|	θ(ω)
−100	−15.708	0.0000	0.0000	0.0000	0.0000
−99	−15.5509	0.0201	0.0000	0.0201	0.0000
−98	−15.3938	0.0401	0.0000	0.0401	0.0000
−97	−15.2367	0.0596	0.0000	0.0596	0.0000
−96	−15.0796	0.0780	0.0000	0.0780	0.0000
−95	−14.9226	0.0948	0.0000	0.0948	0.0000
・	・	・	・	・	・
・	・	・	・	・	・
・	・	・	・	・	・
99	15.55088	0.0201	0.0000	0.0201	0.0000
100	15.70796	0.0000	0.0000	0.0000	0.0000

［解 3］

$$\begin{aligned} F(\omega) &= \int_{-1}^{0}(1+t)\cdot e^{-j\omega t}\,dt + \int_{0}^{1}(1-t)\cdot e^{-j\omega t}\,dt \\ &= \int_{-1}^{0} e^{-j\omega t}\,dt + \int_{-1}^{0} t\cdot e^{-j\omega t}\,dt \\ &\quad + \int_{0}^{1} e^{-j\omega t}\,dt - \int_{0}^{1} t\cdot e^{-j\omega t}\,dt \\ &= \frac{1}{-j\omega}\left[e^{-j\omega t}\right]_{-1}^{0} + \left\{\frac{1}{-j\omega}\left[t\cdot e^{-j\omega t}\right]_{-1}^{0} \right. \\ &\quad \left. - \int_{-1}^{0}\frac{1}{-j\omega}e^{-j\omega t}\,dt\right\} + \frac{1}{-j\omega}\left[e^{-j\omega t}\right]_{0}^{1} \\ &\quad - \left\{\frac{1}{-j\omega}\left[t\cdot e^{-j\omega t}\right]_{0}^{1} - \int_{0}^{1}\frac{1}{-j\omega}e^{-j\omega t}\,dt\right\} \\ &= \frac{1}{\omega^2}\left(2 - e^{j\omega} - e^{-j\omega}\right) = \frac{2}{\omega^2}(1-\cos\omega) \\ &= \frac{4}{\omega^2}\sin^2\frac{\omega}{2} = \mathrm{sinc}^2\left(\frac{\omega}{2}\right) \end{aligned}$$

グラフは前述の解 2 と同様であるが，C 列 $\mathrm{Re}\{F(\omega)\}$ は「=(SIN(B6/2)/(B6/2))*(SIN(B6/2)/(B6/2))」を入力し，以下コピーを行うとよい（ここでも $\omega = 0$ のときのみ 1 を入力しておく）．

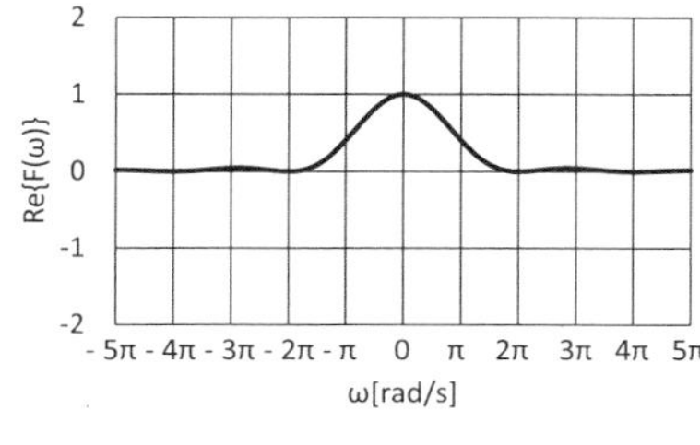

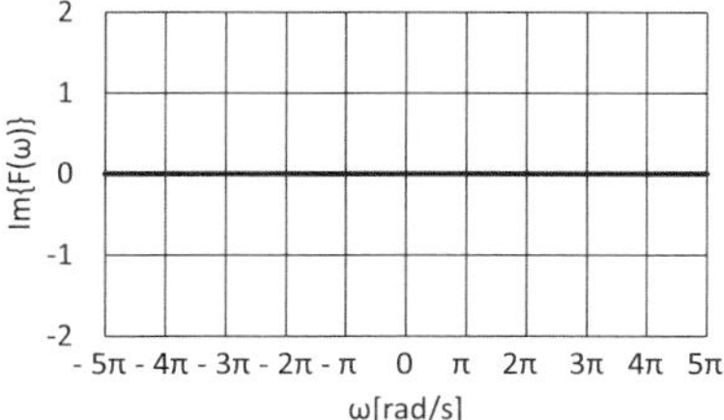

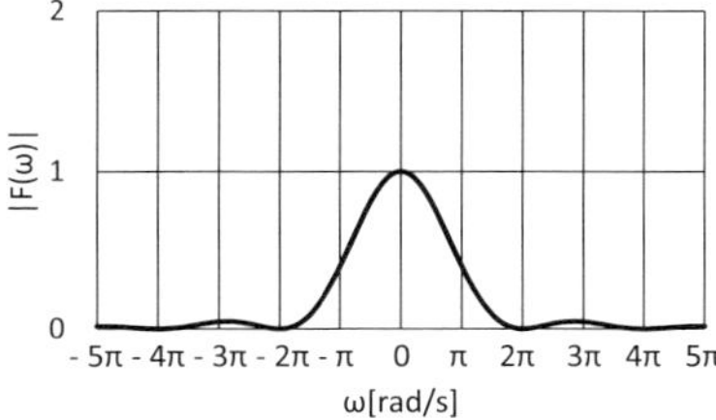

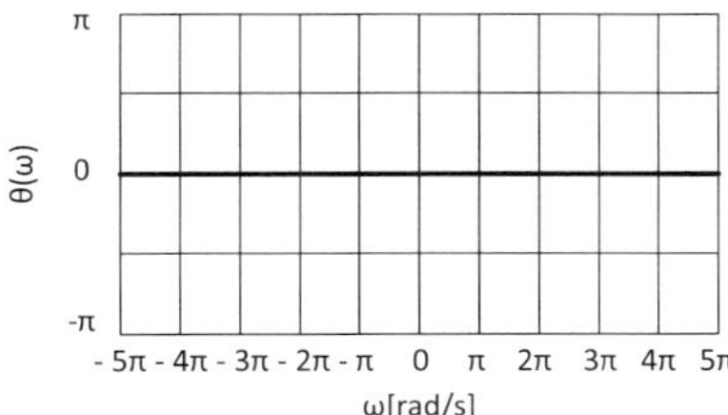

n	ω[rad/s]	Re{F(ω)}	Im{F(ω)}	|F(ω)|	θ(ω)
−100	−15.708	0.0162	0.0000	0.0162	0.0000
−99	−15.5509	0.0164	0.0000	0.0164	0.0000
−98	−15.3938	0.0165	0.0000	0.0165	0.0000
−97	−15.2367	0.0163	0.0000	0.0163	0.0000
−96	−15.0796	0.0159	0.0000	0.0159	0.0000
−95	−14.9226	0.0153	0.0000	0.0153	0.0000
·	·	·	·	·	·
·	·	·	·	·	·
·	·	·	·	·	·
99	15.55088	0.0164	0.0000	0.0164	0.0000
100	15.70796	0.0162	0.0000	0.0162	0.0000

［解 4］

$$F(\omega)=\int_0^\infty 5\cdot e^{-3t}\cdot e^{-j\omega t}\,dt=5\int_0^\infty e^{-(3+j\omega)t}\,dt$$

$$=-\frac{5}{3+j\omega}\left[e^{-(3+j\omega)t}\right]_0^\infty$$

$$=-\frac{5}{3+j\omega}(0-1)=\frac{5}{3+j\omega}$$

であるので実部，虚部は

$$F(\omega)=\frac{5}{3+j\omega}=\frac{15}{3^2+\omega^2}-j\frac{5\omega}{3^2+\omega^2}$$

$$\mathrm{Re}\{F(\omega)\}=\frac{15}{3^2+\omega^2},\quad \mathrm{Im}\{F(\omega)\}=-\frac{5\omega}{3^2+\omega^2}$$

となり，グラフソフトを利用すると下図のようになる．なお，振幅スペクトル，位相スペクトルを計算で求めると次のようになる．

$$|F(\omega)|=\sqrt{\frac{15^2+(5\omega)^2}{(3^2+\omega^2)^2}}=\frac{5\sqrt{3^2+\omega^2}}{3^2+\omega^2}=\frac{5}{\sqrt{9+\omega^2}}$$

$$\theta(\omega)=\tan^{-1}\frac{-5\omega}{15}=-\tan^{-1}\frac{\omega}{3}$$

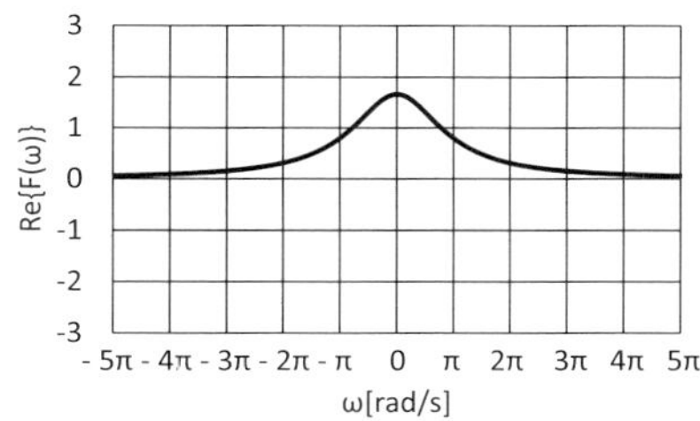

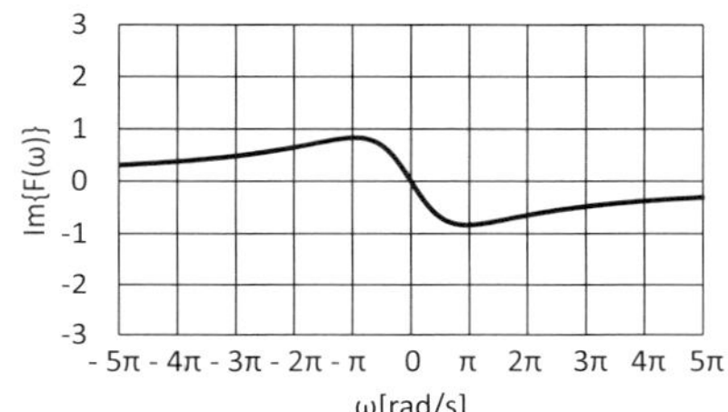

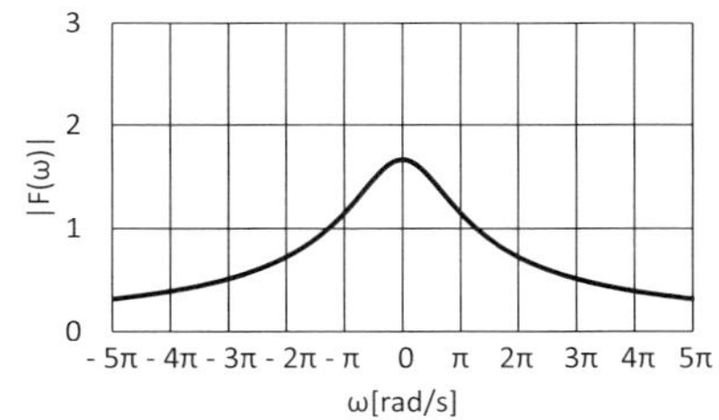

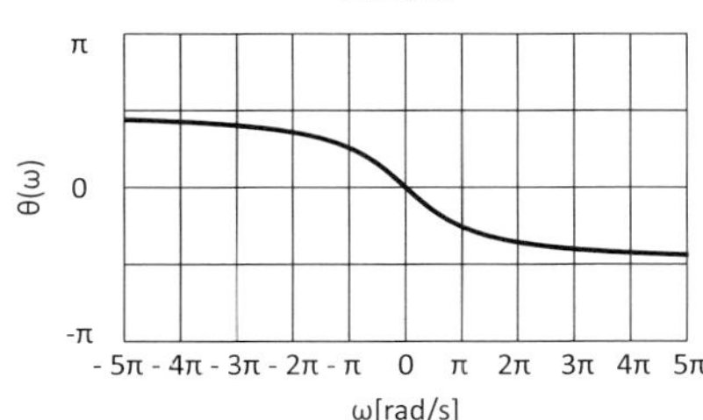

n	ω[rad/s]	Re{F(ω)}	Im{F(ω)}	|F(ω)|	θ(ω)
−100	−15.708	0.0587	0.3071	0.3127	1.3821
−99	−15.5509	0.0598	0.3100	0.3157	1.3802
−98	−15.3938	0.0610	0.3129	0.3188	1.3783
−97	−15.2367	0.0622	0.3159	0.3220	1.3764
−96	−15.0796	0.0635	0.3189	0.3252	1.3744
−95	−14.9226	0.0647	0.3220	0.3285	1.3724
·	·	·	·	·	·
·	·	·	·	·	·
·	·	·	·	·	·
99	15.55088	0.0598	−0.3100	0.3157	−1.3802
100	15.70796	0.0587	−0.3071	0.3127	−1.3821

［解 5］

$$F(\omega) = \int_0^\infty \sin 2t \cdot e^{-2t} \cdot e^{-j\omega t}\, dt$$
$$= \int_0^\infty \sin 2t \cdot e^{-(2+j\omega)t}\, dt$$
$$= \int_0^\infty \frac{1}{j2}\left(e^{j2t} - e^{-j2t}\right) \cdot e^{-(2+j\omega)t}\, dt$$
$$= \frac{1}{j2}\int_0^\infty e^{-(2+j(\omega-2))t}\, dt - \frac{1}{j2}\int_0^\infty e^{-(2+j(\omega+2))t}\, dt$$
$$= -\frac{1}{j2}\cdot\frac{1}{2+j(\omega-2)}\left[e^{-(2+j(\omega-2))t}\right]_0^\infty + \frac{1}{j2}\cdot\frac{1}{2+j(\omega+2)}\left[e^{-(2+j(\omega+2))t}\right]_0^\infty$$
$$= \frac{1}{j2}\left\{\frac{1}{2+j\omega-j2} - \frac{1}{2+j\omega+j2}\right\}$$
$$= \frac{2}{8-\omega^2+j4\omega}$$

であるので実部，虚部は

$$F(\omega) = \frac{2}{8-\omega^2+j4\omega} = \frac{2((8-\omega^2)-j4\omega)}{(8-\omega^2)^2+(4\omega)^2}$$

$$\mathrm{Re}\{F(\omega)\} = \frac{16-2\omega^2}{\omega^4+64}, \quad \mathrm{Im}\{F(\omega)\} = -\frac{8\omega}{\omega^4+64}$$

となり，グラフソフトを利用すると下図のようになる．なお，振幅スペクトル，位相スペクトルは次のように表わされる．

$$|F(\omega)| = \sqrt{\frac{(16-2\omega^2)^2+(8\omega)^2}{(\omega^4+64)^2}}$$
$$= \frac{2\sqrt{\omega^4+64}}{\omega^4+64} = \frac{2}{\sqrt{\omega^4+64}}$$
$$\theta(\omega) = \tan^{-1}\frac{-8\omega}{2(8-\omega^2)} = -\tan^{-1}\frac{4\omega}{8-\omega^2}$$

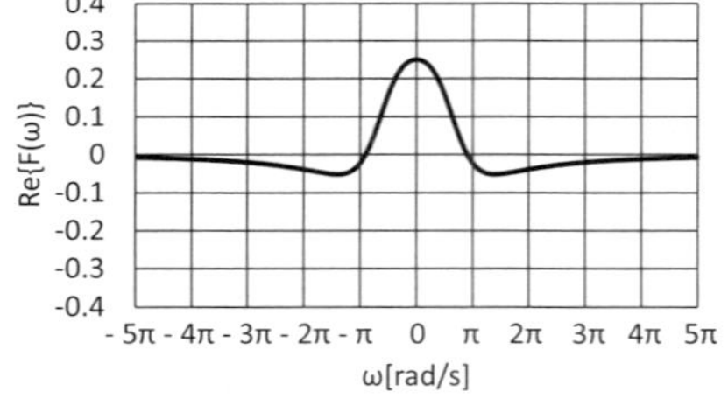

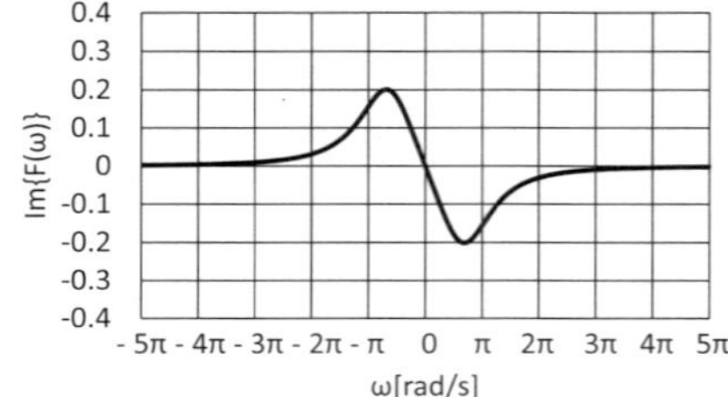

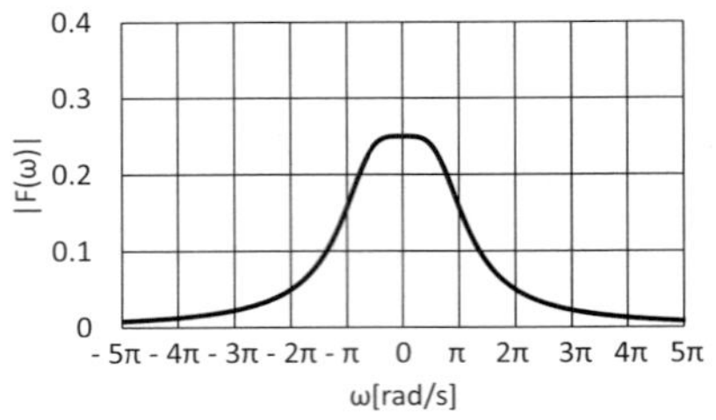

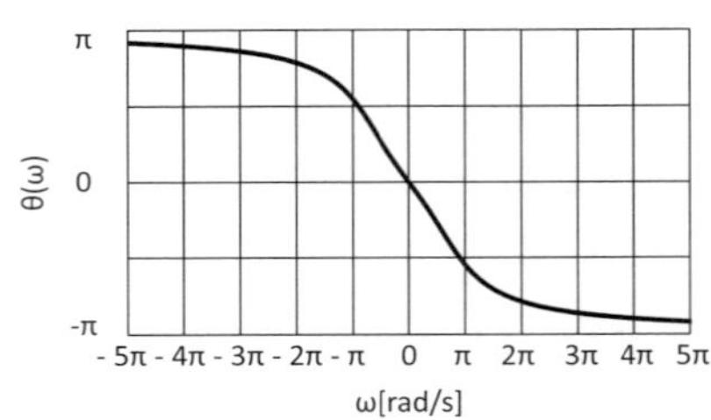

n	ω[rad/s]	Re{F(ω)}	Im{F(ω)}	|F(ω)|	θ(ω)
−100	−15.708	−0.0078	0.0021	0.0081	2.8842
−99	−15.5509	−0.0080	0.0021	0.0083	2.8816
−98	−15.3938	−0.0081	0.0022	0.0084	2.8789
−97	−15.2367	−0.0083	0.0023	0.0086	2.8761
−96	−15.0796	−0.0085	0.0023	0.0088	2.8733
−95	−14.9226	−0.0086	0.0024	0.0090	2.8704
·	·	·	·	·	·
·	·	·	·	·	·
·	·	·	·	·	·
99	15.55088	−0.0080	−0.0021	0.0083	−2.8816
100	15.70796	−0.0078	−0.0021	0.0081	−2.8842

［解 6］

(1) $3f(t) - 4g(t) \longleftrightarrow 3F(\omega) - 4G(\omega)$

(2) $f(t-2) \longleftrightarrow F(\omega)\cdot e^{-j2\omega}$

(3) $f\left(t-\dfrac{1}{2}\right) \longleftrightarrow F(\omega)\cdot e^{-j\frac{\omega}{2}}$

(4) $f\left(\dfrac{t}{4}\right) \longleftrightarrow 4F(4\omega)$　(5) $f(t)\cdot e^{j2t} \longleftrightarrow F(\omega-2)$

［解 7］

(1) $f(t) * f(t) \longleftrightarrow F(\omega)\cdot F(\omega)$

(2) $\dfrac{1}{2\pi}\delta(t) \longleftrightarrow \dfrac{1}{2\pi}$　(3) $2 \longleftrightarrow 4\pi\delta(\omega)$

(4) $\delta(t-5) \longleftrightarrow e^{-j5\omega}$

(5) $2\pi e^{j4t} \longleftrightarrow 4\pi^2\delta(\omega-4)$

(6) $\dfrac{1}{2\pi}e^{j2t} \longleftrightarrow \delta(\omega-2)$

(7) $\delta(t) + e^{j2t} \longleftrightarrow 1 + 2\pi\delta(\omega-2)$

(8) 矩形パルスのフーリエ変換 $g(t) \longleftrightarrow \mathrm{sinc}\left(\dfrac{\omega}{2}\right)$ および (1) の結果より，$\mathrm{sinc}\left(\dfrac{\omega}{2}\right)\cdot\mathrm{sinc}\left(\dfrac{\omega}{2}\right) = \mathrm{sinc}^2\left(\dfrac{\omega}{2}\right)$

(9) $g(t)\cdot\cos 4\pi t \longleftrightarrow \dfrac{1}{2}\{G(\omega+4\pi)+G(\omega-4\pi)\}$，および，$g(t) \longleftrightarrow \mathrm{sinc}\left(\dfrac{\omega}{2}\right)$ より，

$$g(t)\cdot\cos 4\pi t \longleftrightarrow \frac{1}{2}\left\{\mathrm{sinc}\left(\frac{\omega+4\pi}{2}\right)+\mathrm{sinc}\left(\frac{\omega-4\pi}{2}\right)\right\},$$
$$\left\{= \frac{\sin\dfrac{\omega+4\pi}{2}}{\omega+4\pi} + \frac{\sin\dfrac{\omega-4\pi}{2}}{\omega-4\pi}\right\}$$

（別解）$g(t)\cdot\cos\omega_0 \longleftrightarrow G(\omega) * \pi\{\delta(\omega+\omega_0)+\delta(\omega-\omega_0)\} = \dfrac{1}{2\pi}\displaystyle\int_{-\infty}^{\infty} G(u)\cdot\pi\{\delta(\omega+\omega_0-u)+\delta(\omega-\omega_0-u)\}\,du = \dfrac{1}{2}\left\{\mathrm{sinc}\left(\dfrac{\omega+4\pi}{2}\right)+\mathrm{sinc}\left(\dfrac{\omega-4\pi}{2}\right)\right\}$

11 章　専門分野に向けて

[ねらい]

　フーリエはさまざまな分野の基礎技術として使われている．ここでは，それら専門的な内容に入る前の 1 つの足がかりとして，いくつか関連する内容を取り上げているので，必要に応じて読み進めてほしい．

[この章の項目]

線形システムとシステム関数
振幅変調と復調
サンプリング
離散フーリエ変換

11.1　線形システム

線形システムとは図 11.1 のような入出力関係を有しており，記号 L を使い

$$y(t) = L\{x(t)\} \tag{11.1}$$

と表わされる．この線形システム L に信号 $x(t)$ が入力されると，その信号は $y(t)$ となって出力されるという意味である．線形と名前がついているように，前章のフーリエ変換の性質でもあった線形性を有しており，たとえば入力 $x_1(t)$ の出力が $y_1(t)$，入力 $x_2(t)$ の出力が $y_2(t)$ としたとき，$a_1 \cdot x_1(t) + a_2 \cdot x_2(t)$ の出力は $a_1 \cdot y_1(t) + a_2 \cdot y_2(t)$ となる．

▶［記号 L］
この線形システムの L は，ラプラス変換の記号ではなく Linear の頭文字．

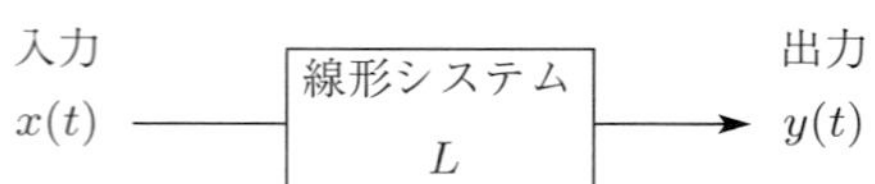

図 11.1　線形システム

▶［システムについて］
一般にシステムは，線形性と不変性（システムが時間により変化しない）を合わせた，線形時不変 (LTI：Linear time-invariant) システムとして扱われることが多く，ここで扱っているのも線形時不変システムである．また，一般的には安定性（入力の大きさが有限のとき出力も有限），因果性（入力があって初めて出力がある）と呼ばれる性質も前提となっている．

さて，このシステムを考えてみるとしよう．たとえば，あなたと友人が話をしているとき，あなたの声が $x(t)$，友人に届いた声が $y(t)$ とすると，二人の間のスペースがこのシステムということができる．また，スイカを叩いたときの音がどのように聞こえるか，スイカがシステムということもできる．あるいは，少し話を単純化しているが，友人と携帯電話で話しているとき，アンテナからアンテナへ電波が届くまでの空間もシステムということもできるだろう．このような入力と出力を有するものは，探せばいろいろ出てくるだろう．

▶［線形システムの入出力について］
線形システムへの入力波形 $x(t)$ を矩形パルス $x(t_n)$ として小分けしてみる．

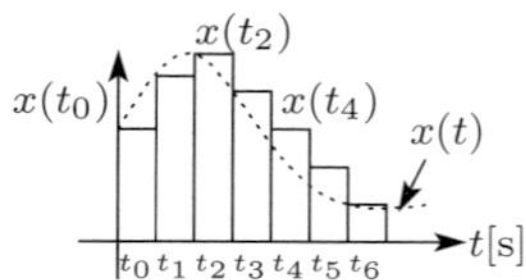

線形システムでは重合せの原理が成り立っているので，$x(t_n)$ それぞれに対する出力を $y(t_n)$ とすると，図の $x(t_n)$ それぞれの合成（$x(t)$ の近似）に対する出力は，$y(t_n)$ それぞれの合成（$y(t)$ の近似）となる．線形システムの入出力（畳込み）式は，パルスの幅 → 0 とする極限操作をもとに考えられる．この先必要があれば，あらためて学んでほしい．

6.6 のラプラス変換では関連する内容が解説されている．

このようなシステムの入力や出力といった情報を使って，どのようなシステムか知ることをシステム解析という．入力 $x(t)$ が出力 $y(t)$ になってしまう原因（システム）を知りたいという応用例は多く，たとえば，前述の電波を相手に届ける場合も，正確に情報を送るためには，なるべくもとの $x(t)$ のまま届けたい．このようなとき，あらかじめどのようなシステムかを知ることができれば，事前に対策をすることも可能となる．また，コンサートホールや劇場などの空間の特性（システム）を知ることで，音の響きを家庭で再現するということも可能である．

では，フーリエ変換とどのような関係があるのか，みていくことにしよう．

■　線形システムの入出力

線形システムの入出力の関係は

$$y(t) = \int_{-\infty}^{\infty} x(\tau) \cdot h(t-\tau)\, d\tau \tag{11.2}$$

と表わされることが知られており，10 章で出てきた時間領域での畳み込みと同様の形になっている．このとき，$h(t)$ はインパルス応答と呼ばれ，シ

ステムそのものを表わしている．すなわち，出力 $y(t)$ は入力 $x(t)$ とシステムのインパルス応答 $h(t)$ との畳込みの結果ということができる．

▶［インパルス応答は線形システムの心臓部］
本章の最初にシステムについていくつか例を挙げた．このシステムのインパルス応答を求めることができれば，いろいろと役に立つことが多い．線形システムにとってインパルス応答は心臓とも言える．

■ システム関数

前章で話があったように，時間領域の畳込みは周波数領域では積で表わすことができた．この関係を図に表わすと図 11.2 のようになる．このよう

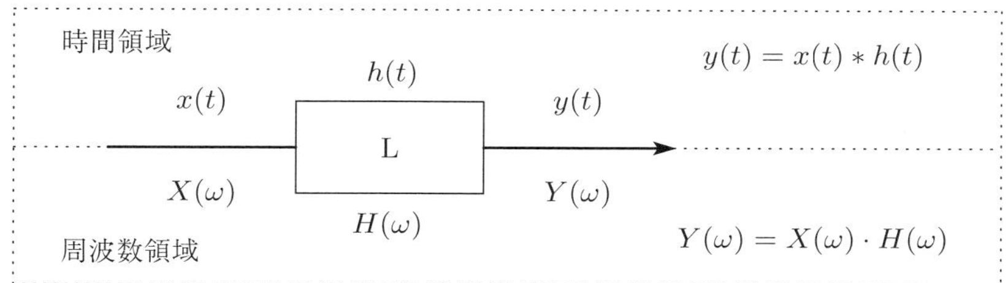

図 11.2　線形システムの時間・周波数領域表現

に，フーリエ変換により周波数領域での表現にすることで，単なる積としてみることができる．

ここで，インパルス応答 $h(t)$ のフーリエ変換 $H(\omega)$

$$H(\omega) = \int_{-\infty}^{\infty} h(t) \cdot e^{-j\omega t} dt \tag{11.3}$$

をシステム関数と呼び，入出力のフーリエ変換の関係から

$$H(\omega) = \frac{Y(\omega)}{X(\omega)} \tag{11.4}$$

と表わされる．この表現は専門分野においてよく利用される．

▶［インパルス応答］
単位インパルス関数（デルタ関数）をシステムに入力したときの応答（出力）がインパルス応答と呼ばれる．実際には単位インパルスを実現できないため，擬似的に瞬間的なパルスで代用されることもある．

▶［単位インパルス関数を入力したとすると］
出力は $Y(\omega) = H(\omega) \cdot X(\omega)$ で表わされるので，入力を単位インパルス関数 $\delta(t)$ とすると（そのフーリエ変換は $\delta(t) \longleftrightarrow 1$ であったので），$Y(\omega) = H(\omega)$ となる．

11.2　通信分野におけるフーリエ変換

通信においてもフーリエ変換は至る所に登場する．たとえば CDMA や OFDM は，携帯や地上波デジタルテレビ放送で利用されているので聞いたことがあるだろう．これらは変調・復調という方法の中の一つの手法である．ここでは，変調・復調について，最も基本的な振幅変調 (AM) を例にイメージをもっておこう．

▶［変調と復調］
たとえば何らかの情報をもった信号を，伝送に都合のよい信号に変換する操作を変調，もとの信号に戻す操作を復調という．送る情報によって，大きくアナログ変調とディジタル変調に分けられる．

■ 振幅変調と復調

今，ある音声があり，この音声に含まれる最大周波数が 4 kHz$(=\frac{\omega_h}{2\pi})$ だったとしよう．これを電波で送信するにはどうすればよいだろうか．たとえば 1000 kHz$(=\frac{\omega_c}{2\pi})$ という AM ラジオで利用している周波数帯まで周波数を高くする必要がある．これには，音声を $f(t)$ とした場合，搬送波（キャリア）と呼ばれる信号 $\cos\omega_c t$ を利用する．具体的にはそれらの積をとるが，時間領域でのイメージは，搬送波に載せるといったイメージであろう

▶［ω_c と ω_h］
ω_c はキャリアの角周波数を表わし，ω_h は送りたい信号（ここでは音声）の有する最大角周波数を表わす．

か．図 11.3 にその様子を示す．図でいうと，ω_c が 1000 kHz に対応する周波数 ($\omega_c = 2\pi \cdot 10^6$)，$\omega_h$ が 4 kHz に対応する周波数 ($\omega_h = 8\pi \cdot 10^3$) ということになる．

▶［周波数帯と AM］
電波で使える周波数帯は，利用目的によって決められている．総務省のホームページには国内の利用状況が載っており，たとえば AM ラジオは中波 (MF:300 kHz～3 MHz) に属し，地上波デジタル TV 放送や携帯電話は極超短波 (UHF:300 MHz～3 GHz) に属している．

▶［厳密には］
AM 波は $f_{AM}(t) = A[1+mf(t)]\cos\omega_c t$ といった形で変調される．この $f(t)\cdot\cos\omega_c t$ が式 (11.5) に対応する．たとえばこのときの波形は

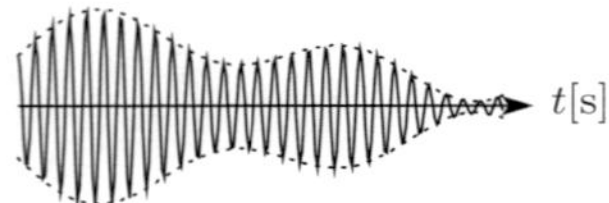

となっており，搬送波の上下に信号 $f(t)$ が乗っている形をしている．搬送波で $f(t)$ を伝送する場合は変調度 m を考慮する必要がある．

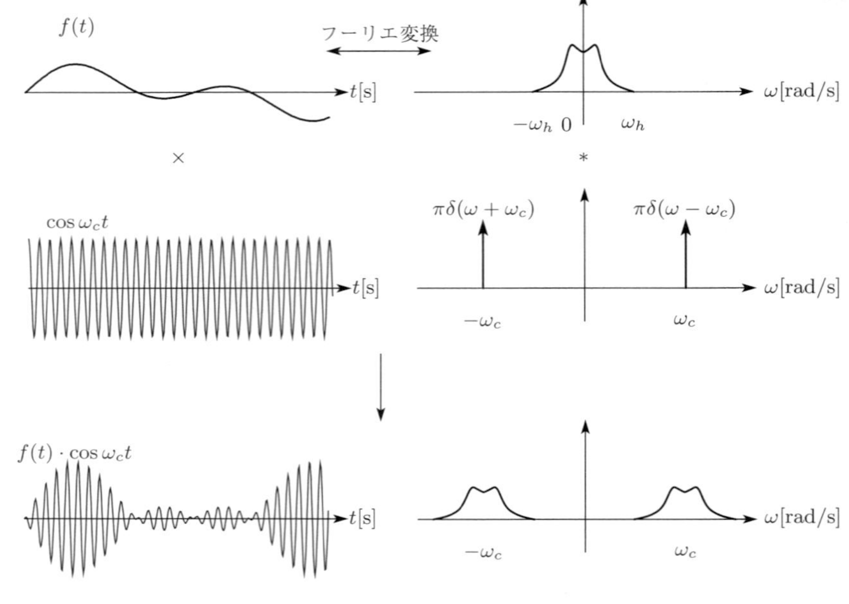

図 11.3　AM 変調のイメージ

フーリエ変換表 10.1 の 5 と同様に

$$f(t)\cdot\cos\omega_c t \longleftrightarrow \frac{1}{2}F(\omega+\omega_c)+\frac{1}{2}F(\omega-\omega_c) \tag{11.5}$$

となることから，$f(t)$ のスペクトルの形はそのままで（大きさは半分になるが），周波数だけキャリアの周波数 ω_c 分だけシフトした形になっている．

一方，復調は送信された信号を受け取ったときに，同じ $\cos\omega_c t$ をもう一度掛けるとよい．その様子を図 11.4 に示す．

▶［公式］
$\cos^2\omega_c t = \frac{1}{2}(1+\cos 2\omega_c t)$

このように

$$\begin{aligned}
f(t)\cdot\cos^2\omega_c t &= \frac{1}{2}f(t)+\frac{1}{2}f(t)\cdot\cos 2\omega_c t \\
&\longleftrightarrow \frac{1}{2}F(\omega)+\frac{1}{2}\left\{\frac{1}{2}F(\omega+2\omega_c)+\frac{1}{2}F(\omega-2\omega_c)\right\} \\
&= \frac{1}{2}F(\omega)+\frac{1}{4}F(\omega+2\omega_c)+\frac{1}{4}F(\omega-2\omega_c)
\end{aligned}$$

となり，図中の点線内の 0 を中心に表われたスペクトルをローパスフィルタで取り出せば，もとの音声のみを復元することができる．

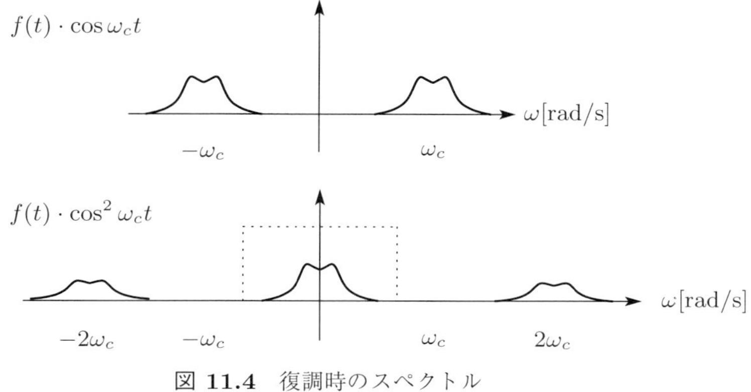

図 11.4　復調時のスペクトル

ここで，章末の演習 1 をやってみよう．

11.3　ディジタル信号処理におけるフーリエ変換

■ A/D 変換と D/A 変換

アナログ信号をコンピュータなどで処理しやすいディジタル信号へと変換したり，処理したディジタル信号をアナログ信号に戻したりすることをそれぞれ A/D 変換，D/A 変換と呼んでいる．簡単な流れを図 11.5 に示す．

まず，もともとのアナログ信号に含まれる，不要な高い周波数を除去し，次の A/D 変換において，ある一定間隔でサンプリングする際に，サンプリング定理を満たす（サンプリング周波数（周期）は信号のもつ最大周波数の 2 倍を超える（半分未満になる））ようにする目的でローパスフィルタ（LPF）に通す．サンプリング定理は詳しくは以下で説明するが，簡単に言うと，これを満たすようにしないと，エイリアシングという現象が起こり，本来存在しない周波数の信号が含まれてしまうことになる．

▶［ローパスフィルタ］
低い周波数成分を通す（高い成分をカットする）目的で利用される．次で説明するエイリアシングという現象（エイリアシングノイズとも呼ばれる）を回避するために用いられることから，アンチエイリアシングフィルタとも呼ばれる．

次に A/D 変換で信号のサンプリング（時間方向に一定間隔で値をとる）と量子化（振幅方向に一定間隔で値をとる）し，縦横軸共に飛び飛びのデータとする．この飛び飛びのデータが，2 進数に変換され 0，1 のディジタル信号としてコンピュータで処理される．

一方，ディジタル信号からアナログ信号へ変換する場合，通常は D/A 変換で 2 進数からまた飛び飛びの値を表現し，それから階段状の波形を構成し，最終的な LPF で滑らかな波形にする．

▶［ディジタル信号］
一般的には 0，1 の 2 値の値をとる信号のイメージが強いが，多値の値をとる信号など離散化された信号を指すこともある．

さて，前述の一般的な話とは少し異なるが，ここで純粋に物理的な連続信号 $f(t)$ をある間隔 T_{Sa} でサンプリングした場合，あるいはその逆として，T_{Sa} でサンプリングされた信号を連続な信号に戻す場合，理論的にみるとどうなのか，時間と周波数の関係でみてみよう．

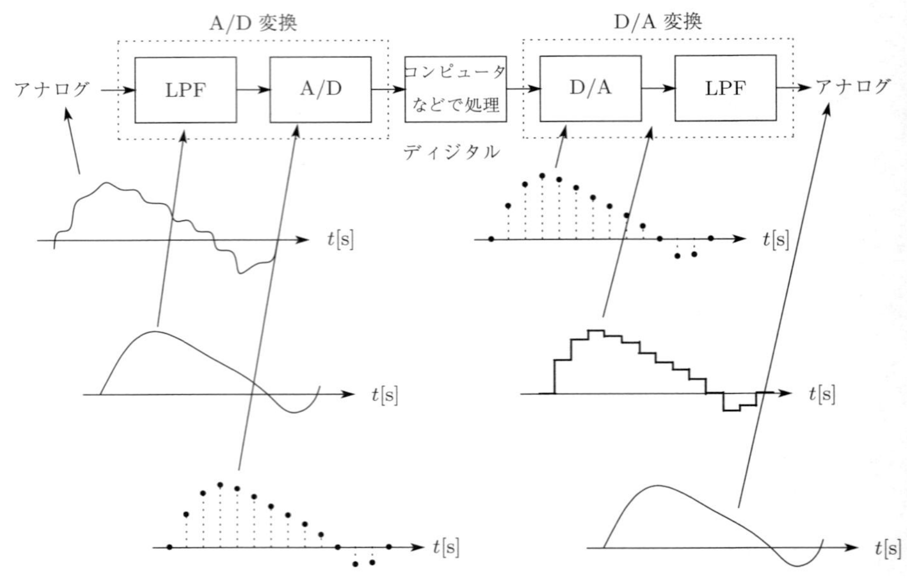

図 11.5　信号の処理の流れ

▶［デルタ関数列］
デルタ関数列 $\sum_{n=-\infty}^{\infty}\delta(t-nT_{Sa})$ を周期 T_{Sa} の関数と考え，まずフーリエ級数で表わそう．フーリエ係数 c_n の計算において，デルタ関数列は，積分範囲の中に $\delta(t)$ が 1 つのみなので $c_n=\frac{1}{T_{Sa}}\int_{-\frac{T_{Sa}}{2}}^{\frac{T_{Sa}}{2}}\delta(t)\cdot e^{-jn\omega_{Sa}t}dt=\frac{1}{T_{Sa}}e^{-jn\omega_{Sa}\cdot 0}=\frac{1}{T_{Sa}}$ より，フーリエ級数は $\sum_{n=-\infty}^{\infty}\delta(t-nT_{Sa})=\frac{1}{T_{Sa}}\sum_{n=-\infty}^{\infty}e^{jn\omega_{Sa}t}$ となる．

これをフーリエ変換すると

$$\sum_{n=-\infty}^{\infty}\delta(t-nT_{Sa})\longleftrightarrow$$
$$\int_{-\infty}^{\infty}\left\{\frac{1}{T_{Sa}}\sum_{n=-\infty}^{\infty}e^{jn\omega_{Sa}t}\right\}e^{-j\omega t}dt$$
$$=\frac{1}{T_{Sa}}\sum_{n=-\infty}^{\infty}\int_{-\infty}^{\infty}e^{-j(\omega-n\omega_{Sa})t}dt$$
$$=\frac{1}{T_{Sa}}\sum_{n=-\infty}^{\infty}2\pi\delta(\omega-n\omega_{Sa})$$
$$=\omega_{Sa}\sum_{n=-\infty}^{\infty}\delta(\omega-n\omega_{Sa})$$

となる．

■　サンプリングとスペクトル

ある連続な信号のスペクトルが図 11.6 のように表わされるとする．

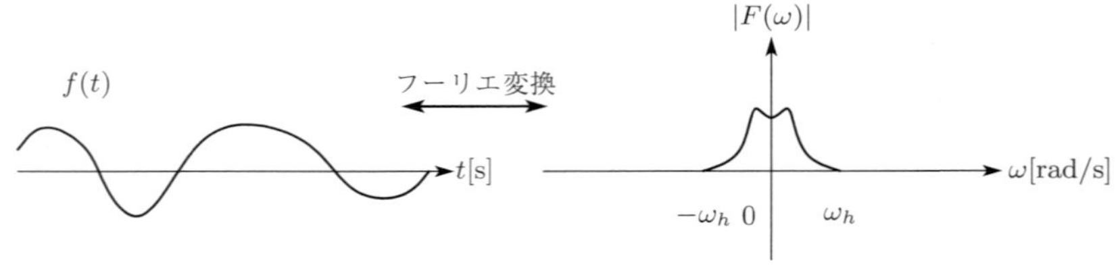

図 11.6　ある信号とそのスペクトル

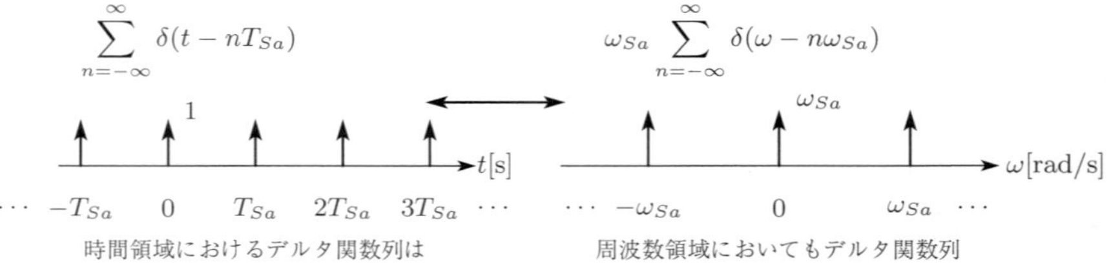

図 11.7　デルタ関数列

サンプリングを行うということは，一定な間隔 T_{Sa} で $f(t)$ の振幅値を取り出す，すなわち，図 11.7 のように間隔 T_{Sa} ごとのデルタ関数の列と $f(t)$ の積をとることになる．

ここで，ω_h は対象の信号 $f(t)$ の最高角周波数，ω_{Sa} はサンプリング角周波数，T_{Sa} はサンプリング周期を表わしている．

▶［ω_{Sa} と T_{Sa} の関係］
通常の角周波数のときと同様，$\omega_{Sa} = \dfrac{2\pi}{T_{Sa}}$ の関係がある．

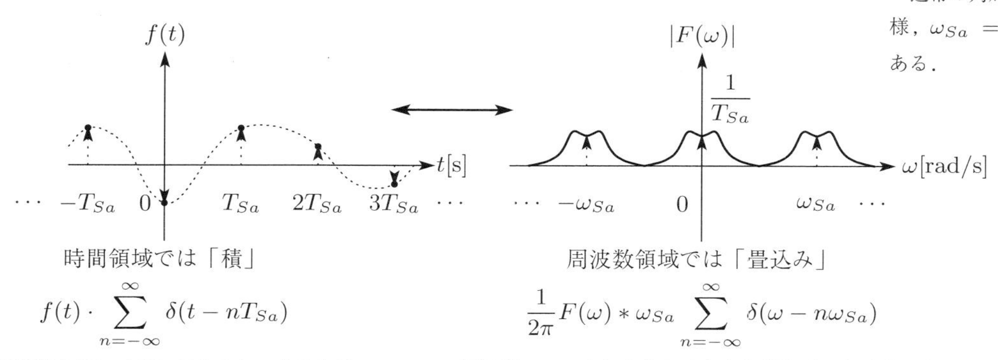

図 11.8　信号のサンプリングとそのスペクトル

この様子を図 11.8 に示す．連続信号で表わされていたスペクトルが，サンプリングされた離散的な信号になると，周波数軸上において ω_{Sa} ごとにスペクトルが現れている．

■　サンプリング定理

連続な信号をサンプリングし，離散的な信号として得る場合，サンプリング定理を満たすように処理を行う必要がある．サンプリング定理では $\omega_h < 2\omega_{Sa}$ とされており，信号の有する最高角周波数の 2 倍を超える角周波数でサンプリングを行う必要がある，これはどういうことだろう．図 11.9 をみてみよう．

サンプリング定理を満たさない場合，連続な信号にはなかったはずの隣り合わせになっているスペクトルが重なり合っている．この重なった部分は，本来の波形にはない周波数が存在することになり，もとの信号の正確な情報を得られない．このような現象を，エイリアシングと呼んでいる．

図 11.10 と図 11.11 にサンプリング周波数 10 Hz(サンプリング角周波数 20π rad/s) のときに，信号のもつ最大周波数を $f_h = 5$ Hz，$f_h = 6$ Hz と仮定した正弦波を，0 s の時点からサンプリングした様子を示している．この $(\omega_h = \dfrac{\omega_{Sa}}{2})$ とき，ω_h =5 Hz では信号があるにも関わらず 0 をサンプリングしてしまっており，また，ω_h =6 Hz では本来ないはずの 4 Hz の正弦波が現れてしまっていることが分かる．

それではエイリアシングが起こらないようにするためにはどうすればよいか． これは，図 11.12 のように，信号のもつ最高角周波数 ω_h よりも W が大きければ（W よりも ω_h が小さければ）大丈夫ということになる．通

▶［サンプリング周波数］
CD が 44.1 kHz でサンプリングされているということを聞いたことがあると思うが，一般には角周波数 ω よりも周波数 f で表わされていることが多い．

▶［W とは］
ナイキスト角周波数と呼ばれることもある．$2W$ はサンプリング角周波数 (ω_{Sa}) に対応する．
また，
サンプリング周期
T_{Sa}[s]
サンプリング周波数
$f_{Sa} = \dfrac{1}{T_{Sa}}$[Hz]
ナイキスト周波数
$\dfrac{f_{Sa}}{2}$[rad/s]
の関係がある．

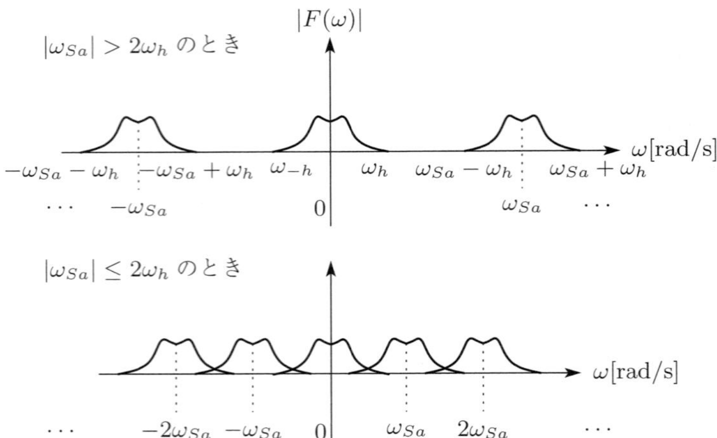

図 11.9　サンプリング角周波数と信号の最高角周波数の関係

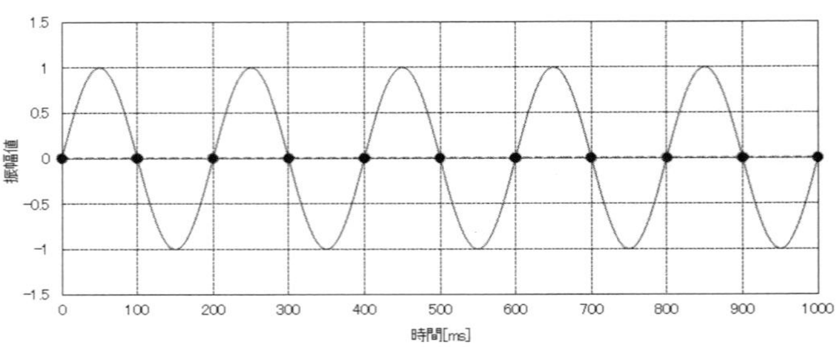

図 11.10　5 Hz の正弦波（サンプリング周波数 10 Hz）

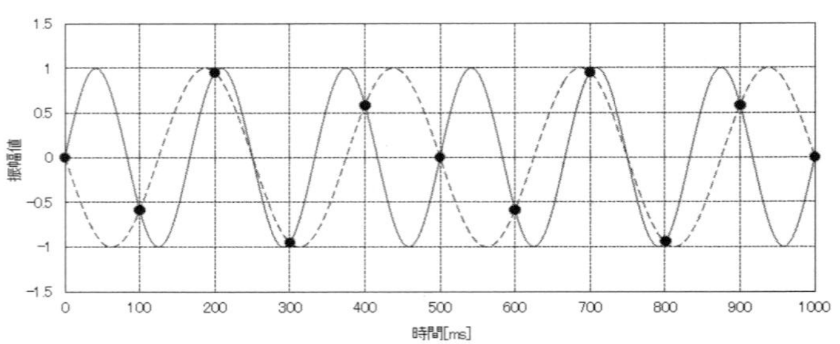

図 11.11　6 Hz の正弦波（サンプリング周波数 10 Hz）

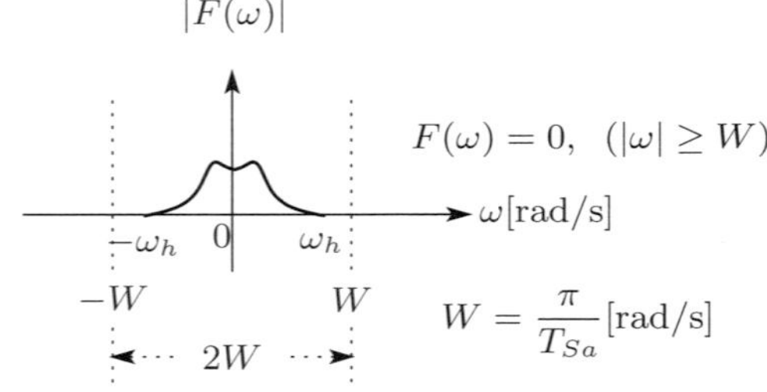

図 11.12　W による帯域制限

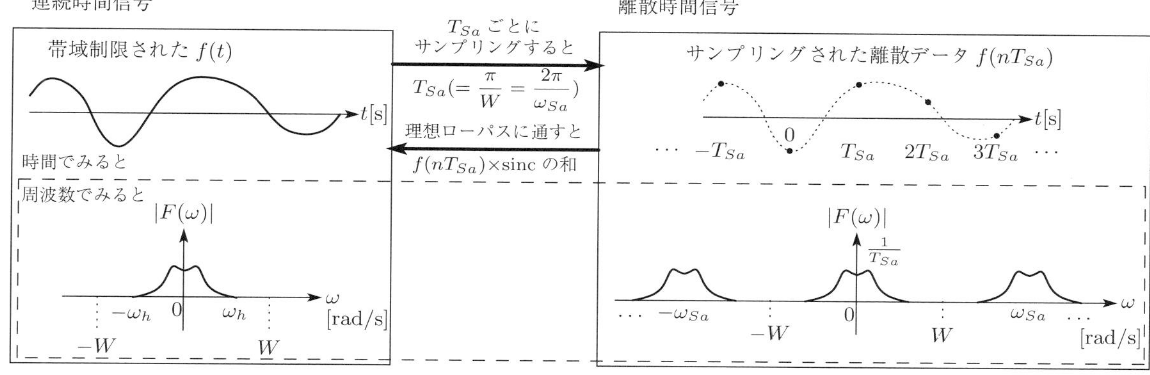

図 11.13　サンプリングと信号復元の流れ

常は図 11.5 のように，あらかじめ信号波形に対して帯域制限が行われる．すなわち，事前にサンプリング定理を満たすように，信号の最高周波数 ω_h を W よりも小さくなるように操作しておく．

これらをまとめたものを図 11.13 に示す（ただし，入力信号は予め帯域制限されているものとしている）．このように，帯域制限された信号は，サンプリングにより離散的な信号になったとしても，また連続な信号に戻すことが可能となる．

ここで，章末の演習 2 をやってみよう．

▶［帯域制限］
信号の最高角周波数 ω_h よりも W を大きくできればよいが，信号データの処理においてはデータが少ないほうが都合がよい．そのため，通常は多少元信号の情報（高い周波数）を削っても，ローパスフィルタ（アンチエイリアシングフィルタ）により，信号の最高角周波数 ω_h が W よりも小さくなるように操作する．

■ 理想ローパスフィルタ

図 11.13 に理想ローパスフィルタという言葉が出てきたので紹介しておこう．理想ローパスフィルタは帯域制限関数とも呼ばれ，W 以上の角周波数をカットする．図 11.14 のように，周波数領域において矩形パルスの波形と同様な形のスペクトルを表わす．ここでは理想ローパスフィルタのフーリエ変換は

▶［逆フーリエ変換を計算］
直接逆フーリエ変換式 (10.2) で計算すると

$$P_W(\omega) \longleftrightarrow \frac{1}{2\pi}\int_{-W}^{W} e^{j\omega t} d\omega$$
$$= \frac{1}{2\pi}\frac{1}{jt}\left[e^{j\omega t}\right]_{-W}^{W}$$
$$= \frac{1}{2\pi}\frac{1}{jt}(e^{jW\omega t} - e^{-jW\omega t})$$
$$= \frac{1}{\pi t}\sin Wt$$

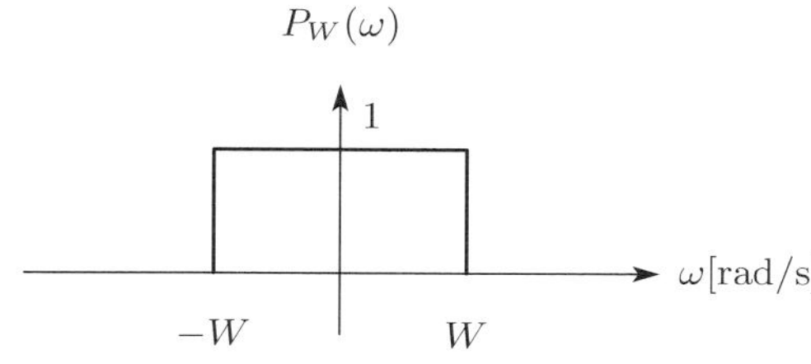

図 11.14　理想ローパスフィルタ

$$P_W(\omega) \longleftrightarrow \frac{\sin Wt}{\pi t} = \frac{W}{\pi}\mathrm{sinc}Wt \tag{11.6}$$

と表わされる．前章フーリエ変換の対称性で示したように，この場合の時間領域での表現は sinc 関数となっている．

■　理想ローパスフィルタのインパルス応答

ここで，理想ローパスフィルタのインパルス応答を確認しておこう．理想ローパスフィルタのシステム関数が

$$H(\omega) = \mathrm{rect}\left(\frac{\omega}{2W}\right) \cdot e^{-j\omega t_0} \tag{11.7}$$

と表わされているとする．ここでは逆フーリエ変換の式 (10.2) をそのまま当てはめることにして計算すると

$$\begin{aligned} h(t) &= \frac{1}{2\pi}\int_{-W}^{W} e^{-j\omega t_0} e^{j\omega t} d\omega = \frac{1}{2\pi}\frac{1}{j(t-t_0)}\left[e^{j\omega(t-t_0)}\right]_{-W}^{W} \\ &= \frac{W}{\pi}\mathrm{sinc}W(t-t_0) \end{aligned}$$

となり，インパルス応答は sinc 関数の形になっていることが確認できる．

ここで，章末の演習 3 をやってみよう．

■　信号の復元

周波数領域において「理想ローパスフィルタとの積をとる」ということは時間領域において「sinc 関数との畳込みが行われる」ことに相当する．図 11.15 にその様子を示す．

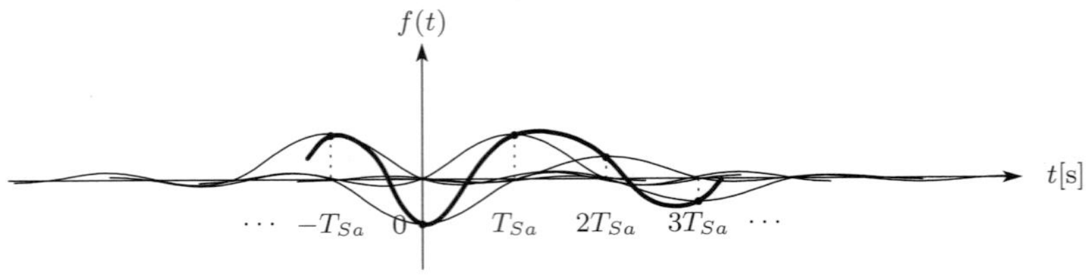

図 11.15　信号復元のイメージ

太線が総和を表わしており，サンプリング値倍された sinc 関数の和

$$f(t) = T_{Sa}\sum_{n=-\infty}^{\infty} f(nT_{Sa})\frac{\sin W(t-nT_{Sa})}{\pi(t-nT_{Sa})} \tag{11.8}$$

で表わされる．

11.4 離散フーリエ変換

■ 離散フーリエ変換とは

フーリエ係数・級数，フーリエ変換と行って来たが，これらは連続信号に対する手法であった．これに対し，離散信号に対する手法として離散フーリエ変換 (DFT) がある．DFT はフーリエ係数・級数と同様に，対象とする信号が周期的であるという前提で利用され，信号を T_{Sa}[s] サンプリングしたとすると，N 個の信号のデータ $T_{Sa} \cdot N$ を基本周期（N 個で信号 1 周期を表現）として考える．図 11.16 はある周期信号の 1 周期を $N = 8$ 個としてサンプリングした様子を表わしている．

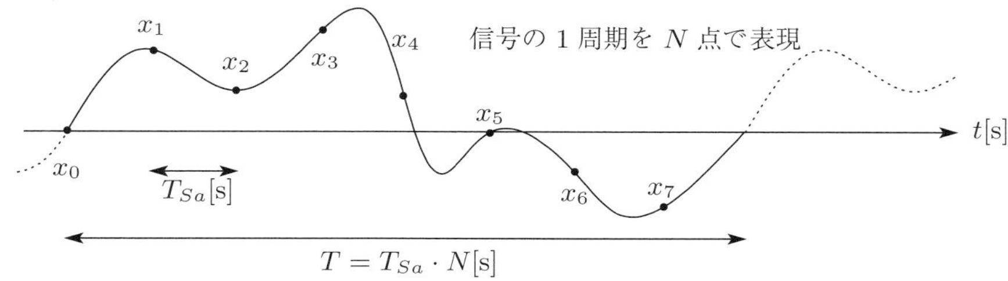

図 11.16　周期信号の N 個のデータを利用する

▶［基本周波数は］
基本周期が $T_{Sa} \cdot N$[s] であるので，基本周波数は $\dfrac{1}{T_{Sa} \cdot N}$[Hz] となる．

DFT は N 個の時間データ x_m $(m = 0, 1, \cdots, N-1)$ と N 個の複素数データ X_n $(n = 0, 1, \cdots, N-1)$ の変換であり，逆離散フーリエ変換 (IDFT) と対として，その公式は

離散フーリエ変換対

$$X_n = \frac{1}{N}\sum_{m=0}^{N-1} x_m \cdot e^{-j\frac{2\pi}{N}mn} \quad (n = 0 \sim N-1) \tag{11.9}$$

$$x_m = \sum_{n=0}^{N-1} X_n \cdot e^{j\frac{2\pi}{N}mn} \quad (m = 0 \sim N-1) \tag{11.10}$$

と表わされる．式 (11.9) が DFT，式 (11.10) が IDFT を表わしており，N 個のデータを使って DFT を行う場合を N 点 DFT と呼ぶ．X_0 は直流成分，X_1 は基本波（N 個で 1 周期）成分，X_2 は第 2 高調波（N 個で 2 周期）成分，X_3 は第 3 高調波（N 個で 3 周期）成分，$\cdots$ と呼ばれ，それぞれの周波数に対応する成分を表わす．また X_n は，第 $X_{\frac{N}{2}}$ 成分から，複素共役の関係になっている．

▶［DFT と IDFT の公式について］
式 (11.9) に掛かっている $\dfrac{1}{N}$ は，DFT と IDFT を通して行った場合，もとの値に戻るようになればよいため，IDFT で $\dfrac{1}{N}$ を掛けている場合，DFT と IDFT 両方に $\dfrac{1}{\sqrt{N}}$ を掛けている場合がある．
一般には IDFT で $\dfrac{1}{N}$ と表記していることが多いようだが，ここでは DFT で $\dfrac{1}{N}$ を行うことにする．

DFT の式 (11.9) をみると，$e^{-j\frac{2\pi}{N}mn}$ が出てくるが，これは単位円 (2π) を等間隔に N 分割し，時計回りにぐるぐると回り，mn 番目の $e^{-j\frac{2\pi}{N}mn}$ の値ということになる．このため，同じ値が何回も出てくることになる．4 点 DFT と 8 点 DFT の場合の様子を図 11.17 に示す（4 点 DFT のみ）2 週目

の $e^{-j\frac{2\pi}{N}mn}$ も記載している．このように，DFT は時計回りに，IDFT は反時計回りで利用することが分かる．

▶［回転子］
$e^{-j\frac{2\pi}{N}}$ のことを回転子あるいは回転因子と呼ぶ．DFT と IDFT は複素共役の関係になっている．

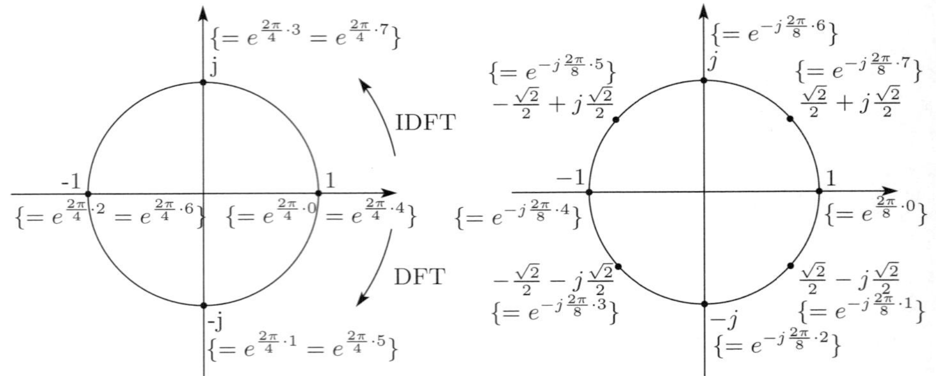

4 点 DFT は単位円 (2π) を 4 分割　　　8 点 DFT は単位円 (2π) を 8 分割

図 11.17　4 点 DFT と 8 点 DFT の単位円

さて，DFT は行列とベクトルの積の計算としてみることができ

$$\begin{bmatrix} X_0 \\ X_1 \\ \vdots \\ X_{N-1} \end{bmatrix} = \frac{1}{N} \begin{bmatrix} e^{\frac{2\pi}{N}\cdot 0\cdot 0} & e^{\frac{2\pi}{N}\cdot 1\cdot 0} & \cdots & e^{\frac{2\pi}{N}\cdot (N-1)\cdot 0} \\ e^{\frac{2\pi}{N}\cdot 0\cdot 1} & e^{\frac{2\pi}{N}\cdot 1\cdot 1} & \cdots & e^{\frac{2\pi}{N}\cdot (N-1)\cdot 1} \\ \vdots & \vdots & \ddots & \vdots \\ e^{\frac{2\pi}{N}\cdot 0\cdot (N-1)} & e^{\frac{2\pi}{N}\cdot 1\cdot (N-1)} & \cdots & e^{\frac{2\pi}{N}\cdot (N-1)\cdot (N-1)} \end{bmatrix} \cdot \begin{bmatrix} x_0 \\ x_1 \\ \vdots \\ x_{N-1} \end{bmatrix}$$

と表わされ，行列の要素の値が規則正しく並んでいることに気づく．これは，単位円上の $e^{-j\frac{2\pi}{N}mn}$ を順にあてはめて行ったにすぎない．この DFT で利用される行列のことをしばしば DFT 行列と呼ぶ．

では，4 点 DFT において，具体的に数値を入れて確認してみよう．図 11.17 からも分かるように，4 点 DFT を行う場合の DFT 行列の要素は，実数 $(1, -1)$ または純虚数 $(j, -j)$ のみで

$$\begin{bmatrix} X_0 \\ X_1 \\ X_2 \\ X_3 \end{bmatrix} = \frac{1}{4} \begin{bmatrix} 1 & 1 & 1 & 1 \\ 1 & -j & -1 & j \\ 1 & -1 & 1 & -1 \\ 1 & j & -1 & -j \end{bmatrix} \cdot \begin{bmatrix} x_0 \\ x_1 \\ x_2 \\ x_3 \end{bmatrix} \tag{11.11}$$

となる．DFT 行列の

1）1 行目の 4 つの要素は $e^{-j\frac{2\pi}{N}mn}$ が単位円上を移動せず $(1, 1, 1, 1)$

2）2 行目は 1 つずつ進んで $(1, -j, -1, j)$

3）3 行目は 2 つずつ進んで $(1, -1, 1, -1)$

4）4 行目は 3 つずつ進んで $(1, j, -1, -j)$

と単位円上の点 $e^{-j\frac{2\pi}{N}mn}$ のスキップする数を，1 つずつ増やしている形になっている．このように，自分で単位円を描き，DFT 行列を作れば DFT

の計算も簡単ではないだろうか．もちろん，IDFT は逆（反時計回り）回りなだけである．

■ 振幅・位相スペクトルと信号の再現

ここで，振幅スペクトルと位相スペクトルをそれぞれ

$$|X_n| = \sqrt{\mathrm{Re}\{X_n\}^2 + \mathrm{Im}\{X_n\}^2} \tag{11.12}$$

$$\theta_n = \tan^{-1}\frac{\mathrm{Im}\{X_n\}}{\mathrm{Re}\{X_n\}} \tag{11.13}$$

と表わすことにする．得られるスペクトルは離散的であるので，複素フーリエ係数と同様に線スペクトルとなるが，複素データの数は N であるので，スペクトルの数も N となる．

▶［θ_n に注意］
9 章の位相スペクトルでも触れたが，位相スペクトル $\theta(\omega)$ の計算には $\tan^{-1}$ があるので，$\mathrm{Re}\{X_n\} < 0$ のときは注意しよう．

さて，9 章の式 (9.23) で，複素フーリエ級数で得られた振幅・位相スペクトルを用いて信号を再現できることを紹介したが，DFT も同様に，得られた振幅スペクトル $|X_n|$ と位相スペクトル θ_n から信号を再現することができ

$$x_m = X_0 + \sum_{n=1}^{\frac{N-1}{2}} 2|X_n| \cdot \cos\left(\frac{2\pi}{N}mn + \theta_n\right) \tag{11.14}$$

となる．式 (9.23) と同様に導いてみよう．

$$\begin{aligned} x_m &= \sum_{n=0}^{N-1} X_n \cdot e^{j\frac{2\pi}{N}mn} \\ &= \sum_{n=0}^{N-1} |X_n| \cdot e^{j\theta_n} \cdot e^{j\frac{2\pi}{N}mn} = \sum_{n=0}^{N-1} |X_n| \cdot e^{j(\frac{2\pi}{N}mn+\theta_n)} \end{aligned}$$

ここで複素共役を考慮すると

$$\begin{aligned} x_m &= \sum_{n=0}^{N-1} |X_n| \cdot e^{j(\frac{2\pi}{N}mn+\theta_n)} \\ &= X_0 + \sum_{n=1}^{\frac{N-1}{2}} |X_n| \cdot \left\{e^{j(\frac{2\pi}{N}mn+\theta_n)} + e^{-j(\frac{2\pi}{N}mn+\theta_n)}\right\} \\ &= X_0 + \sum_{n=1}^{\frac{N-1}{2}} 2|X_n| \cdot \cos\left(\frac{2\pi}{N}mn + \theta_n\right) \end{aligned}$$

となる．

■ DFT の計算をしよう

では，実際に 4 点 DFT の計算を行ってみる．4 点だと比較的単純な計算で可能である．

サンプリング周波数 40 Hz（サンプリング角周波数 80π rad/s）で図 11.18 それぞれの信号の DFT を行うと

▶［図 11.18 のサンプリング周波数］
図 11.18 のサンプリング周波数は，$T = 0.1\,\mathrm{s}$ の間に 4 回のサンプリングを行っており，サンプリング周波数は $f_{Sa} = \dfrac{1}{0.025\,\mathrm{s}} = 40\,\mathrm{Hz}$ である．

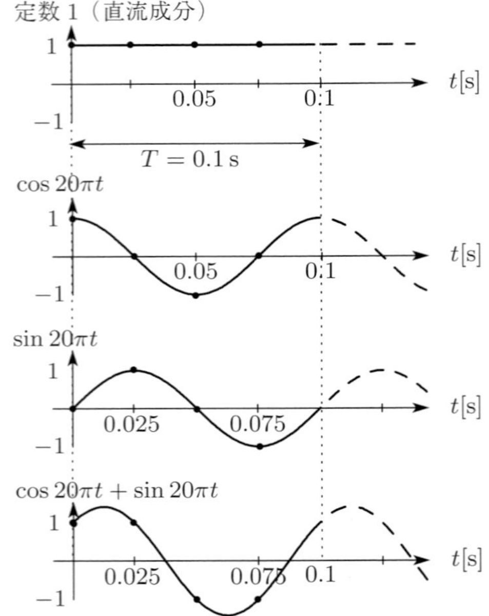

図 **11.18**　4 点 DFT(定数と 10 Hz の正弦波)

定数 1 の場合

$$\begin{bmatrix} X_0 \\ X_1 \\ X_2 \\ X_3 \end{bmatrix} = \frac{1}{4} \begin{bmatrix} 1 & 1 & 1 & 1 \\ 1 & -j & -1 & j \\ 1 & -1 & 1 & -1 \\ 1 & j & -1 & -j \end{bmatrix} \cdot \begin{bmatrix} 1 \\ 1 \\ 1 \\ 1 \end{bmatrix} = \begin{bmatrix} 1 \\ 0 \\ 0 \\ 0 \end{bmatrix}$$

となり，直流成分 X_0 のみ 1 となっている．これは信号に含まれている直流成分が 1 であることを示しており，図 11.18 とも対応している．式 (11.14) にてらしてみても，DFT 前の信号 x_m は定数 1 であることが分かる．

▶［DFT とスペクトル］
$X_{\frac{N}{2}}$ を中心に複素共役になっているため，スペクトルは対称になっている．今まで見て来たスペクトルは周波数軸で言うと 0 が中心であった．DFT では X_0 から計算を始めているため，$X_{\frac{N}{2}}$ より右側が，今まで見て来た形の左側（負）のスペクトルに対応すると思えばよい．

cos $20\pi t$ の場合

$$\begin{bmatrix} X_0 \\ X_1 \\ X_2 \\ X_3 \end{bmatrix} = \frac{1}{4} \begin{bmatrix} 1 & 1 & 1 & 1 \\ 1 & -j & -1 & j \\ 1 & -1 & 1 & -1 \\ 1 & j & -1 & -j \end{bmatrix} \cdot \begin{bmatrix} 1 \\ 0 \\ -1 \\ 0 \end{bmatrix} = \begin{bmatrix} 0 \\ 0.5 \\ 0 \\ 0.5 \end{bmatrix}$$

となり，基本波成分 X_1 が実数で 0.5 となっている（$\dfrac{N}{2}$ を中心に複素共役の関係であるので，$X_1 = \overline{X}_3$ ということができる）．基本波は N を 1 周期とする正弦波で，X_1 は実数として得られているため，振幅が $0.5 \times 2 = 1$ の $\cos 20\pi t$ の成分を表わしている．

振幅スペクトルは $|X_1| = 0.5$，位相スペクトルは $\theta_1 = 0$ の結果から，式 (11.14) にてらしてみるとその結果が分かる．

$\sin 20\pi t$ の場合

$$\begin{bmatrix} X_0 \\ X_1 \\ X_2 \\ X_3 \end{bmatrix} = \frac{1}{4}\begin{bmatrix} 1 & 1 & 1 & 1 \\ 1 & -j & -1 & j \\ 1 & -1 & 1 & -1 \\ 1 & j & -1 & -j \end{bmatrix} \cdot \begin{bmatrix} 0 \\ 1 \\ 0 \\ -1 \end{bmatrix} = \begin{bmatrix} 0 \\ -j0.5 \\ 0 \\ j0.5 \end{bmatrix}$$

となり，基本波成分 X_1 が純虚数で $-j0.5$ となっている（これも $\dfrac{N}{2}$ を中心に複素共役の関係である）．X_1 は純虚数として得られているため，振幅が $0.5 \times 2 = 1$ の $\sin 20\pi t$ の成分を表わしている．振幅スペクトルは $|X_1| = 0.5$，位相スペクトルは $\theta_1 = -\dfrac{\pi}{2}$ となる．

$\sin 20\pi t + \sin 20\pi t$ の場合

$$\begin{bmatrix} X_0 \\ X_1 \\ X_2 \\ X_3 \end{bmatrix} = \frac{1}{4}\begin{bmatrix} 1 & 1 & 1 & 1 \\ 1 & -j & -1 & j \\ 1 & -1 & 1 & -1 \\ 1 & j & -1 & -j \end{bmatrix} \cdot \begin{bmatrix} 1 \\ 1 \\ -1 \\ -1 \end{bmatrix} = \begin{bmatrix} 0 \\ 0.5-j0.5 \\ 0 \\ 0.5+j0.5 \end{bmatrix}$$

となり，基本波成分 X_1 が虚数で $0.5 - j0.5$ となっている．これは前述の $\sin 20\pi t$ と $\sin 20\pi t$ を合わせた信号であることを示している．

振幅スペクトルは $\sqrt{\left\{\dfrac{1}{2}\right\}^2 + \left\{\dfrac{1}{2}\right\}^2} = \dfrac{\sqrt{2}}{2}$，位相スペクトルは $\theta_1 = -\dfrac{\pi}{4}$ となり，式 (11.14) にてらしてみると振幅 $\dfrac{\sqrt{2}}{2} \times 2 = \sqrt{2}$ で位相が $-\dfrac{\pi}{4}$ の cos 波形であり，図 11.18 とも一致していることが分かる．

ここで，章末の演習 4 をやってみよう．

■ IDFT の計算

ここで，IDFT の計算を行ってみよう．先ほどの，$\sin 20\pi t + \sin 20\pi t$ の結果を使って計算してみると

$$\begin{bmatrix} x_0 \\ x_1 \\ x_2 \\ x_3 \end{bmatrix} = \begin{bmatrix} 1 & 1 & 1 & 1 \\ 1 & j & -1 & -j \\ 1 & -1 & 1 & -1 \\ 1 & -j & -1 & j \end{bmatrix} \cdot \begin{bmatrix} 0 \\ 0.5-j0.5 \\ 0 \\ 0.5+j0.5 \end{bmatrix} = \begin{bmatrix} 1 \\ 1 \\ -1 \\ -1 \end{bmatrix}$$

となり，もとの信号になっていることが分かる．

さて，DFT 行列と IDFT 行列の積をとるとどのようになるだろう．これは

$$\frac{1}{4}\begin{bmatrix} 1 & 1 & 1 & 1 \\ 1 & -j & -1 & j \\ 1 & -1 & 1 & -1 \\ 1 & j & -1 & -j \end{bmatrix} \cdot \begin{bmatrix} 1 & 1 & 1 & 1 \\ 1 & j & -1 & -j \\ 1 & -1 & 1 & -1 \\ 1 & -j & -1 & j \end{bmatrix} = \begin{bmatrix} 1 & 0 & 0 & 0 \\ 0 & 1 & 0 & 0 \\ 0 & 0 & 1 & 0 \\ 0 & 0 & 0 & 1 \end{bmatrix}$$

と，線形代数でおなじみの単位行列になる．これは，DFT の計算も今までと同様，直交関係を利用した変換であることに関係している．

ここで，章末の演習 5，6 をやってみよう．

■ 8 点 DFT

8 点 DFT についても触れておこう．少々面倒ではあるが，DFT 行列を作ってみると

$$
\frac{1}{8}\begin{bmatrix}
1 & 1 & 1 & 1 & 1 & 1 & 1 & 1 \\
1 & \frac{\sqrt{2}}{2}-j\frac{\sqrt{2}}{2} & -j & -\frac{\sqrt{2}}{2}-j\frac{\sqrt{2}}{2} & -1 & -\frac{\sqrt{2}}{2}+j\frac{\sqrt{2}}{2} & j & \frac{\sqrt{2}}{2}+j\frac{\sqrt{2}}{2} \\
1 & -j & -1 & j & 1 & -j & -1 & j \\
1 & -\frac{\sqrt{2}}{2}-j\frac{\sqrt{2}}{2} & j & \frac{\sqrt{2}}{2}-j\frac{\sqrt{2}}{2} & -1 & \frac{\sqrt{2}}{2}+j\frac{\sqrt{2}}{2} & -j & -\frac{\sqrt{2}}{2}+j\frac{\sqrt{2}}{2} \\
1 & -1 & 1 & -1 & 1 & -1 & 1 & -1 \\
1 & -\frac{\sqrt{2}}{2}+j\frac{\sqrt{2}}{2} & -j & \frac{\sqrt{2}}{2}+j\frac{\sqrt{2}}{2} & -1 & \frac{\sqrt{2}}{2}-j\frac{\sqrt{2}}{2} & j & -\frac{\sqrt{2}}{2}-j\frac{\sqrt{2}}{2} \\
1 & j & -1 & -j & 1 & j & -1 & -j \\
1 & \frac{\sqrt{2}}{2}+j\frac{\sqrt{2}}{2} & j & -\frac{\sqrt{2}}{2}+j\frac{\sqrt{2}}{2} & -1 & -\frac{\sqrt{2}}{2}-j\frac{\sqrt{2}}{2} & -j & \frac{\sqrt{2}}{2}-j\frac{\sqrt{2}}{2}
\end{bmatrix}
$$

となる．

今，$(x_0, x_1, x_2, x_3, x_4, x_5, x_6, x_7) = (4, 3\sqrt{2}, -2, -\sqrt{2}, -4, -3\sqrt{2}, 2, \sqrt{2})$ であったとし，8 点 DFT を行うと

$$
\begin{bmatrix} X_0 \\ X_1 \\ X_2 \\ X_3 \\ X_4 \\ X_5 \\ X_6 \\ X_7 \end{bmatrix}
= \begin{bmatrix} & & \\ & \text{8 点 DFT 行列} & \\ & & \end{bmatrix}
\cdot \begin{bmatrix} -8 \\ -6\sqrt{2} \\ 4 \\ 2\sqrt{2} \\ 8 \\ 6\sqrt{2} \\ -4 \\ -2\sqrt{2} \end{bmatrix}
= \begin{bmatrix} 0 \\ 2 \\ 0 \\ -j \\ 0 \\ j \\ 0 \\ 2 \end{bmatrix}
$$

と求められる（なお，8 点 DFT 行列の要素は省略し，$\frac{1}{8}$ は 8 点 DFT 行列に含まれるものとしている）．

ここで，章末の演習 7 をやってみよう．

■ 実際の信号の DFT 例

▶［グラフの表現について］
DFT を行った結果は離散データであり本来は線スペクトルとなるが，ここでは簡単にするため，棒グラフでなく折れ線グラフで表示した．

ここで，実際に音声（母音）「あ」を DFT した例をみてみよう．図 11.19 の左側はその波形を表わしており，サンプリング周波数 $f_{Sa} = 8000\,\text{Hz}$ でサンプリングされた離散データ 500 個（サンプル）で表現されている．

この 500 サンプルのデータをコンピュータにより 500 点 DFT を行い，その振幅スペクトルを表わしたものが図 11.19 の右図となる．ここでは，振幅スペクトルは対称となるため，その半分の $\frac{N}{2}$ 個までしか表示していな

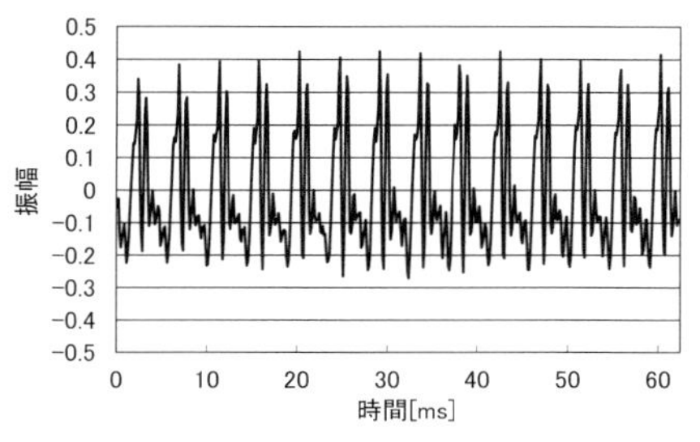

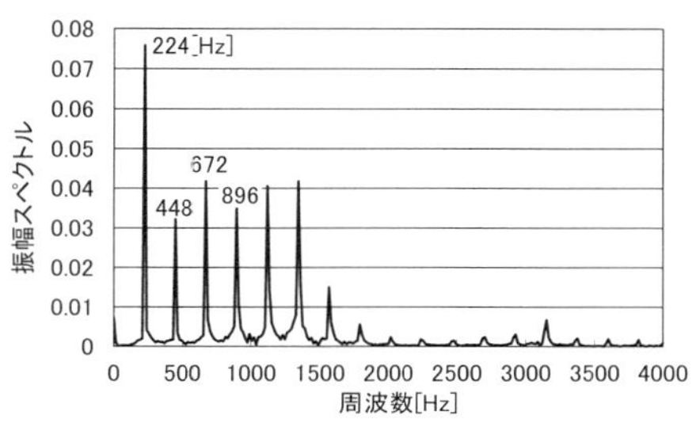

図 11.19　「あ」波形データ 500 サンプル（左図）とその振幅スペクトル（右図）

い．実際，表示は半分で十分であるので，省略されていることが多い．

DFT・IDFTでは，N サンプルのデータに対して「時間領域」$\Longleftrightarrow$「周波数領域」の変換を行うが，たとえば時間領域において8点DFTを行うに当たり，8個のデータがサンプリング周波数 $f_{Sa} = 80\,\text{Hz}$ でサンプリングされているとすると，周波数領域における線スペクトルの間隔は $\dfrac{f_{Sa}}{N} = \dfrac{80}{8}\,\text{Hz} = 10\,\text{Hz}$ ごとで表現されることになる．このように図 11.19 右図のスペクトルの間隔は $\dfrac{8000}{500}\,\text{Hz} = 16\,\text{Hz}$ で表わされる．図 11.20 にこのときの様子を示す．

▶［振幅スペクトルのグラフで利用したデータ］
$\dfrac{f_{Sa}}{2} > f_h$ として，今まで学んだように，信号が直流成分および基本波とその高調波で構成されていれば，表示するスペクトルの範囲は $n = \dfrac{N}{2}$ すなわち 4000 Hz 未満でよいことになる．ただし，実際の信号は（実は図 11.19 の波形データも）そうでないことも多く，このとき $X_{\frac{N}{2}}$ も値をもつことがある．
グラフの作成では，0〜4000 Hz までのデータがある方が都合がよく，ここでは $n = 0 \sim \dfrac{N}{2}$ までのデータを利用している．

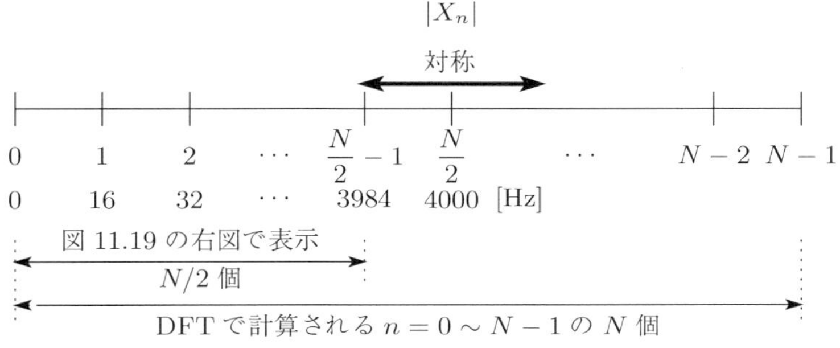

図 11.20　$|X_n|$ と図 11.19 の振幅スペクトルとの関係

さて，このスペクトルを見ると，一番低い周波数のピークが 224 Hz であり，その後は等間隔で 448 Hz，672 Hz と続いている．このことから，この人の「あ」という音声は，基本周波数が 224 Hz で，その倍音との合成波で構成された波形であるということが分かる．DFT はコンピュータで利用しやすい形態となっており，信号の解析が容易に行える手法である．

［11 章のまとめ］

この章では，

1. 線形システムとシステム関数の表現を確認した．
2. 通信における振幅変復調について確認した．
3. サンプリングに関係する内容について確認した．
4. 離散フーリエ変換の計算を行った．

11 章　演習問題

［演習 1］次の問いに答えなさい．

(1) ある信号 $x(t)$ に対し，搬送波として $g(t) = \cos\omega_0 t$ を利用し，振幅変調を行うとする．いま $f(t) = x(t)\cdot 2g(t)$ のとき，$f(t)$ のフーリエ変換を答えなさい（なお，ω_c を ω_0 と表わしている）．

(2) 信号 $x(t)$ のスペクトル $X(\omega)$ が次のように得られていた．$\omega_0 = 10^3$ のとき，$F(\omega)$ の概形を図示しなさい．

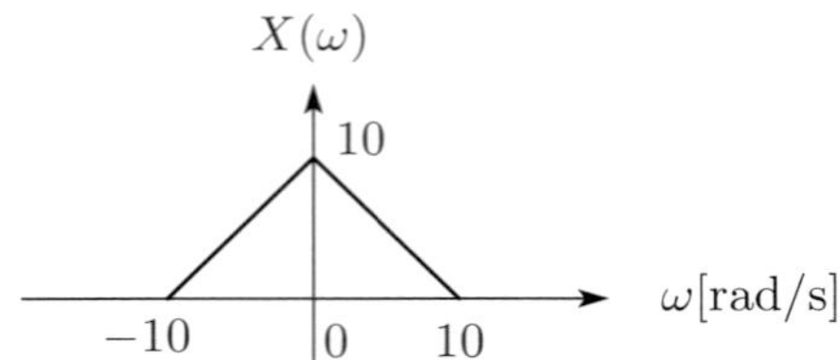

(3) $f(t)$ から $g(t) = \cos\omega_0 t$ を利用し，復調 $y(t) = f(t)\cdot g(t)$ を行う．このときのフーリエ変換 $Y(\omega)$ を求めなさい．

［演習 2］図 11.10 と図 11.11 と同様に，サンプリング周波数を 10 Hz として 9 Hz の正弦波が入力され，グラフの 0 s からサンプリングをした場合に何 [Hz] の正弦波が現れるか，概形を描き答えなさい．

［演習 3］理想ローパスフィルタが $H(\omega) = \mathrm{rect}(\frac{\omega}{200\pi})\cdot e^{-j\omega}$ で与えられていた．

(1) どの程度の帯域制限を行っているか [Hz] として答えなさい．

(2) 振幅スペクトルおよび位相スペクトルを図示しなさい．

(3) このフィルタのインパルス応答を示し図示しなさい．

［演習 4］次の問いに答えなさい．

(1) 信号が $(x_0, x_1, x_2, x_3) = (-2, 0, 2, 0)$ であった．

- 4 点 DFT をしなさい．
- 振幅スペクトル $|X_1|$ を求めなさい．
- 位相スペクトル θ_1 を求めなさい．

(2) 信号が $(x_0, x_1, x_2, x_3) = (4, 0, 4, 8)$ であった．

- 4 点 DFT をしなさい．
- 振幅スペクトル $|X_1|$ を求めなさい．
- 位相スペクトル θ_1 を求めなさい．

(3) 信号が $(x_0, x_1, x_2, x_3) = (0, 0, -4, -4)$ であった．

- 4 点 DFT をしなさい．
- 振幅スペクトル $|X_1|$ を求めなさい．
- 位相スペクトル θ_1 を求めなさい．

［演習 5］複素数データとして，$(X_0, X_1, X_2, X_3) = (4, 1-j, 0, 1+j)$ が得られていた．直流成分を除き IDFT を行った結果を示しなさい．

［演習 6］3 点 DFT 行列と IDFT 行列の積を示しなさい．

［演習 7］信号 $(x_0, x_1, x_2, x_3, x_4, x_5, x_6, x_7) = (-8, -6\sqrt{2}, 4, 2\sqrt{2}, 8, 6\sqrt{2}, -4, -2\sqrt{2})$ であったとする．8 点 DFT をしなさい．

11 章　演習問題解答

［解 1］

(1) フーリエ変換表より

$$x(t)\cos\omega_0 t \longleftrightarrow \frac{1}{2}\{X(\omega+\omega_0)+X(\omega-\omega_0)\}$$

よって

$$\begin{aligned}F(\omega)&=2\cdot\frac{1}{2}\{X(\omega+\omega_0)+X(\omega-\omega_0)\}\\&=X(\omega+\omega_0)+X(\omega-\omega_0)\end{aligned}$$

（別解）

参考のため，畳込みを利用した計算も示しておく

$f(t)=x(t)\cdot 2g(t)\longleftrightarrow F(\omega)=2\dfrac{1}{2\pi}X(\omega)*G(\omega)$

$\cos\omega_0 t\longleftrightarrow \pi\{\delta(\omega+\omega_0)+\delta(\omega-\omega_0)\}$

より

$$\begin{aligned}F(\omega)=&2\cdot\frac{1}{2\pi}\int_{-\infty}^{\infty}X(u)G(\omega-u)\,du\\=&2\cdot\frac{\pi}{2\pi}\int_{-\infty}^{\infty}X(u)\{\delta((\omega+\omega_0)-u)\\&+\delta((\omega-\omega_0)-u)\}\,du\\=&\int_{-\infty}^{\infty}X(u)\{\delta(\omega+\omega_0-u)\\&+\delta((\omega-\omega_0-u)\}\,du\end{aligned}$$

それぞれ $u=\omega+\omega_0$，$u=\omega-\omega_0$ であるので，

$$\begin{aligned}F(\omega)&=2\cdot\frac{1}{2}X(\omega+\omega_0)+2\cdot\frac{1}{2}X(\omega-\omega_0)\\&=X(\omega+\omega_0)+X(\omega-\omega_0)\end{aligned}$$

(2)

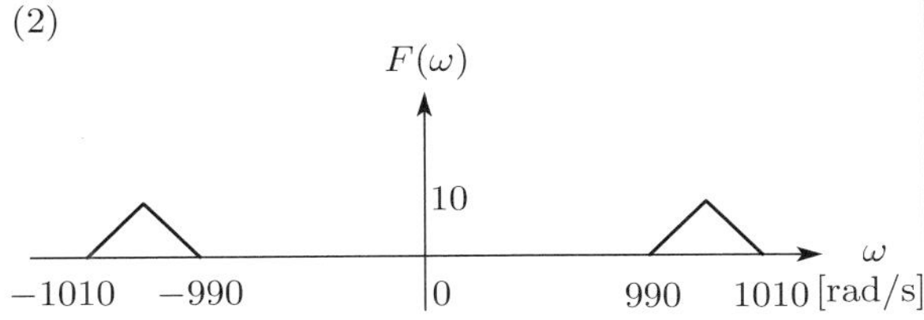

(3)

$$\begin{aligned}y(t)=&x(t)\cdot 2\cos^2\omega_0 t=x(t)\cdot 2\frac{1}{2}(1+\cos 2\omega_0 t)\\=&2\cdot\frac{1}{2}x(t)+2\cdot\frac{1}{2}x(t)\cdot\cos 2\omega_0 t\end{aligned}$$

より

$y(t)\longleftrightarrow$

$$\begin{aligned}Y(\omega)&=2\cdot\frac{1}{2}X(\omega)+2\cdot\frac{1}{4}\{X(\omega-2\omega_0)+X(\omega+2\omega_0)\}\\&=X(\omega)+\frac{1}{2}\{X(\omega-2\omega_0)+X(\omega+2\omega_0)\}\end{aligned}$$

［解 2］

グラフは以下のようになり，1 Hz の正弦波が現れていることが確認できる．

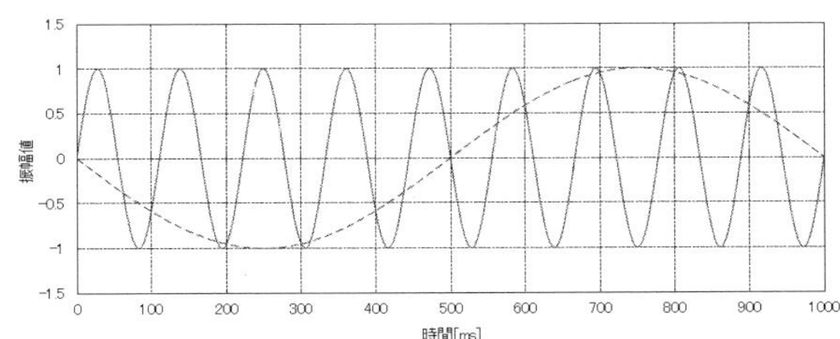

［解 3］

(1) $W=100\pi$ であるので，$\omega=2\pi f$ の関係より，$\dfrac{100\pi}{2\pi}$ Hz $=50$ Hz

(2)

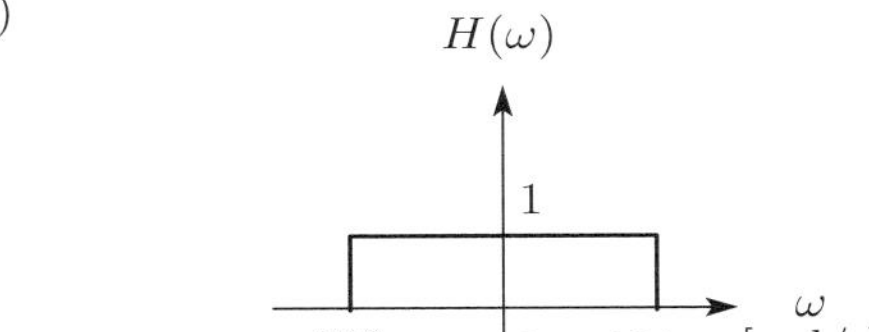

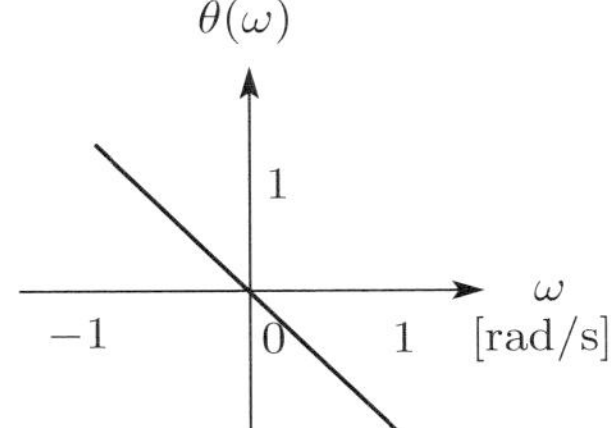

(3) $h(t)=100\mathrm{sinc}100\pi(t-1)$

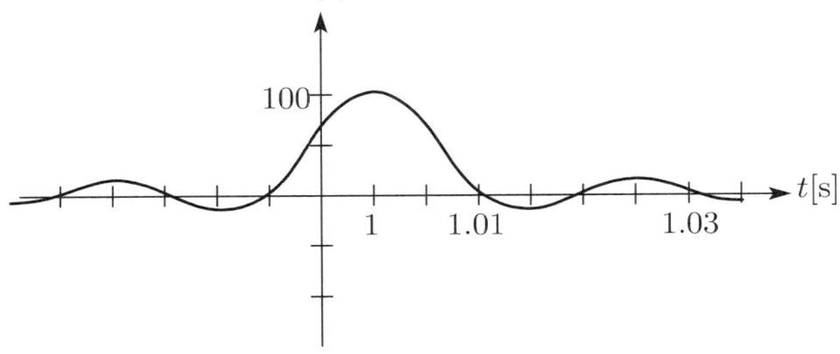

［解 4］

(1) DFT の結果

$$\begin{bmatrix} X_0 \\ X_1 \\ X_2 \\ X_3 \end{bmatrix} = \frac{1}{4}\begin{bmatrix} 1 & 1 & 1 & 1 \\ 1 & -j & -1 & j \\ 1 & -1 & 1 & -1 \\ 1 & j & -1 & -j \end{bmatrix} \cdot \begin{bmatrix} -2 \\ 0 \\ 2 \\ 0 \end{bmatrix}$$

$$= \begin{bmatrix} 0 \\ -1 \\ 0 \\ -1 \end{bmatrix}$$

・振幅スペクトル $|X_1| = \sqrt{(-1)^2} = 1$

・位相スペクトル $\theta_1 = \tan^{-1}\dfrac{0}{-1} = \pi$

（ただし $\theta = 0 \sim \pi$ とした）

(2) DFT の結果

$$\begin{bmatrix} X_0 \\ X_1 \\ X_2 \\ X_3 \end{bmatrix} = \frac{1}{4}\begin{bmatrix} 1 & 1 & 1 & 1 \\ 1 & -j & -1 & j \\ 1 & -1 & 1 & -1 \\ 1 & j & -1 & -j \end{bmatrix} \cdot \begin{bmatrix} 4 \\ 0 \\ 4 \\ 8 \end{bmatrix}$$

$$= \begin{bmatrix} 4 \\ j2 \\ 0 \\ -j2 \end{bmatrix}$$

・振幅スペクトル $|X_1| = \sqrt{2^2} = 2$

・位相スペクトル $\theta_1 = \tan^{-1}\dfrac{2}{0} = \dfrac{\pi}{2}$

(3) DFT の結果

$$\begin{bmatrix} X_0 \\ X_1 \\ X_2 \\ X_3 \end{bmatrix} = \frac{1}{4}\begin{bmatrix} 1 & 1 & 1 & 1 \\ 1 & -j & -1 & j \\ 1 & -1 & 1 & -1 \\ 1 & j & -1 & -j \end{bmatrix} \cdot \begin{bmatrix} 0 \\ 0 \\ -4 \\ -4 \end{bmatrix}$$

$$= \begin{bmatrix} -2 \\ 1-j \\ 0 \\ 1+j \end{bmatrix}$$

・振幅スペクトル $|X_1| = \sqrt{1^2 + 1^2} = \sqrt{2}$

・位相スペクトル $\theta_1 = \tan^{-1}\dfrac{-1}{1} = -\dfrac{\pi}{4}$

［解 5］

直流成分を削除し IDFT を行うと

$$\begin{bmatrix} x_0 \\ x_1 \\ x_2 \\ x_3 \end{bmatrix} = \begin{bmatrix} 1 & 1 & 1 & 1 \\ 1 & j & -1 & -j \\ 1 & -1 & 1 & -1 \\ 1 & -j & -1 & j \end{bmatrix} \cdot \begin{bmatrix} 0 \\ 1-j \\ 0 \\ 1+j \end{bmatrix}$$

$$= \begin{bmatrix} 2 \\ 2 \\ -2 \\ -2 \end{bmatrix}$$

その結果は直流成分を取り除かれた波形となっている．

［解 6］

$$\frac{1}{3}\begin{bmatrix} 1 & 1 & 1 \\ 1 & -\frac{1}{2} - j\frac{\sqrt{3}}{2} & -\frac{1}{2} + j\frac{\sqrt{3}}{2} \\ 1 & -\frac{1}{2} + j\frac{\sqrt{3}}{2} & -\frac{1}{2} - j\frac{\sqrt{3}}{2} \end{bmatrix}$$

$$\cdot \begin{bmatrix} 1 & 1 & 1 \\ 1 & -\frac{1}{2} + j\frac{\sqrt{3}}{2} & -\frac{1}{2} - j\frac{\sqrt{3}}{2} \\ 1 & -\frac{1}{2} - j\frac{\sqrt{3}}{2} & -\frac{1}{2} + j\frac{\sqrt{3}}{2} \end{bmatrix} = \begin{bmatrix} 1 & 0 & 0 \\ 0 & 1 & 0 \\ 0 & 0 & 1 \end{bmatrix}$$

［解 7］

8 点 DFT を行うと

$$\begin{bmatrix} X_0 \\ X_1 \\ X_2 \\ X_3 \\ X_4 \\ X_5 \\ X_6 \\ X_7 \end{bmatrix} = \begin{bmatrix} \text{8 点} \\ \text{DFT 行列} \end{bmatrix} \cdot \begin{bmatrix} -8 \\ -6\sqrt{2} \\ 4 \\ 2\sqrt{2} \\ 8 \\ 6\sqrt{2} \\ -4 \\ -2\sqrt{2} \end{bmatrix} = \begin{bmatrix} 0 \\ -4 \\ 0 \\ j2 \\ 0 \\ -j2 \\ 0 \\ -4 \end{bmatrix}$$

となる．

実は $X_{\frac{N}{2}}$ から複素共役であることを考慮すると，$X_0 \sim X_4$ までの計算のみ行えば，残りは計算しなくとも複素共役にしてやればよい．

参考図書

本書ではラプラス変換を微分方程式を解く道具として扱い，物理量との関係を中心に扱っているため，数学としての厳密さをあえて犠牲にしてきた．また，あつかう微分方程式も 2 階上微分方程式までに限定してきた．これらの制約をもう少し広げ，厳密さを追究したり，偏微分方程式など広範囲の利用を行ったりする内容は関連図書で学んでほしい．また電気工学での過渡現象への応用や制御工学での応用に向けての関連図書もここに紹介する．

[1] 水本 久夫 著,『ラプラス変換入門』, 森北出版 (1984)

[2] 國分 雅敏 著,『ラプラス変換 (数学のかんどころ 13)』, 共立出版 (2012)

[3] 及川多喜雄 著,『ラプラス変換概説—入門から応用への道』, 内田老鶴圃 (2000)

[4] 篠崎寿夫 著,『ラプラス変換とデルタ関数』, 東海大学出版会 (1981)

[5] 宇野利雄, 洪姙植 著,『ラプラス変換 (共立全書)』, 共立出版 (1974)

[6] 久保 忠 著,『精説ラプラス変換』, 共立出版 (1994)

[7] 大下 眞二郎 著,『詳解 LAPLACE 変換演習』, 共立出版 (1983)

[8] 齋藤 誠慈 著,『常微分方程式とラプラス変換』, 裳華房 (2006)

[9] 山本 稔 編集,『微分方程式とラプラス変換 (解析学要論)』, 裳華房 (1989)

[10] 川村 雅恭 著,『ラプラス変換と電気回路』, 昭晃堂 (1978)

[11] 前山 光明 著,『電気電子工学のための微分方程式ラプラス変換 (電気学会大学講座)』, 電気学会 (2009)

[12] 水上 憲夫 著,『自動制御 (朝倉電気工学講座)』, 朝倉書店 (1968)

[13] 森 泰親 著,『演習で学ぶ基礎制御工学』, 森北出版 (2004)

フーリエ変換に関しては，すでに多くの書籍がある．本書ではフーリエ変換の導入に関する部分を中心に扱っているため，他のフーリエ変換，あるいは関連図書を参考にすることは理解を助けたり，さらに専門的な内容に移る上で非常に役に立つ．ここでは，本書をまとめる上で参考にさせて頂いた図書や，関連する書籍のほんの一端を紹介する．順不同ではあるが，主に前半にフーリエ変換，後半にはフーリエ変換も含み信号処理や通信に関連する書籍を紹介している．ここでこれらの著者に謝意を表す．[20]，[25] は学生の時代から利用させて頂いた書籍で，非常に影響を受けたものである．

[14] H.P. スウ 著，佐藤平八 訳，『フーリエ解析（工学基礎演習シリーズ 1）』，森北出版 (1979)

[15] 石村園子 著，『すぐわかるフーリエ解析』，東京図書 (1996)

[16] 薩摩順吉 監修，宇治野秀晃 著，『使える数学!!応用解析』，森北出版 (2009)

[17] 黒川隆志，小畑秀文 共著，『演習で身につくフーリエ解析』，共立出版 (2005)

[18] 三谷政昭 著，『信号解析のための数学』，森北出版 (1998)

[19] 楠田信，平居孝之，福田亮治 共著，『使える数学フーリエ・ラプラス変換』，共立出版 (1997)

[20] 雨宮好文 監修，佐藤幸男 著，『信号処理入門（図解メカトロニクス入門シリーズ）』，オーム社 (1987)

[21] 松尾博 著，『ディジタル・アナログ信号処理のためのやさしいフーリエ変換』，森北出版 (1986)

[22] 斉藤洋一 著，『信号とシステム』，コロナ社 (2003)

[23] 浜田望 著，『よくわかる信号処理』，オーム社 (1995)

[24] 酒井幸一 著，『高専学生のためのディジタル信号処理』，コロナ社 (1996)

[25] 辻井重男，久保田一 共著，『わかりやすいディジタル信号処理』，オーム社 (1993)

[26] 久保田一，大石邦夫 共著，『C 言語によるディジタル信号処理入門』，コロナ社 (1999)

[27] 吉川昭，吉田久，山脇伸行，佐藤俊輔 共著，『例をとおして学ぶ システム，信号処理そしてプログラミング』，コロナ社 (2003)

[28] 杉山久佳 著，『ディジタル信号処理 —解析と設計の基礎—』，森北出版 (2005)

[29] 牧川方昭 著，『信号処理（ロボティクスシリーズ 4)』，コロナ社 (2008)

[30] イブ・トーマス，中村尚吾 共著，『プラクティスディジタル信号処理』，東京電機大学出版局 (1995)

[31] 三橋渉 著，『信号処理（電子工学初歩シリーズ 13)』，培風館 (1999)

[32] 大友功，小園茂，熊澤弘之 共著，『ワイヤレス通信工学』，コロナ社 (1995)

[33] 山内雪路 著，『スペクトラム拡散通信　第 2 版　高性能ディジタル通信方式に向けて』，東京電機大学出版局 (2001)

索　引

あ行

位相スペクトル (phase spectrum), 141, 160
エイリアシング (aliasing), 199
SI 単位系 (*Le Système International d'Unités*), 2

か行

角周波数 (angular frequency), 105
過渡応答 (transient response), 2
過渡現象 (transient phenomenon), 2
過渡振動 (transient vibration), 2
奇関数 (odd function), 163
基本角周波数 (fandamental angular frequency), 116
基本単位 (SI base units), 2
逆フーリエ変換 (inverse Fourier transform), 154
逆ラプラス変換 (inverse Laplace transform), 25
逆離散フーリエ変換 (inverse discrete Fourier transform), 203
偶関数 (even function), 163
組立単位 (derived units), 2
原関数 (t domain function), 24
原関数の移動則 (shifting rule in t domain), 37
原関数の積分則 (integration in t domain), 36
原関数の微分則 (differentiation in t domain), 35
国際単位系 (the International System of Units), 2

さ行

サンプリング周波数 (sampling frequency), 199
サンプリング定理 (sampling theorem), 199
時間推移 (time shift), 174
時間畳込み (time convolution), 182
時間の伸縮 (time scaling), 180
システム関数 (system function), 195
周期 (period), 102
周期関数のラプラス変換 (laplace transform of a periodic function), 41
周波数 (frequency), 102
周波数推移 (frequency shift), 176
周波数畳込み (frequency convolution), 184
周波数の伸縮 (frequency scaling), 180
sinc 関数 (sinc function), 159
振幅スペクトル (magnitude (or amplitude) spectrum), 141, 160
振幅変調 (amplitude modulation), 195
ステップ関数 (step function), 26
積分 (integration), 5
線形近似 (linear approximation), 2
線形システム (linear system), 92, 194
線形時不変システム (linear time-invariant system), 92, 194
線形性 (linearity), 34, 171, 194
線形微分方程式 (linear differential equation), 2
線スペクトル (line spectrum), 141
像関数 (s domain function), 24
像関数の移動則 (shifting rule in s domain), 39
像関数の積分則 (integration in s domain), 40
像関数の微分則 (differentiation in s domain), 40
相似則 (scaling rule), 40

た行

対称性 (symmetry (or duality)), 171
畳込み (convolution), 92, 182
単位インパルス関数 (unit impulse function), 28, 185
単位ステップ関数 (unit step function), 26
定係数線形微分方程式 (constant coefficient linear differential equation), 6
ディラックのデルタ関数 (Dirac delta function), 28, 184
デルタ関数 (delta function), 28, 184
特性解 (characteristic root), 57
特性方程式 (characteristic equation), 57

は行

微分 (differentiation), 3
フーリエ級数 (Fourier series), 116
フーリエ係数 (Fourier coefficients), 116
フーリエスペクトル (Fourier spectrum), 160
フーリエ変換 (Fourier transform), 154
フーリエ変換対 (Fourier transform pairs), 154
複素フーリエ級数 (complex Fourier series), 141
複素フーリエ係数 (complex Fourier coefficients), 141
部分分数分解 (partial fraction decomposition), 54

ら行

ラプラス変換 (Laplace transform), 6, 24
ランプ関数 (ramp function), 27
離散フーリエ変換 (discrete Fourier transform), 203
連続スペクトル (continuous spectrum), 158
ローパスフィルタ (low-pass filter), 197

著者略歴

小 坂 敏 文（こさか　としふみ）

1975 年　山梨大学工学部精密工学科卒業
1982 年　東京大学大学院工学系研究科博士課程修了　工学博士
1982 年　東京工業高等専門学校機械工学科講師
1984 年　東京工業高等専門学校機械工学科助教授
1992 年　東京工業高等専門学校情報工学科助教授
1996 年　東京工業高等専門学校情報工学科教授
2016 年　東京工業高等専門学校名誉教授

吉 本 定 伸（よしもと　さだのぶ）

1993 年　福岡工業大学工学部管理工学科卒業
1999 年　九州芸術工科大学大学院芸術工学研究科博士課程修了　博士（工学）
1999 年　東京工業高等専門学校情報工学科助手
2001 年　東京工業高等専門学校情報工学科助教授
2007 年　東京工業高等専門学校情報工学科准教授
2017 年　東京工業高等専門学校情報工学科教授　現在に至る

◆ 読者の皆さまへ ◆

平素より，小社の出版物をご愛読くださいまして，まことに有り難うございます．
(株)近代科学社は 1959 年の創立以来，微力ながら出版の立場から科学・工学の発展に寄与すべく尽力してきております．それも，ひとえに皆さまの温かいご支援があってのものと存じ，ここに衷心より御礼申し上げます．
なお，小社では，全出版物に対して HCD（人間中心設計）のコンセプトに基づき，そのユーザビリティを追求しております．本書を通じまして何かお気づきの事柄がございましたら，ぜひ以下の「お問合せ先」までご一報くださいますよう，お願いいたします．

お問合せ先：reader@kindaikagaku.co.jp

なお，本書の制作には，以下が各プロセスに関与いたしました：

・企画：小山透，山口幸治
・編集：山口幸治，石井沙知
・組版：LaTeX ／藤原印刷
・印刷：藤原印刷
・製本：藤原印刷
・カバー・表紙デザイン：川崎デザイン
・広報宣伝・営業：冨髙琢磨，山口幸治

はじめての 応用数学
―ラプラス変換・フーリエ変換編―

2013 年 4 月 30 日　初版　第 1 刷発行
2021 年 9 月 30 日　初版　第 6 刷発行

著　者　小　坂　敏　文
　　　　吉　本　定　伸
発行者　大　塚　浩　昭
発行所　株式会社 近代科学社

〒 101-0051　東京都千代田区神田神保町
1 丁目 105 番地
https://www.kindaikagaku.co.jp

藤原印刷　ISBN978-4-7649-0440-8

定価はカバーに表示してあります．